高等职业教育土建类"教、学、做"理实一体化特色教材

建筑施工技术

主 编 蒋 红 程国慧

U0293909

中国水利水电出版社
www.waterpub.com.cn

·北京·

内 容 提 要

本书是安徽省地方技能型高水平大学建设项目重点建设专业——市政工程技术专业建设与课程改革的重要成果,是"教、学、做"理实一体化的特色教材,是依据教育部的有关指导性意见和精神、国家有关标准及相关专业施工规范编写而成。全书以常见分部分项工程施工为主线,主要内容包括土方工程、地基与基础工程、砌筑工程、混凝土结构工程、预应力混凝土工程、结构安装工程、防水工程、装饰工程、季节性施工、建筑工程施工技术实训等。学生通过本课程的学习,能够掌握施工主要工种的施工方法和施工工艺,具备选择施工方案、指导现场施工、进行质量控制等技能。

本书适合作为土建类、水利类专业的教学用书,也可作为其他工程类专业和工程技术人员的参考用书。

图书在版编目(CIP)数据

建筑施工技术 / 蒋红,程国慧主编. -- 北京:中国水利水电出版社,2017.7(2024.8重印).
高等职业教育土建类"教、学、做"理实一体化特色教材
ISBN 978-7-5170-5612-6

Ⅰ.①建… Ⅱ.①蒋… ②程… Ⅲ.①建筑施工-技术-高等职业教育-教材 Ⅳ.①TU74

中国版本图书馆CIP数据核字(2017)第167275号

书 名	高等职业教育土建类"教、学、做"理实一体化特色教材 **建筑施工技术** JIANZHU SHIGONG JISHU
作 者	主 编 蒋 红 程国慧
出版发行	中国水利水电出版社 (北京市海淀区玉渊潭南路1号D座 100038) 网址:www.waterpub.com.cn E-mail:sales@mwr.gov.cn 电话:(010)68545888(营销中心)
经 售	北京科水图书销售有限公司 电话:(010)68545874、63202643 全国各地新华书店和相关出版物销售网点
排 版	中国水利水电出版社微机排版中心
印 刷	清淞永业(天津)印刷有限公司
规 格	184mm×260mm 16开本 19.75印张 493千字
版 次	2017年7月第1版 2024年8月第2次印刷
印 数	2001—3000册
定 价	**59.50元**

教材事关国家和民族的前途命运，教材建设必须坚持正确的政治方向和价值导向。本书坚持党的二十大精神，全面贯彻党的教育方针，落实立德树人根本任务，为党育人，为国育才，弘扬劳动光荣、技能宝贵、创造伟大的时代风尚。

本书是安徽省地方技能型高水平大学建设项目重点建设专业——市政工程技术专业建设与课程改革的重要成果，是"教、学、做"理实一体化的特色教材。依据教育部的有关指导性意见和精神，遵循市政工程技术专业的"工学结合——项目导向"人才培养模式，"以工作项目为载体、以工作过程为导向"进行开发，在校企共同开发的课程标准和教学大纲的指导下，由学校教学经验丰富的教师和生产一线技术过硬的技师，通过精心准备和不懈的努力编写成本书。

本书除系统地介绍了建筑工程施工过程中所涉及的必要的基础理论、基本知识外，着重阐明了建筑施工技术与方法、质量安全要求及常用建筑机械的特点，同时在此基础上还增加了绿色施工的基础知识和施工新技术、新工艺、新材料、新方法。另外，为了加强学生的基本操作技术和技能训练，增加了一章实习、实训内容，为进一步增强学生的动手能力，拉近课堂和工地的距离提供了操作平台。

本书由蒋红副教授、程国慧高级工程师任主编，费加仓、张露、倪桂玲、江胜任副主编，全书由安徽水利水电职业技术学院张延副教授主审。具体分工如下：1.1和1.2由安徽水利水电职业技术学院张思梅编写，1.3～1.6由合肥市监理公司程国慧编写，第2章由安徽省第二建筑工程公司张露编写，第3章由安徽水利水电职业技术学院费加仓编写，4.1和4.2由安徽水利开发股份有限公司交通公司江胜编写，4.3和4.4由安徽水利水电职业技术学院蒋红编写，第5章由安徽水安股份有限公司秦伏龙编写，第6章由百协置业宫希明编写，第7章由安徽水利水电职业技术学院樊宗义编写，第8章由安徽水利水电职业技术学院倪桂玲编写，第9章由合肥铁路工程学校洪绿洲编写，10.1～10.4由合肥高新区柏堰科技园管委会唐先亮编写，10.5～10.9由安徽省第二建筑工程公司高德扬编写，思考题和习题由安徽水利水电职业技术学院赵慧敏编写，全书由蒋红统稿。

本书编写过程中得到了兄弟院校的教师和本教研室广大教师们的大力支持，也得到了来自建筑业企业的总工程师们的鼎力相助，在此一并致谢。

限于编者水平，不足之处在所难免，敬请读者对本书的缺点予以批评指正。

编者

2024 年 5 月

前言

第 1 章　土 方 工 程 施 工

【本章要点】

本章内容包括土的分类及工程性质、土方量计算、施工辅助工作、土方机械化施工及土方工程质量验收。

【学习要求】

学习要求包括以下几点：

（1）了解土的工程性质、边坡留设和土方调配的原则，掌握土方量计算的方法、场地计划标高确定的方法。

（2）能分析土壁失稳和产生流砂、管涌的原因，并能提出相应的防治措施。对各种降水方案能进行选择比较，掌握轻型井点设计和回填土的质量要求及检验标准。

（3）了解常用土方机械的性能及适用范围，能正确合理地选用。

（4）掌握回填土施工方法及质量检验标准。

任何建筑物都要建在基础上，因此土方工程是建筑物及其他工程中不可缺少的施工工程。土方工程包括土方开挖、运输和填筑等施工过程，有时还要进行排水、降水和土壁支护等准备工作。在建筑工程中，最常见的土方工程有：场地平整、基坑开挖、填筑压实和基坑回填等。

1.1　概　　述

1.1.1　土方工程的种类

土方工程是建筑施工中的主要分部工程之一，通常也是建筑工程施工过程中的第一道工序。根据施工内容和方法不同，土方工程一般可以分为以下几种。

1.1.1.1　土方填筑

土方填筑是对低洼处用土方分层填平，包括大型土方填筑，基坑、基槽、管沟回填等。前者与场地平整同时进行，后者在地下工程施工完成后进行。对土方填筑，要求严格选择土料、分层填筑、分层压实。

1.1.1.2　地下大型土方开挖

地下大型土方开挖是指在地面以下为人防工程、大型建筑物的地下室、深基础及大型设备基础等施工而进行的土方开挖。它涉及降低地下水位、边坡稳定及支护、邻近建筑物的安全防护等问题。因此，在开挖土方前，应进行认真研究，制定切实可行的施工技术措施。

1.1.1.3　基坑（槽）及管沟开挖

基坑（槽）及管沟开挖是指在地面以下为浅基础、桩承台及地下管道等施工而进行的土方开挖，其特点是要求开挖的断面、标高、位置准确，受气候影响较大。因此，施工前必须做好施工准备，制定合理的开挖方案，以加快施工进度，保证施工质量。

1.1.1.4　场地平整

场地平整是将天然地面改造成所要求的设计平面，其特点是面广量大，工期长，施工条件复杂，受气候、水文、地质等多种因素影响。因此，施工前应深入调查，掌握各种详细资料，根据施工工程的特点、规模，拟定合理的施工方案，并尽可能采用机械化施工，为整个工程的后续工作提供一个平整、坚实、干燥的施工场地，为基础工程施工做好准备。

1.1.2　土方工程的施工特点

1.1.2.1　工程量大

由于建筑产品的体积庞大，所以土方工程的工程量也大，通常为数百甚至数千立方米以上。

1.1.2.2　劳动繁重，施工条件复杂

土方工程一般都在露天的环境下作业，所以施工条件艰苦。人工开挖土方，工人劳动强度大，工作繁重。土方施工经常受气候、水文、地质、地下障碍物等因素的影响，不可确定的因素也较多，施工中有时会遇到各种意想不到的问题。

1.1.2.3　危险性大

土方工程施工有一定的危险性，应加强对施工过程中安全工作的领导。特别是在进行爆破施工时，飞石、冲击波、烟雾、震动、哑炮、塌方和滑坡等，对建筑物和人畜都会造成一定的危害，有时甚至还会出现伤亡事故。

因此，在组织土方工程施工前，应详细分析施工条件，核对各项技术资料，进行现场调查并根据现场条件制定出技术可行、经济合理的施工方案。土方施工要尽量避开雨季，如不能避开则要做好防洪和排水工作。

1.1.3　土的工程分类

土的种类繁多，其分类方法也很多。在土方工程施工中，根据土的开挖难易程度，将土分为松软土、普通土、坚土、砂砾坚土、软石、次坚石、坚石、特坚硬石等8类，前四类为土，后四类为石（表1.1）。正确区分和鉴别土的种类，可以合理地选择施工方法和准确地套用定额计算土方工程费用。

表1.1　　　　　　　　　　　　土　的　工　程　分　类

土的分类	土 的 名 称	开挖方法及工具	可松性	
			K_s	K'_s
一类土 松软土	砂，粉土，冲积砂土层，种植土，泥炭（淤泥）	用锹、锄头挖掘	1.08～1.17	1.01～1.03
二类土 普通土	粉质黏土，潮湿的黄土，夹有碎石、卵石的砂，种植土，填筑土及亚砂土	用锹、锄头挖掘，少许用镐翻松	1.14～1.28	1.02～1.05
三类土 坚土	软及中等密实黏土，重粉质黏土，粗砾石，干黄土及含碎石、卵石的黄土、亚黏土	主要用镐，少许用锹、锄头，部分用撬棍	1.24～1.30	1.04～1.07
四类土 砂砾坚土	重黏土及含碎石、卵石的黏土，粗卵石，密实的黄土，天然级配砂石，软泥灰岩及蛋白岩	先用镐、撬棍，然后用锹挖掘，部分用锲子及大锤	1.26～1.32	1.06～1.09
五类土 软石	硬石炭纪黏土，中等密实的页岩、泥灰岩、白垩土，胶结不紧的砾岩，软的石灰岩	用镐或撬棍、大锤挖掘，部分使用爆破方法	1.30～1.45	1.10～1.20

土的分类	土 的 名 称	开挖方法及工具	可松性	
			K_s	K_s'
六类土 次坚石	泥岩，砂岩，砾岩，坚实的页岩，泥灰岩，密实的石灰岩，风化花岗岩，片麻岩	用爆破方法开挖，部分用风镐	1.30～1.45	1.10～1.20
七类土 坚石	大理岩，辉绿岩，玢岩，粗、中粒花岗岩，坚实的白云岩、砂岩、砾岩、片麻岩、石灰岩，风化痕迹的安山岩、玄武岩	用爆破方法开挖	1.30～1.45	1.10～1.20
八类土 特坚硬石	安山岩，玄武岩，花岗片麻岩，坚实的细粒花岗岩，闪长岩，石英岩，辉长岩，辉绿岩，玢岩	用爆破方法开挖	1.45～1.50	1.20～1.30

1.1.4　土的工程性质

土有多种工程性质，其中影响土方工程施工的有土的质量密度、可松性、含水量和渗透性等。

1.1.4.1　土的质量密度

土的质量密度分天然密度和干密度。土的天然密度指土在天然状态下单位体积的质量，它影响土的承载力、土压力及边坡稳定性。土的干密度指单位体积土中固体颗粒的含量，是检验土的压实质量的控制指标。

1.1.4.2　土的可松性

自然状态下的土（原土）经开挖后，其体积因松散而增加，以后虽经回填夯实，仍不能恢复到原状土的体积，这种性质称为土的可松性。土的可松性程度用可松性系数表示为

$$K_s = \frac{V_2}{V_1} \tag{1.1}$$

$$K_s' = \frac{V_3}{V_1} \tag{1.2}$$

式中　V_1——土在天然状态下的体积，m^3；

　　　V_2——土经开挖后的松散体积，m^3；

　　　V_3——土在回填压实后的体积，m^3；

　　　K_s——最初可松性系数；

　　　K_s'——最终可松性系数。

土的可松性对土方的调配、计算土方的运输量、填方量及运输工具数量等都有影响，尤其是大型挖方工程，必须考虑土的可松性。

1.1.4.3　土的含水量

土的含水量是指土中水的质量与土中固体颗粒质量之间的比，以百分数表示。

$$\omega = \frac{m_1 - m_2}{m_2} \times 100\% \tag{1.3}$$

式中　ω——土的含水量；

　　　m_1——自然含水状态土的质量；

　　　m_2——烘干状态土的质量。

土的含水量的测定方法：把土样称量后放入烘箱内进行烘干（100～105℃），直至重量

不再减少为止，第一次称量为含水状态土的质量 m_1，第二次称量为烘干后土的质量 m_2，利用公式可计算出土的含水量。

土的含水量表示土的干湿程度，土的含水量在 5% 以内，称为干土；土的含水量为 5%～30%，称为潮湿土；土的含水量大于 30%，称为湿土。

1.1.4.4 土的渗透性

土的渗透性是指土体被水透过的性质。土的渗透性用渗透系数 K 表示。地下水在土中的渗流速度可按达西定律计算，即

$$V = Ki \tag{1.4}$$

式中　V——水在土中的渗流速度，m/d 或 cm/s；

　　　i——水力坡度；

　　　K——土的渗透系数，m/d 或 cm/a。

渗透系数 K 值反映出土的透水性强弱，它直接影响基坑（槽）降水方案的选择和涌水量计算的准确性，可通过室内渗透试验或现场抽水试验确定。常见土的渗透系数见表 1.2。

表 1.2　　　渗透系数参考表

土 的 种 类	渗透系数 K/(cm/s)	渗透性
纯砾	$>10^{-1}$	高渗透性
纯沙与砾的混合物	$10^{-3}\sim10^{-1}$	中渗透性
极细沙	$10^{-5}\sim10^{-3}$	低渗透性
粉土、砂与黏土的混合物	$10^{-7}\sim10^{-5}$	极低渗透性
黏土	$<10^{-7}$	几乎不透水

1.1.4.5 土的休止角

土的休止角也称为土的安息角，是指在某一状态下的土体可以稳定的坡度，即保持边坡稳定时，该边坡与地面的水平夹角。由于各类土的颗粒之间的摩擦力和黏聚力不同，不同土类的休止角也有很大差异，见表 1.3。土壁在满足休止角条件下能保持基本稳定，因此，水工建筑物中的大坝和永久性土工建筑物，为了保持其土壁的稳定，常取用休止角作为其边坡的坡度角。

表 1.3　　　各类土的休止角

土的名称	干燥状态		湿润状态		潮湿状态	
	休止角/(°)	高度与底宽比	休止角/(°)	高度与底宽比	休止角/(°)	高度与底宽比
砾石	40	1:1.25	40	1:1.25	35	1:1.50
卵石	35	1:1.50	45	1:1.00	25	1:2.75
粗砂	30	1:1.75	35	1:1.50	27	1:2.00
中砂	28	1:2.00	35	1:1.50	25	1.2.25
细砂	25	1:2.25	30	1:1.75	20	1:2.75
重黏土	45	1:1.00	35	1:1.50	15	1:3.75
粉质黏土、轻黏土	50	1:1.75	40	1:1.25	30	1:1.75
粉土	40	1:1.25	30	1:1.75	20	1:2.75
腐殖土	40	1:1.25	35	1:1.50	25	1:2.25
填方土	35	1:1.50	45	1:1.00	27	1:2.00

1.2 场地设计标高的确定

场地设计标高是进行场地平整和土方量计算的依据，也是总施工图规划和土方竖向设计的依据。合理确定场地的设计标高，对减少土方量、节约土方运输费用、加快施工进度等都有重要的意义。选择设计标高时应满足生产工艺和运输的要求；尽量利用地形，使场内挖填平衡，以减少土方运输费用；要有一定的泄水坡度（≥2‰），满足排水要求；考虑最高洪水位的影响。

场地设计标高一般应在设计文件上规定，若设计文件没有规定，可按下述步骤和方法确定。

1.2.1 划分方格网

划分方格网的基本步骤：在一定比例尺的地形图上，根据平整场地的范围划分方格网；根据地形变化程度及要求的计算精度，确定方格网的边长，一般取 $10\sim40\mathrm{m}$，地形复杂取小值，地形平坦取大值，一般取边长为 $20\mathrm{m}$；在各方格的左上方逐一标出其角点的编号，以便进行计算。

1.2.2 计算各角点的实际标高

各角点的实际标高也称为角点的自然地面标高，可根据地形图上相邻两等高线的高程，用"数解法"或"图解法"求得各角点的标高。

1.2.3 计算场地的设计标高

按照场地内挖填方平衡的原则，用下式计算场地平整的设计标高。

$$H_0=\frac{\sum H_1+2\sum H_2+3\sum H_3+4\sum H_4}{4N} \tag{1.5}$$

式中　H_1——一个方格独有的角点标高；

$\quad\quad H_2$——两个方格共有的角点标高；

$\quad\quad H_3$——三个方格共有的角点标高；

$\quad\quad H_4$——四个方格共有的角点标高；

$\quad\quad N$——方格数。

1.2.4 场地设计标高的调整

按式（1.5）计算的设计标高 H_0 是一理论值，实际上还需要考虑以下因素进行调整。

1.2.4.1 土的可松性影响

由于土具有可松性，按理论计算出的 H_0 进行施工，填土会有剩余，需相应地提高设计标高，如图 1.1 所示。若 Δh 为土的可松性引起设计标高的增加值，则设计标高调整后的总挖方体积 V'_w 为

$$V'_w=V_w-F_w\Delta h$$

总填方体积为

$$V'_T=V_T+F_T\Delta h$$

而

$$V'_T=V'_wK'_s$$

所以

5

$$V_T + F_T \Delta h = (V_w - F_w \Delta h) K'_s$$

移项整理得

$$\Delta h = \frac{V_w K'_s - V_T}{F_T + F_w K'_s}$$

当 $V_w = V_t$ 时，上式化为

$$\Delta h = \frac{V_w (K'_s - 1)}{F_T + F_w K'_s} \tag{1.6}$$

故考虑土的可松性后，场地设计标高应调整为

$$H'_0 = H_0 + \Delta h \tag{1.7}$$

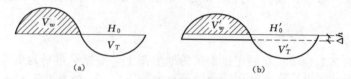

图 1.1 设计标高调整计算

(a) 理论设计标高；(b) 调整设计标高

1.2.4.2 借土或弃土的影响

由于场地内大型基坑挖出的土方、修筑路堤填高的土方，以及从经济角度比较，将部分挖方就近弃于场外（简称弃土）或将部分填方就近取土于场外（简称借土）等，均会引起挖填土方量的变化。必要时，亦需重新调整标高。

为简化计算，场地设计标高的调整可按式（1.8）近似确定，即

$$H''_0 = H_0 \pm \frac{Q}{na^2} \tag{1.8}$$

式中 Q——假定按初步场地设计标高 H_0 平整后多余或不足的土方量；

n——场地方格数；

a——方格边长。

1.2.4.3 考虑泄水坡度对设计标高的影响

按上述调整后的设计标高进行场地平整，整个场地表面将处于同一个水平面，但实际上由于排水要求，场地表面均有一定的泄水坡度，因此还要根据场地泄水坡度要求，计算出场地内实际施工的设计标高。

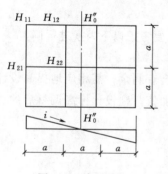

图 1.2 单向泄水

平整场地坡度，一般标明在图纸上，如设计无要求，一般取不小于 2‰ 的坡度，根据设计图纸或现场情况，泄水坡度分单向泄水和双向泄水。

1. 单向泄水

当场地向一个方向排水时，称为单向泄水。单向泄水时场地设计标高计算，是将已调整的设计标高（H''_0）作为场地中心线的标高（图 1.2），场地内任一点设计标高为

$$H_{ij} = H''_0 \pm Li \tag{1.9}$$

式中 H_{ij}——场地内任一点的设计标高；

L——该点至 H_0—H_0 中心线的距离；

i——场地泄水坡度。

±——该点比 $H_0''-H_0''$ 线高取"+"号，反之取"−"号。

在图 1.2 中 $H_{11}=H_0''+1.5ai$

2. 双向泄水

场地向两个方向排水，叫双向泄水。双向泄水时设计标高计算，是将已调整的设计标高 H_0'' 作为场地纵横方向的中心点（图 1.3），场地内任一点的设计标高为

$$H_{ij}=H_0''\pm L_xi_x\pm L_yi_y \qquad (1.10)$$

式中 L_x——该点距轴的距离，m；

L_y——该点距轴的距离，m；

i_x，i_y——场地在方向的泄水坡度。

±——该点比 H_0 点高取"+"号，反之取"−"号。

在图 1.3 中 $\qquad H_{11}=H_0''+1.5ai_x+ai_y$

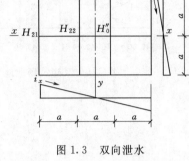

图 1.3 双向泄水

1.2.5 计算各角点的施工标高

方格网内各角点的施工高度，即以设计标高为标准角点需要挖或填的高度，由各角点的设计标高减去其相应的地面实际标高而得，可用下式计算：

$$h_i=H_i'-H_i \qquad (1.11)$$

式中 h_i——角点 i 的施工高度，即挖填高度，以"+"为填，"−"为挖，m；

H_i'——角点 i 的设计标高，m；

H_i——角点 i 的自然地面标高，m。

1.2.6 计算零点及绘出零线

当某方格的某条边上相邻两个角点的施工高度出现"+"和"−"时，则表示该边从填至挖的全线路中存在一个不挖不填的点，这个点称为零点，如图 1.4 所示。零点的位置可按下式进行计算：

$$x=ah_A/(h_A+h_B) \qquad (1.12)$$

式中 x——零点到计算点的距离，m；

a——方格网的边长，m；

h_A，h_B——方格相邻两角点 A 和 B 的填挖施工高度，以绝对值代入。

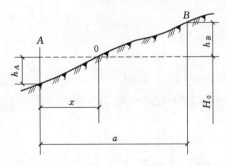

图 1.4 某计算边线上的零点位置

1.2.7 场地平整工程示例

某建筑场地地形图如图 1.5 所示，方格网 $a=20$m，土质为中密的砂土，设计泄水坡度 $i_x=3\%$，$i_y=2\%$，不考虑土的可松性对设计标高的影响，试确定场地各方格角点的设计标高，并计算挖、填土方量。

1.2.7.1 计算角点地面标高

根据地形图上所标的等高线，假定两等高线间的地面坡度按直线变化，采用插入法求出各方格角点的地面标高，如图 1.5 中等高线 44.0～44.5 间角点 4 的地面标高 H_4，计算方法如图 1.6 所示。

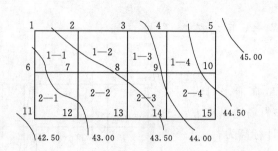

图1.5 某建筑场地地形图

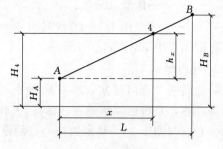

图1.6 角点地面标高计算图

$$h_x : (H_B - H_A) = x : L$$

$$h_x = \frac{H_B - H_A}{L} x \tag{1.13}$$

$$H_{ij} = H_A + h_x \tag{1.14}$$

式中 h_x——计算的角点与等高线上 A 点的高差，m；

$\qquad H_A$——等高线 A 点的标高，m；

$\qquad H_B$——等高线 B 点的标高，m；

$\qquad x$——所求角点沿方格边线到等高线 A 点的距离，m；

$\qquad L$——沿该角点所在的方格边线，等高线 A 点、B 点之间的距离，m。

用比例尺在图1.6上量出角点4的 x、L 值代入上述公式。

$$x = 15.5\text{m}$$

$$L = 22.9\text{m}$$

$$h_4 = \frac{44.5 - 44.0}{22.6} \times 15.5 = 0.34 \text{(m)}$$

$$H_4 = H_A + h_4 = 44.0 + 0.34 = 44.34 \text{(m)}$$

1.2.7.2 计算场地设计标高 H_0

$$\sum H_1 = 43.24 + 44.8 + 44.17 + 42.58 = 174.79 \text{(m)}$$

$$2\sum H_2 = 2 \times (43.67 + 43.94 + 44.34 + 44.67 + 43.67 + 43.23 + 42.9 + 42.94) = 698.72 \text{(m)}$$

$$3\sum H_3 = 0$$

$$4\sum H_4 = 4 \times (43.35 + 43.76 + 44.17) = 525.12 \text{(m)}$$

$$H_0 = \frac{\sum H_1 + 2\sum H_2 + 3\sum H_3 + 4\sum H_4}{4n} = \frac{174.79 + 698.72 + 525.12}{4 \times 8} = 43.71 \text{(m)}$$

1.2.7.3 场地设计标高的调整

本例不考虑土的可松性，不考虑借土弃土的影响，主要考虑泄水坡度的影响。以场地中心点8为 H_0（图1.7），其余各角点设计标高为

$$H_{ij} = H_0'' \pm L_x i_x \pm L_y i_y$$

$$H_0'' = H_0$$

$$H_1 = H_0 - 40 \times 0.003 + 20 \times 0.002 = 43.71 - 0.12 + 0.04 = 43.63 \text{(m)}$$

$$H_2 = H_0 - 20 \times 0.003 + 20 \times 0.002 = 43.71 - 0.06 + 0.04 = 43.69 \text{(m)}$$

$$H_6 = H_0 - 40 \times 0.003 + 0 = 43.71 - 0.12 = 43.59 \text{(m)}$$

$$H_7 = H_0 - 20 \times 0.003 = 43.71 - 0.06 = 43.65 \text{(m)}$$

$$H_{11} = H_0 - 40 \times 0.003 - 20 \times 0.002 = 43.71 - 0.12 - 0.04 = 43.55(\text{m})$$

$$H_{12} = H_0 - 20 \times 0.003 - 20 \times 0.002 = 43.71 - 0.06 - 0.04 = 43.61(\text{m})$$

其余角点设计标高均可用同样方法求出，如图1.7所示。

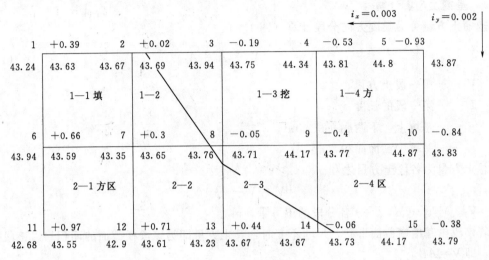

图1.7 场地角点标高图

1.2.7.4 计算零点，标出零线

首先计算零点，零点在相邻两角点为一挖一填的方格边线上，在图1.7中，角点2为填方，角点3为挖方，角点2、角点3之间必定存在零点，如图1.8所示。

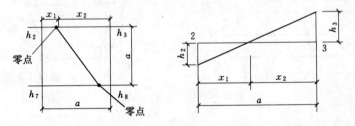

图1.8 零点计算示意图

$$x_1 = \frac{h_2}{h_2 + h_3} a$$

$$x_2 = \frac{h_3}{h_2 + h_3} a$$

$$h_2 = +0.02(\text{m})$$

$$h_3 = -0.19(\text{m})$$

$$x_1 = \frac{20 \times 0.02}{0.02 + 0.19} = 1.9(\text{m})$$

$$x_2 = \frac{20 \times 0.19}{0.02 + 0.19} = 18.1(\text{m})$$

同理，求出7、8、14、15、13、8之间的零点，把所有求出的零点标在图上，零点连线即为零线。

1.3 土方工程量的计算

1.3.1 基槽土方量计算

基槽土方量可沿长度方向分段计算（图 1.9）。

$$V_1 = \frac{L_1}{6}(A_1 + 4A_0 + A_2) \tag{1.15}$$

式中　V_1——第一段土方量；

　　　L_1——第一段的长度；

　A_1、A_2——基坑上、下两底面积，m^2；

　　　A_0——基坑中截面面积，m^2。

总土方量为各段土方量之和。

$$V = V_1 + V_2 + \cdots + V_n \tag{1.16}$$

式中　V_1、V_2、$\cdots$、V_n——各分段的土方量，m^3。

若该段内基槽横截面形状、尺寸不变时，其土方量即为该段横截面的面积乘以该段基槽长度，即 $V = AL$。

1.3.2 基坑土方量计算

基坑土方量的计算，可近似地按柱体体积公式计算（图 1.10）。

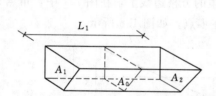

图 1.9　基槽土方量计算

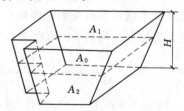

图 1.10　基坑土方量计算

$$V = \frac{H}{6}(A_1 + 4A_0 + A_2) \tag{1.17}$$

式中　H——基坑深度，m；

　A_1、A_2——基坑上、下两底面积，m^2；

　　　A_0——基坑中截面面积，m^2。

1.3.3 计算土方工程量的基本方法

1.3.3.1 三棱柱法

计算时先把方格网顺地形等高线将各个方格划分成三角形（图 1.11）。每个三角形的 3 个角点的填挖施工高用 h_1、h_2、h_3 表示。

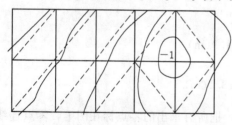

图 1.11　按地形方格划分成三角形

（1）当三角形 3 个角点全部为挖或填时，如图 1.12（a）所示，其挖填方体积为

$$V = \frac{a^2}{6}(h_1 + h_2 + h_3) \tag{1.18}$$

式中　　　a——方格边长，m；

h_1、h_2、h_3——三角形各角点的施工高度，用绝对值代入，m。

（2）三角形 3 个角点有挖有填时，零线将三角形分成两部分：一个是底面为三角形的锥体，另一个是底面为四边形的楔体，如图 1.12（b）所示。

其锥体部分的体积为

$$V_{锥}=\frac{a^2}{6}\left[\frac{h_3^3}{(h_1+h_3)(h_2+h_3)}-h_3+h_2+h_1\right] \tag{1.19}$$

式中　h_1、h_2、h_3——三角形各角点的施工高度，取绝对值，h_3 指的是锥体顶点的施工高度，m。

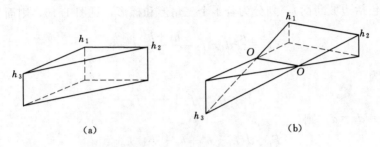

（a）　　　　　　　　　　　（b）

图 1.12　三角棱柱体的体积计算

（a）全挖或全填；（b）锥体部分为填方

1.3.3.2　四棱柱法

（1）方格 4 个角点全部为挖或填方时（图 1.13），其挖方或填方体积为

$$V=\frac{a^2}{4}(h_1+h_2+h_3+h_4) \tag{1.20}$$

式中　h_1、h_2、h_3、h_4——方格生个角点挖或填的施工高度，以绝对值代入，m；

　　　　a——方格边长，m。

（2）方格 4 个角点中，部分是挖方，部分是填方时（图 1.14），其挖方或填方体积分别为

$$V_{挖}=\frac{a^2}{4}\left(\frac{h_1^2}{h_2+h_4}+\frac{h_2^2}{h_2+h_3}\right) \tag{1.21}$$

$$V_{填}=\frac{a^2}{4}\left(\frac{h_3^2}{h_2+h_3}+\frac{h_4^2}{h_1+h_4}\right) \tag{1.22}$$

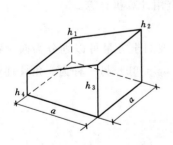 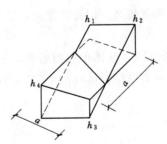 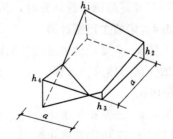

图 1.13　角点全填或全挖　　　图 1.14　角点二填或二挖　　　图 1.15　角点一填三挖

（3）方格 3 个角点为挖方，另一个角点为填方时（图 1.15），其填方体积为

$$V_4=\frac{a^2}{6}\cdot\frac{h_4^3}{(h_1+h_4)(h_3+h_4)} \tag{1.23}$$

其挖方体积为

$$V_{1,2,3}=\frac{a^2}{6}(2h_1+h_2+2h_3-h_4)+V_4 \tag{1.24}$$

1.3.3.3 断面法

在地形起伏变化较大的地区，或挖填深度较大，断面又不规则的地区，采用断面法比较方便。

方法：沿场地取若干个相互平行的断面（可利用地形图定出或实地测量定出），将所取的每个断面（包括边坡断面），划分为若干个三角形和梯形，见图 1.16，则面积为

$$f_1=\frac{h_1}{2}d_1,\ f_2=\frac{h_1+h_2}{2}d_2,\cdots \tag{1.25}$$

某一断面面积为

$$F_1=f_1+f_2+\cdots+f_n \tag{1.26}$$

若 $d_1=d_2=\cdots=d_n=d$，则

$$F_i=d(h_1+h_2+h_3+\cdots+h_{n-1}) \tag{1.27}$$

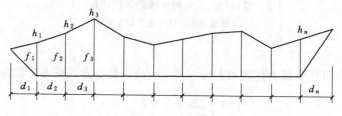

图 1.16 断面法

断面面积求出后，即可计算土方体积，设各断面面积分别为：F_1、F_2、$\cdots$、F_n，相邻两断面间的距离依次为：L_1、L_2、L_3、$\cdots$、L_n，则所求土方体积为

$$V=\frac{1}{2}(F_1+F_2)L_1+\frac{1}{2}(F_2+F_3)L_2+\cdots+\frac{1}{2}(F_{n-1}+F_n)L_n \tag{1.28}$$

用断面法计算土方量时，边坡土方量已包括在内。值得注意的是，四方棱柱体的计算公式是根据平均中断面的近似公式推导而得的，当方格中地形不平时，误差较大，但计算简单，宜于手工计算。三角棱柱体的计算公式是根据立体几何体积计算公式推导出来的，当三角形顺着等高线进行划分时，精确度较高，但计算繁杂，适宜用计算机计算。

1.3.4 边坡土方量计算

图 1.17 是场地边坡的平面示意图，从图中可以看出，边坡的土方量可以划分为两种近似的几何形体进行计算，一种为三角形棱锥体（图中①②③，⑤～⑪）另一种为三角棱柱体（图中④）。

1.3.4.1 三角形棱锥体边坡体积

图 1.17 中①其体积为

$$V_1=\frac{1}{3}F_1L_1 \tag{1.29}$$

式中 L_1——边坡①的长度，m；

F_1——边坡①的端面积，m^2。

1.3.4.2 三角棱柱体边坡体积

图 1.17 中④其体积为

$$V_4 = \frac{F_3 + F_5}{2} L_4 \tag{1.30}$$

当两端横断面面积相差很大的情况下：

$$V_4 = \frac{L_4}{6}(F_3 + 4F_0 + F_5) \tag{1.31}$$

式中　　　L_4——边坡④的长度，m；

F_3、F_5、F_0——边坡④的两端及中部横短面面积。

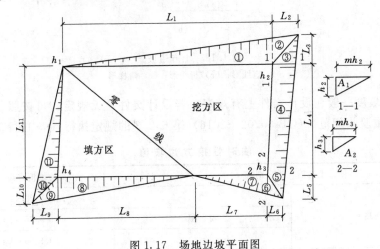

图 1.17　场地边坡平面图

1.4　土方工程的准备与辅助工作

1.4.1　施工准备

（1）在场地平整施工前，应利用原场地上已有各类控制点，或已有建筑物、构筑物的位置、标高，测设平场范围线和标高。

（2）对于大型平整场地，利用经纬仪、水准仪，将场地设计平面图的方格网在地面上测设固定下来，各角点用木桩定位，并在桩上注明桩号、施工高度数值，以便施工。

（3）尽可能利用自然地形和永久性排水设施，采用排水沟、截水沟或挡水坝措施，把施工区域内的雨雪自然水、低洼地区的积水及时排除，使场地保持干燥，便于土方工程施工。

（4）对施工区域内障碍物要调查清楚，制订方案，并征得主管部门意见和同意，拆除影响施工的建筑物、构筑物；拆除和改造通信和电力设施、自来水管道、煤气管道和地下管道；迁移树木。

（5）修好临时道路、电力、通信及供水设施，以及生活和生产用临时房屋。

1.4.2　土方边坡与土壁支撑

1.4.2.1　土方边坡

土方边坡坡度以其挖方深度 h 与边坡底宽 b 之比来表示：

$$边坡坡度 = \frac{h}{b} = \frac{1}{b/h} = 1 : m \tag{1.32}$$

式中 $m=b/h$，称为边坡系数。

土方边坡大小应根据土质、开挖深度、开挖方法、施工工期、地下水位、坡顶荷载及气候条件等因素确定。边坡可做成直线形、折线形或阶梯形，如图 1.18 所示。

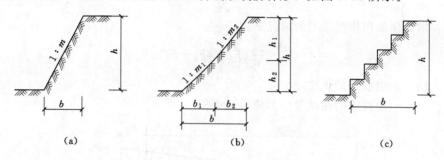

图 1.18 土方边坡
(a) 直线形；(b) 折线形；(c) 阶梯形

土方边坡坡度一般在设计文件上有规定。若设计文件上无规定，可按照《建筑地基基础工程施工质量验收规范》(GB 50202—2016) 第 6.2.3 的规定执行 (表 1.4)。

表 1.4　临时性挖方边坡值

土 的 类 别		边坡值（高∶宽）
一般性黏土	硬	1∶1.25～1∶1.50
	硬、塑	1∶0.75～1∶1.00
	软	1∶1.00～1∶1.25
碎石类土	充填坚硬、硬塑黏性土	1∶1.50 或更缓
	充填砂土	1∶0.50～1∶1.00

注　1. 设计有要求时，应符合设计标准。
　　2. 如采用降水或其他加固措施，可不受本表限制，但应计算复核。
　　3. 开挖深度，对软土不应超过 4m，对硬土不应超过 8m。

当地质条件良好，土质均匀且地下水位低于基坑、沟槽低面标高时，挖方深度在 5m 以内，不加支撑的边坡留设应符合表 1.5 的规定。

表 1.5　深度在 5m 内的基坑（槽）、管沟边坡坡度（不加支撑）

土 的 种 类	边坡坡度（高∶宽）		
	坡顶无荷载	坡顶有静载	坡顶有动载
中密的砂土	1∶1.00	1∶1.25	1∶1.50
中密的碎石类土（充填物为砂土）	1∶0.75	1∶1.00	1∶1.25
硬塑的粉土	1∶0.67	1∶0.75	1∶1.00
中密的碎石类土（充填物为黏性土）	1∶0.50	1∶0.67	1∶0.75
硬塑的粉质黏土、黏土	1∶0.33	1∶0.50	1∶0.67
老黄土	1∶0.10	1∶0.25	1∶0.33
软土（经采用井点降水法后）	1∶1.00		

注　1. 静载指堆土或材料等，动载指机械挖土或汽车运输作业等。静载或动载应距挖方边缘 0.8m 以外，堆土或材料高度不宜超过 1.5m。
　　2. 当有成熟经验时，可不受本表限制。

1.4.2.2 土壁支撑

当开挖基坑（槽）受地质条件、场地条件或施工条件的限制，既不能采用放坡方式开挖，也不能采用降低地下水位方法，为保证施工的顺利和安全，减少对相邻已有建筑物的不利影响，可以采取加设支撑护壁的方法。

近年来，随着我国高层建筑的迅速发展，土壁支护技术也得到相应发展和提高。目前，在建筑工程中常用的支护方式有横撑式支撑、锚桩式支撑、板桩式支撑、排桩式支撑、土层锚杆支护、土钉支护和地下连续墙等。

1. 锚桩式支撑

锚桩式支撑也称锚碇式支撑。当开挖宽度较大的基坑时，横撑会因自由长度过大而稳定性差，或采用机械挖土不允许基坑内有水平支撑妨碍工作，此时可用锚桩式支撑，如图 1.19 所示。打入坑底以下的桩柱间距一般取 1.5～2.0m，锚桩必须设置在土坡破坏范围以外。

2. 横撑式支撑

横撑式适用于开挖较窄的沟槽，根据挡土板的不同，可分为水平挡土板式支撑［图 1.20（a）］和垂直挡土板式支撑［图 1.20（b）］两类，前者又可分为断续式和连续式两种。当挖土深度小于 3m 并且是湿度较小的黏性土时，可采用断续式水平挡土板支撑；对于松散、湿度较大的土层，可采用连续式水平挡土板支撑；对于深度超过 5m、松散和湿度很高的土壤，可采用垂直挡土板支撑。

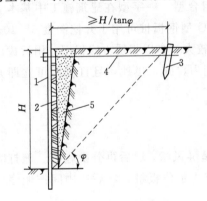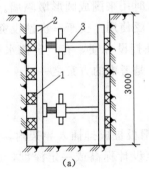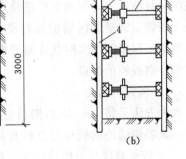

图 1.19　锚桩式支撑示意图
1—桩柱；2—挡土板；3—锚桩；
4—拉杆；5—回填土

图 1.20　横撑式支撑示意图
（a）断续式水平挡土板支撑；（b）垂直挡土板支撑
1—水平挡土板；2—立柱；3—工具式横撑；
4—垂直挡土板；5—横楞木

由于垂直挡土板是在基坑开挖前将挡土板打入土层中，然后随挖随加设横向支撑，所以挖土深度一般不限，但必须注意横向支撑的刚度。

3. 板桩式支撑

在土质差、地下水位高的情况下，开挖深且面积大的基坑时，常采用板桩作为土壁的支护结构。板桩式支撑既可挡土也可挡水，又可避免流砂的产生，防止临近地面的下沉。

（1）槽形钢板桩。

这是一种简易的钢板桩支护挡墙，由槽钢正反扣搭接组成。槽钢长 6～8m，型号由计算确定。由于其抗弯能力较弱，用于深度不超过 4m 的基坑，顶部设一道支撑或拉锚。

（2）热轧锁口钢板桩。

型式有：Z 型，见图 1.21（a）；U 型，见图 1.21（b）；一字型，又叫平板桩，见图 1.21（c）；组合型，见图 1.21（d）。

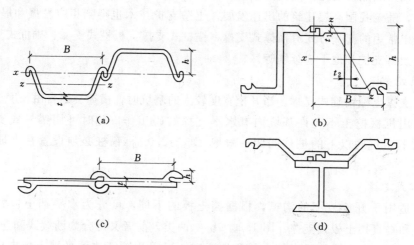

图 1.21　常用钢板桩截面形式
（a）Z 型；（b）U 型；（c）一字型；（d）组合型

常用的有 U 型和 Z 型两种，基坑深度很大时才用组合型。一字型在建筑施工中基本上不用，在水工等结构施工中有时用来围成圆形墩隔墙。U 型钢板桩可用于开挖深度 5～10m 的基坑，目前在上海等地区广泛使用。由于一次性投资较大，多以租赁方式租用，用后拔出归还。在软土地基地区钢板桩打设方便，有一定挡水能力，施工迅速，且打设后可立即开挖，当基坑深度不太大时往往是考虑的方案之一。

（3）钢板桩的打设。

1）屏风式打入法。

这种方法是将 10～20 根钢板桩成排插入导架内，呈屏风状，然后再分批施打。施打时先将屏风墙两端的钢板桩打至设计标高或一定深度，成为定位板桩，然后在中间按顺序分 1/3、1/2 板桩高度呈阶梯状打入，如图 1.22 所示。

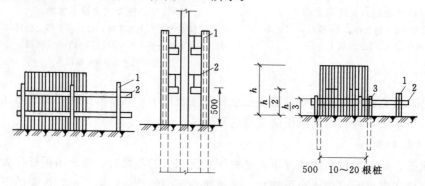

图 1.22　导架及屏风式打入法（单位：mm）
1—围檩桩；2—导梁；3—两端先打入的定位钢板桩

这种打桩方法的优点是可以减少倾斜误差积累，防止过大的倾斜，而且易于实现封闭合拢，能保证板桩墙的施工质量。其缺点是插桩的自立高度较大，要注意插桩的稳定和施工安全，一般情况下多用这种方法打设板桩墙，它耗费的辅助材料不多，但能保证质量。钢板桩打设允许误差：桩顶标高 $\pm 100mm$，板桩轴线偏差 $\pm 100mm$，板桩垂直度 1%。

2）单独打入法。

这种方法是从板桩墙的一角开始，逐块（或两块为一组）打设，直至工程结束。这种打入方法简便、迅速，不需要其他辅助支架。但是易使板桩向一侧倾斜，且误差积累后不易纠正。为此，这种方法只适用于板桩墙要求不高，且板桩长度较小（如小于 10m）的情况。

3）钢板桩的打设。

先用吊车将钢板桩吊至插桩点处进行插桩，插桩时锁口要对准，每插入一块即套上桩帽轻轻加以锤击。在打桩过程中，为保证钢板桩的垂直度，用两台经纬仪在两个方向加以控制。为防止锁口中心线平面位移，可在打桩进行方向的钢板桩锁口处设卡板，阻止板桩位移。同时在围檩上预先算出每块板块的位置，以便随时检查校正。

4. 排桩式支护

排桩式支护结构常用的构件有型钢桩、混凝土或钢筋混凝土灌注桩和预制桩，支撑的方式有型钢及钢筋混凝土内支撑和锚杆支护。排桩式支护的布置形式，分为稀疏排桩支护、连续排桩支护和框架排桩支护三种。

5. 土层锚杆支护

（1）土层锚杆的构造。

锚固支护结构的土层锚杆，通常由锚头、锚头垫座、支护结构、钻孔、防护套管、拉杆（拉索）、锚固体、锚底板（有时无）等组成（图 1.23）。

（2）土层锚杆的主要组成。

土层锚杆主要由锚头、拉杆和锚固体三部分组成。锚头由锚具、承压板、横梁和台座组成；拉杆可采用钢筋、钢绞线制成；锚固体是由水泥浆或水泥砂浆将拉杆与土体凝结成为一体的抗拔构件。土层锚杆的构造，如图 1.24 所示。

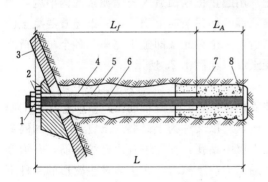

图 1.23　土层锚杆的构造
1—锚头；2—锚头垫座；3—支护结构；4—钻孔；
5—防护套管；6—拉杆（拉索）；
7—锚固体；8—锚底板

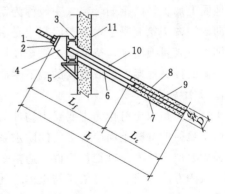

图 1.24　土层锚杆构造示意图
1—锚具；2—承压板；3—横梁；4—台座；5—承托
支架；6—套管；7—钢拉杆；8—砂浆；9—锚固
体；10—钻孔；11—挡墙
L—锚杆全长；L_f—非锚固段长度；L_c—锚固段长度；
D—锚固体直径；d—拉杆直径

锚杆以土的主动滑动面为界，分为非锚固段和锚固段。非锚固段处在可能滑动的不稳定土层中，可以自由伸缩，其作用是将锚头所承受的荷载传递到主动滑动面外的锚固段。锚固段处在稳定土层中，与周围的土体牢固结合，将荷载分散到稳定土体中去。在一般情况下，非锚固段的长度不宜小于5m，锚固段的长度应根据计算确定。

锚杆的埋置深度要使最上层锚杆上面的覆土厚度不小于4m，以避免地面出现隆起现象。锚杆的层数，应根据基坑深度和土压力大小设置一层或多层。锚杆上下层垂直间距不宜小于2m，水平间距不宜小于1.5m，避免产生群锚效应而降低单根锚杆的承载力。锚杆的倾角宜为$10°\sim25°$，但不应大于$45°$。允许的倾角范围应根据地质构造而定，应使锚杆的锚固置于较好的土层中。

（3）土层锚杆的类型。

1）一般灌浆锚杆。钻孔后放入受拉杆件，然后用砂浆泵将水泥浆或水泥砂浆注入孔内，经养护后，即可承受拉力。

2）高压灌浆锚杆（又称预压锚杆）。其与一般灌浆锚杆的不同点是在灌浆阶段对水泥砂浆施加一定的压力，使水泥砂浆在压力下压入孔壁四周的裂缝并在压力下固结，从而使锚杆具有较大的抗拔力。

3）预应力锚杆。先对锚固段进行一次压力灌浆，然后对锚杆施加预应力后锚固并在非锚固段进行不加压二次灌浆也可一次灌浆（加压或不加压）后施加预应力。这种锚杆可穿过松软地层而锚固在稳定土层中，并使结构物减小变形。我国目前大都采用预应力锚杆。

4）扩孔锚杆。用特制的扩孔钻头扩大锚固段的钻孔直径，或用爆扩法扩大钻孔端头，从而形成扩大的锚固段或端头，可有效提高锚杆的抗拔力。扩孔锚杆主要用在松软地层中。

另外，还有重复灌浆锚杆，可回收锚筋锚杆等。

在灌浆材料上，可使用水泥浆、水泥砂浆、树脂材料、化学浆液等作为锚固材料。

6. 地下连续墙

地下连续墙施工工艺，即在工程开挖土方之前，用特制的挖槽机械在泥浆护壁的情况下每次开挖一定长度（一个单元槽段）的沟槽，待开挖至设计深度并清除沉淀下来的泥渣后，将在地面上加工好的钢筋骨架（一般称为钢筋笼）用起重机械吊放入充满泥浆的沟槽内，用导管向沟槽内浇筑混凝土，由于混凝土是由沟槽底部开始逐渐向上浇筑，所以随着混凝土的浇筑即将泥浆置换出来，待混凝土浇至设计标高后，一个单元槽即施工完毕。各个单元槽之间由特制的接头连接，形成连续的地下钢筋混凝土墙，如图1.25所示。

7. 土钉支护

土钉支护是以土钉作为主要受力构件的边坡支护技术，它由密集的土钉群、被加固的原位土体、喷射的混凝土面层和必要的防水系统组成，所以又称为土钉墙。土钉是用作加固或同时锚固原位土体的一种细长杆件。通常采取在土层中钻孔，在孔中置入螺纹钢筋，并沿孔全长注浆的方法做成。土钉依靠与土体之间界面黏结力或摩擦力，在土体发生变形的条件下被动受力，在一般情况下主要是受拉力的作用。

（1）土钉支护的特点。

土钉支护是最近几年发展起来的一种新型支护结构，具有材料用量少、工程量较小、施工速度快、操作较简单、环境干扰轻、作业场地小等特点，尤其适合在城市地区施工；土钉与土体形成复合土体，提高了边坡整体稳定性和承受坡顶荷载能力，增强了土体破坏的延

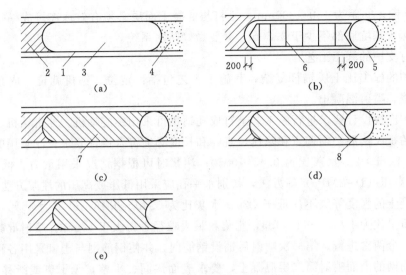

图 1.25　接头管接头的施工程序

（a）开挖槽段；（b）吊放接头管和钢筋笼；（c）浇筑混凝土；
（d）拔出接头管；（e）形成接头

1—导墙；2—已浇筑混凝土的单元槽段；3—开挖的槽段；4—未开挖的槽段；
5—接头管；6—钢筋；7—正浇筑混凝土的单元槽段；
8—接头管拔出后的孔洞

性，有利于安全施工；土钉支护的位移很小，对相邻建筑物的影响也较轻，经济效益好。土钉支护适用于地下水位以上或经降水措施后的砂土、粉土、黏土等土体中。

（2）土钉支护的作用机理。

土钉支护是由土钉墙体与基坑侧壁土体形成的复合体，土钉锚体由于本身具有较大的刚度和强度，并在其所分布的空间内与土体组成了复合体的骨架，起到约束土体变形的作用，与土体共同作用，可显著提高基坑侧壁的承载能力和稳定性，从而弥补了土体抗拉强度低的缺点。

土钉具有较高的抗拉强度、抗剪强度和抗弯刚度。当土体进入塑性状态后，应力逐渐向土钉转移；当土体产生开裂时，土钉内出现弯剪、拉剪等复合应力，最后导致土钉锚体碎裂，钢筋产生较大的屈服。由于土钉的应力分担、应力传递和扩散作用，增强了土体变形的延性，降低了应力集中的程度，从而改善了土钉墙复合体塑性变形和破坏状态。

喷射混凝土面层对坡面变形起着约束作用，约束力取决于土钉表面与土的摩擦阻力，摩擦阻力主要来自复合体开裂区后面的稳定复合土体。土钉墙体是通过土钉与土体的相互作用，实现土钉对基坑侧墙的支护作用。

（3）土钉支护的组成。

土钉支护主要由土钉、面层和防水系统组成。土钉采用直径 16～32mm 的螺纹钢筋制成，其与水平面夹角一般为 50°～100°；长度在非饱和土中宜为基坑深度的 0.6～1.2 倍，软塑黏性土中宜为基坑深度的 1.0 倍；水平间距和垂直间距基本相同，但乘积不应大于 6.0m²，在非饱和土中一般为 1.2～1.5m，坚硬黏土或风化岩石中为 2.0m，软土层中为 1.0m；土钉孔的孔径为 70～120mm，注浆的强度不低于 10MPa。

面层采用喷射混凝土，其强度等级不低于 C20，厚度为 80～200mm，并配置直径为 6～

10mm 的钢筋网，间距为 150～300mm。土钉与混凝土面层必须有效地连接成一个整体，混凝土面层应深入基坑底部不少于 0.20m，并要做好防水系统。

（4）土钉支护的施工工艺。

土钉支护的施工比土层锚杆复杂，其施工工艺包括：定位、钻机就位、成孔、插入钢筋、进行注浆、喷射混凝土。

土钉支护应按设计要求进行施工。土钉成孔钻机可采用螺旋钻机、冲击钻机、地质钻机等；插入孔的螺纹钢筋必须调直和除锈，直径和长度必须符合设计要求；注浆用的水泥砂浆配合比为 1:1～1:2、水灰比为 0.45～0.50；注浆时可根据情况采用重力、低压（0.4～0.6MPa）或高压（1～2MPa）等方法，特别水平孔应采用低压或高压的注浆方法。

喷射混凝土的强度等级不应低于 C20，水灰比为 0.40～0.45，砂率为 45%～55%，水泥与砂石的质量比为 1:4.0～1:4.5，粗集料最大粒径不得大于 12mm。喷射混凝土的施工应自下而上，分两次进行。第一次喷射后铺设钢筋网，并使钢筋网与土钉采用各种方法连接牢固；在钢筋网的上面喷射第二层混凝土，要求表面湿润、平整，无干斑或滑移流淌现象，在常温情况下，待混凝土终凝后 2h，开始洒水养护 7d。

1.4.3　施工排水、降水

若地下水位较高，当开挖基坑或沟槽至地下水位以下时，由于土的含水层被切断，地下水将不断渗入坑内。雨季施工时，地面水也会流入坑内。这样不仅使施工条件恶化，而且土被水浸泡后会导致地基承载能力的下降和边坡的坍塌。为了保证工程质量和施工安全，做好施工排水、降水工作，保持开挖土体的干燥是十分重要的。

排除地面水（包括雨水、施工用水、生活污水等），一般采取在基坑周围设置排水沟、截水沟或筑土堤等办法并尽量利用原有的排水系统，使临时性排水设施与永久性设施相结合。

基坑降水的方法有集水井降水法和井点降水法。集水井降水法一般用于降水深度较小且土层中无细砂、粉砂时；如降水深度较大或土层为细砂、粉砂，或处于软土地区，应尽量采用井点降水法。不论采用哪种方法，降水工作应持续到基础施工完毕并回填土后才停止。

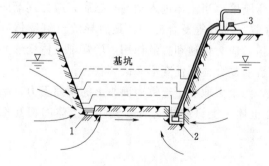

图 1.26　集水井降水
1—排水沟；2—集水井；3—水泵

1.4.3.1　集水井降水

集水井降水法是在基坑开挖过程中，沿坑底周围或中央开挖有一定坡度的排水沟，在坑底每隔一定距离设一个集水井，地下水通过排水沟流入集水井，用水泵抽走，见图 1.26。

集水井降水法是一种常用的简易的降水方法，适用于面积较小、降水深度不大的基坑（槽）开挖工程。对软土或土层中含有细砂、粉砂或淤泥层时，不宜采用这种方法，因为在基坑中直接排地下水将产生自下而上或从边坡向基坑方向流动的动水压力，容易导致边坡塌方和流砂现象并使基底土结构遭受破坏。

1. 排水沟

在施工时，于开挖基坑的周围一侧或两侧，有时在基坑中心，设置排水沟。水沟截面要考虑基坑排水量及对邻近建筑物的影响。一般排水沟深度为 0.4～0.6m，最小 0.3m，宽等于或大于 0.4m。水沟的边坡为 1：1～1：0.5，水沟应具有 0.2％～0.5％的最小纵向坡度，使水流不致阻滞而淤塞。为保证沟内流水通畅，避免携砂带泥，排水沟的底部及侧壁可根据工程具体情况及土质条件采用素土、砖砌或混凝土等形式。

2. 集水井

沿排水沟的纵向，每隔 30～40m 设置一个集水井，使地下水汇流于集水井内，便于用水泵将水排出基坑以外。挖土时，集水井井底应低于排水边沟 1m 左右，并低于抽水泵进水阀的高度。集水井内壁直径一般为 0.6～0.8m。井壁用竹木或砌干砖、水泥管、挡土板等临时简易加固。井底反滤层铺 0.3m 厚左右的碎石、卵石。排水沟和集水井应随着挖土而加深，以保持水流通畅。

3. 水泵

集水井降水法常用的水泵有离心泵和潜水泵。

4. 流砂及其防治

(1) 流砂现象。

基坑挖土至地下水位以下，土质为细砂土或粉砂土的情况下，采用集水坑降低地下水时，坑下的土有时会形成流动状态，并随着地下水流入基坑，这种现象称为流砂现象。出现流砂现象时，土完全丧失承载力，土体边挖边冒流砂，使施工条件恶化，基坑难以挖到设计深度，严重时会引起基坑边坡塌方，临近建筑因地基被掏空而出现开裂、下沉、倾斜甚至倒塌。

(2) 产生流砂现象的原因。

产生流砂现象的原因有其内因和外因。内因取决于土壤的性质。当土的孔隙度大、含水量大、黏粒含量少、粉粒多、渗透系数小、排水性能差等均容易产生流砂现象。因此，流砂现象经常发生在细砂、粉砂和亚砂土中；但会不会发生流砂现象，还应具备一定的外因条件，即地下水及其产生动水压力的大小。

(3) 流砂防治方法。

由于在细颗粒、松散、饱和的非黏性土中发生流砂现象的主要条件是动水压力的大小和方向。当动水压力方向向上且足够大时，土转化为流砂，而动水压力方向向下时，又可将流砂转化成稳定土。因此，在基坑开挖中，防治流砂的原则是"治流砂必先治水"。

防治流砂的主要途径有：减少或平衡动水压力；设法使动水压力方向向下；截断地下水流。其具体措施有：

1) 枯水期施工法。枯水期地下水位较低，基坑内外水位差小，动水压力小，就不易产生流砂。

2) 抢挖并抛大石块法。分段抢挖土方，使挖土速度超过冒砂速度，在挖至标高后立即铺竹、芦席，并抛大石块，以平衡动水压力，将流砂压住。此法适用于治理局部的或轻微的流砂。

3) 设止水帷幕法。将连续的止水支护结构（如连续板桩、深层搅拌桩、密排灌注桩等）打入基坑底面以下一定深度，形成封闭的止水帷幕，从而使地下水只能从支护结构下端向基坑渗流，增加地下水从坑外流入坑内的渗流路径，减小水力坡度，从而减小动水压力，防止流砂产生。

4) 人工降低地下水位法。即采用井点降水法（如轻型井点、管井井点、喷射井点等），使地下水位降低至基坑底面以下，地下水的渗流向下，则动水压力的方向也向下，从而水不能渗流入基坑内，可有效地防止流砂的发生。因此，此法应用广泛且较可靠。

此外，可采用地下连续墙、压密注浆法、土壤冻结法等阻止地下水流入基坑，以防止流砂发生。

1.4.3.2　人工降低地下水位

人工降低地下水位，就是在基坑开挖前，先在基坑周围埋设一定数量的滤水管（井），利用抽水设备从中抽水，使地下水位降落到坑底以下，直至基础工程施工完毕为止。这样，可使基坑始终保持干燥状态，防止流砂发生，改善了工作条件。但降水前，应考虑在降水影响范围内的已有建筑物和构筑物可能产生附加沉降、位移，从而引起开裂、倾斜和倒塌，或引起地面塌陷，必要时应事先采取有效的防护措施。

人工降低地下水位方法有：轻型井点、喷射井点、管井井点、深井泵以及电渗井点等，可根据土的渗透系数、降低水位的深度、工程特点及设备条件等，参照表 1.6 进行选择。其中以轻型井点采用较广，下面重点阐述轻型井点降水方法。

表 1.6　　　　各种井点的适用范围

项　次	井点类别	土的渗透系数/(m/d)	降低水位深度/m
1	单级轻型井点	0.1～50	3～6
2	多级轻型井点	0.1～50	视井点级数定
3	电渗井点	<0.1	根据选用的井点确定
4	管井井点	20～200	3～5
5	喷射井点	0.1～2	8～20
6	深井井点	10～250	>15

轻型井点法就是沿基坑的四周将许多直径较细的井点管埋入地下蓄水层内，井点管的上端通过弯联管与总管相连接，利用抽水设备将地下水从井点管内不断抽出，这样便可将原有地下水位降至坑底以下所要求的深度。其全貌如图 1.27 所示。

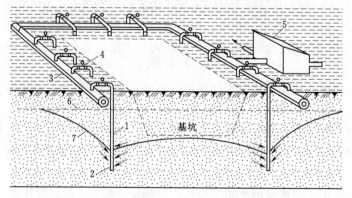

图 1.27　轻型井点降水法全貌图
1—井点管；2—滤管；3—集水总管；4—弯联管；5—水泵房；
6—原地下水位线；7—降低后的地下水位线

1. 轻型井点的设备

轻型井点的设备主要由管路系统和抽水设备两部分组成。轻型井点的管路系统主要包括滤管、井点管、弯联管及总管等。滤管是轻型井点的进水装置，它的上端与井点管连接，其长度为 1.0～1.5m、直径为 38mm 或 51mm；管壁上钻有直径为 13～19mm、按梅花状排列的小圆孔，其总面积为滤管表面积的 20%～25%，管外包裹两层滤网，内层为细滤网，采用网眼为 30～50 孔/cm² 的黄铜丝布、生丝布或尼龙丝布，外层为粗滤网，采用网眼 3～10 孔/cm² 的铁丝节或尼龙丝布或棕树皮，以便地下水通过滤网吸入井点管，并阻止泥沙进入管内，如图 1.28 所示。为使吸水流畅，避免吸水孔发生堵塞，在管壁与滤网间用塑料管或铁丝绕成螺旋形，使两者隔开一定间隙；在滤网的最外面，再绕一层粗铁丝保护网；为防止滤管在插入土层时下端进入泥沙，在其下端设置一个铸铁头。

井管为直径 38mm 或 51mm、长度为 5～7m 的钢管（或镀锌钢管），井点管上端用弯联管与总管连接。弯联管宜用透明塑料管或橡胶软管，每个弯联管上最好装上阀门，以便于调节或检修。

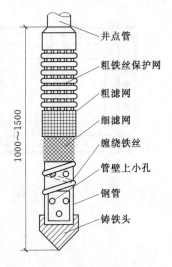

图 1.28　滤管构造图

集水总管一般用 Φ75～100mm 的钢管分节连接，每节长 4m，其上装有与井点管连接的短接头，间距为 0.8～1.6m。总管应有 2.5‰～5‰坡向泵房的坡度。总管与井管用 90°弯头或塑料管连接。

轻型井点的抽水设备由真空泵、离心泵和水汽分离器等组成。

2. 轻型井点的布置

轻型井点的布置应根据基坑形状与大小、地质和水文情况、工程性质、降水深度等确定。

（1）平面布置。

当基坑（槽）宽小于 6m，且降水深度不超过 6m 时，可采用单排井点，布置在地下水上游一侧，两端延伸长度以不小于槽宽为宜（图 1.29）。如宽度大于 6m 或土质不良、渗透系数较大时，宜采用双排井点，布置在基坑（槽）的两侧。当基坑面积较大时宜采用环形井

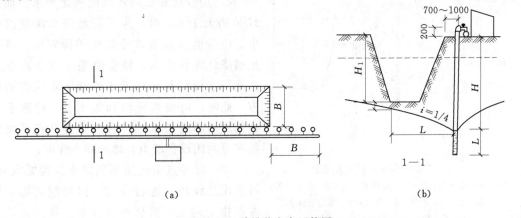

(a)　　　　　　　　　　　　(b)

图 1.29　单排井点布置简图

(a) 平面布置；(b) 高程布置

点（图1.30）；考虑材料、设备等运输通道，一般在地下水下游方向布置成不封闭。井点管距离基坑壁一般可取0.7～1.0m，以防局部发生漏气。井点管间距为0.8m，1.2m，1.6m，由计算或经验确定。井点管在总管四角部分应适当加密。

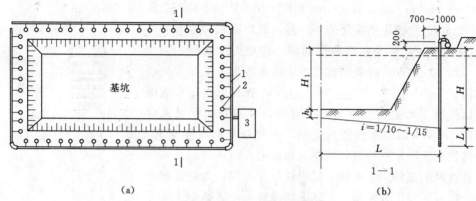

图1.30 环形井点布置图

(a) 平面布置；(b) 高程布置

1—总管；2—井点管；3—抽水设备

(2) 高程布置。

轻型井点的降水深度，从理论上可以达到10.3m，但由于管路系统的水头损失，其实际的降水深度一般不宜超过6m，如图1.29 (b) 和图1.30 (b) 所示。井点管的埋置深度H，可按下式进行计算：

$$H = H_1 + h + iL \tag{1.33}$$

式中　H——井点管的埋置深度，m；

　　　H_1——井点管埋设面至基坑底面的距离，m；

　　　h——基坑底面至降低后的水位线的距离，m；

　　　i——水力坡度，单排井点取1/4，双排井点或环状井点取1/10～1/15；

　　　L——井点管至基坑中心的水平距离，m。

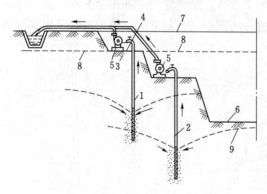

图1.31 二级轻型井点降水示意图

1—第一级轻型井点；2—第二级轻型井点；3—集水总管；
4—连接管；5—水泵；6—基坑；7—原地面线；
8—原地下水位线；9—降低后地下水位线

如果由式 (1.33) 计算得出的H值小于6m时，用一级井点降水就能满足要求。如果H值稍大于6m时，为了满足降水深度的要求，应降低井点管管路系统的埋置面。事先挖槽降低埋置标高，使管路系统安装在靠近原地下水位线甚至稍低于原地下水位线的地方。此时，可设置明沟和集水井，排除事先挖槽所引起的渗水，然后再布置井点系统就能充分利用设备能力，增加降水深度。

当一级井点系统达不到降水深度要求时，可采用二级井点进行降水，即先挖去第一级井点排干的土，然后再布置第二级井点，如图1.31所示。

（3）轻型井点的计算。

轻型井点的计算内容包括涌水量计算、井点管数量和井距的确定等。

1）涌水量计算。

计算涌水量首先要判断水井类型，计算公式依据水井类型而定。水井根据井底是否达到不透水层，分为完整井和非完整井。凡井底达到含水层下面的不透水层的井为完整井，否则为非完整井。根据抽取的地下水层有无压力，水井又分为无压井与承压井（图 1.32）。

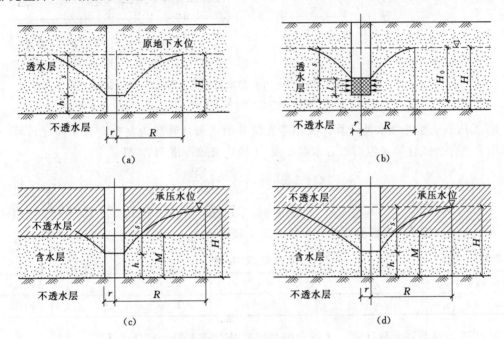

图 1.32　水井的分类

（a）无压完整井；（b）无压非完整井；（c）承压完整井；（d）承压非完整井

a. 无压完整井涌水量计算。无压完整井抽水时，井周围的水面最后将落成为渐趋稳定的漏斗状曲面，称为降落漏斗。水井轴线至漏斗最外缘的水平距离称为抽水影响半径 R（图 1.33）。对于无压完整井的环状井点系统，群井涌水量计算公式为

$$Q = 1.366K \frac{(2H-s)s}{\lg R - \lg x_0} \tag{1.34}$$

$$R = 1.95s \sqrt{HK} \tag{1.35}$$

$$x_0 = \sqrt{\frac{F}{\pi}} \tag{1.36}$$

式中　Q——井点系统的涌水量，$\mathrm{m^3/d}$；

　　　　K——土的渗透系数，$\mathrm{m/d}$，可以由实验室或现场抽水试验确定；

　　　　H——含水层厚度，m；

　　　　s——水位降低值，m；

　　　　R——抽水影响半径，m；

　　　　F——基坑周围井点所包围的面积，$\mathrm{m^2}$。

当矩形基坑的长宽比大于 5，或基坑宽度大于抽水影响半径的两倍时，需将基坑分块，

分别计算涌水量后再相加得到总涌水量。

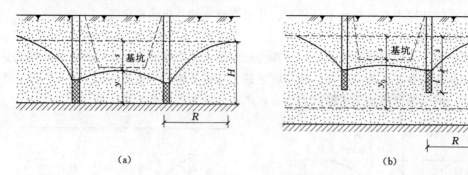

图 1.33 环形井点涌水量计算简图
(a) 无压完整井；(b) 无压非完整井

b. 无压非完整井涌水量计算。无压非完整井涌水量计算较为复杂，为了简化计算，仍可采用完整井公式计算，但需将含水层厚度 H 换成有效深度 H_0，即

$$Q = 1.366K \frac{(2H_0 - s)s}{\lg R - \lg x_0} \tag{1.37}$$

$$R = 1.95s \sqrt{H_0 K} \tag{1.38}$$

其中有效深度 H_0 为经验数值，可以查 1.7 表得到。

表 1.7　　　　　　　　　　有　效　深　度 H_0 值

$s/(s'+l)$	0.2	0.3	0.5	0.8
H_0	$1.3(s'+l)$	$1.5(s'+l)$	$1.7(s'+l)$	$1.84(s'+l)$

c. 承压完整井涌水量计算。承压完整井环形井点涌水量计算公式为

$$Q = 2.73K \frac{Ms}{\lg R - \lg x_0} \tag{1.39}$$

式中　M——承压含水层厚度，m；
　　　其他符号含义同前。

d. 承压非完整井涌水量计算。承压非完整环状井点系统的涌水量计算公式为

$$Q = 2.73K \frac{Ms}{\lg R - \lg x_0} \cdot \sqrt{\frac{M}{l + 0.5r}} \cdot \sqrt{\frac{2M - l}{M}} \tag{1.40}$$

式中　r——井点管的半径，m；
　　　l——滤管长度，m；
　　　其他符号含义同前。

2）井点管数量与井距的确认。

单根井管的最大出水量可用下式计算：

$$q = 65\pi dl K^{1/3} \tag{1.41}$$

式中　q——单根井管的最大出水量，m³/d；
　　　d——滤管的直径，m；
　　　l——滤管的长度，m；
　　　K——土壤的渗透系数，m/d。

井点管所需的根数 n 可按下式计算：

$$n = 1.1Q/q \tag{1.42}$$

井点管间距可根据井点系统布置方式，按下式计算：

$$D = 2(L+B)/(n-1) \tag{1.43}$$

式中　D——井点管之间的间距，m；

　　　L——矩形井点系统的长度，m；

　　　B——矩形井点系统的宽度，m。

求出的井点管之间的间距应大于 $15d$，如果井点管太稠密，会影响抽水效果。另外，其间距还应符合总管接头的间距。

（4）轻型井点的施工准备和安装。

轻型井点的施工准备工作包括井点设备、动力、水泵及必要材料准备，排水沟的开挖，附近建筑物的标高监测以及防止附近建筑沉降的措施等。

井点系统安装的顺序：根据降水方案放线、挖管沟、布设总管、冲孔、埋设井点管、埋砂滤层、黏土封口、弯联管连接井点管与总管、安装抽水设备、试抽。其中井点管的埋设质量是保证轻型井点顺利抽水、降低地下水位的关键。

井点管的埋设一般用水冲法施工，分为冲孔和埋管两个过程，如图 1.34 所示。冲孔时，先用起重设备将井点管吊起并垂直地插在井点位置上，利用高压水在井管下端冲刷土体，井点管则边冲边沉，直至比滤管底深 0.5m 时停止冲水。

井孔冲成后，拔出冲管，立即将井点管居中插入，并在井点管与孔壁之间及时均匀地填灌砂滤层以防孔壁塌土。砂滤层宜选用干净粗砂，以免堵塞滤管网眼。距地面以下 0.5～1.0m 范围内用黏土填塞封口，以防漏气。

井点系统全部安装完毕后，应进行试抽，以检查有无漏气、漏水现象，出水是否正常，井点管有无淤塞。如有异常，进行检修后方可使用。

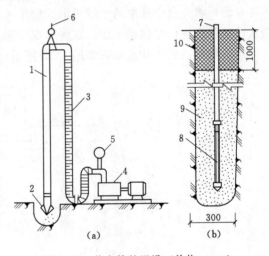

图 1.34　井点管的埋设（单位：mm）

(a) 冲孔；(b) 埋管

1—冲管；2—冲嘴；3—胶皮管；4—高压水泵；5—压力表；

6—起重机吊钩；7—井点管；8—滤管；

9—填砂；10—黏土封口

（5）轻型井点的使用。

轻型井点运行后，应保证连续不断地抽水。若时抽时停，滤网易堵塞。中途停抽，地下水回升，也会引起边坡塌方事故。地下工程竣工后，用机械或人工拔除井管，井孔用砂石回填，地面下 2m 范围内用黏土填实。

（6）周围环境保护。

1）降水对周围环境的影响井点管埋设完成开始抽水时，井内水位开始下降，周围含水层的水不断流向滤管，在无承压水等环境条件下，经过一段时间之后，在井点周围形成漏斗状的弯曲水面，即"降水漏斗"。这个漏斗状水面逐渐趋于稳定，一般需要几天到几周的时间。降水漏斗范围内的地下水位下降以后，必然会造成地面沉降。该影响范围较大，有时影响半径可达百米。在实际工程中，由于井点管滤网及砂滤层结构不良，把土层中的黏土颗粒、粉土颗粒甚至细砂连同地下水一同抽出地面的情况也是经常发生的。这种现象会使地面产生的不均匀沉降加剧，造成附近建筑物及地下管线的不同程度的损坏。

2）防治措施。设置地下水位观测孔，并对临近建筑、管线进行监测。在降水系统运转过程中，随时检查观测孔中的水位，发现沉降量达到报警值时，应及时采取措施。

降水施工时，应做好井点管滤网及砂滤层，防止抽水带走土层中的细颗粒。当有坑底承压水时，应采取有效措施防止流砂。

如果施工区周围有湖、河、洪等贮水体时，应在井点和贮水体之间设置止水帷幕，以防抽水造成与贮水体穿通，引起大量涌水，甚至带出土颗粒而产生流砂现象。

在建筑物和地下管线密集区等对地面沉降控制有严格要求的地区开挖深基坑时，应尽可能设止水帷幕，并进行坑内降水。这样，一方面可疏干坑内地下水，以利开挖施工，同时，可利用止水帷幕切断坑外地下水的涌入，大大减小对周围环境的影响。

场地外缘设置回灌系统也是减小降水对周围环境影响的有效方法。回灌系统包括回灌井点和砂沟、砂井回灌两种形式。回灌井点是在抽水井点设置线外 4～5m 处以间距 3～5m 插入注水管，将井点中抽取的水经过沉淀后用压力注入管内，形成一道水墙，以防止土体过量脱水，而基坑内仍可保持干燥。这种情况下抽水管的抽水量约增加 10%，故可适当增加抽水井点的数量。回灌井点布置如图 1.35 所示。

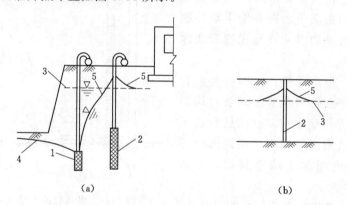

图 1.35　回灌井点布置

（a）回灌井点布置；（b）回灌井点水位

1—降水井点；2—回灌井点；3—原水位线；4—基坑内降低后的水位线；5—回灌后水位线

1.5　土方机械化施工

土方工程施工机械的种类繁多，有推土机、铲运机、平土机、松土机、单斗挖土机及多斗挖土机和各种碾压、夯实机械等。在建筑工程施工中，以推土机、铲运机和挖掘机应用最广，也具有代表性。现将这几种机械的性能、适用范围及施工方法予以介绍。

1.5.1　推土机

推土机是土方工程施工的主要机械之一，是在拖拉机机头装上推土铲刀等工作装置而制成的机械。按铲刀的操纵机构不同,推土机可分为索式和液压式两种,目前多采用液压式;按其行走装置不同,推土机可分为履带式和轮胎式两种,工程上常用的是履带式。图1.36所示为液压式推土机外形。

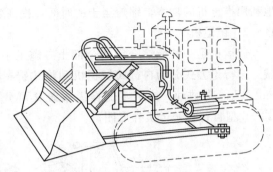

图1.36 液压式推土机外形

推土机可以独立完成铲土、运土和卸土三种作业,操纵灵活,运转方便,所需工作面较小,行驶速度快,易于转移,可爬30°左右的缓坡,因此应用比较广泛。推土机主要适用于一至三类土的浅挖短运,特别适用于场地清理和场地平整,也可用于开挖深度不大于1.5m的基坑及沟槽回填。此外,在推土机后面还可牵引其他无动力土方施工机械,如拖式铲运机、松土机及羊足碾等进行土方的其他作业。

推土机的推运距离应控制在100m以内。如果推运距离过大,土从推土铲刀两侧流失过大,不仅大大影响其生产效率,而且造成动力的巨大浪费。工程实践证明,对于四类以下的土的推运,其推运距离在40~60m时,最能发挥工作效能。该距离是其最经济推运距离。

推土机的生产效率主要取决于推土铲刀前推运的土体体积,以及操作中切土、推运、回程等的工作循环时间。为了减少推运过程中土体的散失,提高推土机的生产效率,可采取以下施工方法。

1.5.1.1 槽形推土

推土机多次在一条作业线上工作,使地面形成一条浅槽,以减少从铲刀两侧散漏。这样作业可增加推土量10%~30%。槽深以1m左右为宜,槽间土埂宽约0.5m。在推出多条槽后,再将土埂推入槽内,然后运出。槽形推土法如图1.37所示。

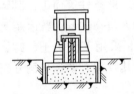

图1.37 槽形推土法

1.5.1.2 下坡推土

推土机顺着地面坡度沿下坡方向切土与推土,这样可借助机械本身的重力作用,增加推土能力和缩短推土时间。一般可以提高生产效率30%~40%,但推土坡度不宜超过15°,否则推土机后退,爬坡困难。下坡推土法如图1.38所示。

1.5.1.3 并列推土

在大面积场地平整时,可采用多台推土机并列作业。通常两机并列推土可增大推土量15%~30%,三机并列推土可增加30%~40%。并列推土的运距宜为20~60m。并列推土法如图1.39所示。

图1.38 下坡推土法

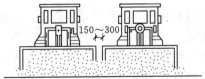

图1.39 并列推土法

1.5.1.4　多铲集运法

对比较硬的土，如果切土深度不大，可采用多次铲土、分批集中、一次推运的方法，即将每次铲起的少量土先集中在一个地点，待达到一定量后再进行推运的方法，这样可以有效地利用推土机的功率，缩短运土的时间，提高生产效率。

1.5.2　铲运机

铲运机是一种能综合完成全部土方施工工序（挖土、装土、运土、卸土和平土）的机械。按行走方式分为自行式铲运机和拖式铲运机两种。常用的铲运机斗容量为 $2m^3$、$5m^3$、$6m^3$、$7m^3$ 等数种。按铲斗的操纵系统又可分为钢丝绳操纵和液压操纵两种。图1.40为 C3-6 型自行式铲运机外形图。

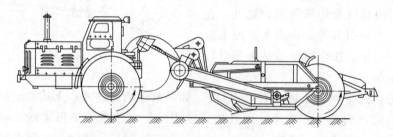

图1.40　C3-6型自行式铲运机外形图

铲运机操纵简单，不受地形限制，能独立工作，行驶速度快，生产效率高。铲运机适于开挖一类至三类土，常用于坡度20°以内的大面积土方挖、填、平整、压实，大型基坑开挖和堤坝填筑等。

铲运机运行路线和施工方法视工程大小、运距长短、土的性质和地形条件等而定。其运行路线可采用环形路线或8字路线。其中拖式铲运机的适用运距为 $80\sim800m$，当运距为 $200\sim350m$ 时效率最高。而自行式铲运机的适用运距为 $800\sim1500m$。采用下坡铲土、跨铲法、推土机助铲法等，可缩短装土时间提高土斗装土量，以充分发挥其效率。铲运机的开行路线主要有环形和8字形运行，如图1.41所示。

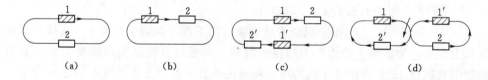

图1.41　铲运机的开行路线

(a) 环形路线；(b) 环形路线；(c) 大环形路线；(d) 8字形路线

1—第一次铲土满载；2—第一次卸土空载；1′—第二次铲土满载；2′—第二次卸土空载

1.5.3　挖掘机

单斗挖掘机是在土方工程挖掘中应用广泛的施工机械，其种类非常多，可以根据工作需要更换其工作装置。按传动方式不同，可分为机械传动和液压传动两种；按行走方式不同，可分为履带式和轮胎式两种；按其工作装置不同，可分为正铲挖掘机、反铲挖掘机、拉铲挖掘机和抓铲挖掘机，如图1.42所示。

单斗挖掘机是以铲斗作为作业装置进行间歇循环式作业，其特点是挖掘能力强，生产效率高，结构通用性好，能适应多种作业的要求，但行驶速度慢，机动性较差。在运距超过

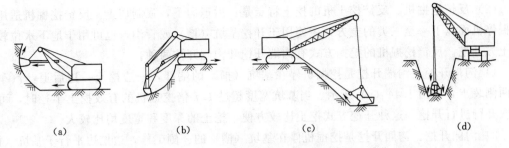

图 1.42 单斗挖掘机类型示意图

（a）正铲挖掘机；（b）反铲挖掘机；（c）拉铲挖掘机；（d）抓铲挖掘机

100m、工程量又较大时，以挖掘机配以自卸汽车作为运土工具进行开挖土方较为合理、经济。单斗挖掘机的铲斗容量有 0.2m³、0.4m³、0.5m³、0.8m³、1.0m³、1.6m³ 和 2.0m³ 等多种。

（1）正铲挖掘机。正铲挖土机的挖土特点是：前进向上，强制切土。一般只开挖停机面以上的一至四类土，并配备自卸车等运输车辆运土。正铲挖掘机挖掘力大，生产效率高，适于开挖土质较好、无地下水的土层。

正铲挖掘机按开挖路线与运输车辆的相对位置不同，其作业方式有以下两种：

1）正向挖土，侧向卸土。即挖掘机向前挖土，运输车辆在挖掘机的侧面装土，如图 1.43（a）所示。这种开挖方法由于挖掘机卸土时铲臂的回转角度小，可避免汽车倒车和转弯较多的缺点，运输车辆行驶方便，因而应用较多。

2）正向挖土，反向卸土。即挖掘机向前挖土，运输车辆停在挖土机后面装土，挖掘机和运输车辆在同一平面上，如图 1.43（b）所示。采用这种挖土方式，挖土工作面大，汽车不宜靠近挖掘机，需倒车到挖掘机后面装车。这种方式卸土时铲臂的回转角度大，在 180°左右，生产率较低，只在基坑宽度较小、开挖深度较大时才采用。

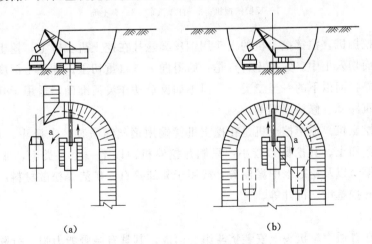

图 1.43 正铲挖掘机作业方式

（a）正向挖土、侧向卸土；（b）正向挖土、反向卸土

当开挖基坑的深度超过挖掘机工作面高度时，应对挖掘机的开行路线和进出口通道进行规划，给出开挖平面和剖面图，以便于挖土机开挖。

（2）反铲挖掘机。反铲挖土机的挖土特点是：后退向下，强制切土。反铲挖掘机适用于挖掘停机面以下一至三类的土方，主要用于开挖基坑（槽）或管沟，也可用于地下水位较高的土方开挖。反铲挖掘机的挖掘方式有沟端开挖和沟侧开挖两种。

1）沟端开挖。沟端开挖是挖掘机停在基坑（槽）的端部，一边挖土一边后退，汽车停在两侧装土，如图 1.44（a）所示。当基坑宽度超过 1.7 倍挖掘机的有效挖土半径时，可分几次开行进行开挖。这种开挖方式挖土比较方便，挖土的深度和宽度均比较大。

2）沟侧开挖。沟侧开挖是挖掘机停在基坑（槽）的一侧工作，边挖边平行于基坑（槽）移动，如图 1.44（b）所示。挖出的土可用汽车运走，也可弃于距基坑（槽）较远处。这种开挖方式挖土的深度和宽度均比较小，而且由于挖掘机的移动方向与挖土方向相垂直，所以稳定性比较差。因此，一般只在无法采用沟端开挖或所挖出的土不需运走时采用。

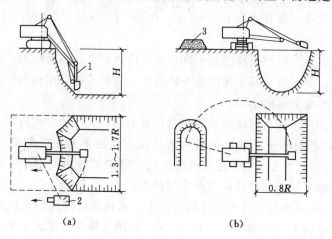

图 1.44　反铲挖掘机的作业方式
（a）沟端开挖；（b）沟侧开挖
1—反铲挖掘机；2—自卸汽车；3—弃土堆

（3）拉铲挖掘机。拉铲挖土机的土斗用钢丝绳悬挂在挖土机长臂上，挖土时土斗在自重作用下落到地面切入土中。其挖土特点是：后退向下，自重切土。其挖土深度和挖土半径均较大，能开挖停机面以下的一至二类土，但不如反铲动作灵活准确，适用于开挖大型基坑及水下挖土、填筑路基、修筑堤坝等。

（4）抓铲挖土机。抓铲挖土机是在挖土机臂端用钢丝绳吊装一个抓斗。其挖土特点是：直上直下，自重切土。其挖掘力较小，只能开挖停机面以下一至二类土，如挖窄而深的基坑、疏通旧有渠道以及挖取水中淤泥等，或用于装卸碎石、矿渣等松散材料。在软土地基的地区，常用于开挖基坑、沉井等。

1.5.4　装载机

装载机是在普通汽车机头上安装铲斗组合而成，其具有越野能力强、行驶速度快、操作较灵活、生产效率高、一机能多用等特点，能够独立完成铲土、运土、卸土、填筑、整平等多项工作，一般适用于一至三类土的直接挖运，对于四类土需要用松土机配合作业。所挖的土含水量不宜大于 27%，否则会黏结铲斗，造成卸土困难，同样也不适用于砾石层、冻土地带及沼泽区的施工。最近几年，在土方工程施工中开始广泛采用装载机，它完全可以代替铲运机。

1.5.5 土方机械的选择与合理配置

1.5.5.1 土方机械的选择

土方机械的选择，通常应根据工程特点和技术条件提出几种可行方案，然后进行技术经济分析比较，选择效率高、综合费用低的机械进行施工，一般选用土方施工单价最小的机械。在大型建设项目中，土方工程量很大，而施工机械的类型及数量常常有一定的限制，此时必须将机械进行统筹分配，以使施工费用最小。一般可以用线性规划的方法来确定土方施工机械的最优分配方案。

1.5.5.2 选择土方施工机械的要点

（1）当地形起伏不大、坡度在 20°以内、挖填平整土方的面积较大、土的含水量适当、平均运距短（一般在 1km 以内）时，采用铲运机较为合适；如果土质坚硬或冬季冻土层厚度为 100～150mm 时，必须由其他机械辅助翻松再铲运。当一般土的含水量大于 25% 或黏土含水量超过 30% 时，铲运机要陷车，必须将水疏干后再施工。

（2）地形起伏大的山区丘陵地带，一般挖土高度在 3m 以上，运输距离超过 1000m，工程量较大且集中，一般可采用正（反）铲挖掘机配合自卸汽车进行施工，并在弃土区配备推土机平整场地。当挖土层厚度在 5～6m 以上时，可在挖土段的较低处设置倒土漏斗，用推土机将土推入漏斗中，并用自卸汽车在漏斗下装土并运走。漏斗上口尺寸为 3.5m 左右，由钢框架支承，底部预先挖平以便装车，漏斗左右及后侧土壁应加以支护。也可以用挖掘机或推土机开挖土方并将土方集中堆放，再用装载机把土装到自卸汽车上运走。

（3）开挖基坑时，如土的含水量较小，可结合运距、挖掘深度，分别选用推土机、铲运机或正铲（或反铲）挖掘机配以自卸汽车进行施工。当基坑深度在 1～2m、基坑不太长时，可采用推土机；长度较大、深度在 2m 以内的线状基坑，可用铲运机；当基坑较大、工程量集中时，可选用正铲挖掘机。如地下水位较高，又不采用降水措施，或土质松软，可能造成机械陷车时，则采用反铲、拉铲或抓铲挖掘机配以自卸汽车施工较为合适。移挖作填以及基坑和管沟的回填，运距在 60～100m，以内时可用推土机。

1.6 土方填筑和压实

1.6.1 土料选择与填筑要求

1.6.1.1 土料选择

选择填方土料应符合设计要求。如设计无要求时，应符合下列规定：

（1）碎石类土、砂土（使用细、粉砂时应取得设计单位同意）和爆破石碴，可用作表层以下的填料。

（2）含水量符合压实要求的黏性土，可用作各层填料；碎块草皮和有机质含量大于 8% 的土，仅用于无压实要求的填方工程；淤泥和淤泥质土一般不能用作填料，但在软土或沼泽地区，经过处理其含水量符合压实要求后，可用于填方中的次要部位；含盐量符合规定的盐渍土，一般可以使用，但填料中不得含有盐晶、盐块或含盐植物的根茎。

（3）碎石类土或爆破石碴用作填料时，其最大粒径不得超过每层铺填厚度的 2/3（当使用振动辗时，不得超过每层铺填厚度的 3/4）。铺填时，大块料不应集中，且不得填在分段接头处或填方与山坡连接处。填方内有打桩或其他特殊工程时，块（漂）石填料的最大粒径不应超过设计要求。

1.6.1.2　填筑要求

土方填筑前，要对填方的基底进行处理，使之符合设计要求。如无设计要求，应符合下列规定：

（1）基底上的树墩及主根应清除，坑穴应清除积水、淤泥和杂物等，并分层回填夯实。基底为杂填土或有软弱土层时，应按设计要求加固地基，并妥善处理基底的空洞、旧基、暗塘等。

（2）如填方厚度小于 0.5m，还应清除基底的草皮和垃圾。当填方基底为耕植土或松土时，应将基底碾压密实。

（3）在水田、沟渠或池塘填方前，应根据具体情况采用排水疏干、挖出淤泥、抛填石块、砂砾等方法处理后再进行填土。

应根据工程特点、填料种类、设计压实系数、施工条件等合理选择压实机具，并确定填料含水量的控制范围、铺土厚度和压实遍数等参数。

填土应分层进行，并尽量采用同类土填筑。当选用不同类别的土料时，上层宜填筑透水性较小的填料，下层宜填筑透水性较大的土料。不能将各类土混杂使用，以免形成水囊。压实填土的施工缝应错开搭接，在施工缝的搭接处应适当增加压实遍数。

当填方位于倾斜的地面时，应先将基底斜坡挖成阶梯状，阶宽不小于 1m，然后分层回填，以防填土侧向移动。

填方土层应接近水平地分层压实。在测定压实后土的干密度并检验其压实系数和压实范围符合设计要求后才能填筑上层。由于土的可松性，回填高度应预留一定的下沉高度，以备行车碾压和自然因素作用下土体逐渐沉落密实，其预留下沉高度：砂土为填方高度的1.5%，亚黏土为填方高度的 3%～3.5%。

如果回填土湿度大，又不能采用其他土换填，可以将湿土翻晒晾干、均匀掺入干土后再回填。

冬雨季进行填土施工时，应采取防雨、防冻措施，防止填料（粉质黏土、粉土）受雨水淋湿或冻结，并防止出现"橡皮土"。

1.6.2　填土的压实方法

1.6.2.1　填土压实方法

填土压实方法有碾压、夯实和振动压实等三种。

1. 碾压法

碾压法是由沿着表面滚动的鼓筒或轮子的压力压实土壤。一切拖动和自动的碾压机具，如平滚碾、羊足碾和气胎碾等的工作都属于同一原理。适用范围：碾压法主要用于大面积的填土，如场地平整、大型车间的室内填土等工程。平碾适用于碾压黏性和非黏性土；羊足碾只能用来压实黏性土；气胎碾对土壤碾压较为均匀，故其填土质量较好。常用碾压工具：

（1）平碾：适用于碾压黏性和非黏性土。平碾又叫压路机，它是一种以内燃机为动力的自行式压路机。按碾轮的数目，有两轮两轴式（图1.45）和三轮两轴（图1.46）。

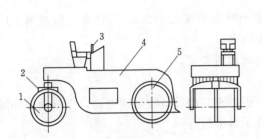

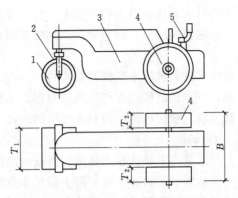

图 1.45　两轮光碾压路机

1—转向轮；2—刮泥板；3—操纵台；

4—机身；5—驱动轮

图 1.46　三轮光碾压路机

1—转向轮（前轮）；2—叉脚；3—机身；

4—驱动轮（后轮）；5—操纵台

平碾按重量分有：轻型（5t 以下）、中型（8t 以下）、重型（10～15t）。在建筑工地上多用中型或重型光面压路机。平碾的运行速度决定其生产率，在压实填方时，碾压速度不宜过快，一般碾压速度不超过 2km/h。

（2）羊足碾：羊足碾和平碾不同，它是碾轮表面上装有许多羊蹄形的碾压凸脚（图 1.47），一般用拖拉机牵引作业。

羊足碾有单桶和双桶之分，桶内根据

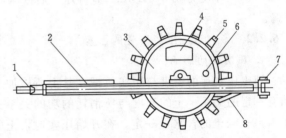

图 1.47　羊足碾

1—连接器；2—框架；3—轮滚；4—投压重物口；

5—羊足；6—洒水口；7—后连接器；8—铲刀

要求可分为空桶、装水、装砂，以提高单位面积的压力，增加压实效果。由于羊足碾单位面积压力较大，压实效果、压实深度均较同重量的光面压路机高，但工作时羊足碾的羊蹄压入土中，又从土中拔出，致使上部土翻松，不宜用于无黏性土、砂及面层的压实。一般羊足碾适用于压实中等深度的粉质黏土、粉土、黄土等。

2. 夯实法

夯实法是利用夯锤自由下落的冲击力来夯实土壤，主要用于小面积的回填土。夯实机具类型较多，有木夯、石夯、蛙式打夯机（图 1.48）以及利用挖土机或起重机装上夯板后的夯土机等。其中蛙式打夯机轻巧灵活，构造简单，在小型土方工程中应用最广。

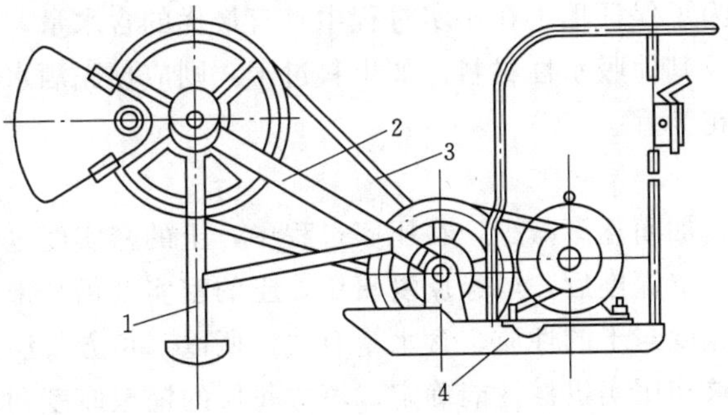

夯实法的优点是可以夯实较厚的土层。采用重型夯土机（如 1t 以上的重锤）时，其夯实厚度可达 1～1.5m。但

图 1.48　蛙式打夯机

1—夯头；2—夯架；3—三角胶带；4—底盘

对木夯、石碾或蛙式打夯机等夯土工具，其夯实厚度则较小，一般均在 200mm 以内。

人力打夯前应将填土初步整平，打夯要按一定方向进行，一夯压半夯，夯夯相接，行行相连，两遍纵横交叉，分层夯打。夯实基槽及地坪时，行夯路线应由四边开始，然后再夯向中间。

用蛙式打夯机等小型机具夯实时，一般填土厚度不宜大于25cm，打夯之前对填土应初步平整，打夯机应依次夯打，均匀分布，不留间隙。

基（坑）槽回填应在两侧或四周同时进行回填与夯实。

3. 振动法

振动法是将重锤放在土层的表面或内部，借助于振动设备使重锤振动，土壤颗粒即发生相对位移达到紧密状态。此法用于振实非黏性土效果较好。

近年来，又将碾压和振动结合而设计和制造出振动平碾、振动凸块碾等新型压实机械。振动平碾适用于填料为爆破碎石碴、碎石类土、杂填土或粉土的大型填方；振动凸块碾则适用于粉质黏土或黏土的大型填方。当压实爆破石碴或碎石类土时，可选用8～15t重的振动平碾，铺土厚度为0.6～1.5m，宜静压、后振压，碾压遍数应由现场试验确定，一般为6～8遍。

1.6.2.2 影响填土压实质量的因素

1. 压实功的影响

填土压实后的密度与压实机械在其上所施加的功有一定的关系。土的密度与所消耗的功的关系见图1.49。当土的含水量一定，在开始压实时，土的密度急剧增加，待到接近土的最大密度时，压实功虽然增加许多，而土的密度则变化甚小。在实际施工中，对于砂土只需碾压2～3遍，对亚砂土只需3～4遍，对亚黏土或黏土只需5～6遍。

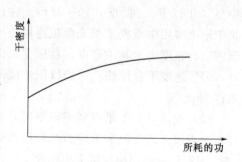

图1.49 土的干密度与压实功的关系

2. 含水量的影响

土的含水量对填土压实有很大影响。较干燥的土，由于土颗粒之间的摩阻力大，填土不易被夯实。而含水量较大，超过一定限度，土颗粒间的空隙全部被水充填而呈饱和状态，填土也不易被压实，容易形成橡皮土。只有当土具有适当的含水量，土颗粒之间的摩阻力，由于水的润滑作用而减少，土才易被压实。为了保证填土在压实过程中具有最优的含水量，当土过湿时，应予翻松晾晒或掺入同类干土及其他吸水性材料。如土料过干，则应预先洒水湿润。土的含水量一般以手握成团，落地开花为宜。

3. 铺土厚度的影响

土在压实功的作用下，其应力随深度增加而逐渐减少，在压实过程中，土的密实度也是表层大，而随深度加深而逐渐减少，超过一定深度后，虽经反复碾压，土的密实度仍与未压实前一样。各种不同压实机械的压实影响深度与土的性质、含水量有关，所以，填方每层铺土的厚度，应根据土质、压实的密实度要求和压实机械性能确定。填方每层的铺土厚度和压实遍数参见表1.8。

1.6.2.3 填土压实的质量控制与检查

1. 填土压实的质量控制

填土经压实后必须达到要求的密实度，以避免建筑物产生不均匀沉降。填土密实度以设计规定的控制干密度 ρ_d 作为检验标准，土的控制干密度 ρ_d 与最大干密度 ρ_{max} 之比称为压实系数 λ_c。利用填土作为地基时，相关规范规定了不同结构类型、不同填土部位的压实系数值（表 1.9）。

表 1.8　　　　　　　　　　　　　填方每层的铺土厚度和压实遍数

项次	压实机具	分层厚度/mm	每层压实遍数
1	平碾（8～12t）	200～300	6～8
2	羊足碾（5～16t）	200～350	6～16
3	蛙式打夯机（200kg）	200～250	3～4
4	振动碾（8～15t）	60～130	6～8
5	振动压路机 2t，振动力 98kN	120～150	10
6	推土机	200～300	6～8
7	拖拉机	200～300	8～16
8	人工打夯	≤200	3～4

表 1.9　　　　　　　　　　　　　　填土压实的质量控制

结构类型	填土部位	压实系数 λ_c	控制含水量/%
砌体承重结构和框架结构	在地基主要受力层范围以内	≥0.97	$\omega_{op} \pm 2$
	在地基主要受力层范围以下	≥0.95	
排架结构	在地基主要受力层范围以内	≥0.96	$\omega_{op} \pm 2$
	在地基主要受力层范围以下	≥0.94	
地坪垫层以下及基础底面标高以上的压实填土		≥0.94	$\omega_{op} \pm 2$

注　ω_{op} 为最佳含水量。

填土压实的最大干密度一般在实验室由击实试验确定，再根据相关规范规定的压实系数即可算出填土控制干密度 ρ_d 值。在填土施工时，土的实际干密度 ρ_d' 大于或等于控制干密度 ρ_d 时，即

$$\rho_d' \geqslant \rho_d = \lambda_c \rho_{max} \tag{1.44}$$

则符合质量要求。

式中　λ_c——要求的压实系数；

　　　ρ_{max}——土的最大干密度，g/cm^3。

2. 填土压实的质量检验

(1) 填土施工过程中应检查排水措施、每层填筑厚度、含水量控制和压实程序。

(2) 填土经夯实或压实后，要对每层回填土的质量进行检验，一般采用环刀法（或灌砂法）取样测定土的干密度，符合要求后才能填筑上层土。

(3) 按填土对象不同，规范规定了不同的抽取标准：基坑回填，每 $100 \sim 500 m^2$ 取样一组（每个基坑不少于一组）；基槽或管沟，每层按长度 $20 \sim 50m$ 取样一组；室内填土，每层按 $100 \sim 500 m^2$ 取样一组；场地平整填方每层按 $400 \sim 900 m^2$ 取样一组。取样部位在每层压实后的下半部，用灌砂法取样应为每层压实后的全部深度。

(4) 每项抽检的实际干密度应有 90% 以上符合设计要求，其余 10% 的最低值与设计值

的差不得大于 $0.08g/cm^3$，且应分散，不得集中出现在某一处。

（5）填土施工结束后应检查标高、边坡坡度、压实程度等，均应符合相关规范标准规定。

1.6.3 土方质量要求与安全措施

1.6.3.1 土方工程质量要求

（1）土质符合设计，并严禁扰动。

（2）基底处理符合设计或规范。

（3）填料符合设计和规范。

（4）检查排水措施、每层填筑厚度、含水量控制和压实程度。

（5）回填按规定分层压实。密实度符合设计和规定。

（6）外形尺寸的允许偏差和检验方法，应符合标准规范规定。

（7）标高、边坡坡度、压实程度等应符合标准规范的规定。

1.6.3.2 土方工程安全措施

（1）开挖时，作业工人应保持 2.5m 以上工作间距，挖土机间距应大于 10m。严禁挖空底脚的施工。

（2）按要求放坡。注意土壁的变动、支撑的稳固和墙壁的变化。

（3）深度大于 3m，吊装设备距坑边不小于 1.5m，起吊后垂直下方不得站人，坑内人员戴安全帽。

（4）手推车运土，不得翻车卸土；翻斗汽车运土，道路坡度、转弯半径符合安全规定。

（5）深基坑上下有阶梯、开斜坡道。坑四周设栏杆或悬挂危险标志。

（6）基坑支撑应经常检查，发现松动变形立即修整。

（7）基坑沟边 1m 以内不得堆土、堆料和停放机具，1m 以外堆土，其高度不宜超过 1.5m。

思 考 题

1. 土是如何分类的，都有哪些类型？

2. 土的可松性在场地平整土方工程中的意义？

3. 土的含水量及其与土方开挖有何关系？

4. 研究土的渗透性对土方工程施工有何关系？

5. 场地设计标高的确定方法有哪两种？它们有何区别和联系？

6. 计算土方量的四角棱柱体法、三角棱柱体法和截面法的适用条件及其优缺点？

7. 场地平整土方工程的施工机械有哪些？各自的适用范围和施工特点如何？

8. 试分析土壁塌方的原因及采取的措施。

9. 试述管井井点、轻型井点、喷射井点及电渗井点的构造措施及适用范围。

10. 试述轻型井点的布置方案和设计步骤。

11. 试分析产生流砂的外因和内因及防治流砂的途径及方法。

12. 影响填土压实的主要因素有哪些？如何检查填土压实的质量？

13. 试解释土的最佳含水量和最大干密度，它们与填土压实的质量有何关系？

14. 常用的土方机械有哪些？试述其工作特点及适用范围。

15. 如何提高推土机、铲运机和单斗挖土机的生产效率？如何组织土方工程综合机械化施工？

16. 一基坑深 5m，基坑底长 50m、宽 20m，四边放坡，边坡坡度为 1∶0.5，问挖土土方量为多少？若地坪以下混凝土基础的体积为 2800m³，则回填土为多少？多余土外运，如用斗容量为 6m³ 的汽车运土，问需运多少次？已知土的最初可松性系数 K_s=1.11，最终可松性系数 K_s=1.05。

习　　题

一、单选题

1. 从建筑施工的角度，可将土石分类，其中根据（　　），可将土石分为八类。

A. 粒径大小　　　　B. 承载能力　　　　C. 坚硬程度　　　　D. 孔隙率

2. 根据土的坚硬程度，可将土石分为八类，其中前四类土由软到硬的排列顺序为（　　）。

A. 松软土、普通土、坚土、砂砾坚土

B. 普通土、松软土、坚土、砂砾坚土

C. 松软土、普通土、砂砾坚土、坚土

D. 坚土、砂砾坚土、松软土、普通土

3. 土的天然含水量是指（　　）之比的百分率。

A. 土中水的质量与所取天然土样的质量

B. 土中水的质量与土的固体颗粒质量

C. 土的孔隙与所取天然土样体积

D. 土中水的体积与所取天然土样体积

4. 填土的密度常以设计规定的（　　）作为控制标准。

A. 可松性系数　　　　　　　　　B. 孔隙率

C. 渗透系数　　　　　　　　　　D. 压实系数

5. 基坑（槽）的土方开挖时，以下说法不正确的是（　　）。

A. 土体含水量大且不稳定时，应采取加固措施

B. 一般应采用"分层开挖，先撑后挖"的开挖原则

C. 开挖时如有超挖应立即整平

D. 在地下水位以下的土，应采取降水措施后开挖

6. 填方工程中，若采用的填料具有不同的透水性时，宜将透水性较大的填料（　　）。

A. 填在上部　　　　　　　　　　B. 填在中间

C. 填在下部　　　　　　　　　　D. 与透水性小的填料掺和

7. 填方工程施工（　　）。

A. 应由下至上分层填筑　　　　　B. 必须采用同类土填筑

C. 当天填土，应隔天压实　　　　D. 基础墙两侧应分别填筑

8. 可进行场地平整、基坑开挖、土方压实、松土的机械是（　　）。

A. 推土机   B. 铲运机

C. 平地机   D. 摊铺机

9. 正挖土机挖土的特点是（   ）。

A. 后退向下，强制切土   B. 前进向上，强制切土

C. 后退向下，自重切土   D. 直上直下，自重切土

10. 正铲挖土机适宜开挖（   ）。

A. 停机面以下的一～四类土的大型基坑

B. 有地下水的基坑

C. 停机面以上的一～三类土的大型基坑

D. 独立柱基础的基坑

11. 反铲挖土机能开挖（   ）。

A. 停机面以上的一～四类土的大型干燥基坑及土丘等

B. 停机面以下的一～三类土的基坑、基槽或管沟等

C. 停机面以下的一～二类土的基坑、基槽及填筑路基、堤坝等

D. 停基面以下的一～二类土的窄而深的基坑、沉井等

12. 抓铲挖土机适于开挖（   ）。

A. 山丘开挖   B. 场地平整土方

C. 水下土方   D. 大型基础土方

13. 在土质均匀、湿度正常、开挖范围内无地下水且敞漏时间不长的情况下，对较密实的砂土和碎石类土的基坑或管沟开挖深度不超过（   ）时，可直立开挖不加支撑。

A. 1.00m   B. 1.25m   C. 1.50m   D. 2.00m

14. 以下支护结构中，既有挡土又有止水作用的支护结构是（   ）。

A. 混凝土灌注桩加挂网抹面护壁   B. 密排式混凝土灌注桩

C. 土钉墙   D. 钢板桩

15. 某管沟宽度为8m，降水轻型井点在平面上宜采用（   ）形式。

A. 单排   B. 双排   C. 环形   D. U形

二、多选题

1. 土方工程施工的特点有（   ）。

A. 工期短   B. 土方量大   C. 工期长   D. 施工速度快

E. 施工条件复杂

2. 在轻型井点系统中，平面布置的方式有（   ）。

A. 单排井点   B. 双排井点   C. 环状井点   D. 四排布置

E. 二级井点

3. 可用作表层以下的填料的是（   ）。

A. 碎草皮   B. 黏性土   C. 碎石类土   D. 爆破石渣

E. 砂土

4. 影响填土压实质量的主要因素有（   ）。

A. 压实功   B. 机械的种类   C. 土的含水量   D. 土质

E. 铺土厚度

5. 土方填筑时，常用的压实方法有（　　）。

A. 水灌法　　　　　B. 碾压法　　　　　C. 堆载法　　　　　D. 夯实法

E. 振动压实法

6. 井点降水方法有（　　）。

A. 轻型井点　　　　B. 电渗井点　　　　C. 深井井点　　　　D. 集水井点法

E. 管井井点

第 2 章 地基与基础工程

【本章要点】

本章主要阐述了地基处理与基础工程的各种施工方法、作业条件、施工工艺流程、施工操作要点的质量标准和检验检查等。

【学习要求】

熟悉建筑地基与基础的基本概念与类型，掌握验槽的目的与内容；掌握地基处理的基本方法与施工工艺；了解桩基的作用、分类，掌握钢筋混凝土预制桩打桩顺序及其质量控制要求，掌握泥浆护壁成孔灌注桩成孔工艺及特点，了解灌注桩的分类以及各类灌注桩成孔的机械构造和原理；了解桩基工程检测与验收。

2.1 浅基础施工

地基若不加处理就可以满足要求的，称为天然地基，否则，就叫人工地基。如换土垫层、深层密实、排水固结等方法处理的地基。

通常把埋置深度在 5m 以内，只需经过挖槽、排水等施工程序就可以建造起来的基础统称为浅基础，如各种单独和连续的基础，独立柱基础、筏板基础等。若浅层土质条件差，必须把基础埋置于深处的好土层时，要借助于特殊的施工方法来建造的基础称为深基础，如桩基础、沉井和地下连续墙等。

2.1.1 浅基础的类型

根据受力条件和构造不同，浅基础可分为刚性基础和柔性基础两大类。

（1）刚性基础：砖基础、毛石基础、灰土基础和三合土基础、混凝土基础和毛石混凝土基础等。

（2）柔性基础：钢筋混凝土独立柱基础（阶梯形、锥形、杯形），钢筋混凝土条形基础，筏形基础，箱形基础等。

2.1.2 浅基础的施工

2.1.2.1 浅基础施工的基本程序

浅基础施工包括准备工作，基础开挖（降水、排水、土壁支撑），验槽，基础施工，验收与回填土等基本工作过程。

基础开挖一般采用明挖进行。开挖工作应尽量在枯水或少雨季节进行，且不宜间断。基坑开挖可用机械或人工进行，接近基础设计标高应留 30cm 厚度的土层作为保护层，待基础浇砌完工前，再用人工开挖至设计标高。

2.1.2.2 验槽

当基坑（槽）挖至设计标高后，应组织勘察、设计、监理、施工方和业主代表共同检查坑底土层是否与勘察、设计资料相符，是否存在填井、填塘、暗沟、墓穴等不良情况，这称为验槽。

1. 验槽的目的

验槽是基础开挖后的重要程序，也是一般岩土工程勘察工作最后一个环节。当施工单位挖完基槽并普遍钎探后，由建设单位约请勘察、设计单位技术负责人和施工单位技术负责人，共同到施工工地对槽底土层进行检查，简称"验槽"。其主要目的有如下几点。

（1）检验勘察成果是否符合实际。因为勘探孔的数量有限，仅布设在建筑物外围轮廓线四角与长边的中点。基槽全面开挖后，地基持力层土层完全暴露出来。首先检验勘察成果与实际情况是否一致，勘察成果报告的结论与建议是否正确和切实可行。

（2）解决遗留和发现的问题。有时勘察成果报告存在当时无法解决的遗留问题。例如，某学校新征土地上的一幢学生宿舍楼的勘察工作时，因拆迁未完成，场地上的一住户不让钻孔。此类遗留问题只能在验槽时解决。在验槽时发现的新问题通常有局部人工填土和墓葬、松土坑、废井、老建筑物基础等。解决此类问题通常进行地基局部挖填处理，或采用增大基础埋深、扩大基础面积、布置联合基础、加设挤密桩或设置局部桩基等方法。

（3）对于没有勘察资料的三级建筑物，地基浅层情况只有凭验槽了解。

2. 验槽方法

验槽的方法以观察为主，辅以夯、拍或轻便勘探，见图2.1。

（1）观察验槽的内容包括：

1）检查基坑（槽）的位置、断面尺寸、标高和边坡等是否符合设计要求。

2）检查槽底是否已挖至老土层（地基持力层）上，是否继续下挖或进行处理。

3）对整个槽底土进行全面观察：土的颜色是否均匀一致；土的坚硬程度是否均匀一致，有无局部过软或过硬；土的含水量情况，有无过干过湿；在槽底行走或夯拍，有无振颤现象或空穴声音等。

观察验槽应重点注意柱基、墙角、承重墙下受力较大的部位。仔细观察基底土的结构、孔隙、湿度、含有物等，并与设计勘察资料相比较，确定是否已挖到设计的土层。对于可疑之处应局部下挖检查。

（2）夯、拍验槽是用木夯、蛙式打夯机或其他施工工具对干燥的基坑进行夯、拍（对潮湿和软土地基不宜夯、拍，以免破坏基底土层），从夯、拍声音判断土中是否存在土洞或墓穴。对可疑迹象，应用轻便勘探仪进一步调查。

（3）轻便勘探验槽是用钎探、轻便动力触探、手摇小螺纹钻、洛阳铲等对地基主要受力层范围的土层进行勘探，或对上述观察、夯或拍发现的异常情况进行探查。

3. 验槽注意事项

（1）验槽前应全部完成合格钎探，提供验槽的定量数据。

（2）验槽时间要抓紧，基槽挖好，突击钎探，立即组织验槽。尤其夏季要避免下雨泡槽，冬季要防冻。不可拖延时间形成隐患。遇到问题时也必须当场研究具体措施并作出决定。

（3）验槽时应验看新鲜土面。冬季冻结的表土似很坚硬，夏季日晒后的干土也很坚实，但都不是真实状态，应除去表层再检验。

（4）应填写验槽记录，并由参加验槽的4个方面负责人签字，作为施工处理的依据。验槽记录应存档长期保存。若工程发生事故，验槽记录是分析事故原因的重要依据。

图 2.1　基坑验槽图

（a）拉线检查；（b）挖掘探查；（c）基坑底层基土质量钎探检查；（d）地基钎探施工现场

2.2　桩　基　工　程

桩是指深入土层的柱型构件。由基桩与连接桩顶的承台组成桩基础，简称桩基。桩基的主要作用是将上部结构的荷载传递到深部较坚硬、压缩性小的土层或岩层。由于桩基具有承载力高、稳定性好、沉降及差异变形小、沉降稳定快、抗震性能强以及能适应各种复杂地质条件等特点而得到广泛应用。

2.2.1　桩基工程分类

按桩的功能不同分为竖向抗压桩、竖向抗拔桩、水平受荷桩和复合受荷桩，其中竖向抗压桩又可按承载性状不同分为摩擦桩、端承桩、摩擦端承桩、端承摩擦桩。按成桩有无挤土效应，分为挤土桩、部分挤土桩及非挤土桩 3 类。按成桩方法分为预制桩与灌注桩两种。其中预制桩由材料不同有：木桩、混凝土桩、钢桩等。按成桩方法有打入法（包括锤击法和振动法）及静压法等。按桩的形状有方桩、圆形桩、管桩、螺旋形桩等。灌注桩由成孔工艺不同可分为沉管灌注桩、钻孔灌注桩、人工挖孔桩等。

按桩径大小分为大直径桩（直径 800mm 以上）、中等直径桩（250～800mm）、小直径桩（直径在 250mm 以内）。其中小直径桩也是近 10 多年发展较快的新桩型，如树根桩、锚杆静压桩、小直径静压预制桩等。它具有施工空间要求小，对原有建筑物基础影响小，施工方便，可在各种土层中成桩，并能穿越原有基础等特点。在地基托换、支撑结构、抗浮等工程中得到广泛应用。

2.2.2 预制桩施工

预制桩具有结构坚固耐久、桩身质量易于控制、成桩速度快、制作方便、承载力高，并能根据需要制成不同尺寸、不同形状的截面和长度，且不受地下水位的影响、不存在泥浆排放问题等特点，是建筑工程最常用的一种桩型。随着对沉桩噪声、振动、挤土等综合防护技术的发展，尤其是静压设备的发展，预制桩仍将是桩基工程中主要桩型之一。

2.2.2.1 施工准备

桩基础施工前应做好 3 个方面的准备工作：①内业准备工作，包括施工方案，施工方法，机具设备选择，质量与安全技术措施以及劳动力、材料、机具设备供应计划等；②现场准备，包括障碍物处理、场地平整、抄平放线以及设备进场、安装；③桩的制作、运输、堆放。

1. 现场准备

（1）障碍物处理。打桩前，应向城市管理、供水、供电、煤气、电信、房管等有关单位提要求，认真处理高空、地上、地下的障碍物。然后对现场周围的建筑物、驳岸、地下管线等作全面检查，如有危房或危险构筑物，必须予以加固或采取隔振措施或拆除。

（2）场地平整。打桩场地必须平整、坚实，必要时应铺设道路，经压路机压实，场地四周应挖排水沟排水。

（3）抄平放线。在打桩现场设置水准点，其位置应不受打桩影响，数量不少于两个，用于抄平场地和检查桩的入土深度。要根据建筑物的轴线控制桩定出桩基础的每个桩位。

2. 预制桩的制作、运输和堆放

（1）混凝土实心方桩的制作、运输和堆放。预制混凝土实心方桩是最常用的桩型之一。断面尺寸一般为 200mm×200mm～600mm×600mm（图 2.2）。单节桩的最大长度，依打桩架的高度而定，一般在 27m 以内。如需打设 30m 以上的桩，则将桩预制成几段，在打桩过程中逐段接长。但应避免桩尖接近硬持力层或桩尖处于硬持力层中接桩。较短桩多在预制厂生产，较长桩一般在现

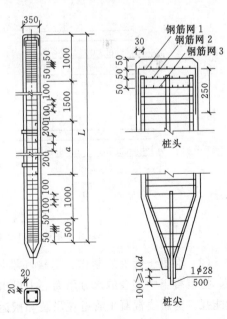

图 2.2 混凝土预制桩图

场附近或打桩现场就地预制。

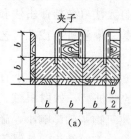

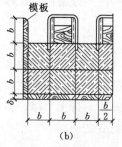

图 2.3　重叠间隔支
模示意图

（a）二层预制；（b）三层预制

现场制桩一般采用重叠法间隔制作（图 2.3）。重叠层数根据地面允许荷载和施工条件确定，但不宜超过三层。桩与桩之间应做好隔离层（如油毡、牛皮纸、塑料纸、纸筋石灰等）。上层桩或邻桩的浇筑，应在下层桩或邻桩混凝土达到设计强度的 30% 以后方可进行。由于重叠法施工需待上层桩混凝土到龄期后，整堆桩才能起吊使用，故也可将桩制成阶梯状。

预制桩钢筋骨架的主筋连接宜采用对焊或电弧焊。主筋接头配置在同一截面内的数量，应符合下列规定：①当采用闪光对焊和电弧焊时，不得超过 50%；②相邻两根主筋接头错开距离应大于 $35d$（d 为主筋直径），且不小于 500mm。

预制桩混凝土粗骨料应使用碎石或开口卵石，粒径宜为 5～40mm。混凝土强度等级常用 C30～C40，宜用机械搅拌，机械振捣，由桩顶向桩尖连续浇筑捣实，一次完成。制作后应洒水养护不少于 7 天。

混凝土预制桩达到设计强度的 70% 后方可起吊，达到设计强度 100% 后方可进行运输。如提前吊运，必须验算合格。桩在起吊和搬运时，吊点应符合设计规定。如无吊环，设计又未作规定时，应符合起吊弯矩最小的原则，按图 2.4 的位置捆绑。捆绑时钢丝绳与桩之间应加衬垫，以免损坏棱角。起吊时应平稳提升，吊点同时离地。长桩搬运时，桩下要设置活动支座。经过搬运的桩，还应进行质量复查。

桩堆放时，地面必须平稳、坚实；垫木间距应根据吊点确定；各层垫木应位于同一垂直线上；最下层垫木应适当加宽；堆放层数不宜超过四层；不同规格的桩应分别堆放。

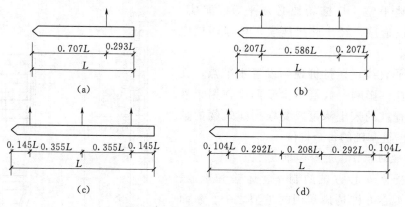

图 2.4　吊点合理位置示意图

（a）1 个吊点；（b）2 个吊点；（c）3 个吊点；（d）4 个吊点

（2）混凝土管桩的制作、运输和堆放。混凝土管桩为中空，一般在预制厂用离心法成型，把混凝土中多余的水分用离心力甩出，故混凝土密实，强度高，抵抗地下水和耐腐蚀的性能强。为解决混凝土管桩在吊装和搬运时因弯曲拉应力的作用而开裂，以及打桩时因拉伸应力而产生环状裂缝，故常用预应力混凝土管桩。预应力混凝土管桩有振动成型或离心法成型两种。混凝土强度等级不低于 C20；采用高强钢丝、钢绞线或高强螺纹钢筋等作预应力钢筋。混凝土管桩应达到设计强度 100％后方可运到现场打桩。堆放层数不超过 3 层。

（3）钢管桩的制作、运输和堆放。钢管桩较其他桩型有以下特点：强度高，能承受强大的冲击力，穿透硬土层性能好，可获得较高的承载能力，有利于建筑物的沉降控制；能承受较大的水平力；桩长可任意调节；重量轻、刚度好，装卸运输方便，挤土量少；但钢管桩需采取防腐处理。

钢管桩一般使用无缝钢管，也可采用钢板卷板焊接而成，一般在工厂制作。钢管桩的直径为 200～3000mm，管壁厚度为 6～50mm；一般由一节上节桩、若干节中节桩与一节下节桩组成。分节长度一般为 12～15m。

2.2.2.2 打入法施工

打入法是利用桩锤下落时的瞬时冲击力锤击桩头所产生的冲击机械能，克服土体对桩的阻力，导致桩体下沉。该法施工速度快，机械化程度高，适应范围广，但施工时有挤土、噪声和振动等公害，使用上受到一定的限制。

1. 打桩设备及选用

打桩所用的机具设备，主要包括桩锤、桩架及动力装置 3 部分。

桩锤的作用是对桩施加冲击力，将桩打入土中；桩架的作用是支持桩身和桩锤，将桩吊到打桩位置，并在打入过程中引导桩的方向，保证桩锤沿着所要求的方向冲击；动力装置包括启动桩锤用的动力设施，如卷扬机、锅炉、空气压缩机等。

（1）桩锤选择。桩锤有落锤、单动汽锤、双动汽锤、柴油打桩锤和液压锤等。桩锤的类型应根据施工现场情况、机具设备条件及工作方式和工作效率等条件来选择。

桩锤类型选定之后，还要根据重锤低击的原则确定桩锤的重量。桩锤过重，所需动力设备也大，不经济；桩锤过轻，必将加大落距，锤击功能很大部分被桩身吸收，桩不易打入，且桩头容易被打坏，保护层可能振掉。轻锤高击所产生的应力，还会促使距桩顶 1/3 桩长范围内的薄弱处产生水平裂缝，甚至使桩身断裂。因此，选择稍重的锤，用重锤低击和重锤快击的方法效果较好。一般可根据地质条件、桩型、桩的密集程度、单桩竖向承载力及现有施工条件等决定。

（2）桩架选择。选择桩架时，应考虑桩锤的类型、桩的长度和施工条件等因素。桩架的高度由桩的长度、桩锤高度、桩帽厚度及所用滑轮组的高度来决定。此外，还应留 1～2m 的高度作为桩锤的伸缩余地。

常用的桩架形式有下列 3 种：滚筒式桩架，多功能桩架，履带式桩架（图 2.5）。

（3）垫材的选择。为提高打桩效率和沉桩精度，保护桩锤安全使用和桩顶免遭破损，应在桩顶加设桩帽，如图 2.6 所示，并根据桩锤和桩帽类型、桩型、地质条件及施工条件等多种因素，合理选用垫材。位于桩帽上部与桩锤相隔的垫材称为锤垫，常用橡木、桦木等硬木按纵纹受压使用，有时也可采用钢索盘绕而成。近年来也有使用层状板及化塑型缓冲垫材。对重型桩锤尚可采用压力箱式或压力弹簧式新型结构锤垫。桩帽下部与桩顶相隔的垫材称为桩垫。桩垫常用松木横纹拼合板、草垫、麻布片、纸垫等材料。垫材的厚度应选择合理。

（4）送桩器。桩基施工一般均在基础开挖前施工，要将桩顶打至地表以下的设计标高，就要采用送桩器送桩。随着高层大型建筑物的兴建，基础顶部的埋深越来越深，此类工程桩基施工的送桩也随之加深，最深可达 10～15m。送桩器一般用钢管制成，送桩器制作要求包括：要有较高的强度和刚度；打入时阻力不能太大；能较容易地拔出；能将锤的冲击力有效地传递到桩上。

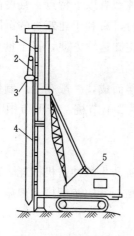

图 2.5　履带式桩架
1—导架；2—桩锤；3—桩帽；4—桩；5—吊车

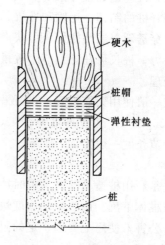

图 2.6　桩帽

2.打桩顺序

由于锤击沉桩是挤土法成孔，桩入土后对周围土体产生挤压作用。一方面先打入的桩会受到后打入的桩的推挤而发生水平位移或上拔；另一方面由于土被挤紧使后打入的桩不易达到设计深度或造成土体隆起。特别是在群桩打入施工时，这些现象更为突出。为了保证打桩工程质量，防止周围建筑物受土体挤压的影响，打桩前应根据场地的土质、桩的密集程度、桩的规格、长短和桩架的移动方便等因素来正确选择打桩顺序。

当桩较密集时（桩中心距小于或等于4倍桩边长或桩径），应由中间向两侧对称施打或由中间向四周施打，如图2.7（a）、图2.7（b）所示。这样，打桩时土体由中间向两侧或四周均匀挤压，易于保证施工质量。当桩数较多时，也可采用分区段施打。

当桩较稀疏时（桩中心距大于4倍桩边长或桩径），可采用上述两种打桩顺序，也可采用由一侧向另一侧单一方向施打的方式（即逐排施打），或由两侧同时向中间施打，如图2.7（c）、图2.7（d）所示。采用逐排施打时，桩架单方向移动，施工方便，打桩效率较高。当场地一侧有建筑物、构筑物或地下管线等，应由邻近建筑物、构筑物或

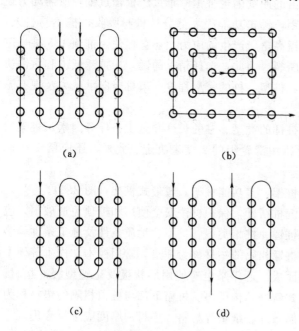

（a）　　　　　　　　　（b）

（c）　　　　　　　　　（d）

图 2.7　打桩顺序
（a）由中间向两侧施打；（b）由中部向四周施打；
（c）逐排施打；（d）由两侧向中间施打

地下管线一侧向另一方向施打，以防止受土体挤压破坏。

当桩规格、埋深、长度不同时，宜按"先大后小，先深后浅，先长后短"的原则进行施打，以免打桩时因土的挤压而使邻桩移位或上拔。

在实际施工过程中，不仅要考虑打桩顺序，还要考虑桩架的移动是否方便。在打完桩后，当桩顶高于桩架底面高度时，桩架不能向前移动到下一个桩位继续打桩，只能后退打桩；当桩顶标高低于桩架底面高度，则桩架可以向前移动来打桩。

3. 打桩工艺

打桩过程包括：场地准备（三通一平和清理地上、地下障碍物）、桩位定位、桩架移动和定位、吊桩和定桩、打桩、接桩、送桩、截桩。

（1）打桩。在桩架就位后即可吊桩，利用桩架上的卷扬机将桩吊成垂直状态送入导杆内，对准桩位中心，缓缓放下插入土中。桩插入时校正其垂直度偏差不超过 0.5%。桩就位后，在桩顶安上桩帽，然后放下桩锤轻轻压住桩帽。桩锤、桩帽和桩身中心线应在同一垂直线上。在桩的自重和锤重作用之下，桩向土中沉入一定深度而达到稳定。这时再校正一次桩的垂直度，即可进行沉桩。为了防止击碎桩顶，应在混凝土桩的桩顶与桩帽之间、桩锤与桩帽之间放上硬木、粗草纸或麻袋等垫材作为缓冲层。

打桩时为取得良好效果宜用"重锤低击"。桩开始打入时，桩锤落距宜低，一般为 0.6~0.8m，使桩能正常沉入土中。当桩入土一定深度（约 1~2m），桩尖不易产生偏移时可适当增大落距，并逐渐提高到规定的数值，连续锤击。

当桩顶设计标高在地面以下时，需用专制的送桩器加接在桩顶上，继续锤击将其送沉地下。

（2）接桩。当施工设备条件对桩的限制长度小于桩的设计长度时，需采用多节桩段连接而成。这些沉入地下的连接接头，其使用状况的常规检查将是困难的。多节桩段的垂直承载能力和水平承载能力将受其影响，桩的贯入阻力也将有所增大。影响程度主要取决于接头的数量、结构形式和施工质量。规范规定混凝土预制桩接头不宜超过二个，预应力管桩接头数量不宜超过四个。良好的接头构造形式，不仅应满足足够的强度、刚度及耐腐蚀性要求，而且也应符合制造工艺简单、质量可靠、接头连接整体性强与桩材其他部分应具有相同断面和强度，在搬运、打入过程中不易损坏，现场连接操作简便迅速等条件。此外，也应做到接触紧密，以减少锤击能量损耗。

接头的连接方法有：焊接法、浆锚法、法兰法 3 种类型。

1）焊接法接桩适用于单桩承载力高、长细比大、桩基密集或须穿过一定厚度较硬土层、沉桩较困难的桩。焊接法接桩的节点构造如图 2.8 所示，焊接用钢板、角钢宜用低碳钢，焊条宜用 E13；上、下节桩对准后，将锤降下，压紧桩顶，节点间若有间隙，用铁片垫实焊牢；接桩时，上、下节桩的中心线偏差不得大于 5mm，节点弯曲矢高不得大于桩长的 1‰，且不大于 20mm；施焊

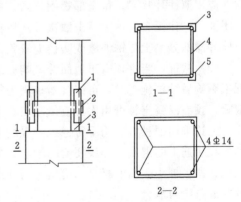

图 2.8 焊接法节点构造示意图（单位：mm）
1—拼接角钢；2—连接角钢；3—角钢与主筋焊接；
4—钢筋与角钢焊接；5—主筋

前，节点部位预埋件与角铁要除去锈迹、污垢，保持清洁；焊接时，应先将四角点焊固定，再次检查位置正确后，应由两个对角同时对称施焊，以减少焊接变形，焊缝要连续饱满，焊缝宽度、厚度应符合设计要求。钢管桩接桩一般也采用焊接法接桩。接头焊接完毕，应冷却1min后方可锤击。焊接质量按规定进行外观检查，此外还应按接头总数的5%做超声检查或2%做X拍片检查，在同一工程内，探伤检查不得少于3个接头。

2）浆锚法接桩可节约钢材、操作简便，接桩时间比焊接法要大为缩短。在理论上，浆锚法与焊接法一样，施工阶段节点能够安全地承受施工荷载和其他外力；使用阶段能同整根桩一样工作，传递垂直压力或拉应力。因在实际施工中，浆锚法接桩受原材料质量、操作工艺等因素影响，出现接桩质量缺陷的几率较高，故应谨慎使用。

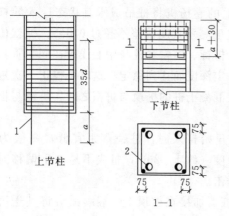

图2.9 浆锚法接桩节点构造示意图
（单位：mm）
1—锚筋；2—锚筋孔

浆锚法接桩节点构造如图2.9所示。接桩时，首先将上节桩对准下节桩，使生根锚筋插入锚筋孔（孔径为锚筋直径的2.5倍），下落上节桩身，使其结合紧密。然后将它上提约200mm（以1根锚筋不脱离锚筋孔为度），此时，安设好施工夹箍（由1块木板，内侧用人造革包裹20mm厚的树脂海绵块而成），将熔化的硫磺胶泥（温度控制15℃左右）注满锚筋孔和接头平面上，然后将上节桩下落，当硫磺胶泥冷却并拆除施工夹箍后，即可继续加荷施压。

为保证硫磺胶泥接桩质量，应做到：锚筋刷净并调直，锚筋孔内应有完好螺纹，无积水、杂物和油污，接桩时接点的平面和锚筋孔内应灌满胶泥，灌注时间不得超过2min，灌注后停歇时间应符合规范规定。

3）法兰法接桩主要用于混凝土管桩。法兰由法兰盘和螺栓组成，其材料应为低碳钢。它接桩速度快，但法兰盘制作工艺较复杂，用钢量大。法兰盘接合处可加垫沥青纸或石棉板。接桩时，将上下节桩螺栓孔对准，然后穿入螺栓，并对称地将螺帽逐步拧紧。如有缝隙，应用薄铁片垫实，待全部螺帽拧紧，检查上、下节桩的纵轴线符合要求后，将锤吊起，关闭油门，让锤自由落下锤击数次，然后再拧紧一次螺帽，最后用电焊点焊固定；法兰盘和螺栓外露部分涂上防锈油漆或防锈沥青胶泥，即可继续沉桩。

（3）截桩。当桩顶露出地面并影响后续桩施工时，应立即进行截桩头，而桩顶在地面以下不影响后续桩施工时，可结合凿桩头进行。截桩头前，应测量桩顶标高，将桩头多余部分截除，预制混凝土桩可用人工或风动工具（如风镐等）来截除。混凝土空心管桩宜用人工截除。无论采用哪种方法均不得把桩身混凝土打裂，并保持桩身主筋伸入承台内的锚固长度。黏着在主筋上的混凝土碎块要清除干净。当桩顶标高在设计标高以下时，应在桩位上挖成喇叭口，凿去桩头表面混凝土，凿出主筋并焊接接长至设计要求的长度，再用与桩身同强度等级的混凝土与承台一起浇筑。

钢管桩可用长柄氧乙炔内切割器伸入管内进行粗割，使管顶高出设计标高150～200mm，并用临时钢盖板覆盖管口，待挖土时再边挖土边拔管，以确保安全。混凝土垫层浇灌后，进行钢管桩的精割。先用水准仪在每根钢管桩上按设计标高定上3点，然后按此水平标高固定一环作为割刀的支承点，切割整平后放上配套桩盖焊牢，再在钢管桩顶端焊上基础锚固钢筋。

2.2.2.3 质量标准

打桩质量包括两个方面的内容，即能否满足贯入度或设计标高的要求，以及施工偏差是否在规范允许的范围以内。

（1）为保证打桩质量，应遵循如下停打原则。

1）桩端（指桩的全断面）位于一般土层时，以控制桩端设计标高为主，贯入度可作参考。

2）桩端达到坚硬、硬塑的黏土，中密以上的粉土、碎石类土、砂土、风化岩时，以贯入度控制为主，桩端标高可作参考。

3）贯入度已达到而桩端标高未达到时，应继续锤击3阵，按每阵10击的贯入度不大于设计规定的数值加以确认。必要时施工控制贯入度应通过试验与有关单位会商确定。

（2）混凝土预制桩打设后桩位允许偏差，应符合表2.1的规定。按标高控制的桩，桩顶标高的允许偏差为－50～＋100mm。

表 2.1 预制桩位置的允许偏差

序号	项　目		允许偏差/(mm)
1	单排或双排桩条形桩基	（1）垂直于条形桩基纵轴方向	100
		（2）平行于条形桩基纵轴方向	150
2	桩数为1～2根桩基中的桩		100
3	桩数为3～20根桩基中的桩		1/2桩径或1/2边长
4	桩数大于20根桩基中的桩	（1）最外边的桩	1/2桩径或1/2边长
		（2）中间桩	一个桩径或一个边长

注　由于降水、基坑开挖和送桩深度超过2m等原因产生的位移偏差不在此表内。

2.2.2.4 施工注意事项

（1）打桩过程应做好测量和记录，用落锤、单动汽锤或柴油锤打桩时，从开始即需统计桩身每沉1m所需的锤击数。当桩下沉接近设计标高时，则应以一定落距测量其每阵（10击）的沉落值（贯入度），使其达到设计承载力所要求的最后贯入度。如用双动汽锤，从开始就应记录桩身每下沉1m所需要的锤击时间，以观察其沉入速度。当桩下沉接近设计标高时，则应测量桩每分钟的下沉值，以保证桩的设计承载力。

（2）桩入土的速度应均匀，锤击间歇的时间不要过长。打桩时应观察桩锤的回弹情况，如回弹较大，则说明桩锤太轻，不能使桩沉下，应及时予以更换。

（3）打桩过程中应经常检查打桩架的垂直度，如偏差超过1％则及时纠正，以免桩打斜。

（4）随时注意贯入度的变化情况，当贯入度骤减，桩锤有较大回弹时，表明桩尖遇到障碍，此时应将锤击的落距减小，加快锤击。如上述现象仍然存在，应停止锤击，研究遇阻的原因并进行处理。打桩过程中，如突然出现桩锤回弹，贯入度突增，锤击时桩弯曲、倾斜、颤动，桩顶破坏加剧等，则表明桩身可能已经破坏。

（5）打桩过程中应防止锤击偏心，以免打坏桩头或使桩身折断。若发生桩身折断、桩位偏斜时，须将其拔出重打。拔桩的方法根据桩的种类、大小和入土深度而定，可以利用杠杆原理，使用三脚架卷扬机、千斤顶或汽锤、振动打桩机和拔桩机等进行。

（6）打桩中还应特别注意打桩机的工作情况和稳定性。应经常检查机件是否正常，绳索有无损坏，桩锤悬挂是否牢固，桩架移动是否安全等。

2.2.3 静力压桩施工

2.2.3.1 静压桩的施工原理、特点

静力压桩是利用静压力将预制桩逐节压入土中的一种沉桩工艺，它借助专用桩架自重及桩架上的压重，通过卷扬机滑轮组或液压系统施加压力在桩顶或桩身上，当施加给桩的静压力与桩的入土阻力达到动态平衡时，桩在自重和静压力作用下逐渐压入地基中。

静力压桩具有无噪声、无振动、无冲击力、施工应力小等特点，可节约材料、降低造价、减少高空作业，可减少打桩振动对地基和邻近建筑物的影响，桩顶不易损坏，不易产生偏心沉桩，沉桩精度较高，且可在沉桩施工中测定沉桩阻力，为设计施工提供参数，并预估和验证桩的承载力，是一种很有发展前途的桩型。静力压桩有利于在城市和有防震、防噪声要求的地区施工。但这种方法只适用于土质均匀的软土地基，且不能压斜桩。

2.2.3.2 压桩工艺

静力压桩工艺流程：场地清理和处理→测量定位→尖桩就位、对中、调直→压桩→接桩→再压桩→送桩（或截桩）。

（1）场地清理和处理：清除施工区域内高空、地上、地下的障碍物。平整、压实场地，并铺上10cm厚道渣。由于静压桩机设备重，对地面附加应力大，应验算其地耐力，若不能满足要求，应对地表土加以处理（如碾压、铺毛石垫层等），以防机身沉陷。

（2）测量定位：施工前应放好轴线和每一个桩位。如在较软的场地施工，由于桩机的行走会挤走预定标志，故在桩机大体就位之后要重新测定桩位。

（3）尖桩就位、对中、调直：对于液压步履式行走机构的压桩机，通过启动纵向和横向行走油缸，将桩尖对准桩位；开动夹持油缸和压桩油缸，将桩箍紧并压入土中1.0m左右停止压桩，调整桩在两个方向的垂直度，第一节桩是否垂直是保证压桩质量的关键。

（4）压桩：通过夹持油缸将桩夹紧，然后使压桩油缸伸长，将压力施加到桩顶，压桩力由压力表反映。在压桩过程中要记录桩入土深度和压力表读数的关系，以判断桩的质量及沉桩阻力。当压力表读数突然上升或下降时，要对照地质资料进行分析，判断是否遇到障碍物或产生断桩情况等。压同一根（节）桩时，应缩短停歇时间，以防桩周与地基土固结、压桩力骤增，造成压桩困难。

（5）接桩：当下一节桩压到露出地面0.8～1.0m时，开始接桩。应尽量缩短接桩时间，以防桩周与土固结，压桩力骤增，造成压桩困难。

（6）送桩或截桩：当桩顶接近地面，而压桩力尚未达到规定值，应进行送桩。当桩顶高出地面一段距离，而压桩力已达到规定值时则要截桩，以便后续压桩和移位。

2.2.3.3 终止压桩控制标准

对摩擦型桩以达到桩端设计标高为终止控制条件；对于端承摩擦型长桩以设计桩长控制为主，最终压力值作对照；对承载力较高的工程桩，终压力值宜尽量接近或达到压桩机满载值；对端承型短桩，以终压力满载值为终压控制条件，并以满载值复压。量测压力等仪表应以定期标定数据为准。

2.2.3.4 施工注意事项

遇到下列情况应停止压桩,并及时与有关单位研究处理:①初压时,桩身发生较大幅度移位、倾斜,压入过程中桩身突然下沉或倾斜;②桩顶混凝土破坏或压桩阻力剧变。

2.2.4 振动沉桩、水冲沉桩

2.2.4.1 振动沉桩

振动沉桩的原理是借助固定于桩头上的振动沉桩机所产生的振动力,以减小桩与土壤颗粒之间的摩擦力,使桩在自重与机械力的作用下沉入土中。

振动沉桩法主要适用于砂石、黄土、软土和亚黏土,在含水砂层中的效果更为显著,但在砂砾层中采用此法时,尚需配以水冲法。沉桩工作应连续进行,以防间歇过久难以沉下。

2.2.4.2 水冲沉桩

水冲沉桩法,就是利用高压水流冲刷桩尖下面的土壤,以减少桩表面与土壤之间的摩擦力和桩下沉时的阻力,使桩身在自重或锤击作用下,很快沉入土中。射水停止后,冲松的土壤沉落,又可将桩身压紧。

水冲法适用于砂土、砾石或其他较坚硬土层,特别对于打设较重的混凝土桩更为有效。但在附近有旧房屋或结构物时,由于水流的冲刷将会引起它的沉陷,故在采取措施前,不得采用此法。

2.2.5 混凝土灌注桩施工

混凝土灌注桩是直接在施工现场桩位上成孔,然后在孔内安放钢筋笼,浇筑混凝土成桩。与预制桩相比,具有施工低噪声、低振动、桩长和直径可按设计要求变化自如、桩端能可靠地进入持力层或嵌入岩层、单桩承载力大、挤土影响小、含钢量低等特点。但成桩工艺较复杂、成桩速度较预制桩施工慢。按成孔的方法不同,混凝土灌注桩可以分为:沉管灌注桩、干作业螺旋钻孔灌注桩、泥浆护壁成孔灌注桩和人工挖孔灌注桩。

不论采用什么方法,混凝土灌注桩施工均应满足以下规定。

2.2.5.1 一般规定

1. 成孔

成孔设备就位后,必须平整、稳固,确保在施工中不发生倾斜、移动,允许垂直偏差为0.3%。为准确控制成孔深度,应在桩架或桩管上作出控制深度的标尺,以便在施工中进行观测、记录。

(1)成孔的控制深度。成孔的控制深度应符合下列要求。

1)摩擦型桩。摩擦桩以设计桩长控制成孔深度;端承摩擦桩必须保证设计桩长及桩端进入持力层深度;当采用锤击沉管法成孔时,桩管入土深度控制以标高为主,以贯入度控制为辅。

2)端承型柱。当采用钻(冲)、挖掘成孔时,必须保证桩孔进入设计持力层深度;当采用锤击沉管法成孔时,沉管深度以贯入度为主,设计持力层标高对照为辅。

(2)成孔施工顺序。对土没有挤密作用的钻孔灌注桩、干作业成孔灌注桩,一般按现场条件和桩机行走最方便的原则确定成孔顺序。对土有挤密作用和振动影响的冲孔灌注桩、锤击(或振动)沉管灌注桩、爆扩桩等,一般可结合现场施工条件,采用下列方法确定成孔顺序:①间隔一个或两个桩位成孔;②在邻桩混凝土初凝前或终凝后成孔;③一个承台下桩数在5根以上者,中间的桩先成孔,外围的桩后成孔;④同一个承台下的爆扩桩,可采用单爆或联爆法成孔；⑤人工挖孔桩当桩净距小于 2 倍桩径且小于 2.5m 时，应采用间隔开挖。排桩跳挖的最小施工净距不得小于 1.5m，孔深不宜大于 20m。

2. 钢筋笼的制作

制作钢筋笼时，要求主筋环向均匀布置，箍筋的直径及间距、主筋的保护层、加劲箍的间距等均应符合设计要求，箍筋一般应为螺旋式。分段制作的钢筋笼，其接头宜采用焊接并应遵守规范规定。钢筋笼分段长度一般宜定在 8m 左右。对于长桩，当采取一些辅助措施后，也可为 12m 左右或更长一些。钢筋笼主筋净距必须大于混凝土粗骨料粒径的 3 倍以上，加劲箍宜设在主筋外侧，钢筋笼内径应比导管接头处外径大 100mm 以上。为保护主筋保护层的厚度，应在主筋外侧安设钢筋定位器。

钢筋笼安放时要求对准孔位，扶稳、缓慢、顺直，避免碰撞孔壁，严禁墩笼、扭笼。钢筋笼到达设计位置后应采用工艺筋（吊筋、抗浮筋）固定，避免钢筋笼下沉或受混凝土上浮力的影响而上浮。钢筋笼放入泥浆后 1h 内必须灌注混凝土，并做好记录。

3. 混凝土的配制与灌注

（1）混凝土的配制要求：①混凝土强度等级不应低于设计要求；②用导管法水下灌注混凝土时坍落度为 160～220mm，非水下直接灌注混凝土（有配筋）时坍落度宜为 80～100mm；非水下直接灌注素混凝土时坍落度宜为 60～80mm；③粗骨料可选用卵石或碎石，其最大粒径对于沉管灌注桩不宜大于 50mm，并不得大于钢筋间最小净距的 1/3，对于素混凝土桩，不得大于桩径的 1/4，并不宜大于 70mm；④对于水下灌注混凝土的含砂率宜为 40%～45%，水泥用量不少于 360kg/m³，为改善和易性和缓凝，宜掺外加剂。

（2）混凝土的灌注方法：①导管法用于孔内水下灌注；②串筒法用于孔内无水或渗水量很小时灌注；③短护筒直接投料法用于孔内无水或虽孔内有水但能疏干时灌注；④混凝土泵可用于混凝土灌注量大的大直径钻、挖孔桩。

（3）灌注混凝土应遵守以下规定。

1）检查成孔质量合格后应尽快灌注混凝土，桩身混凝土必须留有试件，泥浆护壁成孔的灌注桩，每根桩不得少于 1 组试块；同一配合比的试块，每个灌注台班不得少于 1 组，每组 3 件。

2）混凝土灌注充盈系数（实际灌注混凝土体积与按设计桩身直径计算体积之比）不得小于 1.0；一般土质为 1.1；软土为 1.2～1.3。

3）每根桩的混凝土灌注应连续进行。对于水下混凝土及沉管桩孔从管内灌注混凝土的桩，在灌注过程中应用浮标或测锤测定混凝土的灌注高度，以检查灌注质量。

4）灌注后的桩顶应高出设计标高，并予以保护，以保证在凿除浮浆层后，桩顶标高和桩顶混凝土质量能符合设计要求。

5）当气温低于 0℃时，灌注混凝土应采取保温措施，灌注时的混凝土温度不应低于 5℃；在桩顶混凝土未达到设计强度的 50% 前不得受冻。当气温高于 30℃时，应根据具体情况对混凝土采取缓凝措施。

2.2.5.2 沉管灌注桩

沉管灌注桩是目前常用的一种灌注桩。其施工方法有锤击沉管灌注桩、振动沉管灌注桩、静压沉管灌注桩、沉管夯扩灌注桩和振动冲击沉管灌注桩等。这类灌注桩的施工工艺是：使用锤击式桩锤或振动式桩锤将一定直径的钢管沉入土中，造成桩孔，然后放入钢筋笼

（也有的是后插入钢筋笼），浇筑混凝土，最后拔出钢管，便形成所需要的灌注桩。它和打入桩一样，对周围有噪声、振动、挤土等影响。

（1）锤击沉管灌注桩宜用于一般黏性土、淤泥质土、砂土和人工填土地基。施工设备如图 2.10 所示。

（2）振动沉管灌注桩的适用范围除与锤击沉管灌注桩相同外，更适用于砂土、稍密及中密的碎石土地基。施工设备如图 2.11 所示。

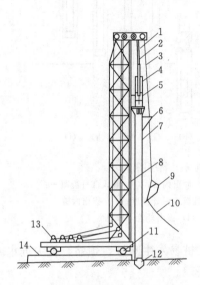

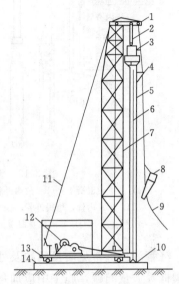

图 2.10　锤击沉管灌注桩机械设备示意图
1—桩锤钢丝绳；2—桩管滑轮组；3—吊斗钢丝绳；4—桩锤；
5—桩帽；6—混凝土漏斗；7—桩管；8—桩架；9—混凝土
吊斗；10—回绳；11—钢管；12—预制桩靴；
13—卷扬机；14—枕木

图 2.11　振动沉管灌注桩桩机示意图
1—导向滑轮；2—滑轮组；3—激振器；4—混凝土漏斗；
5—桩管；6—加压钢丝绳；7—桩架；8—混凝土吊斗；
9—回绳；10—桩靴；11—缆风绳；12—卷扬机；
13—钢管；14—枕木

锤击或振动灌注桩可采用单打法、反插法或复打法施工。

1）单打法。施工时在沉入土中的桩管内灌满混凝土，开动激振器，振动 5～10s，开始拔管，边振边拔。

2）反插法。反插法是在桩管灌满混凝土之后，先振动再开始拔管，每次拔管高度 0.5～1.0m，反插深度 0.3～0.5m；在拔管过程中应分段添加混凝土，保持管内混凝土面始终不低于地表面或高于地下水位 1.0～1.5m 以上，拔管速度应小于 0.5m/min。

3）复打法。复打法是在第一次灌注桩施工完毕，拔出桩管后，清除桩管外壁上的污泥和桩孔周围地面浮土，立即在原桩位再埋预制桩靴或合好桩尖活瓣，进行第二次复打沉桩管，使未凝固的混凝土向四周挤压以扩大桩径，然后再灌注第二次混凝土。拔管方法与初打时相同。施工时要注意：前后两次沉管的轴线应重合；复打施工必须在第一次灌注的混凝土初凝之前进行；钢筋笼应在第二次沉管后放入。

（3）沉管夯扩灌注桩（简称夯扩桩）是在锤击沉管灌注桩的基础上发展起来的。它是利用打桩锤将内、外桩管同步沉入土层中，通过锤击内桩管夯扩端部混凝土，使桩端形成扩大头，再灌注桩身混凝土。拔外桩管时，用内桩管和桩锤顶压在管内混凝土面上，使桩身密实成型，其施工工艺流程如图 2.12 所示。夯扩桩桩身直径一般为 200～600mm，扩大头直径一般可达 500～900mm，桩长不宜超过 20m。适用于中低压缩性黏土、粉土、砂土、碎石土、强风化岩等土层。

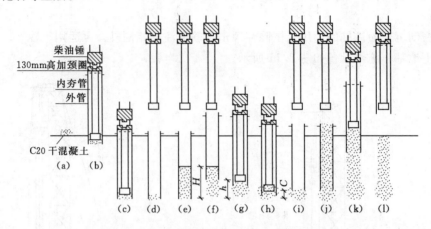

图 2.12　无预制桩尖夯扩桩施工顺序图

(a) 放干硬混凝土；(b) 放内外管；(c) 锤击；(d) 抽出内管；(e) 灌入部分混凝土；
(f) 放入内管，稍提外管；(g) 锤击；(h) 内外管沉入设计深度；(i) 拔出内管；
(j) 灌满桩身混凝土；(k) 上拔外管；(l) 拔出外管，成桩

（4）沉管灌注桩常见质量问题及处理。沉管灌注桩易发生断桩、颈缩、桩尖进水或进泥砂及吊脚桩等质量问题，施工中应加强检查并及时处理。

1）断桩的裂缝是水平的或略带倾斜，一般都贯通整个截面，常出现于地面以下 1～3m 的不同软硬土层交接处。断桩的原因主要有：桩距过小，邻桩施打时土的挤压所产生的水平横向推力和隆起上拔力影响；软硬土层间传递水平力大小不同，对桩产生水平剪应力；桩身混凝土终凝不久，强度弱；承受不了外力的影响。避免断桩的措施有：桩的中心距宜大于 3.5 倍桩径；考虑打桩顺序及桩架行走路线时，应注意减少对新打桩的影响；采用跳打法或控制时间法以减少对邻桩的影响。对断桩检查，在 2～3m 以内，可用手锤敲击桩头侧面，同时用脚踏在桩上，如桩已断，会感到浮振。如深处断桩，目前常用开挖检查法和动测法检查。断桩一经发现，应将断桩段拔去，把孔清理干净后，略增大面积或加上钢箍连接，再重新灌注混凝土。

2）缩颈桩又称瓶颈桩，部分桩颈缩小，截面积不符合要求。产生缩颈的原因是：在含水量大的黏性土中沉管时，土体受强烈扰动和挤压，产生很高的孔隙压力，桩管拔出后，这种水压力便作用到新灌注的混凝土桩上，使桩身发生不同程度的缩颈现象；拔管过快；管内混凝土存量过少；或和易性差，使混凝土出管时扩散差等也易造成缩颈。施工中应经常测定混凝土落下情况，发现问题及时纠正，一般可用复打法处理。

3）桩尖进水或进泥，常见于地下水位高、含水量大的淤泥和粉砂土层中。处理方法可将桩管拔出，修复改正桩尖缝隙后，用砂回填桩孔重打；地下水量大时，桩管沉到地下水位处，用水泥砂浆灌入管内约 0.5m 作封底，并再灌 1m 高混凝土，然后打下。

4）吊脚桩指桩底部的混凝土隔空，或混凝土中混进泥砂而形成松软层的桩。造成吊脚桩的原因是预制桩尖被打坏而挤入桩管内，拔管时桩尖未及时被混凝土压出或桩尖活瓣未

时张开，如发现问题应将桩管拔出，填砂重打。

2.2.5.3 干作业螺旋钻孔灌注桩

干作业螺旋钻孔灌注桩按成孔方法可分为长螺旋钻孔灌注桩和短螺旋钻孔灌注桩两种。

长螺旋钻成孔是用长螺旋钻孔机的螺旋钻头，在桩位处就地切削土层，被切土块钻屑随钻头旋转，沿着带有长螺旋叶片的钻杆上升，输送到出土器后自动排出孔外。短螺旋钻成孔是用短螺旋钻机的螺旋钻头，在桩位处就地切削土层，被切土块钻屑随钻头旋转，沿着带有数量不多的螺旋叶片的钻杆上升，积聚在短螺旋叶片上，形成"土柱"，此后靠提钻、反转、甩土，将钻屑散落在孔周，一般钻进0.5～1.0m就要提钻一次。

1. 钻机

长、短螺旋钻机如图2.13和图2.14所示。适用于成孔地下水位以上的填土层、黏性土层、粉土层、砂土层和粒径不大的砾砂层。但不宜用于地下水位以下的上述各类土层以及碎石层、淤泥土层。对非均质碎砖、混凝土块、条块石的杂填土层及大卵砾石层，成孔困难大。

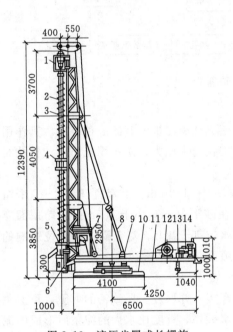

图 2.13　液压步履式长螺旋
钻机（单位：mm）

1—减速箱；2—臂架；3—钻杆；4—中间导向套；5—出土装置；6—前支腿；7—操纵室；8—斜撑；9—中；10—下盘；11—上盘；12—卷扬机；13—后支腿；14—液压系统

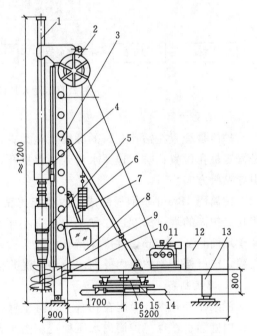

图 2.14　KQB1000型液压步履式短
螺旋钻机（单位：mm）

1—钻杆；2—电缆卷筒；3—臂架；4—导向架；5—主机；6—斜撑；7—起架油缸；8—操纵室；9—前支腿；10—钻头；11—卷扬机；12—液压系统；13—后支腿；14—履靴；15—中盘；16—上盘

2. 施工要点

（1）钻进时要求钻杆垂直，如发现钻杆摇晃、移动、偏斜或难以钻进时，可能遇到坚硬夹物，应立即停车检查，妥善处理，否则会导致桩孔严重偏斜，甚至钻具被扭断或损坏。钻孔偏移时，应提起钻头上下反复打钻几次，以便削去硬土。纠正无效，可在孔中局部回填黏土至偏孔处以上 0.5m，再重新钻进。

（2）钻孔达到要求深度后，应用夯锤夯击孔底虚土，或者用压力在孔底灌入水泥浆，以减少桩的沉降和提高桩的承载能力，然后尽快吊放钢筋笼，并浇筑混凝土。浇筑应分层进行，每层高度不得大于 1.5m。

2.2.5.4　泥浆护壁成孔灌注桩

泥浆护壁成孔灌注桩是利用原土自然造浆或人工造浆浆液护壁，通过循环泥浆将被钻头切削土体的土块钻屑挟带排出孔而成孔，而后安放钢筋笼，水下灌注混凝土成桩。泥浆护壁成孔方法有：正（反）循环回转钻成孔、正（反）循环潜水钻成孔、冲击钻成孔、冲抓锥成孔、钻斗钻成孔等。泥浆护壁成孔灌注桩适用于地下水位以下的黏性土、粉土、砂土、填土、碎（砾）石土及风化岩层，以及地质情况复杂、夹层多、风化不均、软硬变化较大的岩层。冲孔灌注桩还能穿透旧基础、大孤石等障碍物，但在岩溶发育地区慎重使用。

泥浆护壁成孔灌注桩施工工艺见图 2.15。

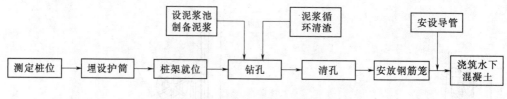

图 2.15　泥浆护壁成孔灌注桩施工工艺

1. 埋设护筒

护筒是埋置在钻孔孔口的圆筒，是大直径泥浆护壁成孔灌注桩特有的一种装置。其作用是固定桩孔位置；防止地面水流入，保护孔口；增高桩孔内水压力，防止塌孔，以及钻孔时引导钻头方向。

护筒用 48mm 厚钢板制成，内径应比钻头直径大 100～150mm，上部宜开设 1～2 个溢浆孔。护筒的埋设深度，在黏土中不宜小于 1.0m，在砂土中不宜小于 1.5m。护筒顶面应高于地面 0.2～0.6m，并应保持孔内泥浆面高出地下水位 1m 以上。对于受江河水位影响的工程，应严格控制护筒内外的水位差，泥浆面应高出最高水位 1.5m 以上。

2. 泥浆制备

泥浆在桩孔内会吸附在孔壁上，将土壁孔隙填渗密实，并形成一层致密的泥膜，可避免桩孔内壁漏水，保持护筒内水压稳定。由于孔内外的水头差，重度比水大的泥浆所形成的泥浆压力作用在这层泥膜上，即可稳固土壁，防止塌孔；泥浆有一定黏度，通过循环泥浆可将切削碎的泥石渣屑悬浮后排出，起到携砂、排土的作用。同时，泥浆还对钻头有冷却和润滑作用。

制备泥浆的方法应根据土质条件确定：在黏土和亚黏土中成孔，可在孔中注清水，钻机回转时，切削土屑并与水旋拌，利用原土造浆，泥浆比重控制在 1.1～1.2。在其他土层中成孔，泥浆制备应选用高塑性黏性土或膨润土。在砂土和较厚的夹砂层中成孔时，泥浆比重应控制在 1.1～1.3；在穿过砂夹卵石层或容易塌孔的土层中成孔时，泥浆比重控制在 1.3～1.5。施工中应经常测定泥浆比重，并定期测定黏度（应为 18～22s）、含砂率（应不大于 4%）和胶体率（应不小于 90%）等指标。

3. 成孔

(1) 回转钻成孔。回转钻成孔是国内灌注桩施工中最常用的方法之一。按其排渣方式分为正循环回转钻成孔和反循环回转钻成孔两种。

1) 正循环回转钻成孔是钻机回转装置带动钻杆和钻头回转切削破碎岩土，由泥浆泵输进泥浆，泥浆沿孔壁上升，从孔口溢浆孔溢出流入泥浆池，经沉淀返回循环池。通过循环泥浆，一方面协助钻头破碎岩土将钻渣带出孔外，同时起护壁作用，如图 2.16 所示。正循环回转钻成孔泥浆的上返速度较低，挟带土粒直径小，排渣能力差，岩土重复破碎现象严重。适用于填土、淤泥、黏土、粉土、砂土等地层，对卵砾石含量不大于 15%、粒径小于 10mm 的部分砂卵砾石层和软质基岩、较硬基岩也可使用。桩孔直径不宜大于 1000mm，钻孔深度不宜超过 20m。

2) 反循环回转钻成孔是由钻机回转装置带动钻杆和钻头回转切削破碎岩土，利用泵吸、气举、喷射等措施抽吸循环护壁泥浆，挟带钻渣从钻杆内腔抽吸出孔外的成孔方法（图 2.17）。反循环回转钻成孔方法根据抽吸原理不同可分为泵吸反循环、气举反循环与喷射（射流）反循环 3 种施工工艺。

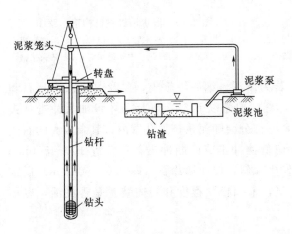

图 2.16　正循环回转钻成孔

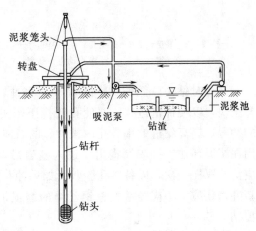

图 2.17　反循环回转钻成孔

反循环钻进成孔适用于填土、淤泥、黏土、粉土、砂土、砂砾等地层。反循环钻机与正循环钻机基本相同，但还要配备吸泥泵、真空泵或空气压缩机等。

(2) 潜水钻成孔。潜水钻机的动力装置沉入钻孔内，封闭式防水电动机和变速箱及钻头组装在一起潜入泥浆下钻进（图 2.18 和图 2.19）。

潜水钻机钻进时出渣方式也有正循环与反循环两种。潜水钻正循环是利用泥浆泵将泥浆压入空心钻杆并通过中空的电动机和钻头射入孔底；潜水钻的反循环有泵举法、气举法。潜水钻体积小、质量轻、机动灵活、成孔速度快，适用于地下水位高的淤泥质土、黏性土及砂质土等，选择合适的钻头也可钻进岩层。成孔直径为 800~1500mm，深度可达 50m。

(3) 冲击钻成孔。冲击钻成孔是把带钻刃的重钻头（又称冲锤）提高，靠自由下落的冲击力来破碎岩层或冲挤土层，排出碎碴成孔。它适用于碎石土、砂土、黏性土及风化岩层等。桩径可达 600~1500mm。大直径桩孔可分级成孔，第一级成孔直径为设计桩径的 0.6~0.8 倍。

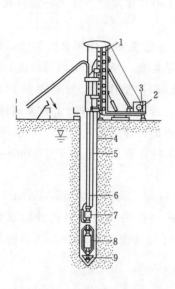

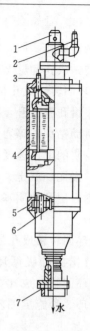

图 2.18　潜水钻机
1—桩架；2—卷扬机；3—配电箱；4—护筒；5—防水电缆；
6—钻杆；7—潜水砂泵；8—潜水动力头装置；9—钻头

图 2.19　潜水钻机主机构造示意图
1—提升盖；2—进水管；3—电缆；4—潜水钻机；
5—行星减速箱；6—中间进水管；7—钻头接箍

开孔时钻头应低提（冲程≤1m）密冲，若为淤泥、细砂等软土，要及时投入小片石和黏土块，以便冲击造浆，并使孔壁挤压密实，直到护筒以下 3～4m 后，才可加大冲击钻头的冲程，提高钻进效率。孔内被冲碎的石渣，一部分会随泥浆挤入孔壁内，其余较大的石渣用泥浆循环法或掏渣筒掏出。进入基岩后，应低锤冲击或间断冲击，每钻进 100～500mm应清孔取样一次，以备终孔验收。如果冲孔发生偏斜，应回填片石（厚 300～500mm）后重新冲击。施工中应经常检查钢丝绳的磨损情况，卡扣松紧程度和转向装置是否灵活，以免掉钻。

4. 清孔

当钻孔达到设计要求深度后，即应进行验孔和清孔，清除孔底沉渣、淤泥，以减少桩基的沉降量，提高承载能力。

清孔的方法可以采用正循环法、反循环法和掏渣筒掏渣清孔。孔壁土质较好不易塌孔时，可用泵吸反循环清孔。用原土造浆的孔，清孔后泥浆的比重应控制在 1.1 左右。孔壁土质较差时，用泥浆循环清孔；清孔后的泥浆比重应控制为 1.15～1.25。清孔过程中，应及时补充足够的泥浆，并保持浆面的稳定。

清孔时，应保持孔内泥浆面高出地下水位 1.0m 以上。受水位涨落影响时，泥浆面应高出最高水位 1.5m 以上。清孔后，浇筑混凝土之前，孔底 200～500mm 以内的泥浆比重应满足上述要求，含砂率不大于 8%，黏度不大于 28s。孔底沉渣厚度指标应符合下列规定：端承桩不大于 50mm，摩擦端承桩、端承摩擦桩不大于 100mm，摩擦桩不大于 300mm。若不能满足上述要求，应继续清孔。清孔满足要求后，应立即安放钢筋笼、浇筑混凝土。若安放钢筋笼时间过长，应进行二次清孔后浇筑混凝土。

泥浆护壁成孔灌注桩的水下混凝土浇筑常用导管法。

2.2.5.5 人工挖孔灌注桩

人工挖孔灌注桩简称挖孔桩，是采用人工挖掘方法进行成孔，然后安装钢筋笼，浇筑混凝土成型，如图 2.20 所示。它的施工特点是：设备简单；施工现场较干净；噪声小，振动小，无挤土现象；施工速度快，可按施工进度要求决定同时开挖桩孔的数量，必要时，各桩孔可同时施工；土层情况明确，可直接观察到地质变化情况，桩底沉渣清除干净，施工质量可靠；桩径不受限制，承载力大；与其他桩相比比较经济。但挖孔桩施工，工人在井下作业，劳动条件差，施工中应特别重视流砂、流泥、有害气体等影响，要严格按操作规程施工，制订可靠的安全措施。

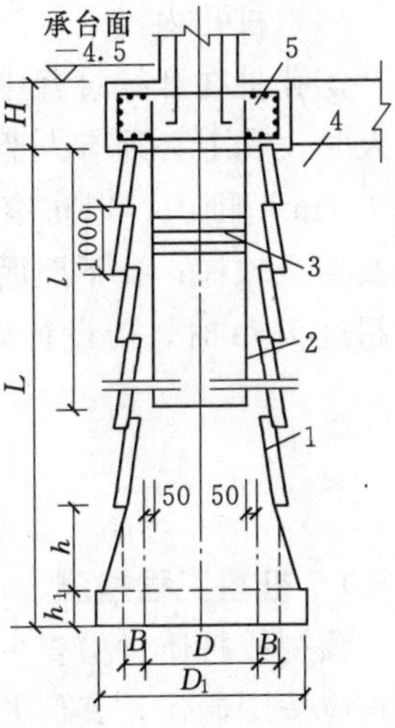

1. 施工机具

挖孔桩施工机具比较简单，主要有以下几项。

（1）垂直运输工具：如电动葫芦和提土桶。用于施工人员、材料和弃土等垂直运输。

图 2.20　人工挖孔灌注桩
构造图（单位：mm）
1—护壁；2—主筋；3—箍筋；
4—地梁；5—桩帽

（2）排水工具：如潜水泵。用于抽出桩孔中的积水。

（3）通风设备：如鼓风机、输风管。用于向桩孔中强制送入空气。

（4）挖掘工具：如镐、锹、土筐等。若遇到坚硬的土层或岩石，还需准备风镐和爆破设备。

此外，尚有照明灯、对讲机、电铃等。

2. 施工工艺

为了确保人工挖孔桩施工过程的安全，必须考虑防止土体坍滑的支护措施。支护的方法很多，例如可采用现浇混凝土护壁、喷射混凝土护壁、型钢或木板桩工具护壁、沉井等。下面以现浇混凝土分段护壁为例说明人工挖孔桩的施工工艺。

人工挖孔桩的施工工艺如下。

（1）按设计图纸放线、定桩位。

（2）开挖土方。采取分段开挖，每段高度决定于土壁保持直立状态的能力，一般 0.5～1.0m 为一个施工段，开挖范围为设计桩芯直径加护壁的厚度。

（3）支设护壁模板。模板高度取决于开挖土方施工段的高度，一般为 1m，由 1～8 块活动钢模板（或木模板）组合而成。

（4）在模板顶放置操作平台。平台可用角钢和钢板制成半圆形，两个合起来即为一个整圆，用来临时放置混凝土和浇筑混凝土用。

（5）浇筑护壁混凝土。护壁混凝土要注意捣实，因它起着防止土壁塌陷与防水的双重作用。第一节护壁厚宜增加 100～150mm，上、下节护壁用钢筋拉结。

（6）拆除模板继续下一段的施工。当护壁混凝土强度达到 1.2MPa，常温下约 24h 方可拆除模板、开挖下一段的土方，再支模浇筑护壁混凝土，如此循环，直至挖到设计要求的深度。

（7）安放钢筋笼。绑扎好钢筋笼后整体安放。

（8）浇筑桩身混凝土。当桩孔内渗水量不大时，抽除孔内积水后，用串筒法浇筑混凝土。如果桩孔内渗水量过大，积水过多不便排干，则应用导管法水下浇筑混凝土。

挖孔桩在开挖过程中，须专门制订安全措施。如施工人员进入孔内必须戴安全帽；孔内有人时，孔上必须有人监督防护；护壁要高出地面150～200mm，挖出的土方不得堆在孔四周1.2m范围内，以防滚入孔内；孔周围要设置0.8m高的安全防护栏杆，每孔要设置安全绳及安全软梯；孔下照明要用安全电压；使用潜水泵，而且必须有防漏电装置；桩孔开挖深度超过10m时，应设置鼓风机，专门向井下输送洁净空气，风量不少于25L/s。

2.3　桩基工程检测与验收

2.3.1　桩基工程检测

预制成桩质量检查主要包括制桩、打入（静压）深度、停锤标准、桩位及垂直度检查。制桩应按图制作，其偏差应符合有关规范要求。沉桩过程中应检查每米进尺锤击数、最后1m锤击数、最后3阵贯入度及桩尖标高、桩身垂直度等。

灌注桩的成桩质量检查主要包括成孔及清孔、钢筋笼制作及安放、混凝土制备及灌注3个工序的质量检查。成孔及清孔中，主要检查已成孔的中心位置、孔深、孔径、垂直度、孔底沉渣厚度；制作安放钢筋笼时，主要检查钢筋规格、焊条规格与品种、焊口规格、焊缝长度及焊缝质量、钢筋制作偏差及钢筋笼安放实际位置等；搅拌和灌注混凝土时，主要检查原材料质量、混凝土配合比与配料、混凝土坍落度和强度等。下面主要介绍成孔垂直度、孔径、孔底沉渣厚度检测的几种方法。

2.3.1.1　成孔垂直度检测

成孔垂直度检测一般采用钻杆测斜法、测锤（球）法及测斜仪等方法。

1. 钻杆测斜法

钻杆测斜法是将带有钻头的钻杆放入孔内到底，在孔口处的钻杆上装一个与孔径或护筒内径一致的导向环，使钻杆保持在桩孔中心线位置上。然后将带有扶正圈的钻孔测斜仪下入钻杆内，分点测斜，检查桩孔偏斜情况。

2. 测锤法

测锤法是在孔口沿钻孔直径方向设标尺，标尺中点与桩孔中心吻合，将锤球系于测绳上，量出滑轮到标尺中心距离。将球慢慢送入孔底，待测绳静止不动后，读出测绳在标尺上的偏距，由此求出孔斜值。该法精度较低。

2.3.1.2　孔径检测

孔径检测一般采用声波孔壁测定仪及伞形、球形孔径仪和摄影（像）法等测定。

1. 声波孔壁测定仪

声波孔壁测定仪可以用来检测成孔形状和垂直度。测定仪由声波发生器、发射和接收探头、放大器、记录仪和提升机构组成。

声波发生器主要部件是振荡器，振荡器产生一定频率的电脉冲经放大后由发射探头转换为声波，多数仪器振荡频率是可调的，取得各种频率的声波以满足不同检测要求。

放大器把接收探头传来的电信号进行放大、整形和显示。显示用标记或数字，也可以与计算机连接把信号输入计算机进行谱分析或进一步计算处理，或者波形通过记录仪绘图。

图2.21是声波孔壁测定仪检测装置，把探头固定在方形底盘四个角上，底盘是钢制的，

通过两个定滑轮、钢丝绳和提升机构连接，两个定滑轮对钢丝绳的约束作用，以及底盘的自重，使探头在下降或提升过程中不会扭转，稳定探头方位。

钻孔孔形检测时安装 8 个探头，底盘四个角各安装一个发射探头和一个接收探头，可以同时测定正交两个方向形状。

探头由无级变速电动卷扬机提升或下降，它和热敏刻痕记录仪的走纸速度是同步的，或成比例调节，因此探头每提升或下降一次，可以自动在记录纸上连续绘出孔壁形状和垂直度（图 2.22），当探头上升到孔口或下降到孔底都设有自动停机装置，防止电缆和钢丝绳被拉断。

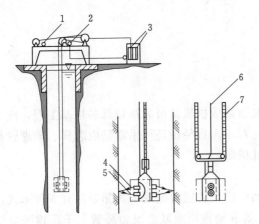

图 2.21　声波孔壁测定仪

图 2.22　孔壁形状和偏斜

1—电机；2—走纸速度控制器；3—记录仪；4—发射
探头；5—接收探头；6—电缆；7—钢丝绳

2. 井径仪

井径仪由测头、放大器和记录仪 3 部分组成，它可以检测直径为 0.08～0.6m、深数百米的孔，当把测量腿加大后，最大可检测直径 1.2m 的孔。

2.3.1.3　孔底沉渣厚度检测

对于泥浆护壁成孔灌注桩，假如灌注混凝土之前，孔底沉渣太厚，不仅会影响桩端承载力的正常发挥，而且也会影响桩侧阻力的正常发挥，从而大大降低桩的承载能力。因此，《建筑桩基技术规范》（JGJ 94—2008）规定：泥浆护壁成孔灌注桩在浇筑混凝土前，孔底沉渣厚度应满足以下要求：端承桩不大于 50m；摩擦端承桩或端承摩擦桩不大于 100mm；摩擦桩不大于 300mm。

目前孔底沉渣厚度测定方法还不够成熟，以下介绍几种工程中使用的方法。

1. 垂球法

垂球法为工程中最常用的简单测定孔底沉渣厚度的方法。一般根据孔深、泥浆比重，采用质量为 1～3kg 的钢、铁、铜制锥、台、桩体垂球，顶端系上测绳，把球慢慢沉入孔内，凭手感判断沉渣顶面位置，其施工孔深和量测孔深之差即为沉渣厚度。测量要点是每次测定后须立即复核测绳长度，以消除由于垂球或浸水引起的测绳伸缩产生的测量误差。

2. 电容法

电容法沉渣测定原理是当金属两极板间距和尺寸固定不变时，其电容量和介质的电解率成正比关系，水、泥浆和沉渣等介质的电解率有较明显差异，从而由电解率的变化量测定沉渣厚度。

3. 声呐法

声呐法测定沉渣厚度的原理是以声波在传播中遇到不同界面产生反射而制成的测定仪。同一个测头具有发射和接收声波的功能，声波遇到沉渣表面时，部分声波被反射回来由接收探头接收，发射到接收的时间差为 t_1，部分声波穿过沉渣厚度直达孔底原状土后产生第二次反射，得到第二个反射时间差 t_2，则沉渣厚度为

$$H = \frac{t_2 - t_1}{2}C \tag{2.1}$$

式中　　H——沉渣厚度，m；

　　　　C——沉渣声波波速，m/s；

　　t_1，t_2——时间，s。

2.3.1.4 单桩承载力检测

对于重要的建筑物，桩基和地质条件复杂或成桩质量可靠性较低的桩基工程，应采用静载法或动测法检查成桩质量和单桩承载力；对于大直径桩还可采取钻取芯样、预埋管超声检测法检查。具体检测方法和检测桩数由设计确定。

1. 试验装置

一般采用油压千斤顶加载，千斤顶的加载反力装置根据现场实际条件有3种形式：锚桩横梁反力装置（图2.23）、压重平台反力装置和锚桩压重联合反力装置。千斤顶平放于试桩中心，当采用两个以上千斤顶加载时，应将千斤顶并联同步工作，并使千斤顶的合力通过试桩中心。

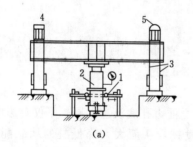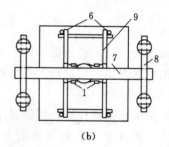

（a）　　　　　　　　　　　　　　　（b）

图2.23　竖向静载试验装置

（a）剖面图；（b）平面图

1—百分表；2—千斤顶；3—锚筋；4—厚钢板；5—硬木包钢皮；
6—基准桩；7—主梁；8—次梁；9—基准梁

荷载与沉降的量测仪表：荷载可用放置于千斤顶上的应力环、应变式压力传感器直接测定，或采用联于千斤顶的压力表测定油压，根据千斤顶率定曲线换算荷载。试桩沉降一般采用百分表或电子位移计测量。对于大直径桩应在其2个正交直径方向对称安置四个位移测试仪表，中等和小直径桩可安置2个或3个位移测试仪表。沉降测定平面离桩顶距离不应小于0.5倍桩径，固定和支承百分表的夹具和基准梁在构造上应确保不受气温、振动及其他外界因素影响而发生竖向变位。试桩、锚桩（压重平台支墩）和基准桩之间的中心距离应符合表2.2规定。

表 2.2 试桩、锚桩和基准桩之间的中心距离

反力系统	试桩与锚桩 （或压重平台支墩边）	试桩与基准桩	基准桩与锚桩 （或压重平台支墩边）
锚桩横梁反力装置 压重平台反力装置	≥4d 且 ≥2.0m	≥4d 且 ≥2.0m	≥4d 且 ≥2.0m

注 d 为试桩或锚桩的设计直径，取其较大者（如试桩或锚桩为扩底桩时，试桩与锚桩的中心距不应小于 2 倍扩大端直径）。

2．加卸载方式与沉降观测

（1）试验加载方式。采用慢速维持荷载法，即逐级加载，每级荷载达到相对稳定后加下一级荷载，直到破坏，然后分级卸载到零。当考虑结合实际工程桩的荷载特征可采用多循环加卸载法（每级荷载达到相对稳定后卸载到零）。当考虑缩短试验时间，对于工程桩检验性试验，可采用快速维持荷载法，即一般每隔 1h 加一级荷载。

（2）加载分级。每级加载为预估极限荷载的 $1/15\sim1/10$，第一级可按 2 倍分级荷载加荷。

（3）沉降观测。每级加载后间隔 5min、10min、15min 各测读一次，以后每隔 15min 测读一次，累计 1h 后每隔 30min 测读一次。每次测读值记入试验记录表。

（4）沉降相对稳定标准。每 1h 的沉降不超过 0.1mm，并连续出现两次（由 1.5h 内连续 3 次规测值计算），认为已达到相对稳定，可加下一级荷载。

（5）终止加载条件。当出现下列情况之一时，即可终止加载：某级荷载作用下，桩的沉降量为前一级荷载作用下沉降量的 5 倍；某级荷载作用下，桩的沉降量大于前一级荷载作用下沉降量的 2 倍，且经 21h 尚未达到相对稳定；已达到锚桩最大抗拔力或压重平台的最大重力时。

（6）卸载与卸载沉降观测。每级卸载值为每级加载值的 2 倍。每级卸载后隔 15min 测读一次残余沉降，读两次后，隔 30min 再读一次，即可卸下一级荷载，全部卸载后，隔 3~4h 再读一次。

2.3.2　桩基验收资料

当桩顶设计标高与施工场地标高相近时，桩基工程的验收应待成桩完毕后进行；当桩顶设计标高低于施工场地标高时，应待开挖到设计标高后进行验收。

桩基验收应包括下列资料。

（1）工程地质勘察报告、桩基施工图、图纸会审纪要、设计变更单及材料代用通知单等。

（2）经审定的施工组织设计、施工方案及执行中的变更情况。

（3）桩位测量放线图，包括工程复核签证单。

（4）成桩质量检查报告。

（5）单桩承载力检测报告。

（6）基坑挖至设计标高的桩基竣工平面图及桩顶标高图。

2.3.3　桩基工程安全技术

锤击法施工时，施工场地应按坡度不大于 1%、地耐力不小于 85kPa 的要求进行平整、压实，地下应无障碍物。在基坑和围堰内沉桩，要配备足够的排水设备。桩锤安装时，应将

桩锤运到桩架正前方2m以内，不得远距离斜吊。用桩机吊桩时，必须在桩上拴好溜绳，严禁人员处于桩机与桩之间。起吊2.5m以外的混凝土预制桩，应将桩锤落在下部，待桩吊近后，方可提升桩锤。严禁吊桩、吊锤、回转或行驶同时进行。卷扬机钢丝绳应经常处于油膜状态，防止硬性摩擦，钢丝绳的使用及报废标准应按有关规定执行。遇有大雨、雪、雾和6级以上大风等恶劣气候，应停止作业。当风速超过7级或有强台风警报时，应将桩机顺风停置，并增加缆风绳，必要时，应将桩架安放到地面上。施工现场电器设备外壳必须保护接零，开关箱与用电设备实行一机一闸一保险。

钻孔法施工时，应检查是否发生卡杆现象，起吊钢丝是否牢固，卷扬机刹车是否完好，信号设备是否明显。钻孔桩的孔口必须加盖。成桩附近严禁堆放重物。施工过程应随时查看桩机施工附近地面有无开裂现象，防止机架和护筒等发生倾斜或下沉。每根桩的施工应连续进行，如因故停机，应及时提上钻具，保护孔壁，防止造成塌孔事故。

人工挖孔法施工时，井下应设通风设施，工人下井时应携带有害气体测定仪，电气设备要装安全漏电保护开关等。井下照明必须使用36V安全照明电压。对易坍孔土层采取可靠的护壁措施。经常检查桩孔护壁施工质量和变形情况。对运土吊筐经常检查其质量，并检查吊绳是否扎牢，以防掉土、掉石砸伤井下施工人员。对挖土施工作业的设备应经常检查，摇把质量、滑轮、吊绳等应定期检查，防止断落、脱落等可能发生的事故。井口护圈应高出井口面200mm，并防止物件掉入桩孔砸伤井下人员。

<h2 style="text-align:center">思 考 题</h2>

1. 地基与基础是如何分类的，各分为哪些？

2. 地基处理的目的是什么？常用的地基处理方法有哪些？其原理各是什么？各适用于什么条件的？

3. 什么是验槽？验槽的目的和内容各是什么？

4. 钢筋混凝土预制桩的起吊、运输及堆放应注意哪些问题？

5. 预制桩的沉桩方法及原理各是什么？

6. 打桩顺序一般应如何确定？

7. 桩锤有哪些种类？各适用于什么范围？

8. 混凝土与钢筋混凝土灌注桩的成孔方法有哪几种？各适用于什么范围？

9. 试述泥浆护壁成孔灌注桩的施工工艺流程及埋设护筒应注意事项。

10. 试述套管成孔灌注桩的施工工艺。

11. 试述套管成孔灌注桩施工常见问题及其处理方法。

12. 桩基工程验收应提交哪些资料？

<h2 style="text-align:center">习 题</h2>

一、单选题

1. 适用于地下水位以上的黏性土，填土及以上砂土及风化岩层的成孔方法是（　　）。

A. 干作业成孔　　　　B. 沉管成孔　　　　C. 人工挖孔　　　　D. 泥浆护壁成孔

2. 干作业成孔灌注桩采用的钻孔机具是（　　　）。

A. 螺旋钻　　　　　B. 潜水钻　　　　　C. 回转钻　　　　　D. 冲击钻

3. 在极限承载力状态下，桩顶荷载完全由桩侧阻力承受的桩是（　　　）。

A. 端承桩　　　　B. 端承摩擦桩　　　C. 摩擦桩　　　　D. 摩擦端承桩

4. 采用重叠间隔制作预制桩时，重叠层数不符合要求的是（　　　）。

A. 二层　　　　　B. 五层　　　　　C. 三层　　　　　D. 四层

5. 在桩制作时，主筋混凝土保护厚度符合要求的是（　　　）。

A. 10mm　　　　　B. 20mm　　　　　C. 50mm　　　　　D. 25mm

6. 根据基础标高，打桩顺序不正确的是（　　　）。

A. 先浅后深　　　B. 先大后小　　　C. 先长后短　　　D. 都正确

7. 对于泥浆护壁成孔灌注桩，孔底沉渣厚度不符合要求的是（　　　）。

A. 端承桩≤50mm　　　　　　　　　B. 端承桩≤80mm

C. 端承摩擦桩≤100mm　　　　　　　D. 摩擦桩≤300mm

8. 在人工挖孔桩施工中浇筑桩身时，混凝土的自由倾倒最大高度为（　　　）。

A. 1m　　　　　　B. 3m　　　　　　C. 2m　　　　　　D. 2.5m

9. 在泥浆护壁成孔灌注桩施工中，确保成桩质量的关键工序是（　　　）。

A. 吊放钢筋笼　　　　　　　　　　B. 吊放导管

C. 泥浆护壁成孔　　　　　　　　　D. 灌注水下混凝土

10. 在预制桩打桩过程中，如发现贯入度一直骤减，说明（　　　）。

A. 桩尖破坏　　　B. 桩身破坏　　　C. 桩下有障碍物　D. 遇软土层

11. 人工挖孔桩不适合的范围是地下水位以上的（　　　）。

A. 黏性土　　　　B. 强风化岩　　　C. 粉土　　　　　D. 人工填土

12. 静力压桩施工适用的土层是（　　　）。

A. 软弱土层　　　　　　　　　　　B. 厚度大于 2m 的砂夹层

C. 碎石土层　　　　　　　　　　　D. 风化岩

13. 为了能使桩较快地打入土中，打桩时宜采用（　　　）。

A. 轻锤高击　　　B. 重锤低击　　　C. 轻锤低击　　　D. 重锤高击

14. 在下列措施中不能预防沉桩对周围环境的影响的是（　　　）。

A. 采取预钻孔沉桩　　　　　　　　B. 设置防震沟

C. 采取有远到近的沉桩顺序　　　　D. 控制沉桩速率

二、多选题

1. 地下连续墙采用泥浆护壁的方法施工时，泥浆的作用是（　　　）。

A. 护壁　　　　　B. 携渣　　　　　C. 冷却　　　　　D. 降压

E. 润滑

2. 按桩的承载性质不同可分为（　　　）。

A. 摩擦型桩　　　B. 预制桩　　　　C. 灌注桩　　　　D. 端承桩

E. 管桩

3. 当桩中心距小于或等于 4 倍桩边长时，打桩顺序宜采用（　　　）。

A. 由中间向两侧　　　　　　　　　B. 逐排打设

C. 由中间向四周　　　　　　　　　　　　D. 由两侧向中间

E. 任意打设

4. 打桩时宜用（　　），可取得良好效果。

A. 重锤低击　　　　　　　　　　　　　B. 轻锤高击

C. 高举高打　　　　　　　　　　　　　D. 低提重打

E. 高提轻打

5. 沉管灌注桩施工中常见的问题有（　　）。

A. 断桩　　　　　　　B. 桩径变大　　　　　　C. 缩颈桩　　　　　　D. 吊脚桩

E. 桩尖进水进泥

6. 预制桩的接桩工艺包括（　　）。

A. 硫磺胶泥浆锚法接桩　　　　　　　　B. 挤压法接桩

C. 焊接法接桩　　　　　　　　　　　　D. 法兰螺栓接桩法

E. 直螺纹接桩法

7. 混凝土灌注桩按其成孔方法不同，可分为（　　）。

A. 钻孔灌注桩　　　　　　　　　　　　B. 沉管灌注桩

C. 人工挖孔灌注桩　　　　　　　　　　D. 静压沉桩

E. 暴扩灌注桩

8. 根据桩的密集程度，打桩顺序一般有（　　）。

A. 逐一排打　　　　　　　　　　　　　B. 自四周向中间打

C. 自中间向四周打　　　　　　　　　　D. 分段打

E. 自两侧向中间打

9. 灌注桩按成孔设备和方法不同划分，属于非挤土类桩的是（　　）。

A. 锤击沉管桩　　　　　　　　　　　　B. 震动冲击沉管灌注桩

C. 冲孔灌注桩　　　　　　　　　　　　D. 挖孔桩

E. 钻孔灌注桩

10. 震动沉管灌注桩的施工方法有（　　）。

A. 逐排打法　　　　B. 单打法　　　　　C. 复打法　　　　　　D. 分段法

E. 反插法

11. 根据桩的规格，打桩的顺序应是（　　）。

A. 先深后浅　　　　B. 逐排打　　　　　C. 先大后小　　　　　D. 分段打

E. 先长后短

12. 对于缩颈桩的防止措施有（　　）。

A. 保持桩管内混凝土有足够高度　　　　B. 增强混凝土和易性

C. 拔管速度应当加快　　　　　　　　　D. 加强振动

E. 一般采用复打法处理缩颈桩

13. 人孔挖孔灌注桩的适用范围是地下水位以上的（　　）。

A. 碎石类土　　　　B. 黏性土　　　　　C. 中密以上砾土　　　D. 粉土

E. 人工填土

14. 在沉管灌注桩施工中常见的问题有（　　）。

A. 孔壁坍塌　　　　B. 断桩　　　　　　C. 桩身倾斜　　　　D. 缩颈桩

E. 吊脚桩

15. 下列对静力压桩特点的描述正确的是（　　　）。

A. 无噪声，无振动　　　　　　　　B. 与锤击沉相比，可节约材料降低成本

C. 压桩时，桩只承受静压力　　　　D. 只可通过试桩得单桩承载力

E. 适合城市中施工

16. 打桩过程中，以贯入度控制为主的条件是端承桩桩尖所在的土为（　　　）。

A. 软土层　　　　　　　　　　　　B. 坚硬硬塑的黏性土

C. 碎石土　　　　　　　　　　　　D. 中密以上的砂土

E. 风化岩

17. 锤击沉管成孔灌注桩的适用范围有（　　　）。

A. 黏性土　　　　　B. 碎石类土　　　　　C. 淤泥质土　　　　D. 粉土

E. 砂土及填土

第3章 砌 筑 工 程

【本章要点】

本章内容包括脚手架工程、垂直运输设施、砖砌体施工、石砌体施工、中小型砌块施工及砌筑工程的安全技术。重点介绍了砖砌体对砌筑材料的要求、组砌工艺、质量要求以及质量通病的防治措施。

【学习要求】

通过本章的学习，要了解脚手架的种类、搭设要求及垂直运输设施；了解石砌体的施工工艺；熟悉砌体对材料的要求；掌握小型混凝土空心砌块的施工工艺；掌握砖砌体的施工工艺、质量要求及质量通病的防治。

砌筑工程包括脚手架工程和垂直运输工程，砌筑材料，砖、石砌体砌筑，砌块砌体砌筑。其中，砖、石砌体砌筑是我国的传统建筑施工方法，有着悠久的历史。它取材方便、施工工艺简单、造价低廉，至今仍在各类建筑和构筑物工程中广泛采用。

但是砖石砌筑工程生产效率低、劳动强度高。烧砖占用农田，难以适应现代建筑工业化的需要，所以必须研究改善砌筑工程的施工工艺，合理组织砌筑施工，推广使用砌块等新型材料。

3.1 脚手架和垂直运输机械

3.1.1 脚手架的作用和种类

在砌筑施工中，为满足工人施工作业和堆放材料的需要而临时搭设的架子称为脚手架。当砌筑到一定高度后，不搭设脚手架砌筑工程将难以进行。考虑到砌墙工作效率和施工组织等因素，每次搭设脚手架的高度在1.2m左右，称为"步架高度"，又叫墙体的可砌高度。

脚手架是满足施工要求的一种临时设施，应满足适用、方便、安全和经济的基本要求，具体有以下几个方面：有适当的宽度、步架高度，能满足工人操作、材料堆放和运输需要；有足够的强度、刚度和稳定性，保证施工期间在各种荷载作用下的安全性；搭拆和搬运方便，能多次周转使用，节省施工费用；因地制宜，就地取材，尽量节约用料。

脚手架有以下几种分类方式：

（1）按用途分类：有结构用脚手架、装修用脚手架、防护用脚手架、支撑用脚手架。

（2）按组合方式分类：有多立杆式脚手架、框架组合式脚手架、格构件组合式脚手架、台架。

（3）按设置形式分类：有单排脚手架、双排脚手架、多排脚手架、满堂脚手架等。

（4）按支固方式分类：有落地式脚手架、悬挑式脚手架、悬吊式脚手架、附着式升降脚手架。

（5）按材料分类：木脚手架、竹脚手架、钢管脚手架。

脚手架分类方式有很多，工程中常用的钢管脚手架又可分为扣件式钢管脚手架、碗扣式钢管脚手架。

3.1.2　扣件式钢管脚手架

扣件式钢管脚手架由钢管杆件用扣件连接而成，具有工作可靠、装拆方便和适应性强等特点，是目前我国使用最为普遍的一种多立杆式脚手架，如图 3.1 所示。

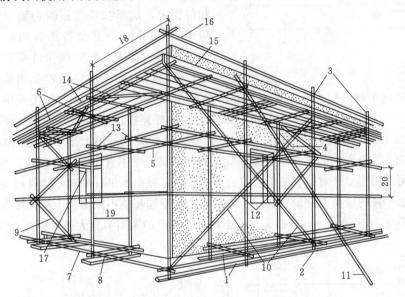

图 3.1　钢管扣件式脚手架构造

1—垫板；2—底座；3—外立柱；4—内立柱；5—纵向水平杆；6—横向水平杆；
7—纵向扫地杆；8—横向扫地杆；9—横向斜撑；10—剪刀撑；11—扫地撑；
12—旋转扣件；13—直角扣件；14—水平斜撑；15—挡脚板；16—防护
栏杆；17—连墙固定件；18—柱距；19—排距；20—步距

3.1.2.1　扣件式钢管脚手架的组成

扣件式钢管脚手架由钢管、扣件和底座组成。钢管杆件包括立杆、大横杆、小横杆、栏杆、剪刀撑、斜撑和抛撑（在脚手架立面之外设置的斜撑），贴地面设置的横杆亦称"扫地杆"。钢管材料应采用外径 48mm、壁厚 3.5mm 的焊接钢管。

扣件为钢管之间的扣接连接件，其基本形式有三种：①直角扣件，用于连接扣紧两根互相垂直交叉的钢管；②旋转扣件，用于连接扣紧两根平行或呈任意角度相交的钢管；③对接扣件，用于竖向钢管的对接接长，如图 3.2 所示。

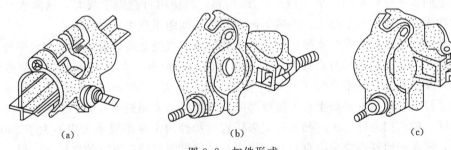

　　（a）　　　　　　　　　　　（b）　　　　　　　　　　　（c）

图 3.2　扣件形式

（a）对接扣件；（b）旋转扣件；（c）直角扣件

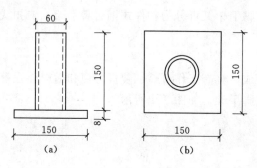

图 3.3 底座（单位：mm）

（1）立杆。每根立杆底部应设置底座或垫板（图 3.3）。立杆的纵向间距（柱距）不得大于 2m。横向间距双排为 1.5m，其里排立杆离墙为 0.4～0.5m。立杆接头除顶层可以采用搭接外（搭接长度不应小于 1m，不少于 2 个旋转扣件固定，端部扣件盖板的边缘至杆端距离不应小于 100mm），其余各接头均必须采用对接扣件连接，立杆上的对接扣件应交错布置，两根相邻立杆的接头不应设置在同步内，同步内隔一根立杆的两个相隔接头在高度方向错开的距离不宜小于 500mm；各接头中心至主节点的距离不宜大于步距的 1/3；立杆与纵、横向的扫地杆连接用直角扣件固定。立杆顶端宜高出女儿墙上皮 1m，高出檐口上皮 1.5m。立杆垂直度的偏差不得大于架高的 1/200。

（2）纵向水平杆。纵向水平杆设置在立杆内侧，其长度不宜小于 3 跨；接长宜采用对接扣件连接，也可采用搭接。对接、搭接应符合下列规定：纵向水平杆的对接扣件应交错布置，两根相邻纵向水平杆的接头不宜设置在同步或同跨内；不同步或不同跨两个相邻接头在水平方向错开的距离不应小于 500mm；各接头中心至最近主节点的距离不宜大于纵距的 1/3（图 3.4）。

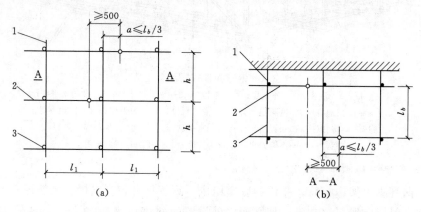

图 3.4 纵向水平杆对接接头布置（单位：mm）
（a）接头不在同步内（立面）；（b）接头不在同跨内（平面）
1—立杆；2—纵向水平杆；3—横向水平杆

纵向水平杆搭接长度不应小于 1m，应等间距设置 3 个旋转扣件固定，端部扣件盖板边缘至搭接纵向水平杆杆端的距离不应小于 100mm；当使用竹笆脚手板时，纵向水平杆应采用直角扣件固定在横向水平杆上，并应等间距设置，间距不应大于 200mm。

（3）横向水平杆。在纵向水平杆和立杆相交的主节点处必须设置一根横向水平杆，用直角扣件扣接且严禁拆除。主节点处两个直角扣件的中心距不应大于 150mm。在双排脚手架中，靠墙一端的外伸长度不应大于 0.4 倍架宽，且不应大于 500mm；作业层上非主节点处的横向水平杆，宜根据支承脚手板的需要等间距设置，最大间距不应大于纵距的 1/2。

（4）纵、横向扫地杆。纵向扫地杆应采用直角扣件固定在距底座上皮不大于 200mm 处的立杆上，横向扫地杆亦应采用直角扣件固定在紧靠纵向扫地杆下方的立杆上。当立杆基础不在同一高度上时，必须将高处的纵向扫地杆向低处延长两跨与立杆固定，高低差不应大于

1m。靠边坡上方的立杆轴线到边坡的距离不应小于500mm，如图3.5所示。

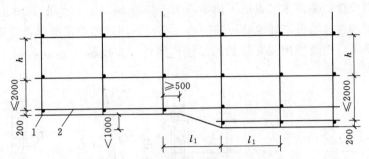

图3.5 纵、横向扫地杆构造（单位：mm）
1—横向扫地杆；2—纵向扫地杆

（5）剪刀撑与横向斜撑。双排脚手架应设剪刀撑与横向斜撑，单排脚手架应设剪刀撑。每道剪刀撑宽度不应小于4跨，且不应小于6m，斜杆与地面的倾角宜在45°～60°之间；高度在24m以下的单、双排脚手架，均必须在外侧立面的两端各设置一道剪刀撑，并应由底至顶连续设置；中间各道剪刀撑之间的净距不应大于15m。高度在24m以上的双排脚手架应在外侧立面整个长度和高度上连续设置剪刀撑；剪刀撑斜杆的接长宜采用搭接；剪刀撑斜杆应用旋转扣件固定在与之相交的横向水平杆的伸出端或立杆上，旋转扣件中心线至主节点的距离不宜大于150mm。

横向斜撑应在同一节间，由底至顶层呈之字形连续布置；一字形、开口形双排脚手架的两端均必须设置横向斜撑，中间宜每隔6跨设置一道；高度在24m以下的封闭型双排脚手架可不设横向斜撑，高度在24m以上的封闭型脚手架，除拐角应设置横向斜撑外，中间应每隔6跨设置一道。

（6）脚手板。作业层脚手板应铺满、铺稳，离开墙面120～150mm；冲压钢脚手板、木脚手板、竹串片脚手板、竹笆脚手板等，应设置在3根横向水平杆上。当脚手板长度小于2m时，可采用两根横向水平杆支承，但应将脚手板两端与其可靠固定，严防倾翻。此3种脚手板的铺设可采用对接平铺，亦可采用搭接铺设。脚手板对接平铺时，接头处必须设两根横向水平杆，脚手板外伸长应取130～150mm，两块脚手板外伸长度的和不应大于300mm；脚手板搭接铺设时，接头必须支在横向水平杆上，搭接长度应大于200mm，其伸出横向水平杆的长度不应小于100mm（图3.6）。竹笆脚手板应按其主竹筋垂直于纵向水平杆方向铺设，且采用对接平铺，1个角应用直径1.2mm的镀锌钢丝固定在纵向水平杆上。作业层端部脚手板探头长度应取150mm，其板长两端均应与支承杆可靠地固定。

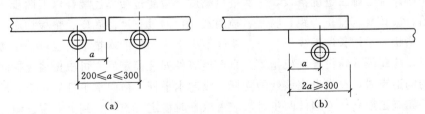

图3.6 脚手板对接、搭接构造（单位：mm）
（a）脚手板对接；（b）脚手板搭接

（7）连墙件。为了防止脚手架外倾，应设置连墙件，连墙件还可以增强立杆的纵向刚度。连墙件宜优先采用菱形布置，也可采用方形、矩形布置。连墙件每 3 步 5 跨设置一根，并宜靠近主节点设置，偏离主节点的距离不应大于 300mm。对高度在 24m 以下的单、双排脚手架，宜采用刚性连墙件与建筑物可靠连接，亦可采用拉筋和顶撑配合使用的附墙连接方式，如图 3.7 所示。严禁使用仅有拉筋的柔性连墙件。高度超过 24m 的双排脚手架连墙杆必须采用刚性连接。

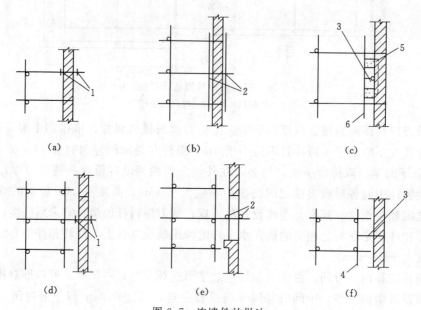

图 3.7 连墙件的做法

(a)、(b)、(c) 双排；(d) 单排（剖面）；(e)、(f) 单排（平面）
1—扣件；2—短钢管；3—铅丝与墙内埋设的钢筋环拉住；4—顶墙横杆；5—木楔；6—短钢管

（8）栏杆和挡脚板。操作层必须设置高 1.20m 的防护栏杆和高 0.18m 的挡脚板，栏杆和挡脚板均应搭设在外立杆的内侧。

3.1.2.2 钢管扣件式脚手架的搭设

搭设顺序：放置纵向水平扫地杆→逐根竖立立杆（随即与扫地杆扣紧）→安装横向水平扫地杆（随即与立杆或纵向水平扫地杆扣紧）→安装第 1 步纵向水平杆（随即与立杆扣紧）→安装第一步横向水平杆→安装第 2 步纵向水平杆→安装第 2 步横向水平杆→加设临时斜抛撑（上端与第二步纵向水平杆扣紧，在装设两道连墙杆后可拆除）→安装第 3、4 步纵横向水平杆→安装连墙杆、接长立杆、加设剪刀撑→铺设脚手板→挂安全网。

脚手架必须配合施工进度搭设，一次搭设高度不应超过相邻连墙杆以上两步。每搭完一步脚手架后，应按规范校正步距、纵距、横距及立杆的垂直度。底座、垫板均应准确地放在定位线上，垫板宜采用长度不少于 2 跨、厚度不小于 50mm 的木垫板，也可采用槽钢。开始搭设立杆时，应每隔 6 跨设置一根抛撑，直至连墙件安装稳定后方可根据情况拆除。当搭置有连墙件的构造点时，在搭设完该处的立杆、纵向水平杆、横向水平杆后，应立即设置连墙件。当脚手架施工层高出连墙件两步时，应采取临时稳定措施，直到上一层连墙件搭设完后方可根据情况拆除。在封闭型脚手架的同一步中，纵向水平杆应四周交圈，用直角扣件与内外角部立杆固定。双排脚手架横向水平杆的靠墙一端至墙装饰面的距离不宜大于 100mm，剪刀撑、横向斜撑搭设应随立杆、纵向和横向水平杆等同步搭设。

3.1.3 碗扣式钢管脚手架

碗扣式钢管脚手架是一种新型承插式钢管脚手架，独创了带齿碗扣接头，具有拼拆迅速省力、结构稳定可靠、配备完善、通用性强、承载力大、安全可靠、易于加工、不易丢失、便于管理、易于运输、应用广泛等特点。

3.1.3.1 主要组成部件及作用

碗扣式钢管脚手架诸杆配件按其用途可分为主构件、辅助构件、专用构件三类。

（1）主构件。主构件主要有立杆、顶杆、横杆、单横杆、斜杆、底座等。其中立杆由一定长度 $\phi48$mm$\times$3.5mm 钢管上每隔 0.6m 安装碗扣接头及限位销，并在其顶端焊接立杆焊接管制成，用作脚手架的垂直承力杆。顶杆即顶部立杆，在顶端设有立杆的连接管，以便在顶端插入托撑，用作支撑架（柱）、物料提升架等顶端的垂直承力杆。横杆由一定长度的 $\phi48$mm$\times$3.5mm 钢管两端焊接横杆接头制成，用于立杆横向连接管或框架水平承力杆。单横杆仅在 $\phi48$mm$\times$3.5mm 钢管一端焊接横杆接头，用作单排脚手架横向水平杆。斜杆在 $\phi48$mm$\times$3.5mm 钢管两端铆接斜杆接头制成，用于增强脚手架的稳定强度，提高脚手架的承载力，斜杆应尽量布置在框架节点上。底座由 150mm$\times$150mm$\times$8mm 的钢板在中心焊接连接杆制成，安装在立杆的根部，用作防止立杆下沉并将上部荷载分散传递给地基的构件。

（2）辅助构件。辅助构件是用于作业面及附壁拉结等的杆部件，主要有间墙杆、架梯、连墙撑组成。间墙杆是用以减少支撑间距和支撑挑头脚手板的构件；架梯是用于作业人员上下脚手架的通道；连墙撑是用以防止脚手架倒塌和增强稳定性的构件。

（3）专用构件。专用构件是用作专门用途的杆部件，主要有悬挑架、提升滑轮组成。

3.1.3.2 构造要点

立杆和顶杆上的下碗扣是固定的，上碗扣则对应套在立杆上可沿立杆上下滑动，安装时将上碗扣的缺口对准限位销后，即可将上碗扣抬起（沿立杆向上滑动），把横杆接头插入下碗扣圆槽内，随后将上碗扣沿限位销滑下并沿顺时针方向旋转以扣紧横杆接头，与立杆牢固地连接在一起，形成框架结构。每个下碗扣内可同时装四个横杆接头，位置任意（图 3.8）。

3.1.3.3 搭设顺序

杆件搭设顺序是：立杆底座→立杆一横杆→斜杆→接关锁紧→脚手板→上层应杆→立杆连接销→横杆。

搭设中应注意调整架体的垂直度，最大偏差不得超过 10mm；脚手架应随建筑物升高而随时搭设，但不应超过建筑物两个步架。

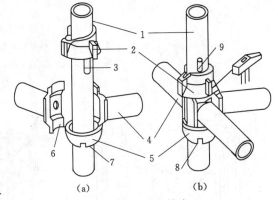

图 3.8 碗扣接头
(a) 连接前；(b) 连接后
1—立杆；2—上碗扣；3、9—限位销；4—横杆；5—下碗扣；6—横杆接头；7—焊缝；8—流水槽

3.1.4 门式框架组合式脚手架

门式框架组合式脚手架是以门形、梯形及其他形式钢管框架为基本构件，与连接杆（构）件、辅件和各种功能配件组健而成的助手架，也叫门型脚手架。

3.1.4.1 基本构件

由门式框架（门架）、剪刀撑（十字拉杆）和水平架（平行架、平架）或脚手板等（图

3.9）构成基本单元（图 3.10），将基本单元相互连接起来并增加梯子、栏杆等部件构成整片脚手架（图 3.11）。

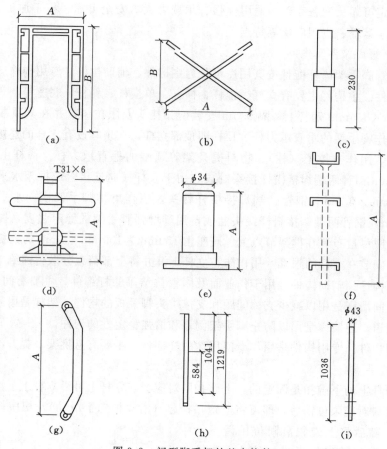

图 3.9　门型脚手架的基本构件

（a）门型钢；（b）交叉拉杆；（c）连接棒；（d）可调支座；（e）简易底座；

（f）可调 U 形底托；（g）锁臂；（h）栏杆柱；（i）扣墙管

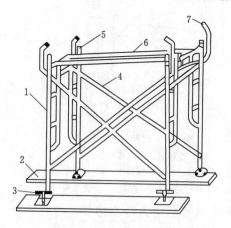

图 3.10　门型脚手架的基本单元

1—门架；2—平板；3—螺旋基脚；4—剪刀撑；

5—连接棒；6—水平梁架；7—锁臂

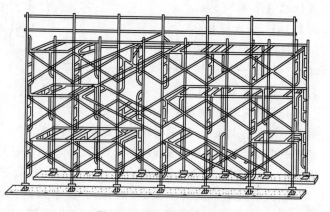

图 3.11　整片门型脚手架

3.1.4.2 门型脚手架的搭设程序

门型脚手架一般按以下程序搭设：铺放垫木（板）→拉线、放底座→自一端起立门架并随即装剪刀撑→装水平梁架（或脚手板）→装梯子→需要时，装设通常的纵向水平杆→装设连墙杆→照上述步骤，逐层向上安装→装加强整体刚度的长剪刀撑→装设顶部栏杆。

3.1.4.3 门型脚手架的搭设与拆除

搭设门型脚手架时，基底必须先平整夯实。首层门型脚手架垂直偏差（门架竖管轴线的偏移）不大于 2mm；水平度（门架平面方向和水平方向）偏差不大于 5mm。外墙脚手架必须通过扣墙管与墙体拉结，并用扣件把钢管和处于相交方向的门架连接起来，如图 3.12 所示。整片脚手架必须适量放置水平加固杆（纵向水平杆），前 3 层要每层设置，如图 3.13 所示。3 层以上则每隔 3 层设一道。在架子外侧面设置长剪刀撑（ϕ48mm 脚手钢管，长 6～8m），其高度和宽度为 3～4 个步距与柱距，与地面夹角为 45°～60°，相邻长剪刀撑之间相隔 3～5 个柱距，沿全高布置。使用连墙管或连墙器将脚手架与建筑物连接，连墙点的最大间距在垂直方向为 6m，在水平方向为 8m。高层脚手架应增加连墙点布设密度。

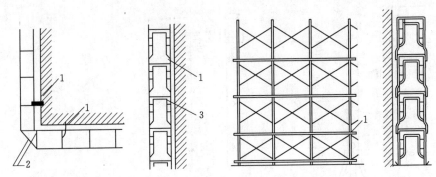

图 3.12 门架扣墙示意图   图 3.13 防不均匀沉降的整体加固
1—扣墙管；2—钢管；3—门型架   1—水平加固杆

3.1.5 脚手架拆除

（1）拆架时应划出工作区标志和设置围栏，并派专人看守，严禁行人进入。拆除作业必须由上而下逐层进行，严禁上、下同时作业。

（2）拆架时统一指挥，上下呼应，动作协调。当松开与另一人有关的扣件时应先告知对方，以防坠落。

（3）连墙杆必须随脚手架逐层拆除，严禁先将连墙杆整层或数层拆除后再拆脚手架。分段拆除高差不应大于两步，如高差大于两步，应增设连墙杆加固。当脚手架拆至下部最后一根长立杆的高度（约 6.5m）时，应先在适当位置搭设临时抛撑加固后，再拆除连墙杆。

（4）当脚手架采取分段、分立面拆除时，对不拆除的脚手架两端，应先按规范规定设置连墙杆和横向斜撑加固。

（5）各构配件严禁抛掷至地面。

（6）运至地面的构配件应及时检查、整修与保养，并按品种、规格随时码堆存放。

3.1.6 里脚手架

搭设于建筑物内部的脚手架称为里脚手架，常用于楼层上砌砖、内粉刷等工程施工。由于使用过程中不断转移施工地点，装拆较频繁，故其结构形式和尺寸应力求轻便灵活和装拆方便。里脚手架的形式很多，按其构造分为折叠式（图3.14）、支柱式（图3.15），马凳式等（图3.16）。

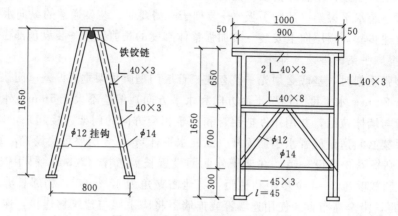

图3.14 角钢折叠式（单位：mm）

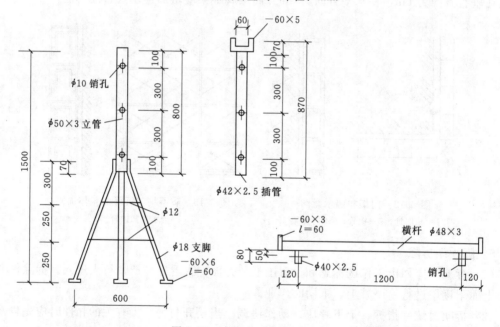

图3.15 支柱式（单位：mm）

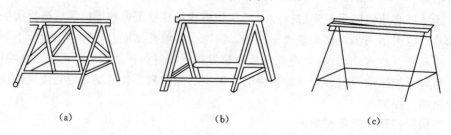

图3.16 马凳式

（a）竹马凳；（b）木马凳；（c）钢马凳

3.1.7 脚手架的安全措施

搭拆脚手架人员必须是经过按现行国家标准《特种作业人员安全技术考核管理规则》

（UB 5036）考核合格的专业架子工。上岗人员应定期体检，合格者方可持证上岗。搭拆脚手架人员必须戴安全帽、系安全带、穿防滑鞋。搭拆时地面应设围栏和警戒标志，并派专人看守，严禁非操作人员入内。当有 6 级及 6 级以上大风和雾、雨、雪天气时应停止脚手架搭设与拆除作业。

为了确保脚手架施工的安全，脚手架应具备足够的强度、刚度和稳定性。一般情况下，多立杆式外脚手架，施工均布荷载标准规定：维修脚手架为 1kN/m，装饰脚手架为 2kN/m，结构脚手架为 3kN/m。作业层上的施工荷载应符合设计要求，不得超载。不得将模板支架、缆风绳、泵送混凝土和砂浆的输送管等固定在脚手架上，严禁悬挂起重设备。若需超载，则需采取相应措施，并经验算方可使用。

使用脚手架时必须沿外墙设置安全网，以防材料下落伤人和高空操作人员坠落。安全网是用直径 9mm 的麻绳、棕绳或尼龙绳编织而成，一般规格为宽 3m，长 6m，网眼 50mm 左右，每块支好的安全网应能承受不小于 1.6kN 的冲击荷载。架设安全网时，其伸出墙面宽度应不小于 2m，外口要高于里口 500mm，两网搭接应扎接牢固，每隔一定距离应用拉绳将斜杆与地面锚桩拉牢。安全网的搭设如图 3.17 所示，施工过程中要经常对安全网进行检查和维修，严禁向安全网内扔木料和其他杂物。安全网要随楼层施工进度逐层上升。高层建筑除有随楼层逐步上升的安全网外，尚应有在第 2 层和每隔 3~4 层加设固定的安全网。

在无窗口的山墙上，可在墙角设立杆来挂安全网，也可在墙体内预埋钢筋环以支撑斜杆，还可以用短钢管穿墙，用旋转扣件来支设斜杆。钢脚手架（包括钢井架、钢龙门架、钢独脚拔杆提升架等）不得搭设在距离 35kV 以上的高压线路 4.5m 以内和 1~10kV 高压线路 2m 以内的区域，否则使用期间应断电或拆除电源。

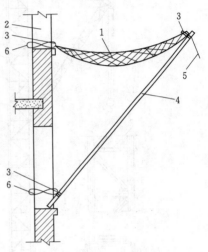

图 3.17　安全网的搭设
1—安全网；2—窗口；3—外横杆；
4—斜杆；5—拦绳；6—内栏杆

过高的脚手架必须有防雷设施，钢脚手架的防雷措施是用接地装置与脚手架连接，一般每隔 50m 设置一处。最远点到接地装置脚手架上的过渡电阻不应超过 10Ω。

在脚手架使用期间，严禁拆除主节点处的纵、横向水平杆，纵、横向扫地杆，连墙件。

脚手架使用中，应定期检查下列项目。

（1）杆件的设置和连接，连墙件、支撑、门洞析架等的构造是否符合要求。

（2）地基是否积水，底座是否松动，立杆是否悬空。

（3）扣件螺栓是否松动。

（4）高度在 21m 以上的脚手架，其立杆的沉降与垂直度的偏差是否符合规定。

（5）安全防护措施是否符合要求。

（6）是否超载。

3.1.8　垂直运输设施

垂直运输设施是指担负垂直输送材料和施工人员上、下的机械设备和设施。在砌筑施工过程中，各种材料（砖、砂浆）、工具（脚手架、脚手板）及各层楼板安装时，垂直运输量较大，都需要用垂直运输机具来完成。目前，砌筑工程中常用的垂直运输设施有塔式起重机、井字架、龙门架、桅杆式起重机、建筑施工电梯等。

3.1.8.1 井字架

在垂直运输过程中，井字架的特点是稳定性好，运输量大，可以搭设较大的高度，是施工中最常用、最简便的垂直运输设施。除用型钢或钢管加工的定型井架外，还有用脚手架材料搭设而成的井架。图 3.18 是用角钢搭设的井架。

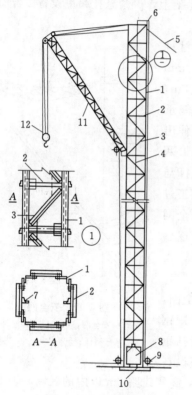

图 3.18　角钢井架图

1—立柱；2—平撑；3—斜撑；4—钢丝绳；
5—缆风绳；6—天轮；7—导轨；8—吊
盘；9—地轮；10—垫木；11—摇臂
拔杆；12—滑轮组

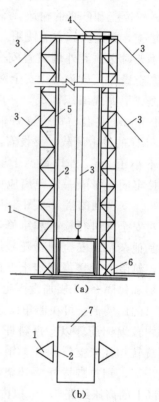

图 3.19　龙门架的基本构造形式

（a）立面；（b）平面

1—立杆；2—导轨；3—缆风绳；4—天轮；
5—吊盘停车安全装置；6—地轮；
7—吊盘

井架多为单孔井架，但也可构成两孔或多孔井架。井架内设吊盘（也可在吊盘下加设混凝土料斗），两孔或三孔井架可分别设吊盘和料斗，以满足同时运输多种材料的需要。井架搭设高度可达 20m，适用于中、小工程。

井架的优点是价格低廉、稳定性好、运量大；缺点是缆风绳多，影响施工和交通。附着于建筑物的井架可不设缆风绳，仅设附墙拉接。

3.1.8.2 龙门架

龙门架由二立柱及天轮梁（横梁）构成，在龙门架上装设滑轮、导轨、吊盘（上料平台）、安全装置以及起重索、缆风绳等，即构成一个完整的垂直运输体系（图 3.19）。龙门架构造简单，制作容易，用料少，装拆方便，起重高度一般为 15～30m，起重量为 20kN 内，适用于中、小工程。因不能作水平运输，龙门架在地面和高空必须配以手推车等人力运输。

龙门架一般单独设置，有外脚手架时，可设在脚手架的外侧或转角部位，其稳定靠拉缆风绳解决，缆风绳设置要求同井架，但每道缆风绳不少于 6 根，亦可在外脚手架的中间，用拉杆将龙门架的立柱与脚手架拉结起来。

3.2 砌筑用材料

3.2.1 块材

块材分为砖、石材、砌块三大类。

3.2.1.1 砖

1. 烧结普通砖

以黏土、页岩、煤矸石、粉煤灰为主要原料，经过焙烧而成的实心的孔洞率不大于 15％的砖统称烧结普通砖。烧结普通砖规格为 240mm×115mm×53mm，具有这种尺寸的砖称为"标准砖"。烧结普通砖按力学性能分为 MU10、MU15、MU20、MU25、MU30 五个强度等级。黏土砖因不符合节能、环保和保护农田的要求，正被限用或禁用。烧结普通砖的外观质量应符合表 3.1 要求。

表 3.1 　　　　　　　　　砖 的 外 观 质 量 　　　　　　　　　　单位：mm

项　　　目		优等品	一等品	合格品
两条面高度差不大于		2	3	5
弯曲不大于		2	3	5
杂质凸出高度不大于		2	3	5
缺棱掉角的三个破坏尺寸不得同时大于		15	20	30
裂纹长度不大于	a. 大面上宽度方向及其延伸至条面的长度	70	70	110
	b. 大面上长度方向及其延伸至顶面的长度或条顶面上水平裂纹的长度	100	100	150
完整面不得小于		一条面和一顶面	一条面和一顶面	—
颜色		基本一致	—	—

注　1. 为装饰而施加的色差、凹凸纹、拉毛、压光等不算作缺陷。

　　2. 凡有下列缺陷之一者，不得称为完整面：

　　　(1) 缺损在条面或顶面上造成的破坏面尺寸同时大于 10mm×10mm；

　　　(2) 条面或顶面上裂纹宽度大于 1mm，其长度超过 30mm；

　　　(3) 压陷、黏底、焦花在条面或顶面上的凹陷或突出超过 2mm，区域尺寸同时大于 10mm×10mm。

2. 烧结多孔砖

烧结多孔砖是以黏土、页岩、煤矸石、粉煤灰为主要原料，经焙烧而成的承重多孔砖，孔洞率不小于 25％，孔洞小而多，简称多孔砖。多孔砖自重轻、保温隔热性能好，节约原料和能源。

烧结多孔砖产品规格有：

P（KP1）型：规格为 240mm×115mm×90mm。

P（KP2）型：规格为 240mm×115mm×180mm。

K（KM1）型：规格为 190mm×190mm×190mm。

常用的规格尺寸为 240mm×115mm×90mm，多用于多层房屋的承重墙体。字母 K 表示空心，P 表示普通，M 表示模数。其中，P（KP1）型易与砖配合使用，应用广泛；P（KP2）型也可与标准砖配合使用，但需用配砖。K（KM1）型规格尺寸符合建筑模数，但不能与标准砖配合使用，需用配砖配合使用。多孔砖中竖向孔砖多用于承重墙；水平孔砖仅用于非承重墙或填充墙。烧结多孔砖的强度等级与烧结普通砖相同。

3. 烧结空心砖

烧结空心砖是以黏土、页岩、煤矸石为主要原料、经焙烧而成的非承重的空心砖（孔洞率大于 35%）。烧结空心砖的长度有 240mm、290mm，宽度有 140mm、180mm、190mm，高度有 90mm、115mm。按力学性能分为 MU5、MU3、MU2 三个强度等级。

4. 蒸压灰砂砖

蒸压灰砂砖是以石灰和砂为主要原料，掺加适量的颜料和外加剂，经坯料制备、压制成型，高压蒸汽养护而成的实心砖。砖的规格尺寸为 240mm×115mm×53mm。可有 MU25、MU20、MU15 和 MU10 四个强度等级。MU10 的砖仅可用于防潮层以上的建筑部位；MU15 以上的砖可用于基础及其他建筑部位。蒸压灰砂砖不得用于长期受热 200℃以上（如炉壁、烟囱等）、受急冷急热和有酸性介质侵蚀的建筑部位。

5. 粉煤灰砖

粉煤灰砖是以粉煤灰、石灰或水泥为主要原料，掺加适量的石膏、外加剂、颜料和骨料等，经坯料制备、压制成型、高压或常压蒸汽养护而制成的实心粉煤灰砖。这种砖的产品规格和强度等级与普通砖完全相同。它的抗冻性、长期强度稳定性及防水性能较差。

3.2.1.2 石材

石材分为毛石和料石两大类，毛石又分为形状不规则的乱毛石和形状不规则但有两个平面大致平行的平毛石。砌筑用毛石应呈块状，其中部厚度不宜小于 200mm。料石按其加工面的平整程度分为细料石、半细料石、粗料石和毛料石四种。各种砌筑用料石的宽度和厚度均不宜小于 200mm，而长度不宜大于厚度的 4 倍，即 800mm。

石材的强度等级可用边长为 70mm 的立方体试块的抗压强度平均值表示。石材的强度等级分为 MU100、MU80、MU60、MU50、MU40、MU30、MU20 等七级。

3.2.1.3 砌块

砌筑用砌块有混凝土空心砌块、加气混凝土砌块、粉煤灰砌块和各种轻骨料混凝土砌块。承重砌块以混凝土空心砌块为主。混凝土空心砌块有竖向方孔，主规格尺寸为 300mm×190mm×90mm，还有一些辅助规格的砌块以配合使用。

3.2.2 砌筑砂浆

3.2.2.1 分类及适用范围

砌筑砂浆有水泥砂浆、水泥混合砂浆及石灰砂浆之分，分别适用于不同的环境和对象。

（1）水泥砂浆一般用做砌筑基础、地下室、多层建筑的下层等潮醒环境中的砌体，以及水塔、烟囱、钢筋砖过梁等要求高强度、低变形的砌体。水泥砂浆的保水性较差，砌筑时会因水分损失而影响与砖石块体的黏结能力。

（2）水泥混合砂浆简称混合砂浆，通常由水泥、石灰膏、砂加水拌制而成。混合砂浆具有较好的和易性，尤其是保水性；具有一定的强度和耐久性，常用做砌筑地面以上的砖石砌体；混合砂浆中的石灰膏主要是起塑化作用，其代用品很多，有电石膏、粉煤灰、黏土及微沫剂等。

（3）石灰砂浆又称白灰砂浆，是由石灰膏、砂加水拌制而成的气硬性胶结料，强度低，使用上受到一定限制。

3.2.2.2 砌筑砂浆中主要原材料要求

1. 水泥

应根据砌体部位和所处环境来选择。水泥进场使用前应分批对其强度、安定性进行复验。水泥应按品种、强度等级、出厂日期分别堆放并保持干燥，当在使用中对水泥质量有怀疑或水泥出厂超过三个月（快硬硅酸盐水泥超过一个月）时，应复查试验，不同品种的水泥不得混合使用。

2. 砂

宜用中砂并应过筛，不得含有草根等杂质。砂浆用砂的含泥量应满足下列要求：对水泥砂浆和强度等级不小于 M5 的水泥混合砂浆，不应超过 5%；对强度等级小于 M5 的水泥混合砂浆，不应超过 10%；人工砂、山砂及特细砂，应经试配能满足砌筑砂浆技术条件要求。

3. 石灰

可用块状生石灰熟化而成，熟化时间不得少于 7 天，并用滤网过滤。沉淀池中贮存的石灰膏应防止干燥、冻结和污染，严禁使用脱水硬化的石灰膏。

3.2.2.3 砂浆强度等级

砂浆强度等级是用边长为 70.7 mm 的立方体试块，以标准养护〔在（20±3）℃温度和相对湿度为 90% 以上〕下，龄期为 28d 的抗压强度为准。其强度等级为 M2.5、M5、M7.5、M10、M15 五个等级。砌筑砂浆应通过试配确定配合比，当砌筑砂浆的组成材料有变更时，其配合比应重新确定。砂浆现场拌制时，各组分材料应采用重量计算。

3.2.2.4 砂浆的制备与使用

砌筑砂浆应采用机械搅拌，搅拌时间自投料完算起，水泥砂浆和水泥混合砂浆不得少于 2min；水泥粉煤灰砂浆和掺用外加剂砂浆不得少于 3min。砂浆应随拌随用，水泥砂浆和水泥混合砂浆必须在拌成后 3h 和 4h 内使用完毕，如施工期间最高气温超过 30℃，必须在拌成后 2h 和 3h 内使用完毕。

3.3 砖 砌 体 施 工

3.3.1 施工准备

3.3.1.1 砖的准备

砖的品种、强度等级必须符合设计要求，并应规格一致。用于清水墙、柱表面的砖，尚应边角整齐、色泽均匀。无出厂证明的要送试验室鉴定。砌筑砖砌体时，砖应提前（1~2）d 浇水湿润，以免砌筑时因干砖吸收砂浆中的大量水分，使砂浆流动性降低，砌筑困难，并影响砂浆的黏结力和强度。但也要注意不能将砖浇得过湿，而使砖不能吸收砂浆中的多余水分，影响砂浆的密实性、强度和黏结力，并且还会产生坠灰和砖块滑动现象，使墙面不洁净，灰缝不平整，墙面不平直。一般要求砖处于半干湿状态（将水浸入砖 10mm 左右），含水率为 10%～15%。砖不应在脚手架上浇水。

3.3.1.2 机具的准备

砌筑前，必须按施工组织设计要求组织垂直和水平运输机械、砂浆搅拌机进场、安装、调试等工作。同时，还应准备脚手架、砌筑工具（如皮数杆、托线板）等。

3.3.2 砖墙的组砌形式

3.3.2.1 砖墙的组砌形式

1. 一顺一丁

一顺一丁砌法是一皮中全部顺砖与一皮中全部丁砖相互间隔砌成，上下皮间的竖缝相互错开 1/4 砖长，如图 3.20（a）所示。适合于砌一砖、一砖半及二砖墙，其整体性较好且砌筑效率较高，但当砖规格不一致时竖缝难以整齐。

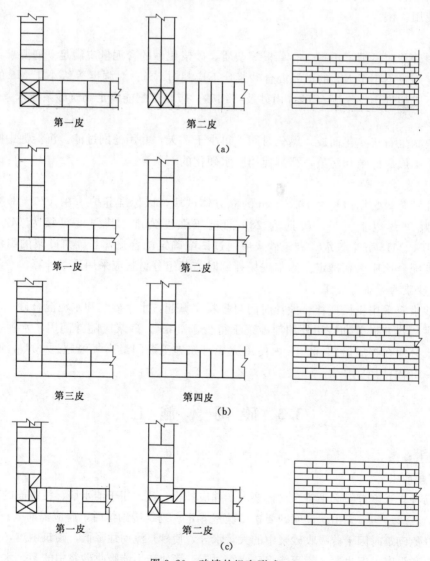

图 3.20 砖墙的组砌形式

（a）一顺一丁；（b）三顺一丁；（c）梅花丁

2. 三顺一丁

三顺一丁砌法是三皮中全部顺砖与一皮中全部丁砖间隔砌成,上下皮顺砖与丁砖间竖缝错开 1/4 砖长,上下皮顺砖间竖缝错开 1/2 砖长,如图 3.20 (b) 所示。适合于砌一砖、一砖半墙,其砌筑效率高,墙面易平整,多用于混水墙。

3. 梅花丁

梅花丁砌法是每皮中丁砖与顺砖相隔,上皮丁砖坐中于下皮顺砖,上下皮间竖缝相互错开 1/4 砖长,如图 3.22 (c) 所示。适合于砌一砖及一砖半墙,其整体性好,灰缝整齐美观,但砌筑效率较低。每层承重墙的最上一皮砖,一砖厚墙应是整砖丁砌成。在梁或梁垫的下面,砖砌体的阶台水平面上以及挑檐、腰线等处,也应是整砖丁砌层。

3.3.2.2　砖柱组砌

应使砖面上下皮的竖缝相互错开 1/2 砖长或 1/4 砖长。在柱心无通天缝,少砍砖并尽量利用二分头砖 (1/4 砖),严禁用包心组砌法,如图 3.21 所示。

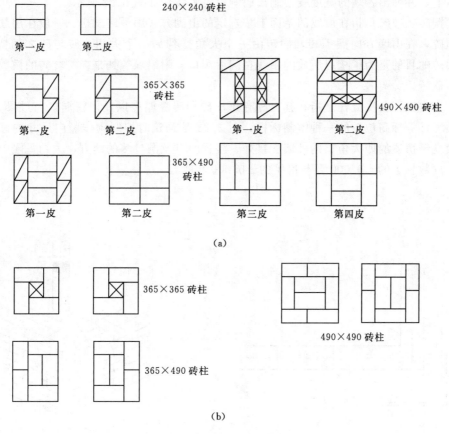

图 3.21　砖柱组砌

(a) 矩形柱正确砌筑法;(b) 矩形柱错误砌筑法 (包心砌法)

3.3.3　砖砌体的施工工艺

砖砌体的砌筑方法有"三一"砌砖法、挤浆法和满口灰法。其中,"三一"砌砖法和挤浆法最为常用。

"三一"砌砖法即是一块砖、一铲灰、一揉压并随手将挤出的砂浆刮去的砌筑方法。这种砌法的优点：灰缝容易饱满，黏结性好，墙面整洁。故实心砖砌体宜采用"三一"砌砖法。挤浆法即用灰勺、大铲或铺灰器在墙顶上铺一段砂浆，然后双手拿砖或单手拿砖，用砖挤入砂浆中一定厚度之后把砖放平，达到下齐边、上齐线、横平竖直的要求。这种砌法的优点：可以连续挤砌几块砖，减少烦琐的动作；平推平挤可使灰缝饱满；效率高；保证砌筑质量。满口灰法是指将砂浆刮满在砖面和砖棱上，随即砌筑的方法。其特点是：砌筑质量好，效率低，仅用于砌筑墙体的特殊部位，如保温墙、烟囱等。

砖砌体的施工过程有抄平、放线、摆砖、立皮数杆、挂线、砌砖、勾缝等工序。

（1）抄平。砌墙前应在基础防潮层或楼面上定出各层标高，并用 M7.5 水泥砂浆或 C10 细石混凝土找平，使各段砖墙底部标高符合设计要求。找平时，应使上下两层外墙之间不致出现明显的接缝。

（2）放线。根据龙门板上给定的轴线及图纸上标注的墙体尺寸，在基础顶面上用墨线弹出墙的轴线和墙的宽度线，并定出门洞口位置线。在楼层上，墙的轴线可以用经纬仪或锤球将轴线引上，并弹出各墙的宽度线，画出门洞口位置线。如图 3.22 所示。

（3）摆砖。摆砖是指在放线的基面上按选定的组砌方式用干砖试摆。一般在房屋外纵墙方向摆顺砖，在山墙方向摆丁砖，摆砖由一个大角摆到另一个大角，砖与砖之间留 10mm 缝隙。摆砖的目的是为了核对所放的墨线在门窗洞口、附墙垛等处是否符合砖的模数，以尽可能减少砍砖。

（4）立皮数杆。皮数杆是指在其上画有每皮砖和砖缝厚度以及门窗洞口、过梁、楼板、梁底、预埋件等标高位置的一种木制标杆，图 3.23 是砌筑时控制砌体竖向尺寸的标志，皮数杆一般立于房屋的四大角、内外墙交接处、楼梯间以及洞口多的地方，大约每隔 10～15m 立一根。皮数杆上的 ±0.000 要与房屋的 ±0.000 相吻合。

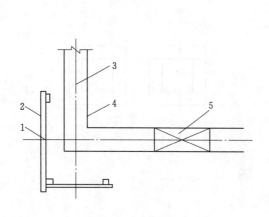

图 3.22　墙身放线

1—墙轴线标志；2—龙门板；3—墙轴线；

4—墙边线；5—门洞位置标线

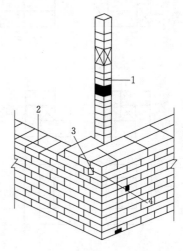

图 3.23　皮数杆示意图

1—皮数杆；2—准线；3—竹片；4—圆铁钉

（5）挂线。为保证砌体垂直平整，砌筑时必须挂线，一般二四墙可单面挂线，三七墙及以上的墙则应双面挂线。

（6）砌砖。砌砖的操作方法很多，常用的是"三一"砌砖法和挤浆法。砌砖时，先挂上通线，按所排的干砖位置把第一皮砖砌好，然后盘角。盘角又称立头角，指在砌墙时先砌墙角，然后从墙角处拉准线，再按准线砌中间的墙。每次盘角不得超过六皮砖，在盘角过程中应随时用托线板检查墙角是否平整垂直，砖层灰缝是否符合皮数杆标志，然后在墙角安装皮数杆，以后即可挂线砌第二皮以上的砖。砌筑过程中应"三皮一吊、五皮一靠"，保证墙面垂直平整。

（7）勾缝、清理。清水墙砌完后，要进行墙面修正及勾缝。墙面勾缝应横平竖直，深浅一致，搭接平整，不得有丢缝、开裂和黏结不牢等现象。砖墙勾缝宜采用凹缝或平缝，凹缝深度一般为 4～5mm。勾缝完毕后，应进行墙面、柱面和落地灰的清理。

3.3.4 砌砖的技术要求

3.3.4.1 砖砌体的质量要求

砖砌体的质量要求可用 16 字概括为"横平竖直、砂浆饱满、组砌得当、接槎可靠"。具体介绍如下：

（1）横平竖直。砖砌体抗压性能好，而抗剪抗拉性能差。为使砌体均匀受压，不产生剪切水平推力，砌体灰缝应保证横平竖直，否则，在竖向荷载作用下，沿砂浆与砖块结合面会产生剪应力。当剪应力超过抗剪强度时，灰缝受剪破坏，随之对相邻砖块形成推力或挤压作用，致使砌体结构受力情况恶化。竖向灰缝必须垂直对齐，对不齐而错位，称游丁走缝，影响墙体外观质量。

（2）砂浆饱满。为保证砖块均匀受力和使块体紧密结合，要求水平灰缝砂浆饱满，厚薄均匀。否则砖块受力不均，而产生弯曲、剪切破坏作用。砂浆饱满程度以砂浆饱满度表示，用百格网检查，要求饱满度达到 80％以上。灰缝厚度应控制在 10mm 左右，不宜小于 8mm，也不宜大于 12mm。由于砌体受压时，砖与砂浆产生横向变形，而两者变形能力不同（砖变形能力小于砂浆），因而砖块受到拉力作用，而过厚的灰缝使此拉力加大，故不应随意加厚砂浆灰缝厚度。竖向灰缝砂浆应饱满，可避免透风漏水，改善保温性能。

（3）组砌得当。为了提高砌体的整体性、稳定性和承载能力，砖块排列应遵守上下错缝、内外搭砌的原则，避免出现连续的垂直通缝。错缝或搭砌长度一般不小于 60mm，同时还应照顾砌筑方便、砍砖少的要求。各层承重墙的最上一皮砖应用丁砖砌筑，梁垫下面、挑檐腰线等也应用丁砖砌筑。

（4）接槎可靠。砖墙转角处和交接处应同时砌筑。对不能同时砌筑而又必须留置的临时间断处，应砌成斜槎。

3.3.4.2 砖墙的技术要求

（1）砖的强度等级必须符合设计要求。检验方法：查砖的试验报告。

（2）砖砌体的水平灰缝厚度和竖缝厚度一般为 10mm，但不小于 8mm，也不大于 12mm。其水平灰缝的砂浆饱满度不应低于 80％，每检验批抽查不应少于 5 处。用百格网检查砖底面与砂浆的黏结痕迹面积。每处检验 3 块砖，取其平均值。

（3）砖砌体的转角处和交接处应同时砌筑，严禁无可靠措施的内外墙分砌施工。对不能同时砌筑而又必须留置的临时间断处，应砌成斜槎，斜槎水平投影长度不小于高度的 2/3。抽检数量：每检验批抽 20％接槎，且不应少于 5 处。检验方法：观察检查。如图 3.24 所示。

（4）非抗震设防及抗震设防烈度为 6 度、7 度地区的临时间断处，当不能留斜槎时，可留直槎，但直槎必须做成凸槎。留直槎处应加设拉结筋，拉结筋的数量为每 120mm 墙厚放置1φ6拉结钢筋，间距沿墙高不应超过500mm；埋入长度从墙的留槎处算起每边均不应小于500mm，对抗震设防烈度为6度、7度地区，不应小于1000mm；末端应有90°弯钩。抽检数量：每检验批抽20%接槎，且不应少于5处。检验方法：观察和尺量检查。合格标准：留槎正确，拉结钢筋设置数量、直径正确，竖向间距偏差不超过100mm，留置长度基本符合规定。如图3.25所示。

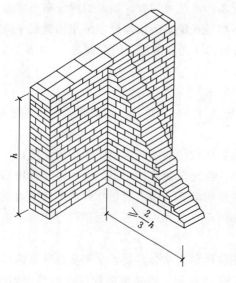

图3.24 斜槎

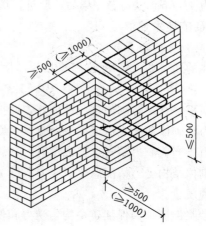

图3.25 直槎

注：括号数字为抗震强度为6度、7度地区的要求。

（5）在墙上留置的临时施工洞口，其侧边离交接处的墙面不应小于500mm，洞口净宽度不应超过1m。抗震设防烈度为9度地区建筑物的临时施工洞口的位置，应会同设计单位研究决定。临时施工洞口应做好补砌。

（6）不得在下列墙体或部位中设置脚手眼。

1）120mm厚墙、料石清水墙和独立柱。

2）过梁上与过梁成60°角的三角形范围内及过梁净跨度1/2的高度范围内。

3）宽度小于1m的窗间墙。

4）砌体门窗洞口两侧200mm和转角处450mm的范围内。

5）梁或梁垫下及其左右500mm的范围内。

6）设计不允许设置脚手架的部位。

施工脚手眼补砌时，灰缝应填满砂浆，不得用干砖填塞。外墙脚手眼补砌时，要采用防渗漏措施。

（7）每层承重墙最上一皮砖、梁或梁垫下面的砖应用丁砖砌筑。隔墙和填充墙的顶面与上部结构接触处宜用侧砖或立砖斜砌挤浆。

（8）砌体相邻工作段的高度差，不得超过一个楼层的高度，也不宜大于4m。工作段的分段位置宜设在伸缩缝、沉降缝、防震缝或门窗洞口处，砌体临时间断处的高度差不得超过一步脚手架的高度。

（9）尚未施工楼板或屋面的墙或柱，当可能遇到大风时，其允许自由高度不得超过

1.2m。否侧应采用临时支撑等有效措施。

（10）砖砌体的位置及垂直度允许偏差应符合表 3.2 的规定。

抽检数量：轴线查全部承重墙柱；外墙垂直度全高查阳角，不应少于 4 处，每层每 20m 查一处；内墙按有代表性的自然间抽 10%，但不应少于 2 处，柱不少于 5 根。

表 3.2　　　　　　　　　　　砖砌体的位置及垂直度允许偏差

项次	项　目		允许偏差/mm	检　验　方　法
1	轴线位置偏移		10	用经纬仪和尺检查，或用其他测量仪器检查
2	垂直度	每层	5	用 2m 托线板检查
		全高　≤10m	10	用经纬仪、吊线和尺检查，或用其他测量仪器检查
		全高　>10m	20	

3.3.4.3　构造柱施工

设有钢筋混凝土构造柱的抗震多层砖房，应先绑扎钢筋，而后砌砖墙，最后浇筑混凝土。构造柱与墙体的连接处应砌成马牙槎。马牙槎应先退后进，如图 3.26 所示。预留的拉结钢筋应位置正确，施工中不得任意弯折。墙与柱应沿高度方向每 500mm 设 2φ6 钢筋，每边伸入墙内不应少于 1m；构造柱应与圈梁连接。抽检数量：每检验批抽 20% 构造柱，且不少于 3 处。检验方法：观察检查。合格标准：钢筋竖向位移不超过 100mm，每一马牙槎沿高度方向的尺寸不超过 300mm。钢筋竖向位移和马牙槎尺寸偏差每一构造柱不应超过 2 处。

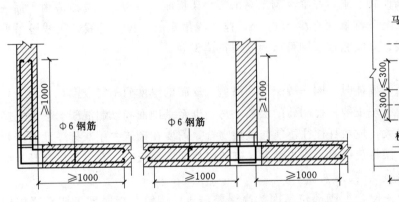

图 3.26　拉结钢筋布置及马牙槎

3.3.5　影响砖砌体工程质量的因素与防治措施

3.3.5.1　砂浆强度不稳定

现象：砂浆强度低于设计强度标准值，有时砂浆强度波动较大，均质性差。

主要原因：材料计量不准确；砂浆中塑化材料或微沫剂掺量过多；砂浆搅拌不均；砂浆使用时间超过规定；水泥分布不均匀等。

预防措施：建立材料的计量制度和计量工具校验、维修、保管制度；减少计量误差，对塑化材料（石灰膏等）宜调成标准稠度（120mm）进行称量，再折算成标准容积；砂浆尽量采用机械搅拌，分两次投料（先加入部分砂子、水和全部塑化材料，拌匀后再投入其余的砂子和全部水泥进行搅拌），保证搅拌均匀；砂浆应按需要搅拌，宜在当班用完。

3.3.5.2　砖墙墙面游丁走缝

现象：砖墙面上下砖层之间竖缝产生错位，丁砖竖缝歪斜，宽窄不匀，丁不压中。清水墙窗台部位与窗间墙部位的上下竖缝错位、搬家。

主要原因：砖的规格不统一，每块砖长、宽尺寸误差大；操作中未掌握控制砖缝的标准，开始砌墙摆砖时，没有考虑窗口位置对砖竖缝的影响，当砌至窗台处分窗口尺寸时，窗的边线不在竖缝位置上。

预防措施：砌墙时用同一规格的砖，如规格不一，则应弄清现场用砖情况，统一摆砖确定组砌方法，调整竖缝宽度；提高操作人员技术水平，强调丁压中即丁砖的中线与下层条砖的中线重合；摆砖时应将窗口位置引出，使窗的竖缝尽量与窗口边线相齐。如果窗口宽度不符合砖的模数，砌砖时要打好七分头，排匀立缝，保持窗间墙处上下竖缝不错位。

3.3.5.3　清水墙面水平缝不直，墙面凹凸不平

现象：同一条水平缝宽度不一致，个别砖层冒线砌筑；水平缝下垂；墙体中部（两步脚手架交接处）凹凸不平。

主要原因：砖的两个条面大小不等，使灰缝的宽度不一致，个别砖大条面偏大较多，不易将灰缝砂浆压薄，从而出现冒线砌筑；所砌墙体长度超过 20m，挂线不紧，挂线产生下垂，灰缝就出现下垂现象；由于第一步架墙体出现垂直偏差，接砌第二步架时进行了调整，两步架交接处出现凹凸不平。

预防措施：砌砖应采取小面跟线；挂线长度超过 15～20m 时，应加垫线；墙面砌至脚手架排木搭设部位时，预留脚手眼，并继续砌至高出脚手架板面一层砖；挂立线应由下面一步架墙面引伸，以立线延至下部墙面至少 500mm，挂立线吊直后，拉紧平线，用线锤吊平线和立线，当线锤与平线、立线相重，则可认为立线正确无误。

3.3.5.4　"螺丝"墙

现象：砌完一个层高的墙体时，同一砖层的标高差一皮砖的厚度而不能咬圈。

主要原因：砌筑时没有按皮数杆控制砖的层数；每当砌至基础面和预制混凝土楼板上接砌砖墙时，由于标高偏差大，皮数杆往往不能与砖层吻合，需要在砌筑中用灰缝厚度逐步调整；如果砌同一层砖时，误将负偏差当作正偏差，砌砖时反而压薄灰缝，在砌至层高赶上皮数时，与相邻位置正好差一皮砖。

预防措施：砌筑前应先测定所砌部位基面标高误差，通过调整灰缝厚度来调整墙体标高；标高误差宜分配在一步架的各层砖缝中，逐层调整；操作时挂线两端应相互呼应，并经常检查与皮数杆的砌层号是否相符。

各层标高除可用皮数杆控制外，还可用在室内弹出的水平线来控制，即当底层砌到一定高度后，用水准仪根据龙门板上的 ±0.000 标高，在室内墙角引测出标高控制点（一般比室内地坪高 200～500mm），然后根据该控制点弹出水平线，作为楼板标高的控制线。以此线到该层墙顶的高度计算出砖的皮数，并在皮数杆上画出每皮砖和砖缝的厚度，作为砌砖的依据。此外，在建筑物四周外墙下引测 ±0.000 标高，画上标志，当第二层墙砌到一定高度，从底层用尺往上量出第二层的标高的控制点，并用水准仪以引上的第一个控制点为准，定出各墙面水平线，用以控制第二层楼板标高。

3.3.6　砌筑工程的安全技术

砌筑操作前必须检查操作环境是否符合安全要求，道路是否畅通，机具是否完好牢固，安全设施和防护用品是否齐全，经检查符合要求后方可施工。

砌基础时，应检查和经常注意基槽（坑）土质的变化情况。堆放砖石材料应离槽（坑）边 1m 以上。砌墙高度超过 1.2m 时，应搭设脚手架。在一层以上或砌墙高度超过 4m 时，采用里脚手架必须搭设安全网，采用外脚手架应设护身栏杆和挡脚手板。架上堆放材料不得超过规定荷载标准值，堆砖高度不得超过三皮侧砖，同一块脚手板上的操作人员不得超过两人。不准站在墙顶上做画线、刮缝及清扫墙面或检查大角垂直等工作。不准用不稳固的工具或物体在脚手板面上操作。

砍砖时应面向墙体，避免碎砖飞出伤人。垂直传递砖块时，必须认真仔细，小心砸伤人。不准在超过胸部的墙上进行砌筑，以免将墙体碰撞倒塌造成安全事故。禁止在刚砌好的墙体上走动，以免发生危险和质量事故。

不准在墙顶或架子上整修石材，以免振动墙体影响质量或石片掉下伤人。不准徒手移动上墙的石块，以免压破或擦伤手指。石块不准往下掷，运石上下时要注意安全。不准起吊有部分破裂和脱落危险的砌块。起吊砌块时，严禁将砌块停留在操作人员上空或在空中整修；砌块吊装时，不得在下一层楼面上进行其他任何工作；卸下砌块时应避免冲击，砌块堆放应尽量靠近楼板的端部，不得超过楼板的承载能力；砌块吊装就位时，应待砌块放稳后，方可松开夹具。

思　考　题

1. 简述脚手架的作用、分类及基本要求。
2. 钢管扣件脚手架主要由哪些部件组成？扣件有哪几种基本形式？各起什么作用？
3. 砌筑工程对砂浆制备和使用有什么要求？
4. 砌筑工程对砖有什么要求？普通黏土砖砌筑前为什么要浇水？浇湿到什么程度？
5. 砖砌体有哪几种组砌形式？各有什么优缺点？
6. 什么叫皮数杆？皮数杆如何布置？如何画线？起什么作用？
7. 简述砖墙施工工艺过程。
8. 砖墙在转角处和交接处，留设临时间断有什么构造要求？
9. 砖砌体的每日砌筑高度如何规定？为什么？
10. 砖砌体的砌筑质量有哪些要求？影响砌体质量的因素是什么？
11. 试述影响砖砌体工程质量的因素及防治措施。
12. 简述砌筑工程施工中有哪些安全要求。

习　　题

一、单选题

1. 下列关于砌筑砂浆强度的说法中，（　　　）是不正确的。

A. 砂浆的强度是将所取试件经 28d 标准养护后，测得的抗剪强度值来评定

B. 砌筑砂浆的强度常分为 6 个等级

C. 每 250m³ 砌体、每种类型同强度等级的砂浆、每台搅拌机应至少抽检一次

D. 同盘砂浆只能一组试样

2. 砖墙水平灰缝的砂浆饱满度至少达到（　　）以上。

A. 90％　　　　　　B. 80％　　　　　　C. 75％　　　　　　D. 70％

3. 砌砖墙留斜搓时，斜搓长度不应小于高度的（　　）。

A. 1/2　　　　　　B. 1/3　　　　　　C. 2/3　　　　　　D. 1/4

4. 砖砌体留直搓时应加设拉结筋，拉结筋沿墙高每（　　）设一层。

A. 300mm　　　　B. 500mm　　　　C. 700mm　　　　D. 1000mm

5. 砌砖墙留直搓时，必须留成阳搓并加设拉结筋，拉结筋沿墙高每 500mm 留一层，每层按（　　）墙厚留一根，但每层最少为 2 根。

A. 370mm　　　　B. 240mm　　　　C. 120mm　　　　D. 60mm

6. 砌砖墙留直搓时，需加拉结筋对抗震设防烈度为 6 度，7 度地区，拉结筋每边埋入墙内的长度不应小于（　　）。

A. 50mm　　　　　B. 500mm　　　　C. 700mm　　　　D. 1000mm

7. 砖墙的水平灰缝厚度和竖缝宽度，一般应为（　　）左右。

A. 3mm　　　　　B. 7mm　　　　　C. 10mm　　　　　D. 15mm

8. 在砖墙中留设施工洞时，洞边距墙体交接处的距离不得小于（　　）。

A. 240mm　　　　B. 360mm　　　　C. 500mm　　　　D. 1000mm

9. 隔墙或填充墙的顶面与上层结构的接触处，宜（　　）。

A. 用砂浆塞填　　　　　　　　　　B. 用砖斜砌顶紧

C. 用埋筋拉结　　　　　　　　　　D. 用现浇混凝土连接

10. 某砖墙高度为 2.5m，在常温的晴好天气时，最短允许（　　）砌完。

A. 1d　　　　　　B. 2d　　　　　　C. 3d　　　　　　D. 5d

11. 对于实心砖砌体宜采用（　　）砌筑，容易保证灰缝饱满。

A. "三一"砖法　B. 挤浆法　　　　C. 刮浆法　　　　D. 满后灰法

12. 当砌块砌体的竖向灰缝宽度为（　　）时，应采用 C20 以上的细石混凝土填实。

A. 15～20mm　　B. 20～30mm　　C. 30～150mm　　D. 150～300mm

13. 常温下砌筑砌块墙体时，铺灰长度最多不宜超过（　　）。

A. 1m　　　　　　B. 3m　　　　　　C. 5m　　　　　　D. 7m

14. 为了保证砌筑砂浆的强度，在保证材料合格的前提条件下，应重点抓好（　　）。

A. 拌制方法　　　B. 计量控制　　　C. 上料顺序　　　D. 搅拌时间

15. 为了避免砌体施工时可能出现的高度偏差，最有效的措施是（　　）。

A. 准确绘制和正确树立皮数杆　　　B. 挂线砌筑

D. 采用"三一"砌砖法　　　　　　　D. 提高砂浆和易性

二、多选题

1. 砌砖宜采用"三一砌砖法"，即（　　）的砌筑方法。

A. 一把刀　　　　B. 一铲灰　　　　C. 一块砖　　　　D. 一揉压

E. 一铺灰

2. 砌筑工程质量的基本要求是（　　）。

A. 横平竖直　　　　B. 砂浆饱满　　　　C. 上下错缝　　　　D. 内外搭接

E. 砖强度高

3. 施工规范规定，实心砖砌体竖向灰缝不得出现（　　）。

A. 饱满度不低于 80％　　　　　　　B. 饱满度为 85％

C. 透明缝　　　　　　　　　　　　D. 瞎缝

E. 假缝

4. 普通黏土砖实心砖墙的常用组砌形式有（　　）。

A. 两平一侧　　　　B. 全顺式　　　　C. 三顺一丁　　　　D. 一顺一丁

E. 梅花丁

5. 影响砌筑砂浆饱满度的因素有（　　）。

A. 砖的含水量　　　B. 铺灰方法　　　C. 砂浆标号　　　　D. 砂浆和易性

E. 水泥种类

6. 砌体工程冬季施工的具体方法有（　　）。

A. 掺盐砂浆法　　　B. 加热法　　　　C. 红外线法　　　　D. 暖棚法

E. 冻结法

7. 下列部件中属于扣件式钢管脚手架的有（　　）。

A. 钢管　　　　　　B. 吊环　　　　　C. 扣件　　　　　　D. 底座

E. 脚手板

8. 悬挑式脚手架的支撑结构必须具有的条件是（　　）。

A. 高度　　　　　　B. 承载力　　　　C. 刚度　　　　　　D. 宽度

E. 稳定性

9. 在砖墙组砌时，应用于丁砖组砌的部位是（　　）。

A. 墙的台阶水平面上　　　　　　　B. 砖墙最上一皮

C. 砖墙最下一皮　　　　　　　　　D. 砖挑檐腰线

E. 门洞侧

10. 砖砌体的组砌原则是（　　）。

A. 砖块之间要错缝搭接　　　　　　B. 砖体表面不能出现游丁走缝

C. 砌体内外不能有过长通缝　　　　D. 尽量少砍砖

E. 有利于提高生产率

11. 扣件式钢管脚手架的下列杆件中属于受力杆的是（　　）。

A. 纵向水平杆　　　　　　　　　　B. 小横杆

C. 剪力撑　　　　　　　　　　　　D. 横向水平杆

E. 连横杆

第4章 混凝土结构

【本章要点】

本章主要介绍模板工程、钢筋工程和混凝土工程，其中重点介绍模板的作用与分类，模板安装与拆除；钢筋的种类和性能，钢筋配料和代换，钢筋加工，钢筋连接，钢筋绑扎与安装；混凝土配制，混凝土搅拌，混凝土运输和浇筑，混凝土养护，混凝土质量检验和混凝土冬期施工。

【学习要求】

本章要求掌握混凝土结构工程施工工艺与施工方法；掌握模板的构造、要求及安装工艺，工程施工工艺流程、施工操作要点，混凝土工程质量检查和评定；熟悉钢筋的验收要求，了解混凝土工程施工特点，模板的设计，以及混凝土工程的安全技术知识。

混凝土结构工程是土木建筑工程施工中占主导地位的施工内容，无论在人力、物力消耗，还是对工期的影响上都有非常重要的作用。混凝土结构工程包括现浇混凝土结构施工和预制装配式混凝土构件的工厂化施工两个方面。现浇混凝土结构的整体性好，抗震能力强，钢材消耗少，特别是近些年来一些新型工具式模板和施工机械的出现，使混凝土结构工程现浇施工得到迅速发展。尤其是目前我国的高层建筑大多数为现浇混凝土结构，高层建筑的发展亦促进了钢筋混凝土施工技术的提高。根据现有技术条件，现浇施工和预制装配这两个方面各有所长，皆有其发展前途。

混凝土结构主要是由钢筋和混凝土组成。因此，混凝土结构工程施工包括钢筋、模板和混凝土等主要分项工程，其施工的一般程序如图4.1所示。由于施工过程多，因而要加强施工管理，统筹安排，合理组织，以保证施工质量、加快施工进度和降低造价。

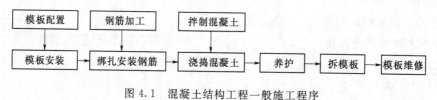

图4.1 混凝土结构工程一般施工程序

4.1 模 板 工 程

4.1.1 模板的作用与基本要求及分类

模板是混凝土结构构件成型的模具，已浇筑的混凝土需要在此模具内养护、硬化、增加强度，形成所要求的结构构件。整个模板系统包括模板和支架两个部分，其中模板是指与混凝土直接接触使混凝土具有构件所要求形状的部分；支架是指支撑模板，承受模板、构件及施工中各种荷载的作用，并使模板保持所要求的空间位置的临时结构。

为了保证所浇筑混凝土结构的施工质量和施工安全，模板和支架必须符合下列基本要求。

（1）保证结构和构件各部分形状、尺寸和相互位置的正确性。

（2）具有足够的承载能力、刚度和稳定性，能可靠地承受浇筑混凝土的质量、侧压力以及施工荷载。

（3）构造简单，拆装方便，能多次周转使用。

（4）接缝严密，不易漏浆。

模板工程的施工工艺包括：模板的选材、选型、设计、制作、安装、拆除和周转等过程。模板工程是钢筋混凝土工程的重要组成部分，特别是在现浇钢筋混凝土结构施工中占主导地位，决定施工方法和施工机械的选择，直接影响工期和造价。一般情况下，模板工程费用占结构工程费用的 30%左右，劳动量占 50%左右，工期约为总工期的 1/2。模板的分类的分类方法有多种：按所用的材料不同，可分为木模板、钢模板、钢木模板、胶合板模板、塑料模板、玻璃钢模板等；按装拆方法不同，可分为固定式、移动式和永久式；按规格形式不同，可分为定型模板（如小钢模板）和非定型模板（如木模板等散装模板）；按结构类型可分为基础模板、柱模板、墙模板、梁和楼板模板、楼梯模板等。

4.1.2 定型组合钢模板

组合钢模板是一种工具式模板，由模板和支承件两部分组成。模板有平面模板、转角模板（包括阴角模、阳角模和连接角模）及各种卡具；支承件包括用于模板固定、支撑模板的支架、斜撑、柱箍、桁架等。这种模板可以拼出多种尺寸和几何形状，可用于建筑物的梁、板、柱、墙、基础等构件施工的需要，也可拼成大模板、滑模、台模等使用。因而这种模板具有轻便灵活、拆装方便，通用性强，周转率高等优点。

4.1.2.1 模板

钢模板又由边框、面板和纵横肋组成。边框和面板常用 2.5～2.8mm 厚的钢板轧制而成，纵横肋则采用 3mm 厚扁钢与面板及边框焊接而成。钢模板的厚度均为 55mm。为了便于模板之间拼装连接，边框上都开有连接孔，且无论长短边上的孔距都为 150mm，如图 4.2 和图 4.3 所示。

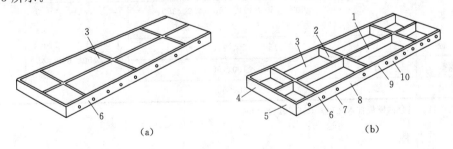

图 4.2　钢平面模板

（a）模板正面；（b）模板背面

1—中纵肋；2—中横肋；3—面板；4—横肋；5—插销孔；6—纵肋；

7—凸棱；8—凸鼓；9—U 形卡孔；10—钉子孔

模板的模数尺寸关系到模板的适应性，是设计制作模板的基本问题之一。在我国，通用模板的宽度模数应以 50mm 进级，宽度超过 600 时，应以 150mm 进级；长度模数应以 150mm 进

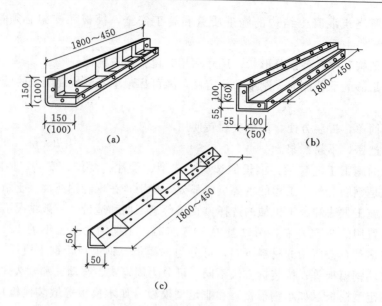

图 4.3 转角面钢模板

（a）阴角模；（b）阳角模；（c）连接角模

级，长度超过 900mm 时，应以 300mm 进级。定型平面钢模板的长度尺寸从 450～2100mm 共有 8 个类别；宽度尺寸从 100～1200mm 共 15 个类别。进行配模设计时，如出现不足整块模板处，则用木板镶拼，用铁钉或螺栓将木板与钢模板间进行连接。

平面钢模、阴角模、阳角模及连接角模分别用字母 P、E、Y、J 表示，在代号后面用 4 位数表示模板规格，前两位是宽度的厘米数，后两位是长度的整分米数。如 P3015 就表示宽 300mm、长 1500mm 的平模板。又如 Y0507 就表示肢宽为 50mm × 50mm、长度为 750mm 的阳角模。钢模板规格见表 4.1 所示。

表 4.1　　　　　　　　　　　　　　钢 模 板 规 格

单位：mm

名称	代号	宽　　　度	长度	肋高
平面模板	P	600、550、500、450、400、350、300、250、200、150、100	1800、1500、1200、900、750、600、450	55
阴角模板	E	150×150、100×100		
阳角模板	Y	100×100、50×50		
连接角模	J	50×50		

注　本表摘自《组合钢模板技术规程》（GB 50214—2001）。

4.1.2.2　连接件

钢模板的连接件有 U 形卡、L 形插销、钩头螺栓、对拉螺栓、3 形扣件、蝶形扣件等。钢模板间横向连接用 U 形卡，U 形卡操作简单，卡固可靠，其安装间距一般不大于 300mm。纵向连接用 L 形插销为主，以增强模板组装后的纵向刚度，如图 4.4 所示。大片模板组装时，采用钢管钢楞，这时就必须用钩头螺栓配合 3 形扣件或蝶形扣件固定，如图 4.5 所示。对于截面尺寸较大的柱、截面较高的梁和混凝土墙体，一般需要在两侧模板之间加设对拉螺栓，以增强模板抵抗混凝土挤压的能力。

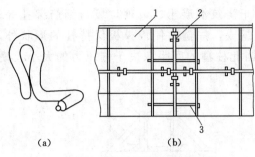

（a）　　　　　　　（b）

图 4.4　U 形卡和 L 形插销

（a）U 形卡；（b）连接件使用

1—钢模板；2—U 形卡；3—L 形插销

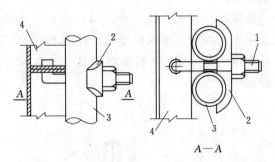

A—A

图 4.5　扣件固定

1—钩头螺栓；2—3 形扣件；3—钢楞；4—钢模板

　　钢模板组拼原则：从施工的实际条件出发，以满足结构施工要求的形状、尺寸为前提，以大规格的模板为主，较小规格的模板为辅，减少模板块数，方便模板拼装，不足模板尺寸的部位，用木板镶补。为了提高模板的整体刚度，可以采取错缝组拼，但同一模板拼装单元，模板的方向要统一。

4.1.2.3　支承件

　　组合钢模板的支承部件的作用是将已拼装完毕的模板固定并支承在相应的设计位置上，承受模板传来的一切荷载。由于在施工中一些较小零件容易丢失损坏，目前在工程中仍比较广泛地使用钢制脚手架作模板支承部件，包括扣件钢管脚手架、门型脚手架等。

4.1.3　现浇结构中常用模板的构造与安装

4.1.3.1　基础模板

　　基础的特点是高度较小而体积较大，基础模板一般利用地基或基槽（基坑）进行支撑。安装阶梯形基础模板时，要保证上下模板不发生相对位移。如土质良好，基础也可进行原槽浇筑混凝土。基础支模方法和构造如图 4.6 和图 4.7 所示。

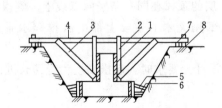

图 4.6　条形基础模板

1—上阶侧板；2—上阶吊木；3—上阶斜撑；

4—桥杠；5—下阶斜撑；6—水平撑；

7—垫板；8—木桩

图 4.7　阶梯形基础模块

1—拼板；2—斜撑；3—木桩；4—铁丝

4.1.3.2　柱模板

　　柱子的断面尺寸不大但比较高。因此，柱模板的构造和安装主要考虑保证垂直度及抵抗新浇混凝土的侧压力，与此同时，也要便于浇筑混凝土、清理垃圾与钢筋绑扎等。如图 4.8 所示为矩形柱模板，由板模板和柱箍组成，柱箍除使板模板保持柱的形状外，还要承受由模板传来的新浇混凝土的侧压力，因此柱箍的间距取决于侧压力的大小及模板的刚度。

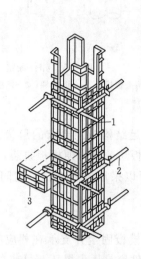

图 4.8　柱模板

1—平面钢模板；2—柱箍；3—浇筑孔盖板

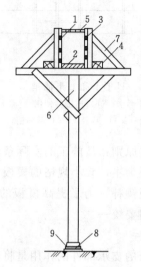

图 4.9　单梁模板

1—侧模板；2—底模板；3—侧模拼条；

4—夹木；5—水平拉条；6—顶撑；

7—斜撑；8—木楔；9—木垫板

4.1.3.3　梁模板

梁的跨度较大而宽度不大。梁底一般是架空的，混凝土对梁侧模板有水平侧压力，对梁底模板有垂直压力，因此梁模板及支架必须能承受这些荷载而不致发生超过规范允许的过大变形。

梁模板主要由底模、侧模、夹木及其支架系统组成，如图 4.9 所示。为承受垂直荷载，在梁底模板下每隔一定间距（800～1200mm）用顶撑顶住。顶撑可以用圆木、方木或钢管制成。顶撑底要加垫一对木楔块以调整标高。为使顶撑传下来的集中荷载均匀地传给地面，在顶撑底加铺垫板。多层建筑施工中，应使上、下层的顶撑在同一条竖向直线上。侧模板用长板条加拼条制成，为承受混凝土的侧压力，底部用夹木固定，上部由斜撑和水平拉条固定。

当梁跨度等于或大于 4m 时，模板应起拱，如设计无要求时，起拱高度为全跨长度的 1/1000～3/1000。

4.1.3.4　楼板模板

楼板的特点是面积大而厚度一般不大，因此横向侧压力很小，楼板模板及支撑系统主要是承受混凝土的垂直荷载和施工荷载，保证模板不变形下垂。楼板模板是由底模和横楞组成，横楞下方由支柱承担上部荷载。如图 4.10 所示。梁与楼板支模，一般先支梁模板后支楼板的横楞，再依次支设下面的横杠和支柱。在楼板与梁的连接处靠托木支撑，经立档传至梁下支柱。楼板底模板铺在横楞上。

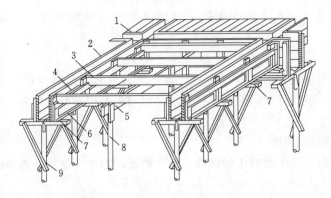

图 4.10　梁及楼板模板（木模板）

1—楼板模板；2—梁侧模板；3—次搁栅；4—横档；5—主搁栅；

6—夹条；7—短撑木；8、9—支撑

4.1.3.5　墙体模板

墙体具有高度大而厚度小的特点，其模板主要承受混凝土的侧压力，因此必须加强面板刚度并设置足够的支撑以确保模板不变形和不发生位移，如图 4.11 所示。

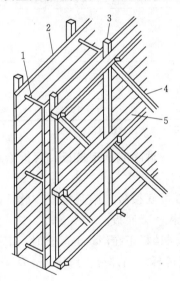

图 4.11　墙模板

1—对拉螺栓；2—侧板；3—纵檩；

4—斜撑；5—横檩

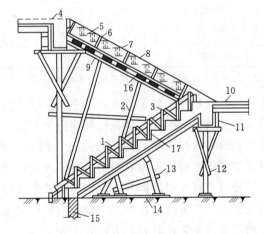

图 4.12　板式楼梯模板示意图

1—反扶梯基；2—斜撑；3—木吊；4—楼面；5—外帮侧板；6—木档；7—跑步侧板；8—档木；9—搁栅；10—休息平台；11—托木；12—琵琶撑；13—牵杆撑；14—垫木；15—基础；16—楼段底模；17—梯级模板

4.1.3.6　楼梯模板

楼梯模板要倾斜支设，且要能形成踏步。如图 4.12 所示是一种楼梯模板，安装时，在楼梯间的墙上按设计标高画出楼梯段、楼梯踏步及平台板、平台梁的位置。先立平台梁、平台板的模板，然后在楼梯基础侧板上钉托木，楼梯模板的斜楞钉在基础梁和平台梁侧板外的托木上。在斜楞上面铺钉楼梯底模。在楼梯段模板放线时要注意每层楼梯第一步和最后一个踏步的高度，常因疏忽了楼地面面层的厚度不同，造成踏步高低不同的现象而影响使用。

4.1.4　模板设计

模板设计主要包括选型、选材、荷载计算、结构计算、绘制模板图以及拟定制作、安装、拆除方案等。各项设计的内容的详尽程度一般可根据拟建结构的形式和复杂程度及具体的施工条件确定。

4.1.5　现浇结构模板的拆除

模板的拆除时间取决于混凝土的强度、各个模板的用途、结构的性质、混凝土硬化时的气温等因素。

非承重的侧模板拆除时间，应在混凝土强度能保证其表面及棱角不因拆除模板而受损坏时，方可拆除。一般当混凝土强度达到 2.5MPa 后，就能保证混凝土不因拆除模板而损坏。承重模板的拆除时间，在混凝土强度达到表 4.2 规定的强度（按设计强度标准值的百分率计）后方能拆除。

表 4.2　　　　　　　　　　　　　承重模板拆模时所需混凝土强度

结构类型	结构跨度/m	按设计的混凝土强度标准值的百分率计/%
板	≤2	≥50
	>2, ≤8	≥75
	>8	≥100
梁、拱、壳	≤8	≥75
	>8	≥100
悬臂构件	—	≥100

注　"设计的混凝土强度标准值"系指与设计混凝土强度等级相应的混凝土立方体抗压强度标准值。

模板的拆除顺序一般是先支的后拆，后支的先拆；先拆除非承重模板，后拆除承重模板。重大复杂模板的拆除，事先应制定拆模方案。

对于肋形楼板的拆除顺序，首先是柱模板，然后楼板底模板、梁侧模板，最后梁底模板。对框架结构模板的拆除顺序一般是柱→楼板→梁侧板→梁底板。

多层楼板模板支架的拆除，应按下列要求进行：上层楼板正在浇筑混凝土时，下一层楼板的模板支架不得拆除，再下层的楼板模板的支架，仅可拆除一部分。跨度 4m 及 4m 以下的梁下均应保留支架，其间距不得大于 3m。

拆模时应尽量避免混凝土表面及棱角或模板受到损坏，注意整块下落伤人。拆下的模板，有钉子的，要使钉尖向下，以免扎脚。拆下的模板，应及时加以清理、修理，按种类及尺寸分别堆放，以便下次使用。对定型钢模板，若其背面油漆脱落，应补刷防锈漆。在拆模过程中，如发现混凝土质量问题，应暂停拆除，经处理之后，方可继续拆除。

4.2　钢 筋 工 程

4.2.1　钢筋的种类和性能

钢筋工程是混凝土结构施工的重要分项工程之一，是混凝土结构施工的关键工程。

混凝土结构所用钢筋的种类较多。根据用途不同，混凝土结构用钢筋分为普通钢筋和预应力钢筋。根据钢筋的直径大小分有钢筋、钢丝和钢绞线三类。根据钢筋的生产工艺不同，钢筋分为热轧钢筋、热处理钢筋、冷加工钢筋等。根据钢筋的化学成分不同，可以分为低碳钢钢筋和普通低合金钢钢筋（在碳素钢成分中加入锰、钦、钒等合金元素以改善其性能）。

根据钢筋的强度不同，可以分为Ⅰ～Ⅴ级，其中Ⅰ～Ⅳ级为热轧钢筋，Ⅴ级为热处理钢筋，钢筋的强度和硬度逐级升高，但塑性则逐级降低。按轧制钢筋外形分为光圆钢筋和变形钢筋（人字纹、月牙形纹或螺纹），《混凝土结构规范》（GB 50010—2010）（2015 版）淘汰了人字纹和螺旋纹钢筋。为了便于运输，直径为 6～9mm 的钢筋常卷成圆盘，直径大于 12mm 的钢筋则轧成 6～12m 长一根。

常用的钢丝有消除应力钢丝和冷拔低碳钢丝（冷加工钢丝）两类，而冷拔低碳钢丝又分为甲级和乙级，一般皆卷成圆盘。

钢绞线一般由 3 根或 7 根圆钢丝捻成，钢丝为高强钢丝。

在我国经济短缺时期，为了提高钢筋强度、节约钢筋，对热轧钢筋进行冷加工处理，相应有冷拉、冷拔、冷轧、冷扭钢筋（或钢丝）。冷加工钢筋虽然在强度方面有所提高，但钢筋的延性损失较大，因此冷加工钢筋作预应力钢筋使用时，要慎重对待。从目前工程实际使用钢筋的情况来看，冷加工钢筋的经济效果并不明显，我国新修订的《混凝土结构设计规范》（GB 50010—2010）（2015 版）中未列入冷加工钢筋。2015 版《混凝土结构设计规范》建议用钢筋见表 4.3。

表 4.3 钢 筋 的 种 类 及 规 格

钢筋类型	钢筋品种		符号	直径/mm
普通钢筋	HPB235	Ⅰ	Φ	8～20
	HRB335	Ⅱ	Φ	6～50
	HRB400	Ⅲ	Φ	6～50
	HRB400		Φ^R	8～40
预应力钢筋	钢绞线	三股	Φ^S	8.6、10.8、12.9
		七股		9.5、11.1、12.7、15.2
	消除应力钢丝	光面	Φ^P	4、5、6、7、8、9
		螺旋肋	Φ^H	4、5、6、7、8、9
		刻痕	Φ^I	5、7
	热处理钢筋	Ⅴ	Φ^{HF}	6、8.2、10

4.2.2 钢筋的检验和存放

4.2.2.1 钢筋的检验

钢筋混凝土结构中所用的钢筋，都应有出厂质量证明书或试验报告单，每捆（盘）钢筋均应有标牌。进场时应按批号及直径分批验收。验收的内容包括查对标牌、外观检查，并按有关标准的规定抽取试样做力学性能试验，合格后方可使用。

1. 热轧钢筋检验

（1）外观检查。从每批钢筋中抽取 5％进行外观检查。钢筋表面不得有裂纹、结疤和折叠。钢筋表面允许有凸块，但不得超过横肋的高度，钢筋表面上其他缺陷的深度和高度不得大于所在部位尺寸的允许偏差。

（2）力学性能试验。从每批钢筋中任选两根钢筋，每根取两个试件分别进行拉伸试验（包括屈服点、抗拉强度和伸长率）和冷弯试验。

拉伸、冷弯、反弯试验试件不允许进行车削加工。计算钢筋强度时，采用公称横截面面积。反弯试验时，经正向弯曲后的试件应在 100℃ 温度下保温不少于 30 min，经自然冷却后再进行反向弯曲。当供方能保证钢筋的反弯性能时，正弯后的试件也可在室温下直接进行反向弯曲。

如有一项试验结果不符合规范要求，则从同一批中另取双倍数量的试件重做各项试验。如仍有一个试件不合格，则该批钢筋为不合格品。

在使用过程中，对热轧钢筋的质量有疑问或类别不明时，使用前应做拉力和冷弯试验。根据试验结果确定钢筋的类别后，才允许使用。抽样数量应根据实际情况确定。这种钢筋不宜用于主要承重结构的重要部位。热轧钢筋在加工过程中发现脆断、焊接性能不良或力学性能显著不正常等现象时，应进行化学成分分析或其他专项检验。

余热处理钢筋的检验同热轧钢筋。

2. 冷轧带肋钢筋检验

冷轧带肋钢筋进场时，应按批进行检查和验收。每批由同一钢号、同一规格和同一级别的钢筋组成。

（1）每批抽取 5％（但不少于 5 盘或 5 捆）进行外形尺寸、表面质量和质量偏差的检查。检查结果应符合《冷轧带肋钢筋》（GB 13788—2008）的有关规定，如其中 1 盘（捆）不合格，则应对该批钢筋逐盘或逐捆检查。

（2）钢筋的力学性能应逐盘、逐捆进行检验。从每盘或每捆取两个试件，一个做拉伸试验，一个做冷弯试验。试验结果如有一项指标不符合要求，则该盘钢筋判为不合格；对每捆钢筋，尚可加倍取样复验判定。

3. 冷轧扭钢筋检验

冷轧扭钢筋进场时，应分批进行检查和验收。每批由同一钢厂、同一牌号、同一规格的钢筋组成，质量不大于 10t。当连续检验 10 批均为合格时，检验批重量可扩大 1 倍。

（1）外观检查。从每批钢筋中抽取 5％进行外形尺寸、表面质量和质量偏差的检查。

（2）力学性能试验。从每批钢筋中随机抽取 3 根钢筋，各取 1 个试件。其中，2 个试件做拉伸试验，1 个试件作冷弯试验。试件长度宜取偶数倍节距，且不应小于 4 倍节距。

当全部试验项目均符合规范的要求，则该批钢筋判为合格。如有一项试验结果不符合规范的要求，则应加倍取样复检判定。

对有抗震设防要求的框架结构，其纵向受力钢筋的强度应满足设计要求。

4.2.2.2 钢筋的存放

当钢筋运进施工现场后，必须严格按批分等级、牌号、直径、长度挂牌存放，并注明数量，不得混淆。钢筋应尽量堆入仓库或料棚内。条件不具备时，应选择地势较高，土质坚实，较为平坦的露天场地存放。在仓库或场地周围挖排水沟，以利泄水。堆放时钢筋下面要加垫木，离地不宜少于 200mm，以防钢筋锈蚀和污染。钢筋成品要分工程名称和构件名称，按号码顺序存放。同一项工程与同一构件的钢筋要存放在一起，按号挂牌排列，牌上注明构件名称、部位、钢筋类型、尺寸、钢号、直径、根数，不能将几项工程的钢筋混放在一起。同时不要和产生有害气体的车间靠近，以免污染和腐蚀钢筋。

4.2.3　钢筋配料与代换

4.2.3.1　钢筋配料

钢筋配料是根据结构施工图，分别计算构件各钢筋的直线下料长度、根数及质量，编制钢筋配料单，作为备料、加工和结算的依据。

（1）钢筋长度。结构施工图中所指钢筋长度是钢筋外缘之间的长度，即外包尺寸，这是施工中量度钢筋长度的基本依据。

（2）混凝土保护层厚度。混凝土结构的耐久性，应根据表 4.4 的环境类别和设计使用年限进行设计。混凝土保护层是指受力钢筋外缘至混凝土构件表面的距离，其作用是保护钢筋在混凝土结构中不受锈蚀。无设计要求时应符合表 4.5 规定。

表 4.4　　　　　　　　　　　　　　　混凝土结构的环境类别

环境类别		条　件
一		室内正常环境
二	a	室内潮湿环境；非严寒和非寒冷地区的露天环境、与无侵蚀性的水或土壤直接接触的环境
	b	严寒和寒冷地区的露天环境、与无侵蚀性的水或土壤直接接触的环境
三		使用除冰盐的环境；严寒和寒冷地区冬季水位变动的环境；滨海室外环境
四		海水环境
五		受人为或自然的侵蚀性物质影响的环境

表 4.5　　　　　　　　纵向受力钢筋的混凝土保护层最小厚度　　　　　　单位：mm

环境类别		板、墙、壳			梁			柱		
		≤C20	C20～C45	≥C50	≤C20	C20～C45	≥C50	≤C20	C20～C45	≥C50
一		20	15	15	30	25	25	30	30	30
二	a	—	20	20	—	30	30	—	30	30
	b	—	25	20	—	35	30	—	45	30
三		—	30	25	—	40	35	—	40	35

注　基础中纵向受力钢筋的混凝土保护层厚度不应小于 40mm；当无垫层时不应小于 70mm。

混凝土的保护层厚度，一般用水泥砂浆垫块或塑料卡垫在钢筋与模板之间来控制。塑料卡的形状有塑料垫块和塑料环圈两种。塑料垫块用于水平构件，塑料环圈用于垂直构件。

（3）弯曲调整值。又称量度差值。钢筋长度的度量方法系指外包尺寸，因此钢筋弯曲以后，存在一个量度差值，在计算下料长度时必须加以扣除。根据理论推理和实践经验，列于表 4.6。

表 4.6　　　　　　　　　　　　　　　钢筋弯曲量度差值

钢筋弯曲角度	30°	45°	60°	90°	135°
钢筋弯曲调整值	0.35d	0.5d	0.85d	2d	2.5d

（4）弯钩增加长度。钢筋的弯钩形式有 3 种：半圆弯钩、直弯钩及斜弯钩。半圆弯钩是最常用的一种弯钩。直弯钩只用在柱钢筋的下部、箍筋和附加钢筋中，斜弯钩只用在直径较小的钢筋中。

按图 4.13 所示，钢筋的弯钩增加长度，按弯心直径为 $2.5d$、平直部分为 $3d$ 计算：半圆弯钩为 $6.25d$，直弯钩为 $3.5d$，斜弯钩为 $4.9d$。

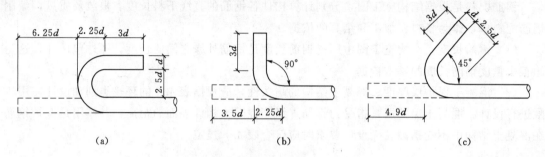

图 4.13　钢筋弯钩计算简图
(a) 半圆弯钩；(b) 直弯钩；(c) 斜弯钩

（5）箍筋调整值。即为弯钩增加长度和弯曲调整值两项之差，由箍筋量外包尺寸或内皮尺寸而定的，见图 4.14、具体的调整见表 4.7。

表 4.7　　　　　　　　　　　　　　　箍 筋 调 整 值 表

量箍筋方法	箍 筋 直 径/mm					
	6	8	10	12	14	16
量外包尺寸	50	60	70	70	80	90
量内皮尺寸	100	120	150	170	200	220

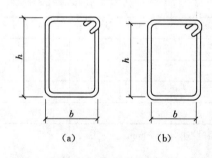

图 4.14　箍筋量度方法
(a) 量外包尺寸；(b) 量内皮尺寸

（6）钢筋下料长度计算。钢筋因弯曲或弯钩会使其长度变化，配料时不能直接根据图纸中尺寸下料，须了解混凝土保护层、钢筋弯曲、弯钩等规定，再根据图中尺寸计算其下料长度。

钢筋下料长度计算如下：

直钢筋下料长度＝构件长度－保护层厚度＋弯钩增加长度

弯起钢筋下料长度＝直段长度＋斜料长度－弯曲调整值＋弯钩增加长度

箍筋下料长度＝箍筋周长＋箍筋调整值

1）在设计图纸中，钢筋配置的细节问题没有注明时，一般可按构造要求处理；

2）配料计算时，要考虑钢筋的形状和尺寸，在满足设计要求的前提下，要有利于加工；

3）配料时，还要考虑施工需要的附加钢筋；

4）配料时，还要准确的先计算出钢筋的混凝土保护层厚度。

4.2.3.2　配料计算实例

【**例 4.1**】　某建筑物简支梁配筋如图 4.15 所示，试计算钢筋下料长度。钢筋保护层取

25mm。梁编号为 L_1 共 10 根。

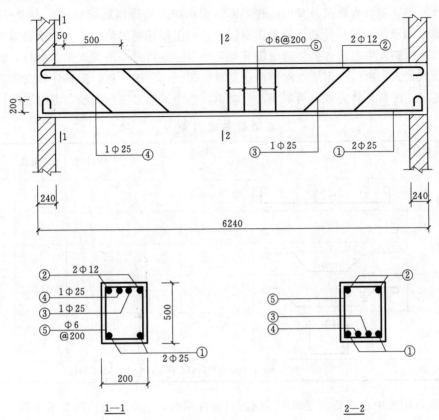

图 4.15　某建筑物简支梁配筋图（单位：mm）

（1）绘出各种钢筋简图（表 4.8）。

（2）计算钢筋下料长度。

【解】　①号钢筋下料长度：

$$(6240+2\times200-2\times25)-2\times2\times25+2\times6.25\times25=6802(\mathrm{mm})$$

②号钢筋下料长度：

$$6240-2\times25+2\times6.25\times12=6340(\mathrm{mm})$$

③号弯起钢筋下料长度：

上直段钢筋长度 $240+50+500-25=765(\mathrm{mm})$

斜段钢筋长度 $(500-2\times25)\times1.414=636(\mathrm{mm})$

中间直段长度 $6240-2\times(240+50+500+450)=3760(\mathrm{mm})$

下料长度 $(765+636)\times2+3760-4\times0.5\times25+2\times6.25\times25=6824(\mathrm{mm})$

④号钢筋下料长度计算为 6824mm。

⑤号箍筋下料长度：

宽度 $200-2\times25+2\times6=162(\mathrm{mm})$

高度 $500-2\times25+2\times6=462(\mathrm{mm})$

下料长度为$(162+462)\times2+50=1298(\text{mm})$

配料计算是一项细致而又重要的工作，因为钢筋加工是以钢筋配料单作为唯一依据的，并且还是提出钢筋加工材料计划、签发工程任务单和限额领料的依据。由于钢筋加工数量往往很大，如果配料发生差错，就会造成钢筋加工错误，其后果是浪费人工、材料，耽误了工期，造成很大损失。所以一定要在配料前认真看懂图纸，仔细计算，配料计算完成以后还要认真进行复核。配料计算完成以后要填写配料单，作为钢筋工进行钢筋加工的依据。

表4.8　　　　　　　　　　　　　　某梁钢筋配料单

构件名称	钢筋编号	简图	钢号	直径/mm	下料长度/mm	单根根数	合计根数	质量/kg
L₁梁（共10根）	①	200 6190	Φ	25	6802	2	20	523.75
	②	6190	Φ	12	6340	2	20	112.60
	③	765 636 3760	Φ	25	6824	1	10	262.72
	④	265 636 4760	Φ	25	6824	1	10	262.72
	⑤	162 462	Φ	6	1298	32	320	91.78
合计		Φ6：91.78kg；Φ12：112.60kg；Φ25：1049.19kg						

1）在设计图纸中，钢筋配置的细节问题没有注明时，一般可按构造要求处理。

2）配料计算时，要考虑钢筋的形状和尺寸在满足设计要求的前提下要有利于加工安装。

3）配料时，还要考虑施工需要的附加钢筋。例如，后张预应力构件预留孔道定位用的钢筋井字架，基础双层钢筋网中保证上层钢筋网位置用的钢筋撑脚，墙板双层钢筋网中固定钢筋间距用的钢筋撑铁，柱钢筋骨架增加四面斜筋撑等。

4.2.3.3　钢筋代换

1. 代换原则

当施工中遇有钢筋品种或规格与设计要求不符时，可参照以下原则进行钢筋代换。

（1）等强度代换。当构件受强度控制时，钢筋可按强度相等的原则进行代换，即

$$f_{y2}A_{s2}\geqslant f_{y1}A_{s1} \tag{4.1}$$

式中　A_{s1}、A_{s2}——原设计和代换后钢筋的面积，mm^2；

f_{y1}、f_{y2}——原设计和代换后钢筋的抗拉强度设计值，N/mm^2。

（2）等面积代换。当构件按最小配筋率配筋时，钢筋可按面积相等的原则进行代换，即

$$A_{s2}\geqslant A_{s1} \tag{4.2}$$

【例4.2】　某墙体设计配筋为Φ14@200，施工现场现无此钢筋，拟用Φ12的钢筋代换，试计算代换后每米几根。

【解】　强度相同，按等面积代换

代换前墙体每米设计配筋的根数为

$$n_1 = \frac{1000}{200} = 5（根）$$

故
$$n_2 \geq \frac{n_1 d_1^2}{d_2^2} = 6.8（根）$$

故取 $n_2 = 7$（根），即代换后每米 7 根 φ12 的钢筋。

【例 4.3】 某构件原设计用φ10，现拟用φ12 钢筋代换，试计算代换后的钢筋根数？

【解】 钢筋种类不同，等强度代换

$$n_2 \geq \frac{n_1 d_1^2 f_{y1}}{d_2^2 f_{y2}} = \frac{7 \times 1^2 \times 335}{1.2^2 \times 235} = 6.93（根）$$

故取 $n_2 = 7$ 根，即用 7 根 φ12 的钢筋代换。

（3）当构件受裂缝宽度或挠度控制时，代换后应进行裂缝宽度或挠度验算。

2. 钢筋代换注意事项

（1）钢筋代换后，必须满足有关构造规定，如受力钢筋和箍筋的最小直径、间距、根数、锚固长度等。

（2）由于螺纹钢筋可使裂缝均布，故为了避免裂缝过度集中，对于某些重要构件，如吊车梁、薄腹梁、桁架的受拉杆件等，不宜以 HPB300 级钢筋代替 HRB335 和 HRB400 级钢筋。

（3）偏心受压构件或偏心受拉构件作钢筋代换时，不取整个截面配筋量计算，而应按受力面（受压或受拉）分别代换。

（4）代换直径与原设计直径的差值一般可不受限制，只要符合各种构件的有关配筋规定即可；但同一截面内如果配有几种直径的钢筋，相互间差值不宜过大（通常对同级钢筋，直径差值不大于 5mm），以免受力不均。

（5）代换时必须充分了解设计意图和代换材料的性能，严格遵守现行钢筋混凝土设计规范的各项规定，凡重要构件的钢筋代换，需征得设计单位的同意。

（6）梁的纵向受力钢筋和弯起钢筋，代换时应分别考虑，以保证梁的正截面和斜截面强度。

（7）在构件中同时用几种直径的钢筋时，在柱中，较粗的钢筋要放置在四角；在梁中，较粗的钢筋放置在梁外侧；在预制板中（如空心楼板），较细的钢筋放置在梁外侧。

（8）有抗震要求的梁、柱和框架，不宜用强度等级较高的钢筋代换原设计钢筋。

4.2.4 钢筋加工

钢筋加工主要包括除锈、调直、切断和弯曲，每一道工序都关系到钢筋混凝土构件的施工质量，各个环节都应严肃对待。

4.2.4.1 钢筋调直

钢筋调直宜采用机械方法，也可采用冷拉方法。当采用冷拉方法调直钢筋时，HPB235、HPB300 级钢筋的冷拉率不宜大于 4%，HRB335 级、HRB400 级和 RRB400 级钢筋的冷拉率不宜大于 1%。

为了提高施工机械化水平，钢筋的调直宜采用钢筋调直切断机，它具有自动调直、定位切断、除锈、清垢等多种功能。钢筋调直切断机按调直原理，可分为孔模式和斜辊式；按切断原理，可分为锤击式和轮剪式；按传动原理，可分为液压式、机械式和数控式；按切断运动方式，可分为固定式和随动式。

4.2.4.2　钢筋切断

1. 钢筋切断机的种类

钢筋下料时需按计算的下料长度切断。钢筋切断可采用钢筋切断机或手动切断器。手动切断器只用于切断直径小于16mm的钢筋；钢筋切断机可切断直径20mm的钢筋。钢筋切断机按工作原理，可分为凸轮式和曲柄连杆式；按传动方式可分为机械式和液压式。

在大中型建筑工程施工中，提倡采用钢筋切断机，它不仅生产效率高，操作方便，而且确保钢筋端面垂直钢筋轴线，不出现马蹄形或翘曲现象，便于钢筋进行焊接或机械连接。钢筋的下料长度力求准确，其允许偏差为±10mm。

2. 切断工艺

(1) 将同规格钢筋根据不同长度搭配，统筹排料。一般应先断长料，后断短料，减少短头，减少损耗。

(2) 钢筋切断机的刀片，应由工具钢热处理制成。安装刀片时，螺丝紧固，刀口要密合（间隙不大于0.5mm；固定刀片与冲切刀片口的距离，对直径延20mm的钢筋宜重叠1～2mm，对直径大于20mm的钢筋宜留5mm左右）。

(3) 在切断过程中，如发现钢筋有劈裂、缩头或严重弯头等必须切除；如发现钢筋的硬度与该钢种有较大的出入，应及时向有关人员反映，查明情况。

(4) 钢筋的断口，不得有马蹄形或起弯等现象。

4.2.4.3　钢筋弯曲

1. 钢筋弯钩和弯折的一般规定

(1) 受力钢筋。①HPB235级钢筋末端应做180°弯钩，其弯弧内直径不应小于钢筋直径的2.5倍，弯钩的弯后平直部分长度不应小于钢筋直径的3倍；②当设计要求钢筋末端需做135°弯钩时，HRB335级、HRB400级钢筋的弧内直径D不应小于钢筋直径的1倍，弯钩的弯后平直部分长度应符合设计要求；③钢筋作不大于90°的弯折时，弯折处的弯弧内直径不应小于钢筋直径的5倍。

(2) 箍筋。除焊接封闭环式箍筋外，箍筋的末端应做弯钩。弯钩形式应符合设计要求；当设计无具体要求时，应符合下列规定。①箍筋弯钩的弯弧内直径不小于受力钢筋的直径；②箍筋弯钩的弯折角度对一般结构，不应小于90°，对有抗震等要求的结构应为135°；③箍筋弯后的平直部分长度对一般结构，不宜小于箍筋直径的5倍，对有抗震等级要求的结构，不应小于箍筋直径的10倍。

2. 钢筋弯曲

(1) 划线。钢筋弯曲前，对形状复杂的钢筋（如弯起钢筋），根据钢筋料牌上标明的尺寸，用石笔将各弯曲点位置划出。划线时注意：①根据不同的弯曲角度扣除弯曲调整值，其扣法是从相邻两段长度中各扣一半；②钢筋端部带半圆弯钩时，该段长度划线时增加0.5d（d为钢筋直径），划线工作宜从钢筋中线开始向两边进行，两边不对称的钢筋，也可从钢筋一端开始划线，如划到另一端有出入时，则应重新调整。

(2) 钢筋弯曲成型。钢筋在弯曲机上成型时，心轴直径应是钢筋直径的2.5～5.0倍，成型轴宜加偏心轴套，以便适应不同直径的钢筋弯曲需要。注意：对HRB335级与HRB400级钢筋，不能弯过头再弯过来，以免钢筋弯曲点处发生裂纹。

4.2.5 钢筋连接

钢筋连接方法有绑扎连接、焊接连接和机械连接。绑扎连接由于需要较长的搭接长度，浪费钢筋，且连接不可靠，故宜限制使用。焊接连接的方法较多，成本较低，质量可靠，宜优先选用。机械连接无明火作业，设备简单，节约能源，不受气候条件影响，可全天候施工，连接可靠，技术易于掌握，适用范围广。

4.2.5.1 绑扎连接

采用绑扎连接受力钢筋的绑扎搭接接头宜相互错开。绑扎搭接接头中钢筋的横向净距不应小于钢筋直径，且不应小于 25mm。

钢筋绑扎搭接接头连接区段的长度为 $1.3L_1$（L_1 为搭接长度），凡搭接接头中点位于该连接区段长度内的搭接接头均属于同一连接区段。同一连接区段内，纵向钢筋搭接接头面积百分率为该区段内有搭接接头的纵向受力钢筋截面面积与全部纵向受力钢筋截面面积的比值，如图 4.16 所示。搭接接头同一连接区段内的搭接钢筋为两根，各钢筋直径相同时，接头面积百分率为 50%。同一连接区段内，纵向受拉钢筋搭接接头面积百分率应符合设计要求，无设计具体要求时，应符合下列规定。

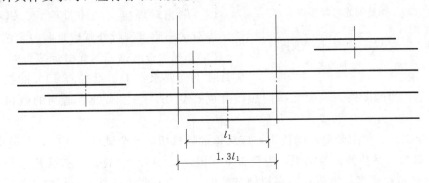

图 4.16 钢筋绑轧搭接接头连接区段及接头面积百分率

(1) 对梁类、板类及墙类构件，不宜大于 25%。

(2) 对柱类构件，不宜大于 50%。

(3) 当工程中确有必要增大接头面积百分率时，对梁类构件，不应大于 50%；对其他构件可根据实际情况放宽。

纵向受力钢筋绑扎搭接接头的最小搭接长度应符合表 4.9 的规定。受压钢筋绑扎接头的搭接长度，应取受拉钢筋绑扎接头搭接长度的 0.7 倍。

表 4.9 纵向受拉钢筋的最小搭接长度

钢 筋 类 型		混凝土强度等级			
		C15	C20～C25	C30～C35	≥C40
光圆钢筋	HPB235、HPB300	45d	35d	30d	25d
变形钢筋	HRB335 级	55d	45d	35d	30d
	HRB400 级和 RRB400 级	—	55d	40d	35d

注 两根直径不同钢筋的搭接长度，以较细钢筋直径计算。

4.2.5.2 焊接连接

钢筋焊接代替钢筋绑扎，可达到节约钢材、改善结构受力性能、提高工效、降低成本的目的。常用的钢筋焊接方法有闪光对焊、电阻点焊、电弧焊、电渣压力焊、气压焊、埋弧压力焊等。

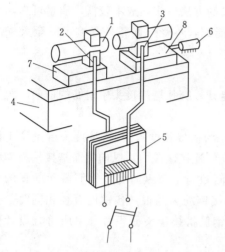

图 4.17 钢筋闪光对焊原理

1—焊接的钢筋；2—固定电极；3—可动电极；
4—机座；5—变压器；6—平动顶压机构；
7—固定支座；8—滑动支座

1. 闪光对焊

钢筋闪光对焊是利用钢筋对焊机，将两根钢筋安放成对接形式，压紧于两电极之间，通过低电压强电流，把电能转化为热能，使钢筋加热到一定温度后，即施以轴向压力顶锻，产生强烈飞溅，形成闪光，使两根钢筋焊合在一起（图 4.17）。

（1）钢筋闪光对焊工艺种类。钢筋对焊常用的是闪光焊。根据钢筋品种、直径和所用对焊机的功率不同，闪光焊的工艺又可分为连续闪光焊、预热闪光焊、闪光-预热-闪光焊和焊后通电热处理等。根据钢筋品种、直径、焊机功率、施焊部位等因素选用。

（2）闪光对焊接头的质量检验。钢筋对焊完毕，应对接头质量进行外观检查和力学性能试验。

1）外观检查。钢筋闪光对焊接头的外观检查，应符合下列要求：①每批抽查 10% 的接头，且不得少于 10 个；②焊接接头表面无横向裂纹和明显烧伤；③接头处有适当的墩粗和均匀的毛刺。

2）拉伸试验。对闪光对焊的接头，应从每批随机切取 6 个试件，其中 3 个做拉伸试验，3 个做弯曲试验，其拉伸试验结果，应符合下列要求：①3 个试件的抗拉强度，均不得低于该级别钢筋的抗拉强度标准值；②在拉伸试验中，至少有两个试件断于焊缝之外，并呈塑性断裂。

当检验结果有一个试件的抗拉强度低于规定指标，或有两个试件在焊缝或热影响区发生脆性断裂时，应取双倍数量的试件进行复验。复验结果，若仍有一个试件的抗拉强度不符合规定指标，或有 3 个试件呈脆性断裂，则该批接头即为不合格。

3）弯曲试验。弯曲试验的结果，应符合下列要求。

a. 由于对焊时上口与下口的质量不能完全一致，弯曲试验做正弯和反弯两个方向试验。

b. 冷弯不应在焊缝处或热影响区断裂，否则不论其强度多高，均视为不合格。

c. 冷弯后，外侧横向裂缝宽度不得大于 0.15mm，对于 HRB200 级钢筋，不允许有裂纹出现。当试验结果，有 2 个试件发生破断时，应再取 6 个试件进行复验。复验结果，当仍有 3 个试件发生破断，应确认该批接头为不合格品。

2. 电弧焊

钢筋电弧焊是钢筋接长、接头、骨架焊接、钢筋与钢板焊接等常用的方法。其工作原理是：以焊条作为一极，钢筋为另一极，利用送出的低电压强电流，使焊条与焊件之间产生高温电弧，将焊条与焊件金属熔化，凝固后形成一条焊缝。

（1）钢筋电弧焊接头形式主要有帮条焊、搭接焊、坡口焊和熔槽帮条焊等。

1）帮条焊。帮条焊接头适用于直径 10~40mm 的 HPB235~HRB400 级钢筋。焊接时，用两根一定长度的帮条，将受力主筋夹在中间，并采用两端点焊定位，然后用双面焊形成焊缝；当不能进行双面焊时，也可采用单面焊，如图 4.18 所示。

帮条钢筋应与主筋的直径、级别尽量相同，如帮条与被焊接钢筋的级别不同时，还应按钢筋的计算强度进行换算。所采用的帮条总截面面积应满足：当被焊接的钢筋为 HPB235 级时应不小于被焊接钢筋截面面积的 1.2 倍；当被焊接的钢筋为 HRB335～HRB400 级时，应不小于被焊接钢筋截面面积的 1.5 倍。

帮条长度与钢筋级别和焊缝形式有关，对 HPB235 级钢筋，双面焊 $4d$，单面焊 $8d$，对 HRB335 级、HRB400 级及 RRB400 级，双面焊不小于 $5d$，单面焊不小于 $10d$。帮条焊接头与焊缝厚度，不应小于主筋直径的 0.3 倍，且大于 1mm；焊缝宽度不小于主筋直径的 0.7 倍。

2）搭接焊。搭接焊的焊缝厚度、焊缝宽度、搭接长度等技术参数，与帮条焊相同。焊接时应在搭接焊形成焊缝中引弧；在端头收弧前应填满弧坑，并使主焊缝与定位焊缝的始端和终端熔合（图 4.19）。

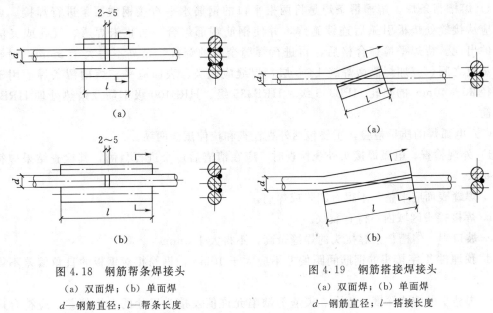

图 4.18　钢筋帮条焊接头　　　　　图 4.19　钢筋搭接焊接头
（a）双面焊；（b）单面焊　　　　　（a）双面焊；（b）单面焊
d—钢筋直径；l—帮条长度　　　　　d—钢筋直径；l—搭接长度

3）坡口焊。坡口焊有平焊和立焊两种接头形式（图 4.20）。坡口尖端一侧加焊钢板，钢板厚度宜为 4～6mm，长度宜为 40～60mm。坡口平焊时，钢垫板宽度应为钢筋直径加 10mm；坡口立焊时，钢垫板宽度宜等于钢筋的直径。

钢筋根部的间隙，坡口平焊时宜为 4～6mm；坡口立焊时宜为 3～5mm，其最大间隙均不宜超过 10mm。

坡口焊接时，焊接根部、坡口端面之间均应熔合为一体；钢筋与钢垫板之间，应加焊 2～3 层面焊缝，焊缝的宽度应大于 V 形坡口的边缘 2～3mm，焊缝余高不得大于 3mm，并平缓过渡至钢筋表面；焊接过程中应经常清渣，以免影响焊接质量；当发现接头中有弧坑、气孔及咬边等缺陷时，应立即补焊。坡口焊适用于焊接直径 18～40mm 的热轧 HRB235～HRB400 钢筋及直径 18～25mm 的 HRB400 级余热处理钢筋。

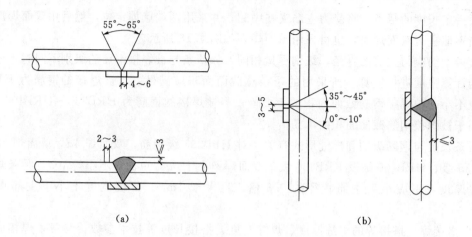

图 4.20 钢筋坡口焊接头（单位：mm）

(a) 平焊；(b) 立焊

4）熔槽帮条焊。熔槽帮条焊是将两根平口的钢筋水平对接钢做帮条进行焊接。焊接时，应从接缝处垫板引弧后连续施焊，并使钢筋端部熔合，防止未焊透、气孔或夹渣等现象的出现。待焊平检查合格后，再进行焊缝余高的焊接，余高不得大于 3mm；钢筋与角钢垫板之间，应加焊侧面焊缝 1～3 层，焊缝应饱满，表面应平整熔槽帮条焊适用于焊接直径 20～40mm 的热轧 HPB235 级、HRB335 级、HRB400 级钢筋及余热处理 HRB400 级钢筋。

（2）电弧焊的质量检验，主要包括外观检查和拉伸试验两项。

1）外观检查。电弧焊接头外观检查时，应在清渣后逐个进行目测，其检查结果应符合下列要求。

a. 焊缝表面应平整，不得有凹陷或焊瘤。

b. 焊接接头区域内不得有裂纹。

c. 坡口焊、熔槽帮条焊接头的焊缝余高，不得大于 3mm。

d. 预埋件 T 字接头的钢筋间距偏差不应大于 10mm，钢筋相对钢板的直角偏差不得大于 4°。

e. 焊缝中的咬边深度、气孔、夹渣等缺陷允许值及接头尺寸的允许偏差，应符合规范的规定。

外观检查不合格的接头，经修整或补强后，可提交二次验收。

2）拉伸试验。电弧焊接头进行力学性能试验时，在工厂焊接条件下，以 300 个同接头形式、同钢筋级别的接头为一批，从成品中每批随机切取 3 个接头进行拉伸试验，其拉伸试验的结果，应符合下列要求。

a. 3 个热轧钢筋接头试件的抗拉强度，均不得低于该级别钢筋的抗拉强度。

b. 3 个接头试件均应断于焊缝之外，并应至少有 2 个试件呈延性断裂。

3. 电渣压力焊

钢筋电渣压力焊是将钢筋安放成竖向对接形式，利用电流通过渣池产生的电阻，在焊剂层下形成电弧过程和电渣过程，产生电弧热和电阻热，将钢筋端部熔化，然后加压使两根钢筋焊合在一起（图 4.21）。适用于焊接直径 14～40mm 的热轧 HPB235～HRB335 级钢筋。

这种方法操作简单、工作条件好、工效高、成本低，比电弧焊节省80％以上，比绑扎连接和帮条搭接焊节约钢筋30％，可提高工效6～10倍。适用于现浇钢筋混凝土结构中竖向或斜向钢筋的连接。

（1）焊接设备与焊剂。电渣压力焊的设备为钢筋电渣压力焊机，主要包括焊接电源、焊接机头、焊接夹具、控制箱和焊剂盒等。焊接电源采用BXz-1000型焊接变压器；焊接夹具应具有一定刚度，使用灵巧、坚固耐用，上下钳口同心；控制箱内安有电压表、电流表和信号电铃，能准确控制各项焊接参数；焊剂盒由铁皮制成内径为90～100mm的圆形，与所焊接的钢筋直径大小相适应。

（2）焊接工艺。

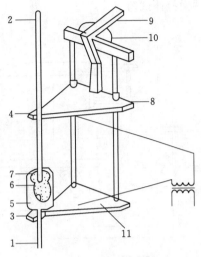

图4.21　电渣焊构造

1、2—钢筋；3—固定电极；4—活动电极；
5—药盒；6—导电剂；7—焊药；8—滑
动架；9—手柄；10—支架；11—固定

钢筋电渣压力焊的焊接工艺过程，主要包括端部除锈、固定钢筋、通电引弧、快速施压、焊后清理等工序，具体工艺过程如下。

1）钢筋调直后，对两根钢筋端部120mm范围内，进行认真的除锈和清除杂质工作，以便于很好的焊接。

2）在焊接机头上的上、下夹具，分别夹紧上、下钢筋；钢筋应保持在同一轴线上，一经夹紧不得晃动。

3）采用直接引弧法或铁丝圈引弧法引弧。直接引弧法是通电后迅速将上钢筋提起，使两端头之间的距离为2～4mm引弧；铁丝圈引弧法是将铁丝圈放在上下钢筋端头之间，电流通过铁丝圈与上、下钢筋端面的接触点形成短路引弧。

4）引燃电弧后，应先进行电弧过程，然后加快上钢筋的下送速度，使钢筋端面与液态渣池接触，转变为电渣过程，最后在断电的同时，迅速下压上钢筋挤出熔化金属和熔渣。

5）接头焊完毕，应停歇后，方可回收焊剂和卸下焊接夹具，并敲掉渣壳；四周焊包应均匀，凸出钢筋表面的高度应不小于4mm。

（3）电渣压力焊的质量检验，包括外观检查和拉伸试验。在一般构筑物中，应以300个同级别钢筋接头作为一批；在现浇钢筋混凝土多层结构中，应以每一楼层或施工区段中300个同级别钢筋接头作为一批；不足300个接头的也作为一批。

1）外观检查。电渣压力焊接头，应逐个进行外观检查；其接头外观结果应符合下列要求。

a. 接头处四周焊包凸出钢筋表面的高度，应大于等于1mm。

b. 钢筋与电极接触处，应无烧伤缺陷。

c. 两根钢筋应尽量在同一轴线上，接头处的弯折角不得大于4°。

d. 接头处的轴线偏移不得大于钢筋直径的0.1倍，且不得大于2mm。

外观检查不合格的接头应切除重焊，或采取补强焊接措施。

2）拉伸试验。电渣压力焊接头进行力学性能试验时，应从每批接头中随机切取3个试件做拉伸试验。

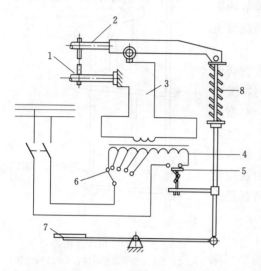

图4.22 点焊机工作示意图

1—电极；2—电极管；3—变压器次级线圈；
4—变压器初级线圈；5—断路器；6—变
压器调节级数开关；7—踏板；
8—压紧机构

4. 电阻点焊

电阻点焊的工作原理：将钢筋的交叉点放在点焊机的两个电极间，电极通过钢筋闭合电路通电，点接触处电阻较大，在接触的瞬间，电流产生的全部电流都集中在一点上，因而使金属受热熔化，同时在电极加压下使焊点金属得到焊合。点焊机的工作原理如图4.22所示。常用的点焊机有单点点焊机、多头点焊机、悬挂式点焊机（可焊接钢筋骨架或钢筋网）、手提式点焊机（用于施工现场）。

电阻点焊的主要参数为：电流强度、通电时间和电极压力与焊点压入深度等。应根据钢筋级别、直径及焊机性能合理选择。

电阻点焊主要用于钢筋的交叉连接，如焊接钢筋网片、钢筋骨架等。采用点焊代替绑扎，可提高工效，节约劳动力，成品刚性好，便于运输，并可节约钢材。

焊点应进行外观检查和强度试验。热轧钢筋的焊点应进行抗剪强度的试验。冷加工钢筋除进行抗剪试验外，还应进行拉伸试验。取样数量为外观检查应按同一类型制品分批抽检（每200件为一批）：一般制品每批抽查5%；梁、柱、桁架等重要制品每批抽查10%，均不得少于3件。强度检验时，试件应从每批成品中切取。

5. 气压焊

钢筋气压焊是利用氧乙炔火焰或其他火焰对两钢筋对接处加热，使其达到塑性状态或熔化状态，并施一定压力使两根钢筋焊合。

（1）钢筋气压焊的设备，主要包括氧、乙炔供气装置、加热器、加压器及焊接夹具等（图4.23）。

供气装置包括氧气瓶、溶解乙炔气瓶（或中压乙炔发生器）、十式回火防止器、减压器及输气胶管等。溶解乙炔气瓶的供气能力，应满足施工现场最大钢筋直径焊接时供气量的要求；当不能满足时，可采用多瓶并联使用。

加热器为一种多嘴环形装置，有混合气管和多火口烤枪组成。氧气和乙炔在混合室内按一定比例混合后，以满足加热圈气体消耗量的需要。应配置多种规格的加热圈，多束火焰应燃烧均匀，调整火焰应方便。

焊接夹具应能牢固夹紧钢筋，当钢筋承受最大轴向压力时，钢筋与夹头之间不得产生相对滑移；应便于钢筋的安装定位，并在施焊过程中能保持其刚度。

（2）焊接工艺。

1）气压焊施焊之前，钢筋端面应切平，并与钢筋轴线垂直；在钢筋端部2倍直径长度范围内，清除其表面上的附着物；钢筋边角毛刺及断面上的铁锈、油污和氧化膜等，应清除

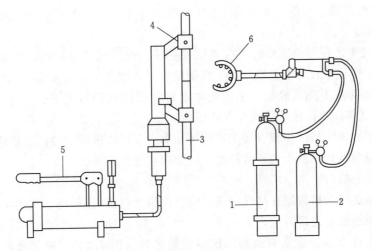

图 4.23 钢筋气压焊设备组成
1—氧气瓶；2—乙炔瓶；3—钢筋；4—焊接夹具；5—加压器；6—多嘴环形加热器

干净，并经打磨，使其露出金属光泽，不得有氧化现象。

2）安装焊接夹具和钢筋时，应将两根钢筋分别夹紧，并使两根钢筋的轴线在同一直线上。钢筋安装后应加压顶紧，两根钢筋之间的局部缝隙不得大于 3mm。

3）气压焊的开始阶段采用碳化焰，对准两根钢筋接缝处集中加热，并使其内焰包住缝隙，防止端面产生氧化。当加热至两根钢筋缝隙完全密合后，应改用中性焰，以压焊面为中心，在两侧各 1 倍钢筋直径长度范围内往复宽幅加热。钢筋端面的加热温度，控制在 1150℃～1300℃；钢筋端部表面的加热温度应稍高于该温度，并随钢筋直径大小而产生的温度梯差确定。

4）待钢筋端部达到预定温度后，对钢筋轴向加压到 30～40MPa，直到焊缝处对称均匀变粗，其隆起直径为钢筋直径的 1.4～1.6 倍，变形长度为钢筋直径的 1.3～1.5 倍。气压焊施压时，应根据钢筋直径和焊接设备等具体条件，选用适宜的加压方式，目前有等压法、二次加压法和三次加压法，常用的是三次加压法。

（3）钢筋气压焊接头的质量检验，分为外观检查、拉伸试验和弯曲试验 3 项。对一般构筑物，以 300 个接头作为一批；对现浇钢筋混凝土结构，同一楼层中以 300 个接头作为一批，不足 300 个接头仍作为一批。

1）外观检查。钢筋气压焊接头应逐个进行外观检查，其检查结果应符合下列要求。

a. 同直径钢筋焊接时，偏心量不得大于钢筋直径的 0.15 倍，且不得大于 1mm；对不同直径钢筋焊接时，应按较小钢筋直径计算。当大于规定值时，应切除重焊。

b. 钢筋的轴线应尽量在同一条直线上，若有弯曲，其轴线弯折角不得大于 4°。

c. 墩粗直径 d 不得小于钢筋直径的 1.4 倍，当小于此规定值时，应重新加热墩粗。

2）拉伸试验。从每批接头中随机切取 3 个接头做拉伸试验，其试验结果应符合下列要求。

a. 试件的抗拉强度均不得小于该级别钢筋规定的抗拉强度；

b. 拉伸断裂应断于压焊面之外，并呈延性断裂。

当有 1 个试件不符合要求时，应再切取 6 个试件进行复验；当复验结果仍有 1 个试件不符合要求时，应确认该批接头为不合格品。

3）弯曲试验。梁、板的水平钢筋连接中应切取 3 个试件做弯曲试验，弯曲试验的结果应符合下列要求。

a. 气压焊接头进行弯曲试验时，应将试件受压面的凸起部分消除，并应与钢筋外表面齐平。弯心直径应比原材弯心直径增加 1 倍钢筋直径，弯曲角度均为 90°。

b. 弯曲试验可在万能试验机、手动或电动液压弯曲试验器上进行，处在弯曲中心点，弯至 90°，3 个试件均不得在压焊面发生破断。

当试验结果有 1 个试件不符合要求，应再切取 6 个试件进行复验；当复验仍有 1 个试件不符合要求，应确认该批接头为不合格品。压焊面应复验结果。

4.2.5.3 钢筋机械连接

钢筋的机械连接是指通过连接件的机械咬合作用或钢筋端面的承压作用，将一根钢筋的力传递至另一根钢筋的连接方法。

钢筋机械连接方法，主要有钢筋锥螺纹套筒连接（图 4.24）、钢筋套筒挤压连接（图 4.25）、钢筋墩粗直螺纹套筒连接、钢筋滚压直螺纹套筒连接（直接滚压、挤肋滚压、剥肋滚压）等，经过工程实践证明，钢筋锥螺纹套筒连接和钢筋套筒挤压连接，是目前比较成功、深受工程单位欢迎的连接接头形式。

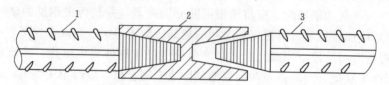

图 4.24 钢筋锥螺纹套筒连接

1—已连接的钢筋；2—银螺纹套筒；3—待连接的钢筋

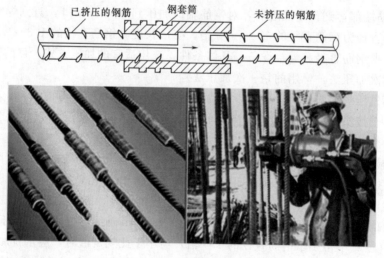

图 4.25 套筒挤压连接及接头试样

1. 钢筋锥螺纹套筒连接

钢筋锥螺纹接头是一种新型的钢筋机械连接接头技术。国外在 20 世纪 80 年代已开始使用，我国于 1991 年研究成功，1993 年被国家科委列入"国家科技成果重点推广计划"；此项新技术已在北京、上海、广东等地推广应用，获得了较大的经济效益。

钢筋锥螺纹套筒连接是将所连钢筋的对接端头，在钢筋套丝机上加工成与套筒匹配的锥螺纹，将带锥行内丝的套筒用扭力扳手按一定力矩值把两根钢筋连接成一体。这种连接方法，具有使用范围广、施工工艺简单、施工速度快、综合成本低、连接质量好、有利于环境保护等优点。

2. 钢筋套筒挤压连接

带肋钢筋套筒挤压连接是将两根待接钢筋插入钢套筒，用挤压设备沿径向挤压钢套筒，使钢套筒产生塑性变形，依靠变形的钢套筒与被连接钢筋的纵、横肋产生机械咬合而成为一个整体的钢筋连接方法，如图 4.26 所示。由于是在常温下挤压连接，所以也称为钢筋冷挤压连接。这种连接方法具有操作简单、容易掌握、对中度高、连接速度快、安全可靠、不污染环境、易实现文明施工等优点。

3. 钢筋螺纹套筒连接

目前，螺纹套筒连接应用非常广泛，螺纹套筒连接能在现场连接 Φ 14～40mm 的同径、异径的竖向、水平或任何倾角的钢筋，它连接速度快、对中性好、工艺简单、安全可靠、节约钢材和能源，可全天候施工。可用于一、二级抗震设防的工业与民用建筑的梁、板、柱、墙、基础的施工。但不得用于预应力钢筋或承受反复动荷载及高应力疲劳荷载的结构。

螺纹套筒由专业厂家提供，螺纹套筒采用优质碳素钢制作，套筒的受拉承载力不小于钢筋抗拉强度的 1.1 倍。钢筋连接端的螺纹采用钢筋剥肋滚丝机在现场加工，见图 4.26。

图 4.26　直螺纹连接套筒和现场钢筋直螺纹剥肋滚压加工

4.2.6　钢筋绑扎与安装

单根钢筋经过调直、配料、切断、弯曲等加工后，即可成型为钢筋骨架或钢筋网。钢筋成型应优先采用焊接，并最好在车间预制好后直接运往现场安装，只有当条件不具备时，可在施工现场绑扎成型。

钢筋在绑扎和安装前，应首先熟悉钢筋图，核对钢筋配料单和料牌，根据工程特点、工作量大小、施工进度、技术水平等，研究与有关工种的配合，确定施工方法。

4.2.6.1　钢筋现场绑扎

钢筋的绑扎与安装应符合《混凝土结构工程施工质量验收规范》(GB 50204—2015) 的规定。

1. 准备工作

（1）核对成品钢筋的钢号、直径、形状、尺寸和数量等是否与料单牌相符。如有错漏，应纠正增补。

（2）准备绑扎用的铁丝、绑扎工具（如钢筋钩、带扳口的小撬棍）、绑扎架等钢筋绑扎用的铁丝可采用 20 号～22 号铁丝。

（3）准备控制混凝土保护层的垫块。

（4）划出钢筋位置线。平板或墙板的钢筋，在模板上划线；柱的箍筋，在两根对角线主筋上划点；梁的箍筋，则在架立筋上划点；基础的钢筋，在两向各取一根钢筋划点或在垫层上划线。钢筋接头的位置，应根据来料规格，按规范对有关接头位置、数量的规定，使其错开，在模板上划线。

（5）绑扎形式复杂的结构部位的钢筋时，应先逐根研究钢筋穿插就位的顺序。

2. 钢筋绑扎要点

（1）钢筋的交叉点应采用 20 号～22 号铁丝绑扎，绑扎不仅要牢固可靠，而且铁丝长度要适宜。

（2）板和墙的钢筋网，除靠近外围两行钢筋的交叉点全部扎牢外，中间部分交叉点可间隔交错绑扎，但必须保证受力钢筋不产生位置偏移。对双向受力钢筋，必须全部绑扎牢固。

（3）梁和柱的箍筋，除设计有特殊要求外，应与受力钢筋垂直设置。箍筋弯钩叠合处，应沿受力钢筋方向错开设置。

（4）在柱中竖向钢筋搭接时，角部钢筋的弯钩平面与模板面的夹角，对矩形柱应为 45°角，对多边形柱应为模板内角的平分角；对圆形柱钢筋的弯钩平面应与模板的切线平面垂直；中间钢筋的弯钩平面应与模板面垂直；当采用插入式振捣器浇筑小型截面柱时，弯钩平面与模板面的夹角不得小于 15°。

（5）板、次梁与主梁交接处，板的钢筋在上，次梁钢筋居中，主梁钢筋在下；主梁与圈梁交接处，主梁钢筋在上，圈梁钢筋在下，绑扎时切不可放错位置。

（6）框架梁、牛腿及柱帽等钢筋应放在柱的钢筋内侧。

4.2.6.2　钢筋网与钢筋骨架安装

（1）焊接骨架和焊接网的搭接接头，不宜设置于构件的最大弯矩处。

（2）焊接网在非受力方向的搭接长度，宜为 100mm。

（3）焊接骨架和焊接网在构件宽度内，其接头位置应错开。在绑扎接头区段内受力钢筋截面面积不得超过受力钢筋总截面面积的 50%。

4.2.6.3　植筋施工

在钢筋混凝土结构上钻出孔洞，注入胶黏剂，植入钢筋，待其固化后即完成植筋施工。用此法植筋犹如原有结构中的预埋筋，能使所植钢筋的技术性能得以充分利用。植筋方法具有工艺简单、工期短、造价省、操作方便、劳动强度低、质量易保证等优点，为工程结构加固及解决新旧混凝土连接问题提出了一个全新的处理技术。植筋施工过程包括钻孔、清孔、填胶黏剂、植筋、凝胶。

（1）钻孔使用配套冲击电钻。钻孔时，孔洞间距与孔深度应满足设计要求。

（2）清孔时，先用吹气泵清除孔洞内粉尘等，再用清孔刷清孔，要经多次吹刷完成。注意不能用水冲洗，以免残留在孔中的水分削弱胶黏剂的作用。

（3）使用植筋注射器从孔底向外均匀地把适量胶黏剂填注孔内，注意切勿将空气封入孔内。

（4）按顺时针方向把钢筋平行于孔洞走向轻轻植入孔中，直至插入底胶溢出。

（5）将钢筋外露端固定在模架上，使其不受外力作用，直至凝结，并派专人在现场看管保护。凝胶的化学反应时间一般为 15min，固化时间一般为 1h。

植筋采用的胶黏剂由两个不同的化学组分组成，使用前进行混合，一旦混合后，就会发生化学反应，出现凝胶现象，并很快固化。凝固愈合时间随基体材料的温度变化。

植筋孔的直径与深度应根据设计要求确定。

4.2.6.4　钢筋安装质量检验

钢筋安装完毕后，应根据施工规范进行认真的检查，主要检查以下内容。

（1）根据设计图纸，检查钢筋的钢号、直径、根数、间距是否正确，特别要检查负筋的位置是否正确。

（2）检查钢筋接头的位置、搭接长度、同一截面接头百分率及混凝土保护层是否符合要求，水泥垫块是否分布均匀、绑扎牢固。

（3）钢筋的焊接和绑扎是否牢固，钢筋有无松动、移位和变形现象。

（4）预埋件的规格、数量、位置等。

（5）钢筋表面是否有漆污和颗粒（片）状铁锈，钢筋骨架里边有无杂物等。

钢筋绑扎要求位置正确、绑扎牢固，钢筋安装位置的偏差应符合规范要求（表 4.10）。

表 4.10　　　　　　　　　　　钢筋安装位置的允许偏差和检验方法

项　目			允许偏差/mm	检验方法
绑扎钢筋网	长、宽		±10	钢尺检查
	网眼尺寸		±20	钢尺量连续三档，取最大值
绑扎钢筋骨架	长		±10	钢尺检查
	宽、高		±5	钢尺检查
受力钢筋	间距		±10	钢尺量两端、中间各一点，取最大值
	排距		±5	
	保护层厚度	基础	±10	钢尺检查
		柱、梁	±5	钢尺检查
		板、墙、壳	±3	钢尺检查
绑扎箍筋、横向钢筋间距			±20	钢尺量连续三档，取最大值
钢筋弯起点位置			20	钢尺检查
预埋件	中心线位置		5	钢尺检查
	水平高差		0～3	钢尺和塞尺检查

4.3　混　凝　土　工　程

混凝土工程施工包括配制、搅拌、运输、浇筑、振捣和养护等工序。各施工工序对混凝土工程质量都有很大的影响。因此，要使混凝土工程施工能保证结构具有设计的外形和尺寸，确保混凝土结构的强度、刚度、密实性、整体性及满足设计和施工的特殊要求，必须要严格保证混凝土工程每道工序的施工质量。

4.3.1 混凝土的制备

施工配料时影响混凝土质量的主要因素有两个方面：一是称量不准；二是未按砂、石骨料实际含水率的变化进行施工配合比的换算。这样必然会改变原理论配合比的水灰比、砂石比（含砂率）及浆骨比。因此施工配料要求称量准确，随时按砂、石骨料实际含水率的变化，调整施工配合比。

4.3.1.1 施工配合比换算

混凝土实验室配合比是根据完全干燥的砂、石骨料制定的，但实际使用的砂、石骨料一般都含有一些水分，而且含水量又会随气候条件发生变化。所以施工时应及时测定砂、石骨料的含水量，并将混凝土实验室配合比换算成骨料在实际含水量情况下的施工配合比。

设实验室配合比为：水泥：砂子：石子$=1:x:y$，并测得砂子的含水量为W_x，石子的含水量为W_y，则施工配合比应为：$1:x(1+W_x):y(1+W_y)$。

按实验室配合比 1m³ 混凝土水泥用量为 C(kg)，计算时确保混凝土水灰比（W/C）不变（W 为用水量），则换算后材料用量为：

水泥：$C'=C$。

砂子：$G'_砂=Cx(1+W_x)$。

石子：$G'_石=Cy(1+W_y)$。

水：$W'=W-CxW_x-CyW_y$。

【**例 4.4**】 设混凝土实验室配合比为：$1:2.56:5.52$，水灰比为 0.60，每一立方米混凝土的水泥用量为 250kg，测得砂子含水量为 3%，石子含水量为 2%，求施工配合比。

【**解**】 施工配合比为：

$1:x(1+W_x):y(1+W_y)=1:2.56(1+3\%):5.52(1+2\%)=1:2.64:5.63$

每 m³ 混凝土材料用量为：

水泥：250kg。

砂子：$250×2.64=660.0$(kg)。

石子：$250×5.63=1407.5$(kg)。

水：$250×0.60-250×2.56×3\%-250×5.52×2\%=103.2$(kg)。

求出每立方米混凝土材料用量后，还必须根据工地现有搅拌机出料容量确定每次需用几袋水泥，然后按水泥用量来计算砂石的每次拌用量。

事实上，砂和石的含水量是随气候的变化而变化的。因此施工中必须经常测定其含水率，调整配合比，控制原材料用量，确保混凝土质量。

4.3.2 混凝土的搅拌

拌制混凝土可采用人工或机械拌制方法。人工拌制混凝土，劳动强度大，生产效率低，只有当用量不多或无机械设备时才采用，一般都用搅拌机拌制混凝土。

4.3.2.1 搅拌机的选择

混凝土搅拌机按其工作原理，可分为自落式（图 4.27）和强制式（图 4.28）两大类，选用时取决于混凝土的特性。对于重骨料塑性混凝土常选用自落式搅拌机。其搅拌原理为在搅拌筒（鼓筒）内壁焊有弧形拌叶，当鼓筒绕水平轴旋转时，叶片不断将混合材料提高，然后靠其自重落下，利用拌和物的重量自由降落，达到均匀拌和的目的。鼓筒内壁还焊有另一组斜向叶片，可以使物料斜移近出料口，从而倒出混凝土。对于干硬性混凝土与轻质混凝土，前者由于水泥用量和加水量均较少，骨料难以自由拌和；后者由于骨料轻、动能小，用自落式搅拌机搅拌也难于拌和均匀，为此需选用强制式搅拌机。其工作原理为将由内、外壳组成的鼓筒水平放置，鼓筒固定不转，依靠其在筒内的转轴上的叶片强制搅拌混合物，达到均匀拌和的目的。强制式搅拌机分立轴式和卧轴式两类。强制式搅拌机是在轴上装有叶片，通过叶片强制搅拌装在搅拌筒中的物料，使物料沿环向、径向和竖向运动，拌和强烈，多用于搅拌干硬性混凝土、低流动性混凝土和轻骨料混凝土。立轴式强制搅拌机是通过底部的卸料口卸料，卸料迅速，但如卸料口密封不好，水泥浆易漏掉，所以不宜搅拌流动性大的混凝土。

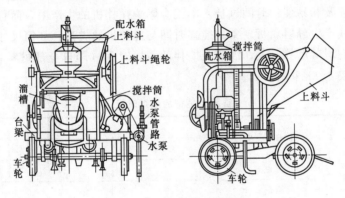

图 4.27 自落式混凝土搅拌机

混凝土搅拌机以其出料容量（m³）×1000 标定规格。常用 150L、250L、350L 等数种。选择搅拌机型号，要根据工程量大小，混凝土的坍落度和骨料尺寸等确定。既要满足技术上的要求，也要考虑经济效果和节约能源。

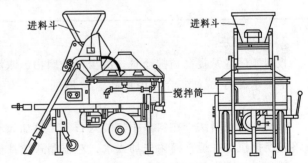

图 4.28 强制式混凝土搅拌机

【例 4.5】 按上例已知条件不变，如采用 JZ250 型搅拌机，出料容量为 0.25m³，求每搅拌一次的投料量。

【解】 搅拌机搅拌一盘混凝土时各种材料的投料量为：

水泥：$250 \times 0.25 = 62.5$（kg）（取用一袋水泥，即 50kg）。

砂子：$660.0 \times 50/250 = 132.0$（kg）。

石子：$1407.5 \times 50/250 = 281.5$（kg）。

水：$103.2 \times 50/250 = 20.6$（kg）。

使用混凝土搅拌机应当注意以下几点。

（1）安装在坚实平整的地面上，它的每个撑脚要调整到轮胎不受力的程度，同时应使每个撑脚受力均匀，以免造成联结件扭曲或传动件接触不良等现象。

（2）检查接通电源后，空运转 2～3min，认为合格，再检查拌筒运转速度、方向以及传动离合器和制动器是否灵活可靠，钢丝绳有无损坏，轨道滑轮是否良好，周围有无障碍及各部位的滑润情况等。

（3）保护电动机应装外壳或采用其他保护措施，防止水分和潮气浸入而损坏。配电设施应安置相应的保险丝和良好的接地装置。电动机应安装启动开关，使运转速度由缓慢逐渐变快。维护和保养好搅拌机是防止故障发生的重要因素，特别是经常注意对传动系统、动力系统、进出料机构、进料离合器、润滑系统、配水系统和搅拌装置等的检查。

4.3.2.2 确定混凝土的搅拌制度

1. 搅拌时间

搅拌时间是影响混凝土质量和搅拌机生产率的重要因素之一。时间过短、拌和不均匀会降低混凝土的强度及和易性；时间过长，不仅会影响搅拌机的生产率，而且会使混凝土的和易性又重新降低或产生分层离析现象。搅拌时间与搅拌机的类型、鼓筒尺寸、骨料的品种和粒径以及混凝土的坍落度等有关。混凝土搅拌的最短时间（即自全部材料装入搅拌筒中起，到卸料止）可按表 4.11 采用。

表 4.11　　　　　　　　　　　混凝土搅拌的最短时间　　　　　　　　　　　　　　（s）

混凝土坍落度 /mm	搅拌机类型	搅拌机出料量/L		
		<250	250～500	>500
≤30	强制式	60	90	120
	自落式	90	120	150
>30	强制式	60	60	90
	自落式	90	90	120

2. 投料顺序

投料顺序应从提高搅拌质量，减少机械磨损、水泥飞扬，改善工作环境，提高混凝土强度，节约水泥等方面综合考虑确定。常用的方法有一次投料法、二次投料法和水泥裹砂法等。

（1）一次投料法：在料斗中先装入石子，再加入水泥和砂子，然后一次投入搅拌机。对自落式搅拌机应在搅拌筒内先加入水，对强制式搅拌机则应在投料的同时缓缓均匀分散地加水。这种投料顺序是把水泥夹在石子和砂子之间，上料时水泥不致飞扬，而且水泥也不致粘在料斗底和鼓筒上。上料时水泥和砂先进入筒内形成水泥浆，缩短了包裹石子的过程，能提高搅拌机生产率。

（2）二次投料法：分为预拌水泥砂浆法和预拌水泥净浆法。

预拌水泥砂浆法是先将水泥、砂和水加入搅拌筒内进行充分搅拌，成为均匀的水泥砂浆后，再加入石子搅拌成均匀的混凝土。预拌水泥净浆法是将水泥和水充分搅拌成均匀的水泥净浆，再加入砂和石子搅拌成混凝土。国内外的试验表明，二次投料法搅拌的混凝土与一次投料法相比较，混凝土强度可提高约 15%，在强度等级相同的情况下，可节约水泥15%～20%。

（3）水泥裹砂法：先将砂子表面进行湿度处理，控制在一定范围内，然后将处理过的砂子、水泥和部分水进行搅拌，使砂子周围形成黏着性很强的水泥糊包裹层。加入第二次水和石子，经搅拌，部分水泥浆便均匀地分散在已经被造壳的砂子及石子周围，形成混凝土。采用该法制备的混凝土与一次投料法相比较，强度可提高 20%～30%，混凝土不易产生离析现象，泌水少，工作性好。

3. 搅拌要求

严格控制混凝土施工配合比。砂、石必须严格过磅，不得随意加减用水量。在搅拌混凝土前，搅拌机应加适量的水运转，使搅拌筒表面润湿，然后将多余水排干。搅拌第一盘混凝土时，考虑到筒壁上黏附砂浆的损失，石子用量应按配合比规定减半。搅拌时进料容量超过规定容量的 10% 以上，就会使材料在搅拌筒内无充分的空间进行掺和，影响混凝土拌和物的均匀性；反之，如装料过少，则又不能充分发挥搅拌机的效能。

搅拌好的混凝土要卸尽，在混凝土全部卸出之前，不得再投入拌和料，更不得采取边出料边进料的方法。混凝土搅拌完毕或预计停歇 1h 以上时，应将混凝土全部卸出，倒入石子和清水，搅拌 5～10min，把粘在料筒上的砂浆冲洗干净后全部卸出。料筒内不得有积水，以免料筒和叶片生锈，同时还应清理搅拌筒以外积灰，使机械保持清洁完好。

4.3.3 混凝土的运输

混凝土运输设备应根据结构特点（例如是框架还是设备基础）、混凝土工程量大小、每天或每小时混凝土浇筑量、水平及垂直运输距离、道路条件、气候条件等各种因素综合考虑后确定。

混凝土在运输过程中要求做到：应保持混凝土的均匀性，不产生严重的离析现象。运输时间应保证混凝土在初凝前浇入模板内捣实完毕。

为保证上述要求，在运输过程中应注意以下几点。

（1）道路尽可能平坦且运距尽可能短，为此搅拌站位置应布置适中。

（2）尽量减少混凝土的转运次数。

（3）混凝土从搅拌机卸出后到浇筑进模板后时间间隔，不得超过表 4.12 中所列的数值。当使用快硬水泥或掺有促凝剂的混凝土，其运输时间应由试验确定。轻骨料混凝土的运输，浇筑延续时间应适当缩短。

表 4.12 　　　　　　　　　混凝土从搅拌机卸出到浇筑完毕的延续时间

气温/℃	延续时间/min			
	采用搅拌车		采用其他运输设备	
	≤30	>30	≤30	>30
≤30	120	90	90	75
>30	90	60	60	45

（4）运输混凝土的工具（容器）应不吸水、不漏浆。天气炎热时，容器应遮盖，以防阳光直射而水分蒸发。容器在使用前应先用水湿润。

综上所述，对混凝土运输的要求是：

（1）混凝土运输过程中要能保持良好的均匀性、不离析、不漏浆。

（2）保证混凝土具有设计所规定的坍落度。

（3）使混凝土在初凝前浇入模板并捣实完毕。

（4）保证混凝土浇筑能连续进行。

混凝土的运输分水平运输和垂直运输两种。

4.3.3.1 水平运输

常用的水平运输设备有：手推车、机动翻斗车、混凝土搅拌运输车、自卸汽车等，如图4.29所示。

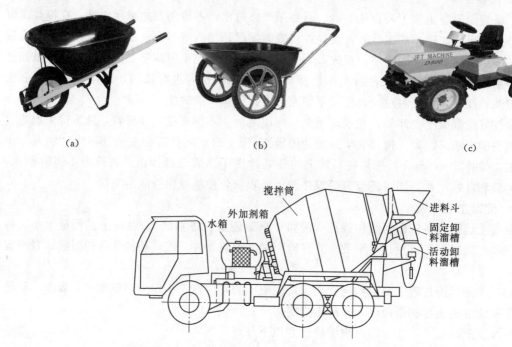

图 4.29 混凝土水平运输机械

(a) 独轮手推车；(b) 双轮手推车；(c) 机动翻斗车；(d) 混凝土搅拌运输车

1. 手推车及机动翻斗车运输

（1）手推车运输。工地上常用双轮手推车运输，主要用于中型工地地面和楼面的水平运输。

（2）机动翻斗车。工地上常用的机动翻斗车容量约为 $0.2 m^3$。机动翻斗车主要用于地面水平运输。

2. 混凝土搅拌运输车运输

目前各地正在逐步推广使用商品混凝土。一个城市或一个区域建立一个中心混凝土搅拌站，各工地每天所需的混凝土均向该中心站订货。中心搅拌站负责搅拌本城市或本区每天各工地所需的各种规格的混凝土，并准时将各工地所需混凝土运到现场。这种混凝土拌和物的集中搅拌、集中运输供应的办法，可免去各工地分散建立混凝土搅拌站，减少材料的浪费，少占土地，提高了混凝土质量，也保持了城市的环境卫生质量。

由于工地采用商品混凝土，混凝土运距就较远，因此一般多用混凝土搅拌运输车。这种运输车是在汽车底盘上安装一倾斜的搅拌筒，它兼有运输和搅拌混凝土的双重功能，可以在运送混凝土的同时对其进行搅拌或扰动，从而保证所运送的混凝土不离析。

混凝土搅拌运输车运送混凝土时，可根据运输距离、混凝土质量和供应要求等不同情况，采用不同的工作方式。

4.3.3.2 垂直运输

常用的垂直运输机械有塔式起重机、快速井式升降机、井架及龙门架。而混凝土泵既可用于垂直运输又可用于水平运输。

（1）塔式起重机。塔式起重机既能用于垂直运输又能完成一定幅度的水平运输。用塔式起重机运输混凝土时，应配备混凝土料斗联合使用。卧式料斗在装料时平卧地面，机动翻斗车直接卸料于斗内，再由塔式起重机吊走，卸料时由塔式起重机将此料斗悬于空中，将手柄下压，料斗的扇形活门打开，混凝土拌和物便从料斗中卸出，使用很方便。

（2）井架、龙门架运输。井架、龙门架是目前施工现场使用最广泛的垂直运输设备，特别是在单层或多层房屋的施工中。它由塔架、吊盘、滑道及动力卷扬机系统组成。具有构造简单，装拆方便，提升与下降速度快等优点。因而运输效率较高。

（3）混凝土泵运输。混凝土泵既可用于混凝土的地面运输又能用于楼面运输，是一种很有效的混凝土运输和浇筑机具。它以泵为动力，由管道输送混凝土，故可将混凝土直接送到浇筑地点。适用于大体积混凝土、大型设备基础及多高层建筑的混凝土施工，水平运距13km，垂直距离30～90m（最高可达200m）。如建筑物过高，可以在适当高度的楼层设立中继泵站，将混凝土继续向上运送。用混凝土泵输送混凝土的施工方法经济效果显著，发展较快。泵送混凝土的主要设备有：混凝土泵、输送管和布料装置。

1）混凝土泵。混凝土泵是一种有效的混凝土运输和浇筑工具，它以泵为动力，沿管道输送混凝土，可以一次完成水平及垂直运输，将混凝土直接输送到浇筑地点，是发展较快的一种混凝土运输方法。大体积混凝土、工业与民用建筑施工皆可应用，在我国一些大城市已广泛使用，并取得较好的效果。根据驱动方式，混凝土泵目前主要有两类，即挤压泵和活塞泵，但在我国主要利用活塞泵，工作原理如图4.30所示。

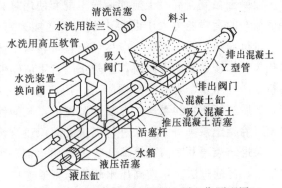

图 4.30　液压活塞式混凝土泵工作原理图

2）输送管。混凝土输送管是泵送混凝土作业中的重要配件，常用钢管制成，有直管、弯管、锥形管3种。管径有80mm、100mm、125mm、150mm、180mm、200mm。直管的标准长度为2.0m，其他还有3.0m、2.0m、1.0m。弯管的角度有15°、30°、45°、60°、90°5种。当两种不同管径的输送管连接时，则用锥形管过渡，其长度一般为1m。在管道的出口处大都接有软管（橡胶管或塑料管等），以便在不移动钢管的情况下，扩大布料范围。为使管道便于装拆，相邻输送管之间的连接，一般均用快速管接头。

3）布料装置。将混凝土泵装在汽车上便成为混凝土泵车（图4.31），由于混凝土是连续供料，输送量大，因此，在浇筑地点应设置布料装置，以便能将输送来的混凝土直接浇入模板内或摊铺均匀，以减轻工人劳动强度和提高效率。一般的布料装置具有输送混凝土和摊

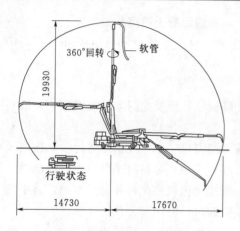

图 4.31 带布料杆的混凝土泵车

铺混凝土的双重作用，俗称布料杆。

泵送混凝土工艺对混凝土的配合比和材料有较严格的要求：碎石最大粒径与输送管内径之比宜为 1:3，卵石可为 1:2.5，泵送高度在 50～100m 时宜为 1:3～1:4，泵送高度在 100m 以上时宜为 1:4～1:5，以免堵塞，如用轻骨料则以吸水率小者为宜，并宜用水预湿，以免在压力作用下强烈吸水，使坍落度降低而在管道中形成阻塞。砂宜用中砂，通过 0.315mm 筛孔的砂应不少于 15%。砂率宜控制在 38%～45%，如粗骨料为轻骨料还可适当提高。水泥用量不宜过少，否则泵送阻力增大，每立方米混凝土中最小水泥用量为 300kg。水灰比宜为 0.4～0.6。泵送混凝土的坍落度按《混凝土结构工程施工及验收规范》（GB 50204—2015）的规定选用。对不同泵送高度，入泵时混凝土的坍落度可参考表 4.13 选用。

表 4.13　　　　　　　　　不同泵送高度入泵时混凝土坍落度选用值

泵送高度/m	30 以下	30～60	60～100	100 以上
坍落度/mm	100～140	140～160	160～180	180～200

混凝土泵宜与混凝土搅拌运输车配套使用，且应使混凝土搅拌站的供应能力和混凝土搅拌运输车的运输能力大于混凝土泵的泵送能力，以保证混凝土泵能连续工作，防止停机堵管。进行输送管线布置时，应尽可能直，转弯要缓，管段接头要严，少用锥形管，以减少压力损失。如输送管向下倾斜，要防止因自重流动使管内混凝土中断、混入空气而引起混凝土离析，产生阻塞。为减小泵送阻力，用前先泵送适量的水泥浆或水泥砂浆以润滑输送管内壁，然后进行正常的泵送。在泵送过程中，泵的受料斗内应充满混凝土，防止吸入空气形成阻塞。混凝土泵排量大，在进行浇筑大面积建筑物时，最好用布料机进行布料。

泵送结束要及时清洗泵体和管道，用水清洗时将管道与 Y 形管拆开，放入海绵球及清洗活塞，再通过法兰，使高压水软管与管道连接，高压水推动活塞和海绵球，将残存的混凝土压出并清洗管道。

用混凝土泵浇筑的结构物，要加强养护，防止因水泥用量较大而引起开裂。如混凝土浇筑速度快，对模板的侧压力大，模板和支撑应保证稳定和有足够的强度。

选择混凝土运输方案时，技术上可行的方案可能不止一个，这就要通过综合的技术经济比较来选择最优方案。

采用混凝土泵运送混凝土，必须做到：①混凝土泵必须保持连续工作；②输送管道宜直，转弯宜缓，接头应严密；③泵送混凝土之前，应预先用水泥砂浆润滑管道内壁，以防堵塞；④受料斗内应有足够的混凝土，以防止吸入空气阻塞输送管道。

4.3.4　混凝土浇筑

4.3.4.1　浇筑前的检查

（1）浇筑混凝土前，应检查和控制模板、钢筋、保护层和预埋件等的尺寸、规格、数量和位置，其偏差值应符合现行国家标准《混凝土结构工程施工质量验收规范》（GB 50204—2015）的规定。此外，还应检查模板支撑的稳定性以及接缝的密合情况。

（2）模板和隐蔽项目应分别进行预检和隐检验收，符合要求时，方可进行浇筑。

4.3.4.2　混凝土浇筑的一般要求

（1）混凝土应在初凝前浇筑，如果出现初凝现象，应再进行一次强力搅拌。

（2）混凝土自由倾落高度不宜超过 3m；否则，应采用串筒、溜槽或振动串筒下料，以防产生离析，如图 4.32 所示。

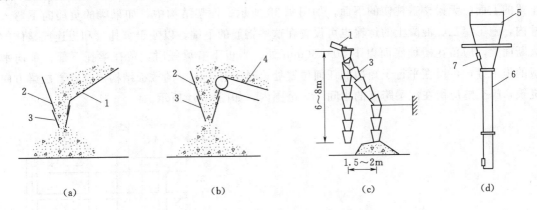

图 4.32　防止混凝土离析的措施

（a）溜槽运输；（b）皮带运输；（c）串筒卸料；（d）振动卸料

1—溜槽；2—挡板；3—串筒；4—皮带运输机；5—漏斗；6—输送管；7—振动器

（3）浇筑竖向结构混凝土前，底部应先浇入 50～100mm 厚、与混凝土成分相同的水泥砂浆，以避免产生蜂窝麻面现象。

（4）混凝土浇筑时的坍落度，应符合表 4.14 中的规定。

表 4.14　　　　　　　　　　　　　　　**混凝土浇筑时的坍落度**　　　　　　　　　　　单位：mm

项次	结 构 种 类	坍落度
1	基础或地面等垫层、无配筋的厚大结构（挡土墙、基础或厚大的块体）或配筋稀疏的结构	10～30
2	板、梁及大型、中型截面的柱子	30～60
3	配筋密列的结构（薄壁、斗仓、筒仓、细柱等）	50～70
4	配筋特密的结构	70～90

注　1. 本表坍落度系指采用机械振捣的坍落度，采用人工捣实时可适当增大。

　　2. 需要配制大坍落度混凝土时，应掺用外加剂。

　　3. 曲面或斜结构的混凝土，其坍落度值应根据实际需要另行规定。

（5）为了使混凝土上、下层结合良好并振捣密实，混凝土必须分层浇筑，其浇筑厚度应符合规定。

（6）为保证混凝土的整体性，浇筑工作应连续进行。当由于技术上或施工组织上的原因必须间歇时，其间歇的时间应尽可能缩短，并保证在前层混凝土初凝之前，将次层混凝土浇筑完毕。

4.3.4.3　混凝土施工缝

1. 施工缝的留设与处理

如果因技术上的原因或设备、人力的限制，混凝土不能连续浇筑，中间的间歇时间超过混凝土初凝时间，则应留置施工缝。留置施工缝的位置应事先确定。由于该处新旧混凝土的结合力较差，是构件中的薄弱环节，故施工缝宜留在结构受力（剪力）较小且便于施工的部位。柱应留水平缝，梁、板应留垂直缝。

根据施工缝设置的原则，柱子的施工缝宜留在基础的顶面、梁或吊车梁牛腿的下面、吊车梁的上面、无梁楼盖柱帽的下面，如图 4.33 所示。框架结构中，如果梁的负筋向下弯入柱内，施工缝二、混凝土的运输也可设置在这些钢筋的下端，以便于绑扎。和板连成整体的大断面梁，应留在楼板底面以下 20～30mm 处，当板下有梁托时，留在梁托下部；单向平板的施工缝，可留在平行于短边的任何位置处；对于有主次梁的楼板结构，宜顺着次梁方向浇筑，施工缝应留在次梁跨度的中间 1/3 范围内，如图 4.34 所示。

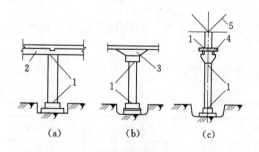

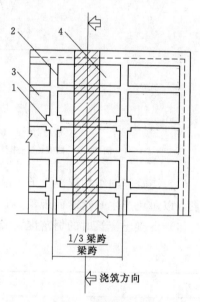

图 4.33　柱子施工缝的位置
(a) 肋形楼板柱；(b) 无梁楼板柱；(c) 吊车梁柱
1—施工缝；2—梁；3—柱槽；4—吊车梁；5—层架

图 4.34　浇筑有主次梁楼板的施工缝位置
1—柱；2—主梁；3—次梁；4—板

施工缝处浇筑混凝土之前，应除去表面的水泥薄膜、松动的石子和软弱的混凝土层，并加以充分湿润和冲洗干净，不得积水。浇筑时，施工缝处宜先铺水泥浆（水泥：水＝1：0.4）或与混凝土成分相同的水泥砂浆一层，厚度为 10～15mm，以保证接缝的质量。浇筑混凝土过程中，施工缝应细致捣实，使其结合紧密。

2. 后浇带的设置

后浇带是为在现浇钢筋混凝土过程中，克服由于温度、收缩而可能产生有害裂缝而设置的临时施工缝。该缝需根据设计要求保留一段时间后再浇筑，将整个结构连成整体。

后浇带的保留时间应根据设计确定，若设计无要求时，一般应至少保留 28d 以上。后浇带的宽度一般为 700～1000mm，后浇带内的钢筋应完好保存。其构造如图 4.35 所示。

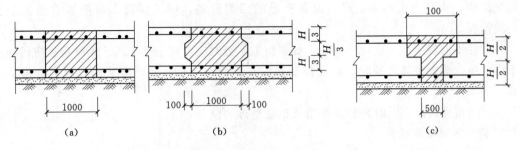

图 4.35　后浇带构造图（单位：mm）

（a）平接式；（b）企口式；（c）台阶式

4.3.4.4　整体结构浇筑

1.框架结构的整体浇筑

框架结构的主要构件包括基础、柱、梁、板等，其中框架梁、板、柱等构件是沿垂直方向重复出现的。因此，一般按结构层分层施工。如果平面面积较大，还应分段进行，以便各工序组织流水作业。

混凝土浇筑与振捣的一般要求如下：

（1）混凝土自吊斗口下落的自由倾落高度不得超过 2m，浇筑高度超过 3m 时必须采取措施，用串桶或溜管等。浇筑混凝土时应分段分层连续进行，浇筑层高度应根据混凝土供应能力、一次浇筑方量、混凝土初凝时间、结构特点、钢筋疏密综合考虑决定，一般为振捣器作用部分长度的 1.25 倍。

（2）使用插入式振捣器应快插慢拔，插点要均匀排列，逐点移动，顺序进行，不得遗漏，做到均匀振实。移动间距不大于振捣作用半径的 1.5 倍（一般为 30～40cm）。振捣上一层时应插入下层 5～10cm，以使两层混凝土结合牢固。表面振动器（或称平板振动器）的移动间距，应保证振动器的平板覆盖已振实部分的边缘。

（3）浇筑混凝土应连续进行。如必须间歇，其间歇时间应尽量缩短，并应在前层混凝土初凝之前，将次层混凝土浇筑完毕。间歇的最长时间应按所用水泥品种、气温及混凝土凝结条件确定，一般超过 2h 应按施工缝处理（当混凝土的凝结时间小于 2h 时，则应当执行混凝土的初凝时间）。

（4）浇筑混凝土时应经常观察模板、钢筋、预留孔洞、预埋件和插筋等有无移动、变形或堵塞情况，发现问题应立即处理，并应在已浇的混凝土初凝前修正完好。

2.柱的混凝土浇筑

（1）柱浇筑前，底部应先填 50～100mm 厚与混凝土配合比相同的减石子砂浆，柱混凝土应分层浇筑振捣，使用插入式振捣器时每层厚度不大于 50cm，振捣棒不得触动钢筋和预埋件。

（2）柱高在 3m 之内，可在柱顶直接下灰浇筑，超过 3m 时，应采取措施（用串筒）或在模板侧面开洞口安装斜溜槽分段浇筑。每段高度不得超过 2m，每段混凝土浇筑后将模板洞封闭严实，并用箍箍牢。

（3）柱子混凝土的分层厚度应当经过计算后确定，并且应当计算每层混凝土的浇筑量，用专制料斗容器称量，保证混凝土的分层准确，并用混凝土标尺杆计量每层混凝土的浇筑高度，混凝土振捣人员必须配备充足的照明设备，保证振捣人员能够看清混凝土的振捣情况。

（4）柱子混凝土应一次浇筑完毕，如需留施工缝时应留在主梁下面。无梁楼板应留在柱帽下面。在与梁板整体浇筑时，应在柱浇筑完毕后停歇 1～1.5h，使其初步沉实，再继续浇筑。

（5）浇筑完后，应及时将伸出的搭接钢筋整理到位。

3. 梁、板混凝土浇筑

（1）梁、板应同时浇筑，浇筑方法应由一端开始，用"赶浆法"，即先浇筑梁，根据梁高分层浇筑成阶梯形，当达到板底位置时再与板的混凝土一起浇筑，随着阶梯形不断延伸，梁板混凝土浇筑连续向前进行。

（2）和板连成整体高度大于 1m 的梁，允许单独浇筑，其施工缝应留在板底以下 20～30mm 处。浇捣时，浇筑与振捣必须紧密配合，第一层下料慢些，梁底充分振实后再下第二层料，用"赶浆法"保持水泥浆沿梁底包裹石子向前推进，每层均应振实后再下料。梁底及梁帮部位要注意振实，振捣时不得触动钢筋及预埋件。

（3）梁柱节点钢筋较密时，浇筑混凝土时宜用与小粒径石子同强度等级的混凝土浇筑，并用小直径振捣棒振捣。

（4）浇筑板混凝土的虚铺厚度应略大于板厚，用平板振捣器垂直浇筑方向来回振捣，厚板可用插入式振捣器顺浇筑方向拖拉振捣，并用铁插尺检查混凝土厚度，振捣完毕后用长木抹子抹平。施工缝处或有预埋件及插筋处用木抹子找平。浇筑板混凝土时不允许用振捣棒铺摊混凝土。

（5）施工缝位置：宜沿次梁方向浇筑楼板，施工缝应留置在次梁跨度的中间 1/3 范围内。施工缝的表面应与梁轴线或板面垂直，不得留斜搓。施工缝宜用木板或钢丝网挡牢。

（6）施工缝处，在已浇筑混凝土的抗压强度不小于 1.2MPa 时，才允许继续浇筑。在继续浇筑混凝土前，施工缝混凝土表面应凿毛，剔除浮动石子和混凝土软弱层，并用水冲洗干净后，先浇一层同配比减石子砂浆，然后继续浇筑混凝土，应细致操作振实，使新旧混凝土紧密结合。

4. 剪力墙混凝土浇筑

（1）如柱、墙的混凝土强度等级相同，可以同时浇筑，反之宜先浇筑柱混凝土，预埋剪力墙锚固筋，待拆柱模后，再绑剪力墙钢筋、支模、浇筑混凝土。

（2）剪力墙浇筑混凝土前，先在底部均匀浇筑 5～10cm 厚与墙体混凝土同配比水泥砂浆，并用铁锹入模，不应用料斗直接灌入模内（该部分砂浆的用量也应当经过计算，使用容器计量）。

（3）浇筑墙体混凝土应连续进行，间隔时间不应超过 2h，每层浇筑厚度按照规范的规定实施，因此必须预先安排好混凝土下料点位置和振捣器操作人员数量。

（4）振捣棒移动间距应小于 20cm，每一振点的延续时间以表面泛浆为度，为使上下层混凝土结合成整体，振捣器应插入下层混凝土 5～10cm。振捣时注意钢筋密集及洞口部位，为防止出现漏振，须在洞口两侧同时振捣，下灰高度也要大体一致。大洞口的洞底模板应开口，并在此处浇筑振捣。

(5) 墙体混凝土浇筑高度应高出板底 20～30mm。混凝土墙体浇筑完毕之后，将上口甩出的钢筋加以整理，用木抹子按标高线将墙上表面混凝土找平。

5. 楼梯混凝土浇筑

楼梯段混凝土自下而上浇筑，先振实底板混凝土，达到踏步位置时再与踏步混凝土一起浇捣，不断连续向上推进，并随时用木抹子（或塑料抹子）将踏步上表面抹平。施工缝位置：楼梯混凝土宜连续浇筑完，多层楼梯的施工缝应留置在楼梯段 1/3 的部位。

(1) 所有浇筑的混凝土楼板面应当扫毛，扫毛时应当顺一个方向扫，严禁随意扫毛，影响混凝土表面的观感。

(2) 养护。混凝土浇筑完毕后，应在 12h 以内加以覆盖和浇水，浇水次数应能保持混凝土足够润湿，养护期一般不少于 7d。

(3) 混凝土试块留置。

1) 按照规范规定的试块取样要求做标养试块的取样。

2) 同条件试块的取样要分情况对待，拆模试块为 1.2MPa，50%，75%，100% 设计强度；外挂架要求的试块为 7.5MPa。

(4) 成品保护。要保证钢筋和垫块的位置正确，不得踩楼板、楼梯的分布筋、弯起钢筋，不碰动预埋件和插筋。在楼板上搭设浇筑混凝土使用的浇筑人行道，保证楼板钢筋的负弯矩钢筋的位置。不用重物冲击模板，不在梁或楼梯踏步侧模板上踩，应搭设跳板，保护模板的牢固和严密。已浇筑楼板、楼梯踏步的上表面混凝土要加以保护，必须在混凝土强度达到 1.2MPa 以后，方准在面上进行操作及安装结构用的支架和模板。在浇筑混凝土时，要对已经完成的成品进行保护，浇筑上层混凝土时流下的水泥浆要有专人及时的清理干净，洒落的混凝土也要随时清理干净。对阳角等易碰坏的地方，应当有相应的措施。冬期施工在已浇的楼板上覆盖时，要在铺的脚手板上操作，尽量不踏脚印。

(5) 应注意的质量问题包括以下几点。

1) 蜂窝。原因是由于混凝土一次下料过厚，振捣不实或漏振，模板有缝隙使水泥浆流失，钢筋较密而混凝土坍落度过小或石子过大，柱、墙根部模板有缝隙，以致混凝土中的砂浆从下部涌出而造成。

2) 露筋。钢筋垫缺位移、间距过大、漏放、钢筋紧贴模板造成露筋，或梁、板底部振捣不实，也可能出现露筋。

3) 孔洞。原因是钢筋较密的部位混凝土被卡，未经振捣就继续浇筑上层混凝土。

4) 缝隙与夹渣层。施工缝处杂物清理不净或未浇底浆振捣不实等原因，易造成缝隙、夹渣层。

5) 梁、柱连接处断面尺寸偏差过大。主要原因是柱接头模板刚度差或支此部位模板时未认真控制断面尺寸。

6) 现浇楼板面和楼梯踏步上表面平整度偏差太大。主要原因是混凝土浇筑后，表面未用抹子认真抹平。

7) 冬期施工在覆盖保温层时，上人过早或未垫板进行操作。

4.3.4.5 大体积混凝土的浇筑

大体积混凝土是指混凝土结构物实体最小几何尺寸不小于 1m 的大体量混凝土，或预计会因混凝土中胶凝材料水化引起的温度变化和收缩而导致有害裂缝产生的混凝土。

1. 基本规定

（1）大体积混凝土施工应编制施工组织设计或施工技术方案。

（2）在大体积混凝土工程除应满足设计规范及生产工艺的要求外，尚应符合下列要求：

1）大体积混凝土的设计强度等级宜在 C25～C40 的范围内，并可利用混凝土 60d 或 90d 的强度作为混凝土配合比设计、混凝土强度评定及工程验收的依据。

2）大体积混凝土的结构配筋除应满足结构强度和构造要求外，还应结合大体积混凝土的施工方法配置控制温度和收缩的构造钢筋。

3）大体积混凝土置于岩石类地基上时，宜在混凝土垫层上设置滑动层。

4）设计中宜采用减少大体积混凝土外部约束的技术措施。

5）设计中宜根据工程的情况提出温度场和应变的相关测试要求。

（3）大体积混凝土工程施工前，宜对施工阶段大体积混凝土浇筑体的温度、温度应力及收缩应力进行试算，并确定施工阶段大体积混凝土浇筑体的升温峰值，里表温差及降温速率的控制指标，制定相应的温控技术措施。

（4）温控指标宜符合下列规定：

1）混凝土浇筑体在入模温度基础上的温升值不宜大于 50℃。

2）混凝土浇筑块体的里表温差（不含混凝土收缩的当量温度）不宜大于 25℃。

3）混凝土浇筑体的降温速率不宜大于 2.0℃/d。

4）混凝土浇筑体表面与大气温差不宜大于 20℃。

（5）大体积混凝土施工前，应做好各项施工前准备工作，并与当地气象台、站联系，掌握近期气象情况。必要时，应增添相应的技术措施，在冬期施工时，尚应符合国家现行有关混凝土冬期施工的标准。

2. 大体积混凝土的材料、配比、制备及运输

（1）一般规定。

1）大体积混凝土配合比的设计除应符合工程设计所规定的强度等级、耐久性、抗渗性、体积稳定性等要求外，尚应符合大体积混凝土施工工艺特性的要求，并应符合合理使用材料、减少水泥用量、降低混凝土绝热温升值的要求。

2）大体积混凝土的制备和运输，除应符合设计混凝土强度等级的要求外，尚应根据预拌混凝土运输距离、运输设备、供应能力、材料批次、环境温度等调整预拌混凝土的有关参数。

（2）原材料。

1）配制大体积混凝土所用水泥的选择及其质量，应符合下列规定：

a. 所用水泥应符合现行国家标准《硅酸盐水泥、普通硅酸盐水泥》（GB 175—2007）的有关规定，当采用其他品种时，其性能指标必须符合国家现行有关标准的规定；

b. 应选用中、低热硅酸盐水泥或低热矿渣硅酸盐水泥。

c. 当混凝土有抗渗指标要求时，所用水泥的铝酸三钙含量不宜大于 8%；

d. 所用水泥在搅拌站的入机温度不应大于 60℃。

2）水泥进场时应对水泥品种、强度等级、包装或散装仓号、出厂日期等进行检查，并应对其强度、安定性、凝结时间、水化热等性能指标及其他必要的性能指标进行复检。

3）骨料的选择，除应符合国家现行标准《普通混凝土用砂、石质量及检验方法标准》

（JGJ 52—2006）的有关规定外，尚应符合下列规定：

a. 细骨料宜采用中砂，其细度模数宜大于 2.3，含泥量不大于 3％。

b. 粗骨料宜选用粒径 5～31.5mm，并连续级配，含泥量不大于 1％。

c. 应选用非碱活性的粗骨料。

d. 当采用非泵送施工时，粗骨料的粒径可适当增大。

4）粉煤灰和粒化高炉矿渣粉，其质量应符合现行国家标准《用于水泥和混凝土中的粉煤灰》（GB 1596—2005）和《用于水泥和混凝土中的粒化高炉矿渣粉》（GB/T 18046—2008）的有关规定。

5）所用外加剂的质量及应用技术，应符合现行国家标准《混凝土外加剂》（GB 8076—2009），《混凝土外加剂应用技术规范》（GB 50119—2013）和有关环境保护的规定。

6）外加剂的选择除应满足本规范的规定外，尚应符合下列要求：

a. 外加剂的品种、掺量应根据工程所用胶凝材料经试验确定；

b. 应提供外加剂对硬化混凝土收缩等性能的影响；

c. 耐久性要求较高或寒冷地区的大体积混凝土，宜采用引气剂或引气减水剂。

7）拌和用水的质量应符合国家现行标准《混凝土用水标准》（JGJ 63—2006）的有关规定。

（3）配合比设计。

1）大体积混凝土配合比设计，应符合下列规定：

a. 采用混凝土 60d 或 90d 强度作为指标时，应将其作为混凝土配合比的设计依据。

b. 所配制的混凝土拌和物，到浇筑工作面的坍落度不宜低于 160mm。

c. 拌和水用量不宜大于 175kg/m³。

d. 粉煤灰掺量不宜超过胶凝材料用量的 40％；矿渣粉的掺量不宜超过胶凝材料用量的 50％；粉煤灰和矿渣粉掺和料的总量不宜大于混凝土中胶凝材料用量的 50％。

e. 水胶比不宜大于 0.55。

f. 砂率宜为 38％～42％。

g. 拌和物泌水量宜小于 10L/m³。

2）在混凝土制备前，应进行常规配合比试验，并应进行水化热、泌水率、可泵性等对大体积混凝土控制裂缝所需的技术参数的试验；必要时其配合比设计应当通过试泵送。

3）在确定混凝土配合比时，应根据混凝土的绝热温升、温控施工方案的要求等，提出混凝土制备时粗细骨料和拌和用水及入模温度控制的技术措施。

（4）制备及运输。

1）混凝土的制备量与运输能力满足混凝土浇筑工艺的要求，并应用具有生产资质的预拌混凝土生产单位，其质量应符合国家现行标准《预拌混凝土》（GB/T 14902—2012）的有关规定，并应满足施工工艺对坍落度损失、入模坍落度、入模温度等的技术要求。

2）多厂家制备预拌混凝土的工程，应符合原材料、配合比、材料计量等级相同，以及制备工艺和质量检验水平基本相同的原则。

3）混凝土拌和物的运输应采用混凝土搅拌运输车，运输车应具有防风、防晒、防雨和防寒设施。

4）搅拌运输车在装料前应将罐内的积水排尽。

5）搅拌运输车的数量应满足混凝土浇筑的工艺要求。

6）搅拌运输车单程运送时间，采用预拌混凝土时，应符合国家现行标准《预拌混凝土》（GB/T 14902—2012）的有关规定。

7）搅拌运输过程中需补充外加剂或调整拌和物质量时，宜符合下列规定：

a. 当运输过程中出现离析或使用外加剂进行调整时，搅拌运输车应进行快速搅拌，搅拌时间应不小于120s。

b. 运输过程中严禁向拌和物中加水。

8）运输过程中，坍落度损失或离析严重，经补充外加剂或快速搅拌已无法恢复混凝土拌和物的工艺性能时，不得浇筑入模。

3. 大体积混凝土的浇筑

（1）大体积混凝土的浇筑工艺应并符合下列规定：

1）混凝土的浇筑厚度应根据所用振捣器的作用深度及混凝土的和易性确定，整体连续浇筑时宜为300～500mm。

2）整体分层连续浇筑或推移式连续浇筑，应缩短间歇时间，并在前层混凝土初凝之前将次层混凝土浇筑完毕。层间最长的间歇时间不应大于混凝土的初凝时间。混凝土的初凝时间应通过试验确定。当层间间隔时间超过混凝土的初凝时间时，层面应按施工缝处理。

3）混凝土浇筑宜从低处开始，沿长边方向自一端向另一端进行。当混凝土供应量有保证时，亦可多点同时浇筑。

4）混凝土宜采用二次振捣工艺。

（2）大体积混凝土浇筑方案。

大体积混凝土结构整体性要求较高，一般不允许留设施工缝。因此，必须保证混凝土搅拌、运输、浇筑、振捣各工序的协调配合，并根据结构特点、工程量、钢筋疏密等具体情况，分别选用如下浇筑方案，如图4.36所示。

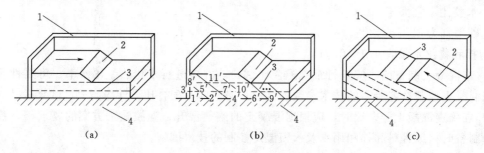

图 4.36 大体积混凝土浇筑方案

（a）全面分层；（b）分段分层；（c）斜面分层

1—模板；2—新浇筑的混凝土；3—已浇筑的混凝土；4—地基；
1′～11′—已按顺序分层分块浇筑完成的混凝土

1）全面分层浇筑方案。在整个结构内全面分层浇筑混凝土，待第一层全部浇筑完毕，在初凝前再回来浇筑第二层，如此逐层进行，直至浇筑完成。此浇筑方案适宜于结构平面尺寸不大的情况。

2）分段分层浇筑方案。此浇筑方案适用于厚度不太大，而面积或长度较大的结构。

3）斜面分层浇筑方案。混凝土从结构一端满足其高度浇筑一定长度，并留设坡度为

1/3 的浇筑斜面,从斜面下端向上浇筑,逐层进行。此浇筑方案适用于结构的长度超过其厚度 3 倍的情况。

4.3.4.6 水下混凝土浇筑

深基础、沉井与沉箱的封底等,常需要在水下浇筑混凝土,地下连续墙及钻孔灌注桩则是在泥浆中浇筑混凝土。水下或泥浆中浇筑混凝土,目前多用导管法,如图 4.37 所示。

导管直径 250~300mm(不小于最大骨料粒径的 8 倍),每节长 3m,用快速接头连接,顶部装有漏斗。导管用起重设备升降。浇筑前,导管下口先用隔水塞(混凝土、木等制成)堵塞,隔水塞用铁丝吊住。然后在导管内浇筑一定量的混凝土,保证开管前漏斗及管内的混凝土量能使混凝土冲出后足以封住并高出管口。将导管插入水下,在其下口距底面的距离 h_1 为 300~400mm 时浇筑。距离太小易堵管,太大则漏斗及管内混凝土量需要较多。当导管内混凝土的体积及高度满足上述要求后,剪断吊住隔水塞的铁丝开管,使混凝土在自重作用下迅速推出隔水塞进入水中。以后一面均衡地浇筑混凝土,一面慢慢提起导管,导管下口必须始终保持在混凝土表面之下 1~

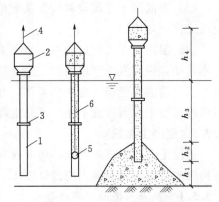

图 4.37 导管法浇筑混凝土
1—钢导管;2—漏斗;3—接头;4—吊索;
5—隔水塞;6—铁丝

1.5m 以上。下口埋得越深,混凝土顶面越平,质量越好,但浇筑也越难。

在整个浇筑过程中,一般应避免在水平方向移动导管,直到混凝土顶面接近设计标高时,才可将导管提起,换插到另一浇筑点。一旦堵管,如半小时内不能排除,应立即换插备用导管。待混凝土浇筑完毕,应清除顶面与水或泥浆接触的松软层。

4.3.4.7 喷射混凝土

喷射混凝土是利用压缩空气把混凝土由喷射机的喷嘴以较高的速度(50~70m/s)喷射到岩石、工程结构或模板的表面。在隧道、涵洞、竖井等地下建筑物的混凝土支护、薄壳结构和喷锚支护等都有广泛的应用,具有不用模板、施工简单、劳动强度低、施工进度快等优点。

喷射混凝土施工工艺分为干式和湿式两种。混凝土在"微潮"(水灰比 0.1~0.2)状态下输送至喷嘴处加压喷出者,为干式喷射混凝土;将水灰比为 0.45~0.50 的混凝土拌和物输送至喷嘴处加压喷出者,为湿式喷射混凝土。湿式与干式喷射混凝土相比,湿式混凝土喷射施工具有施工条件好,混凝土的回弹量小等优点,应用较为广泛。

1. 材料要求

(1)水泥。优先选用硅酸盐水泥和普通硅酸盐水泥,标号不得低于 32.5 号。

(2)细集料。细集料宜采用质地坚硬、圆滑、洁净及颗粒级配良好的中粗砂,细度模数 $M_x=2.5~3.0$ 为宜,含水量控制在 6% 左右。

(3)粗集料。粗集料宜采用坚硬密实,具有足够强度的卵石、碎石均可,最大粒径小于 20mm,其中 5~10mm 的量占 55%,10~20mm 的量占 45%。

(4)外加剂。喷射混凝土多掺加速凝剂,以缩短混凝土的初凝和终凝时间,同时为增加流动性,还掺加减水剂。外加剂应根据水泥品种和集料质地经试验选定。

（5）喷射混凝土拌和用水使用人畜饮用的水质，不得使用污水，酸性水及海水。

2. 施工操作要点

（1）湿喷机泵送混凝土前，先用稠度 10cm 的白灰膏 40～80L 泵入管内，以便润滑管路，减少管路磨损，提高工作效率。

（2）管路尽量缩短，避免弯曲。

（3）当混凝土注满输料管并从喷枪口喷出时，再加速凝剂，不得提前启动速凝装置，避免污染作业环境。

（4）湿喷机在工作过程中，泵压力表的读数不应大于 2MPa，如发现压力过大或挤压辊轮不转动，说明发生管堵现象，应立即停机疏通管道。

（5）造成湿喷机不能正常工作，并不能及时排堵时，应采取压缩空气或其他搭配，将管道内的混凝土疏通清洗干净，严防混凝土在泵口和管道内初凝。

4.3.5　混凝土振捣

混凝土入模时呈疏松状，里面含有大量的空洞与气泡，必须采用适当的方法在其初凝前振捣密实，以满足混凝土的设计要求。

4.3.5.1　混凝土振动密实成型

1. 混凝土振动密实原理

混凝土振动密实的原理，在于产生振动的机械将一定频率、振幅和激振力的振动能量通过某种方式传递给混凝土拌和物时，受振混凝土拌和物中所有的骨料颗粒都受到强迫振动，它们之间原来赖以保持平衡并使混凝土拌和物保持一定塑性状态的黏聚力和内摩擦力随之大大降低，使受振混凝土拌和物呈现出流动状态，混凝土拌和物中的骨料、水泥浆在其自重作用下向新的稳定位置沉落，排除存在于混凝土拌和物中的气体，充填模板的每个空间位置，填实空隙，以达到设计需要的混凝土结构形状和密实度等要求。

2. 振动机械的选择

振动机械按其工作方式分为：内部振动器、表面振动器、外部振动器和振动台，如图 4.38 所示。

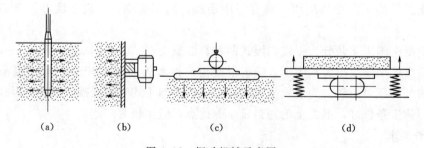

图 4.38　振动机械示意图

(a) 内部振动器；(b) 外部振动器；(c) 表面振动器；(d) 振动台

（1）内部振动器。

内部振动器也称插入式振动器，它是由电动机、传动装置和振动棒 3 部分组成，工作时依靠振动棒插入混凝土产生振动力而捣实混凝土。插入式振动器是建筑工程应用最广泛的一种，常用以振实梁、柱、墙等平面尺寸较小而深度较大的构件和体积较大的混凝土。

根据振动棒激振的原理，内部振动器有偏心轴式和行星滚锥式（简称行星式）两种。行星滚锥式内部振动器是利用振动棒中一端空悬的转轴，它旋转时，其下垂端圆锥部分沿棒壳内圆锥面滚动，形成滚动体的行星运动而驱动棒体产生圆振动。图 4.39 为电动软轴行星式内部振动器。

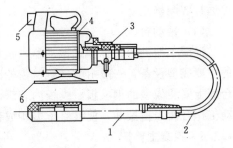

使用前，应首先检查各部件是否完好，各连接处是否紧固，电动机是否绝缘，电源电压和频率是否符合规定，待一切合格后，方可接通电源进行试运转。

振捣时，要做到"快插慢拔"。快插是为了防止将表层混凝土先振实，与下层混凝土发生分层、离析现象；慢拔是为了使混凝土能填埋振动棒的空隙，防止产生孔洞。

图 4.39　电动软轴行星式内部振动器
1—振动棒；2—软轴；3—防逆装置；
4—电动机；5—电器开关；6—底座

作业时，要使振动棒自然沉入混凝土中，不可用力猛插，一般应垂直插入，并插至尚未初凝的下层混凝土中 50～100mm，以利于上下混凝土层相互结合。

振动棒插点要均匀排列，可采用"行列式"或"交错式"的次序移动，两个插点的间距不宜大于振动棒有效作用半径的 1.5 倍，如图 4.40 所示。

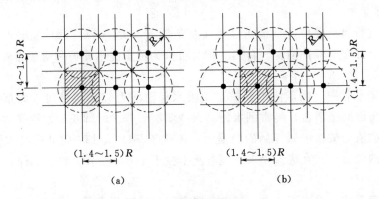

图 4.40　振动棒插点的分布图
(a) 行列式；(b) 交错式

振动棒在混凝土内的振捣时间，一般每个插点 20～30s，见到混凝土不再显著下沉，不再出现气泡，表面泛出的水泥浆均匀为止。由于振动棒下部振幅比上部大，为使混凝土振捣均匀，振捣时应将振动棒上下抽动 5～10cm，每插点抽动 3～4 次。振动棒与模板的距离不得大于其有效作用半径的 0.5 倍，并要避免触及钢筋、模板、芯管、预埋件等，更不能采取通过振动钢筋的方法来促使混凝土振实。振动器软管的弯曲半径不得小于 50cm，并且不得多于两个弯。软管不得有断裂、死弯现象。

（2）表面振动器。

表面振动器又称平板振动器，它由带偏心块的电动机和平板（木板或钢板）等组成。其作用深度较小，多用在混凝土表面进行振捣，适用于楼板、地面、道路、桥面等薄型水平构件。

（3）外部振动器。

外部振动器又称附着式振动器，它通过螺栓或夹钳等固定在模板外部，通过模板将振动传给混凝土拌和物，因而模板应有足够的刚度。它适用于振捣断面小且钢筋密的构件，如薄腹梁、箱形桥面梁等以及地下密封的结构，无法采用插入式振捣器的场合。其有效作用范围可通过实测确定。

（4）振动台。

混凝土振动台又称台式振动器，是一个支撑在弹性支座上的工作平台，是混凝土预制厂的主要成型设备，一般由电动机、齿轮同步器、工作台面、振动子、支撑弹簧等部分组成。台面上安装成型的钢模板，模板内装满混凝土，当振动机构运转时，在振动子的作用下，带动工作台面强迫振动，使混凝土振实成型。

4.3.6 混凝土养护

混凝土养护是为混凝土的水泥水化、凝固提供必要的条件，包括时间、温度、湿度三个方面，保证混凝土在规定的时间内，获取预期的性能指标。混凝土浇捣后，之所以能逐渐凝结硬化，是因为水泥水化作用的结果，而水化作用则需要适当的温度和湿度条件。混凝土养护的方法有自然养护和人工养护两大类。自然养护简单，费用低，是混凝土施工的首选方法。人工养护方法常用于混凝土冬期施工或大型混凝土预制厂，这类养护方法需要一定的设备条件，相对而言，其施工费用较高。此处只介绍混凝土的自然养护。

4.3.6.1 自然养护

对混凝土进行自然养护，是指在自然气温条件下（大于5℃），对混凝土采取覆盖、浇水湿润、挡风、保温等养护措施。自然养护又可分为覆盖浇水养护和薄膜布养护、薄膜养生液养护等。

（1）覆盖浇水养护。覆盖浇水养护是用吸水保温能力较强的材料（如草帘、芦席、麻袋、锯末等）将混凝土覆盖，经常洒水使其保持湿润。养护时间长短取决于水泥品种，普通硅酸盐水泥和矿渣硅酸盐水泥拌制的混凝土，不少于7d；火山灰质硅酸盐水泥和粉煤灰硅酸盐水泥拌制的混凝土或有抗渗要求的混凝土不少于14d。浇水次数以能保持混凝土足够润湿为宜。

（2）薄膜布养护。采用不透水、气的薄膜布（如塑料薄膜布）养护，是用薄膜布把混凝土表面敞露的部分全部严密地覆盖起来，保证混凝土在不失水的情况下得到充足的养护。这种养护方法的优点是不必浇水，操作方便，能重复使用，能提高混凝土的早期强度，加速模具的周转。但应该保持薄膜布内的凝结水。

（3）薄膜养生液养护。混凝土的表面不便浇水或用塑料薄膜布养护有困难时，可采用涂刷薄膜养生液，以防止混凝土内部水分蒸发的方法。薄膜养生液养护是将可成膜的溶液喷洒在混凝土表面上，溶液挥发后在混凝土表面凝结成一层薄膜，使混凝土表面与空气隔绝，使混凝土中的水分不再被蒸发，而完成水化作用。这种养护方法一般适用于表面积大的混凝土施工和缺水地区，但应注意薄膜的保护。

4.3.6.2 蒸汽养护

蒸汽养护就是将构件放在充有饱和蒸汽或蒸汽空气混合物的养护室内，在较高的温度和相对湿度的环境中进行养护，以加速混凝土的硬化。

蒸汽养护过程分为静停、升温、恒温、降温四个阶段。蒸汽养护主要用于生产预制构件。

4.3.7 混凝土的质量检查

4.3.7.1 混凝土的取样与试验

1. 混凝土的取样

（1）混凝土的取样，宜根据本标准规定的检验评定方法要求制定检验批的划分方案和相应的取样计划。

（2）混凝土强度试样应在混凝土的浇筑地点随机抽取。

（3）试件的取样频率和数量应符合下列规定：

a. 每 100 盘，但不超过 100m³ 的同配合比混凝土，取样次数不应少于一次。

b. 每一工作班拌制的同配合比混凝土，不足 100 盘和 100m³ 时，其取样次数不应少于一次。

c. 当一次连续浇筑的同配合比混凝土超过 1000m³ 时，每 200m³ 取样不应少于一次。

d. 对房屋建筑，每一楼层、同一配合比的混凝土，取样不应少于一次。

2. 混凝土试件的制作与养护

（1）每次取样应至少制作一组标准养护试件。

（2）每组 3 个试件应由同一盘或同一车的混凝土中取样制作。

（3）检验评定混凝土强度用的混凝土试件，其成型方法及标准养护条件应符合现行国家标准《普通混凝土力学性能试验方法标准》（GB/T 50081）的规定。

（4）采用蒸汽养护的构件，其试件应先随构件同条件养护，然后应置入标准养护条件下继续养护，两段养护时间的总和应为设计规定龄期。

3. 混凝土试件的试验

（1）混凝土试件的立方体抗压强度试验应根据现行国家标准《普通混凝土力学性能试验方法标准》（GB/T 50081）的规定执行。每组混凝土试件强度代表值的确定，应符合下列规定：

a. 取 3 个试件强度的算术平均值作为每组试件的强度代表值；

b. 当一组试件中强度的最大值或最小值与中间值之差超过中间值的 15% 时，取中间值作为该组试件的强度代表值；

c. 当一组试件中强度的最大值和最小值与中间值之差均超过中间值的 15% 时，该组试件的强度不应作为评定的依据。

注：对掺矿物掺和料的混凝土进行强度评定时，可根据设计规定，可采用大于 28d 龄期的混凝土强度。

（2）当采用非标准尺寸试件时，应将其抗压强度乘以尺寸折算系数，折算成边长为 150mm 的标准尺寸试件抗压强度。尺寸折算系数按下列规定采用：

a. 当混凝土强度等级低于 C60 时，对边长为 100mm 的立方体试件取 0.95，对边长为 200mm 的立方体试件取 1.05；

b. 当混凝土强度等级不低于 C60 时，宜采用标准尺寸试件；使用非标准尺寸试件时，尺寸折算系数应由试验确定，其试件数量不应少于 30 对组。

4.3.7.2 混凝土强度的检验评定

混凝土强度的检验评定有统计方法评定和非统计方法评定法。对评定为不合格批的混凝土，可按国家现行的有关标准进行处理。

4.3.8 混凝土常见的质量问题与防治措施

4.3.8.1 混凝土常见的质量问题

1. 麻面

麻面是结构构件表面上呈现无数的小凹点，而无钢筋暴露现象。这一类问题一般是由于模板润湿不够，不严密，捣固时发生漏浆，或振捣不足，气泡未排出，以及捣固后没有很好养护而产生。

2. 露筋

露筋是钢筋暴露在混凝土外面。产生的主要原因是混凝土浇筑时垫块位移，钢筋紧贴模板，混凝土保护层厚度不够，或因缺边、掉角所致。

3. 蜂窝

蜂窝是结构构件中形成有蜂窝状的窟窿，骨料间有空隙存在。这种现象主要是由于配合比不准确，砂少石多，或搅拌不匀、浇筑方法不当、振捣不合理，造成分层离析，或因模板严重漏浆等原因存在。

4. 孔洞

孔洞是指混凝土结构内存在着空隙，局部地或全部地没有混凝土。这主要是由于混凝土捣空，砂浆严重分离，石子成堆，砂子和水泥分离而产生，或混凝土受冻，泥块杂物掺入等所致。

5. 裂缝

结构构件产生裂缝的原因比较复杂，有温度裂缝、干缩裂缝和外力引起的裂缝。原因主要有模板局部沉陷，拆模时受到剧烈振动，温差过大，养护不良，水分蒸发过快等。

6. 缝隙与夹层

缝隙与夹层是将结构分隔成几个不相连的部分。产生的原因主要是因施工缝、温度缝和收缩缝处理不当以及混凝土中含有垃圾杂物所致。

7. 缺棱掉角

缺棱掉角是指构件角边上的混凝土局部残损掉落。产生的主要原因是混凝土浇筑前模板未充分湿润，使棱角处混凝土中水分被模板吸去，水分不充分，强度降低，拆模时棱角损坏；另外，拆模过早或拆模后保护不好也会造成棱角损坏。

8. 混凝土强度不足

产生混凝土强度不足的原因主要由于混凝土配合比设计、搅拌、现场浇筑和养护等方面造成的。

（1）配合比设计方面：有时不能及时测定水泥的实际活性，影响了混凝土配合比设计的正确性；另外套用混凝土配合比时选用不当；外加剂用量控制不准，都可能导致混凝土强度不足。

（2）搅拌方面：任意增加用水量；配合比以重量投料，称量不准；搅拌时颠倒投料顺序及搅拌时间过短等，造成搅拌不均匀，导致混凝土强度降低。

（3）现场浇筑方面：主要是施工中振捣不实及发现混凝土有离析现象时，未能及时采取有效措施来纠正。

（4）养护方面：主要是不按规定的方法、时间，对混凝土进行养护，以致造成混凝土强度降低。

4.3.8.2　混凝土质量缺陷的防治和处理

1. 表面抹浆修补

对于数量不多的小蜂窝、麻面、露筋、露石的混凝土表面，主要是保护钢筋和混凝土不受侵蚀，可用 1∶2～1∶2.5 水泥砂浆抹面修整。在抹砂浆前，须用钢丝刷或加压力的水清洗湿润，抹浆初凝后要加强养护工作。

对结构构件承载能力无影响的细小裂缝，可将裂缝加以冲洗，用水泥浆抹补。如果裂缝开裂较深时，应将裂缝附近的混凝土表面凿毛，或沿裂缝方向凿成深为 15～20mm、宽为 100～200mm 的 V 形凹槽，扫净并洒水湿润，先刷水泥净浆一层，然后用 1∶2～1∶2.5 水泥砂浆分 2 层～3 层涂抹，总厚度控制为 10～20mm，并压实抹光。

2. 细石混凝土填补

当蜂窝比较严重或露筋较深时，应除掉附近不密实的混凝土和突出的骨料颗粒，用清水洗刷干净并充分润湿后，再用比原来强度等级高一级的细石混凝土填补并仔细捣实。对孔洞事故的补强，可在旧混凝土表面采用处理施工缝的方法处理，将孔洞处疏松的混凝土和突出的石子剔凿掉，孔洞顶部要凿成斜面，以免形成死角，然后用水刷洗干净，保持湿润 72h 后，用比原混凝土强度等级高一级的细石混凝土捣实。混凝土的水灰比宜控制在 0.5 以内，并掺入水泥用量万分之一的铝粉，分层捣实。以免新旧混凝土接触面上出现裂缝。

3. 水泥灌浆与化学灌浆

对于影响结构承载力，或者防水、防渗性能的裂缝，为恢复结构的整体性和抗渗性，应根据裂缝的宽度、性质和施工条件等，采用水泥灌浆或化学灌浆的方法予以修补。

一般对宽度大于 0.5mm 的裂缝，可采用水泥灌浆；宽度小于 0.5mm 的裂缝，宜采用化学灌浆。化学灌浆所用的灌浆材料，应根据裂缝的性质、缝宽和干燥情况选用。作为补强用的灌浆材料，常用的有环氧树脂浆液（能修补缝宽 0.2mm 以上的干燥裂缝）和甲凝（能修补缝宽 0.05mm 以上的干燥细微裂缝）等。作为防渗堵漏用的灌浆材料，常用的有丙凝（能灌入 0.01mm 以上的裂缝）和聚氨酯（能灌入 0.015mm 以上的裂缝）。

4.4　钢筋混凝土工程的安全技术

在现场安装模板时，所用工具应装在工具包内，当上下交叉作业时，应戴安全帽。垂直运输模板或其他材料，应有统一指挥，统一信号。拆模时有专人负责安全监督，或设立警戒标志。高空作业人员应经过体格检查，不合格者不得进行高空作业。高空作业应穿防滑鞋，拴好安全带。模板在安全系统未钉牢固之前，不得上下；未安装好的梁底板或挑檐等模板的安装与拆除必须有可靠的技术措施，确保安全。非拆模人员不准在拆模范围内通行。拆除后的模板的朝天钉应向下，并及时运到指定地点堆放，然后拔除钉子，分类堆放整齐。

在高空绑扎和安装钢筋，须注意不要将钢筋集中堆放在模板或脚手架的某一部位，以确保安全，特别是悬臂构件，更要检查支架是否牢靠。在脚手架上不要随便放置工具、箍筋或短钢筋，避免放置不稳滑下伤人。焊或扎结竖向放置的钢筋骨架时，不得站在已绑扎或焊接好的箍筋上工作。搬运钢筋的工人须戴帆布垫肩、围裙及手套；除锈工人应戴口罩及风镜；电焊工应戴防护镜并穿工作服。300～500mm 的钢筋短头禁止用机器切割，吊装高处的钢筋骨架时，在高空作业的工人应拴好安全带并穿防滑鞋。在有电线通过的地方安装钢筋时，必须特别小心谨慎，勿使钢筋碰着电线。

在进行混凝土施工前，应仔细检查脚手架，工作台和马道是否绑扎牢固，如有空头板应及时搭好，脚手架应设保护栏杆。运输马道宽度：单行道应比手推车的宽度大 400mm 以上；双行道应比两车宽度大 700mm 以上，搅拌机、卷扬机、皮带运输和振动器等接电要安全可靠，绝缘接地装置良好，并应进行试运转。搅拌台上操作人员应戴口罩，搬运水泥工人应戴口罩和手套，有风时戴好防风眼镜，搅拌机应由专人操作，中途发生事故，应立即切断电源进行修理。运转时不得将铁锹伸入搅拌筒内卸料；其外露装置应加保护罩。在井字架和拔杆运输时，应设专人指挥，井字架上卸料人员不能将头或脚伸入井字架内，在起吊时禁止在拔杆下站人。振动器操作人员必须穿胶鞋，振动器必须设专门防护性接地装置，避免火线漏电发生危险，夜间施工应有足够的照明，深坑和潮湿地点施工，应使用 36V 以下低压安全照明。

4.4.1　混凝土工程绿色施工

绿色施工是指在保证质量、安全等基本要求的前提下，通过科学管理和技术进步，最大限度地节约资源，减少对环境负面影响，实现"四节一环保"（节能、节材、节水、节地和环境保护）的建筑工程施工活动。

绿色施工是建筑全寿命周期中的一个重要阶段。实施绿色施工，应进行总体方案优化，编制绿色施工方案。绿色施工方案主要包括：环境保护措施、节材措施、节水措施、节能措施和节地措施。针对目前工程结构物多为混凝土结构工程，故本节主要介绍混凝土工程的绿色施工问题。

4.4.1.1　钢筋工程

（1）施工现场设置废钢筋池，收集现场钢筋断料、废料等制作钢筋马凳。

（2）委派专人对现场的钢筋环箍、马凳进行收集，避免出现浪费现象。

（3）严格控制钢筋绑扎搭界倍数，杜绝钢筋搭界过长产生的钢筋浪费现象。

（4）推广钢筋专业化加工和配送。

（5）优化钢筋配料和下料方案。钢筋及钢结构制作前应对下料单及样品进行复核，无误后方可批量下料。

4.4.1.2　脚手架及模板工程

（1）围护阶段的支撑施工宜采用旧模板。

（2）主体阶段利用钢模代替原有的部分木模板。

（3）结构阶段宜尽量采用短方木再接长的施工工艺。

（4）提高模板在标准层阶段的周转次数，其中模板周转次数一般为 4 次，方木周转次数为 6～7 次。

（5）利用废旧模板，结构部位的洞口可采用废旧模板封闭。

（6）优先选用制作、安装、拆除一体化的专业队伍进行模板工程施工。

（7）模板应以节约自然资源为原则，推广使用定型钢模、钢框竹模、竹胶扳。

（8）施工前应对模板工程的方案进行优化。多层、高层建筑使用可重复利用的模板体系，模板支撑宜采用工具式支撑。

（9）优化高层建筑的外脚手架方案，采用整体提升、分段悬挑等方案。

4.4.1.3 混凝土工程

(1) 在混凝土配制过程中尽量使用工业废渣，如粉煤灰、高炉矿渣等，来代替水泥，既节约了能源，保护环境，也能提高混凝土的各种性能。

(2) 可以使用废弃混凝土、废砖块、废砂浆作为骨料配制混凝土。

(3) 利用废混凝土制备再生水泥，作为配制混凝土的材料。

(4) 采取数字化技术，对大体积混凝土、大跨度结构等专项施工方案进行优化。

(5) 准确计算采购数量、供应频率、施工速度等．在施工过程中动态控制。

(6) 对现场模板的尺寸、质量复核、防上爆模、漏浆及模板尺寸大而产生的混凝土浪费。在钢筋上焊接标志筋，控制混凝土的面标高。

(7) 混凝土余料利用。结构混凝土多余的量用于浇捣现场道路、排水沟、混凝土整块及砌体工程门窗混凝土块。

思 考 题

1. 模板的种类有哪些？各种模板有何特点？

2. 定型组合钢模板由哪些部件组成？如何进行定型组合钢模板的配板设计？

3. 钢筋冷拉后为什么能节约钢材？冷拉后为什么需要时效？

4. 钢筋接头连接方式有哪些？各有什么特点？

5. 钢筋在什么情况下可以代换？钢筋代换应注意哪些问题？

6. 何谓"量度差值"？如何计算？

7. 为什么要进行施工配合比换算？如何进行换算？

8. 何谓造壳混凝土？造壳混凝土如何拌制？

9. 试述混凝土结构施工缝的留设原则、留设位置和处理方法。

10. 混凝土振捣机械按其工作方式分为哪几种？各适用于振捣哪些构件？

11. 为什么混凝土浇筑后要进行养护？

12. 如何进行混凝土工程的质量检查？

13. 喷射混凝土在建筑工程中有哪些用途？

14. 混凝土工程中常见的质量事故，主要有哪些现象？如何防治？

习 题

一、填空题

1. 采取控制_____及_____的双控制方法，才能有效避免混凝土表面温度裂缝的产生。

2. 振实混凝土有_____和_____两种振捣方式。

3. 水泥的水化要有一定的_____和_____条件，_____的高低主要影响水泥水化的速度、湿度条件严重影响水泥的_____。

4. 自然养护是指在浇筑混凝土的当时当地自然条件下采取_____防风、_____防冻、_____等措施的养护方法。

5. 自然养护通常在混凝土浇筑完毕后_____开始，洒水养护时气温应不低于_____。

6. 混凝土搅拌运输车运送混凝土时，可采用的工作方式有_____和_____。

7. 混凝土强度增长的速度在湿度一定时。就取决于_____的变化。

8. 冬期施工时，一般把遭受冻结混凝土后期抗压强度损失在5%以内的预养强度值定义为_____。

9. 经过试验得知，混凝土受冻临界强度与_____、_____有关。

10. 我国规定混凝土搅拌机容量以_____标定规格。

11. 在混凝土制备过程中，_____对混凝土强度起决定作用。

12. 模板拆除的一般顺序是：_____、梁侧模及_____。

13. 钢筋按轧制外形可分为_____和_____两类。按化学成分分为_____、_____、_____和普通低合金钢，_____的强度高，塑性和韧性差，不适用于建筑工程。

14. 钢筋按强度分为_____个等级，级别越高，强度越高。_____越低。

15. 钢筋外包尺寸和中心线长度之间的差值称为_____。

16. 水泥及外加剂的配料精度允许范围是_____，粗细骨料配料偏差允许范围是_____。

17. 混凝土搅拌时间过短，混凝土_____、_____降低、搅拌时间过长，反而降低_____。因此，搅拌时间不应超过规定时间的_____倍。轻骨料及掺外加剂的混凝土均应_____搅拌时间。

18. 搅拌混凝土时，常用投料方法有_____和二次投料法，二次投料法有_____、_____和_____法，其中采用_____法拌制的混凝土强度最高。

19. 混凝土运输分为水平运输和_____运输，水平运输有手推车及机动翻斗车运输等。

20. 泵送混凝土所用骨料以_____和_____最合适，_____最大粒径不超过输送管径的1/4，_____最大粒径不超过输送管径的1/3。

21. 钢筋工程属_____工程，在浇筑混凝土前应对钢筋及_____进行检查验收，并做好_____工程记录。

二、单选题

1. 当混凝土凝固的强度达到设计强度的（　　）时，3m板的底模板即可拆除。

A. 75%　　　　　　　B. 85%　　　　　　　C. 50%　　　　　　　D. 100%

2. 按混凝土的强度等级分，（　　）及其以下为普通混凝土。

A. C40　　　　　　　B. C60　　　　　　　C. C50　　　　　　　D. C30

3. 浇筑混凝土的施工缝应留在结构（　　）部位。

A. 受剪力较小且施工方便的　　　　　　B. 受力偏大且施工方便的

C. 受力较小且施工方便的　　　　　　　D. 受弯矩较小且施工方便的

4. 送检的混凝土试块应采用（　　）养护。

A. 蒸汽养护的标准试件

B. 自然养护的非标准试件

C. 在温度为 20℃±3℃和相对湿度为 90％以上的潮湿环境中经 28 天

D. 标准试件，自然养护

5. 对钢筋的冷拉，其变形为（　　）。

A. 弹性变形　　　　　　　　　　　　B. 塑性变形

C. 弹塑性变形　　　　　　　　　　　D. 塑性变形为主，弹性变形为辅

6. 某梁的跨度为 6m，采用钢模板、钢支柱支模时，其跨中起拱高度可为（　　）。

A. 1mm　　　　　B. 2mm　　　　　C. 4mm　　　　　D. 8mm

7. 跨度为 6m、混凝土强度为 C30 的现浇混凝土板，当混凝土强度至少应达到（　　）时方可拆除模板。

A. 15N/mm²　　　　B. 21N/mm²　　　　C. 22.5N/mm²　　　　D. 30N/mm²

8. 冷拉后的 HPB235 钢筋不得用作（　　）。

A. 梁的箍筋　　　B. 预应力钢筋　　　C. 构件吊环　　　D. 柱的主筋

9. 某梁纵向受力钢筋为 5 根直径为 20mm 的 HRB335 级钢筋（抗拉强度为 300N/mm²），现在拟用直径为 25mm 的 HPB235 级钢筋（抗拉强度为 210N/mm²）代换，所需钢筋根数为（　　）。

A. 3 根　　　　　B. 4 根　　　　　C. 5 根　　　　　D. 6 根

10. 某梁宽度为 250mm，纵向受力钢筋为一排 4 根直径为 20mm 的 HRB335 级钢筋，钢筋净间距为（　　）。

A. 20mm　　　　B. 30mm　　　　C. 40mm　　　　D. 50mm

11. 浇筑柱子混凝土时，其根部应先浇（　　）。

A. 5～10mm 厚水泥浆　　　　　　　　B. 5～10mm 厚水泥砂浆

C. 50～100mm 厚水泥砂浆　　　　　　D. 500mm 厚石子增加一倍的混凝土

12. 浇筑混凝土时，为了避免混凝土产生离析，自由倾落高度不应超过（　　）。

A. 1.5m　　　　　B. 2.0m　　　　　C. 2.5m　　　　　D. 3.0m

13. 当混凝土浇筑高度超过（　　）时，应采取串筒、溜槽或振动串筒下落。

A. 2m　　　　　B. 3m　　　　　C. 4m　　　　　D. 5m

14. 某 C25 混凝土在 30℃时初凝时间为 210min，若混凝土运输时间为 60min，则混凝土浇筑和间歇的最长时间应是（　　）。

A. 120min　　　　B. 150min　　　　C. 180min　　　　D. 90min

15. 下列砂率适合泵送混凝土配料的是（　　）。

A. 25％　　　　　B. 30％　　　　　C. 45％　　　　　D. 60％

16. 泵送混凝土的最小水泥用量为（　　）。

A. 350kg/m³　　　　B. 320kg/m³　　　　C. 300kg/m³　　　　D. 290kg/m³

17. 泵送混凝土的碎石粗骨料最大粒径 d 与输送管内径 D 之比应（　　）。

A. 小于 1/3　　　B. 大于 0.5　　　C. 小于等于 2.5　　　D. 小于等于 1/3

18. 以下坍落度数值中，适宜泵送混凝土的是（　　）。

A. 70mm　　　　B. 100mm　　　　C. 200mm　　　　D. 250mm

19. 硅酸盐水泥拌制的混凝土养护时间不的少于（　　）。

A. 14d　　　　　B. 21d　　　　　C. 7d　　　　　D. 28d

20. 蒸汽养护的混凝土构件出池后，表面温度于外界温差不得大于（ ）。

A. 10℃   B. 20℃   C. 30℃   D. 40℃

21. 为防止蒸汽养护的混凝土构件表面产生裂缝，和疏松现象，必须在养护中设置（ ）。

A. 静停阶段   B. 升温阶段   C. 恒温阶段   D. 降温阶段

22. 混凝土蒸汽的恒温养护时间一般为 3～8h，降温速度不得超过（ ）。

A. 10℃/h   B. 20℃/h   C. 15℃/h   D. 5℃/h

23. 当混凝土厚度不大而面积很大时。宜采用（ ）方法进行浇筑。

A. 全面分层   B. 分段分层   C. 斜面分层   D. 局部分层

24. 火山灰水泥拌制的大体积混凝土养护的时间不得少于（ ）。

A. 7d   B. 14d   C. 21d   D. 28d

25. 在梁板柱等结构的接缝和施工缝出产生烂根的原因之一是（ ）。

A. 混凝土强度偏低   B. 养护时间不足

C. 配筋不足   D. 接缝出模板拼缝不严，漏浆

三、多选题

1. 以下各种情况中可能引起混凝土离析的是（ ）。

A. 混凝土自由下落高度为 3m   B. 混凝土温度过高

C. 振捣时间过长   D. 运输道路不平

E. 振捣棒慢插快拨

2. 钢筋混凝土结构的施工缝宜留置在（ ）。

A. 剪力较小位置   B. 便于施工的位置

C. 弯矩较小的位置   D. 两构件接点处

E. 剪力较大位置

3. 混凝土质量缺陷的处理方法有（ ）。

A. 表面抹浆修补   B. 敲掉重新浇筑混凝土

C. 细石混凝土填补   D. 水泥灌浆

E. 化学灌浆

4. 模板及支架应具有足够的（ ）。

A. 刚度   B. 强度   C. 稳定性   D. 密闭性

E. 湿度

5. 模板的拆除顺序一般是（ ）。

A. 先支的先拆   B. 先支的后拆

C. 后支的先拆   D. 后支的后拆

E. 先拆板模后拆柱模

6. 混凝土振捣密实，施工现场判断经验是（ ）。

A. 2 分钟   B. 混凝土不再下沉

C. 表面泛浆   D. 无气泡逸出

E. 混凝土出现初凝现象

7. 防止混凝土产生温度裂纹的措施是（ ）。

A. 控制温度差   B. 减少边界约束作用

C. 改善混凝土抗裂性能   D. 改进设计构造

E. 预留施工缝

8. 与钢筋焊接质量有关的因素是（   ）。

A. 钢材焊接性   B. 钢筋直径

C. 钢筋级别   D. 搭接长度

E. 焊接工艺

9. 滑升模板的装置主要组成部分有（   ）。

A. 模板系统   B. 操作平台系统

C. 爬升设备   D. 提升系统

E. 施工精度控制系统

10. 下列各种因素会增加泵送阻力的是（   ）。

A. 水泥含量少   B. 坍落度低

C. 碎石粒径较大   D. 砂率低

E. 粗骨料中卵石多

11. 在施工缝处继续浇筑混凝土时，应先做到（   ）。

A. 清除混凝土表面疏松物质及松动石头

B. 将施工缝处冲洗干净，不得积水

C. 已浇筑混凝土强度达到 $1.2N/mm^2$

D. 已浇筑混凝土强度达到 $2.5N/mm^2$

E. 已浇筑混凝土强度达到 $1.2MPa$。

12. 二次投料法与一次投料法相比，所有的优点是（   ）。

A. 混凝土不易产生离析   B. 强度提高

C. 节约水泥   D. 生产效率高

E. 施工性好

13. 在混凝土浇筑时，要求做好（   ）。

A. 防止离析   B. 不留施工缝

C. 正确留置施工缝   D. 分层浇筑

E. 连续浇筑

14. 大体积钢筋混凝土结构浇筑方案有（   ）。

A. 全面分层   B. 分段分层   C. 留施工缝   D. 局部分层

E. 斜面分层

15. 在混凝土养护过程中，水泥水化需要的条件是合适的（   ）。

A. 标号   B. 场地   C. 湿度   D. 压力

E. 温度

16. 自然养护的方法有（   ）。

A. 洒水   B. 喷洒过氯乙烯树脂塑料溶液

C. 涂隔离剂   D. 用土回填

E. 涂刷沥青乳液

17. 在冬季施工时，混凝土养护方法有（　　　）。

A. 洒水法   B. 涂刷沥青乳液法

C. 蓄热法   D. 加热法

E. 掺外加剂法

四、计算题

1. 某结构有 5 根 L_1 梁，每根梁配筋如下图所示，试编制这 5 根 L_1 梁的钢筋配料单。

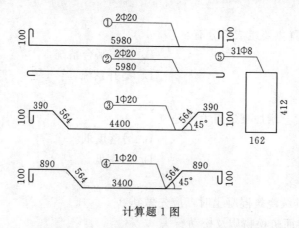

计算题 1 图

2. 某梁设计主筋为 3 根 HRB335 级直径 20mm 钢筋，今现场无 HRB3335 级钢筋，拟用 HPB300 级直径 25mm 的钢筋代换，试计算需几根钢筋？若用 HPB300 级直径 20mm 的钢筋代换，当梁宽为 300mm 时，钢筋按一排布置能排下吗？

3. 设混凝土水灰比为 0.56，已知设计配合比为水泥∶砂∶石子 ＝ 260kg∶650kg∶1380kg，现测得工地砂含水率为 3％，石子含水率为 1％，试计算施工配合比。若搅拌机的装料容积为 400L，每次搅拌所需材料又是多少？

第5章 预应力混凝土

【本章要点】

　　本章主要阐述了预应力混凝土的基本概念以及先张法、后张法的施工工艺流程，并介绍了无黏结预应力混凝土工艺和预应力混凝土框架结构的施工及预应力混凝土质量要求与安全技术。

【学习要求】

　　要求了解先张法施工台座、夹具、张拉机械；后张法施工描具、施工工艺，预应力筋制作等。掌握预应力混凝土工程的概念和分类，掌握先张法、后张法的生产工艺流程及操作要点，掌握无黏结预应力技术。了解预应力混凝土框架结构的施工，了解预应力混凝土质量要求与安全措施。

5.1 概　　述

5.1.1 预应力混凝土的基本概念

　　预应力是预加应力的简称，它是近几十年发展起来的一门技术。然而人们对预加应力原理的应用却由来已久，在日常生活中稍加注意就会找到一些熟悉的例子。如中国古代的工匠早就运用预应力的原理来制作木桶，木桶的环向预压应力通过套紧竹箍的方法产生。只要水对桶壁产生的环向拉应力不超过环向预压应力，则桶壁木板之间将始终保持受压的紧密状态，预压应力通过两端锚具传给构件混凝土，木桶就不会开裂和漏水。这种木桶的制造原理与现代预应力混凝土圆形水池的原理是完全一样的。这是利用预加应力来抵抗预期出现的拉应力的一个典型例子。

　　预应力结构可以定义为：在结构承受外荷载之前，预先对其在外荷载作用下的受拉区施加压应力，以改善结构使用性能的结构形式。由于预应力混凝土结构的截面小，刚度大，抗裂性和耐久性好，因此，预应力结构应用相当广泛。近年来，随着高强钢材和高强混凝土的出现，预应力混凝土施工工艺也得到了不断地发展和完善。

　　本章讨论预应力混凝土结构的有关施工问题。

　　在荷载作用下，当普通钢筋混凝土构件中受拉钢筋应力为 $20\sim30$ MPa 时，相应的拉应变为 $(1.0\sim1.5)\times10^{-4}$，这大致相当于混凝土的极限抗拉应变，此时，受拉混凝土可能会产生裂缝。但在正常使用荷载下，钢筋应力一般为 $150\sim200$ MPa，此时，受拉混凝土不仅早已开裂，而且裂缝已展开较大宽度，另外构件的挠度也会比较大。因此，为限制截面裂缝宽度，减小构件的挠度，往往需要对普通钢筋混凝土构件施加预应力。

　　对混凝土构件受拉区施加预压应力的方法，是通过预应力钢筋或锚具，将预应力钢筋的弹性收缩力传递到混凝土构件上，并产生预应力。预应力的作用可部分或全部抵消外荷载产生的拉应力，从而提高结构的抗裂性；对于在使用荷载下出现裂缝的构件，预应力也会起到减小裂缝宽度的作用。

预应力混凝土根据其预应力施加工艺的不同，可分为先张法和后张法两种。

先张法是指预应力钢筋的张拉在混凝土浇筑之前进行的一种施工工艺。它采用永久或临时台座在构件混凝土浇筑之前张拉预应力筋，待混凝土达到设计强度和龄期后，将施加在预应力筋上的拉力逐渐释放，在预应力筋回缩的过程中，利用其与混凝土之间的黏结力，对混凝土施加预压应力，如图 5.1 所示。

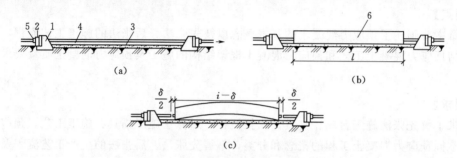

图 5.1　先张法生产示意图

（a）预应力筋张法；（b）混凝土浇筑和养护；（c）放张预应力筋

1—台座；2—横梁；3—台面；4—预应力筋；5—夹具；6—构件

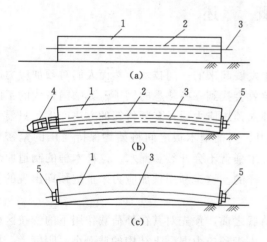

图 5.2　预应力混凝土后张法生产示意图

（a）制作混凝土构件；（b）拉钢筋；（c）锚固和孔道灌浆

1—混凝土构件；2—预留孔道；3—预应力筋；

4—千斤顶；5—锚具

后张法是指预应力钢筋的张拉在混凝土浇筑之后进行的一种施工工艺。它分为有黏结后张法和无黏结后张法两种。有黏结后张法施工是在混凝土构件中预设孔道，在混凝土的强度达到设计值后，在孔道内穿入预应力筋，以混凝土构件本身为支承张拉预应力筋，然后用特制锚具将预应力筋锚固形成永久预加力，最后在预应力筋孔道内压注水泥浆，并使预应力筋和混凝土黏结成整体。无黏结后张法不需在混凝土构件中留孔，而是将无黏结预应力钢筋与普通钢筋一起绑扎形成钢筋骨架，然后浇筑混凝土，待混凝土达到预期强度后张拉，形成无黏结预应力结构，如图 5.2 所示。

5.1.2　预应力混凝土的材料

预应力混凝土抗裂性的高低，取决于钢筋的预拉应力值。钢筋预拉力愈高，混凝土预压力愈大，构件的抗裂性就愈好。要建立较高的预应力，就必须具有高强度的钢筋和高强度的混凝土。所以，高强材料的提供，促使产生预应力混凝土，预应力混凝土的发展又对材料提出更高的要求。

5.1.2.1　对钢材的要求

（1）高强度。混凝土预应力的大小取决于钢筋（线）的张拉应力，而构件制作过程中将出现各种应力损失，钢材强度越高，损失率越小，经济效果也越高，因此当具备条件时，应尽量采用强度高的钢材作预应力筋。

（2）具有一定的塑性。钢筋切断时要具有一定的延伸率，当构件处于低温荷载下，更应注意塑性要求，否则可能发生脆性破坏。一般冷拉热轧钢筋的延伸率不小于6%，钢丝、钢绞线要求不小于4%。

（3）与混凝土有较好的黏结度。先张法构件（后张自锚构件在使用时）的预应力是靠钢筋和混凝土的黏结力来完成的。因此钢筋和混凝土的黏结度必须足够。如果用光面高强钢丝配丝时，表面应经"刻痕"或"压波"等措施处理方能使用。

（4）有良好的加工性能，如可焊性。钢筋经过"墩粗"（冷墩或热墩）后，不影响其原来的物理力学性能等。

目前，国内预应力混凝土结构常用的钢材可分为两类：钢丝和钢筋。钢筋可用冷拉Ⅱ级、Ⅲ级热轧钢筋或热处理钢筋，钢丝可用高强碳素钢丝或冷拔低碳钢丝等。

5.1.2.2　对混凝土的要求

（1）高强度。因为只有高强混凝土充分利用高强钢材，共同承受外力，从而可以减小构件的截面尺寸，减轻构件自重并节约原材料用量。

（2）收缩、徐变小，弹性模量高，有利于减少预应力损失。混凝土强度高了，抗拉、抗剪、黏结强度也都相应提高，从而提高抗裂能力。

（3）尽可能做到快硬、早强。因为只有快硬、早强才能尽早施加预应力，加快施工进度，提高台座或锚具的使用率。

当前国内预应力钢筋构件中所用混凝土的强度等级常为C40～C50，个别达到C60～C80，一般不低于C30。

5.1.3　预应力混凝土与钢筋混凝土的比较

预应力混凝土与普通钢筋混凝土相比，具有如下优点。

（1）提高了混凝土的抗裂度和刚度。因为预应力的作用增强了混凝土的抗拉能力，可以使混凝土不致过早地出现裂缝（推迟裂缝出现时间），同时还可以按照构件的特点，控制它在使用过程中不出现裂缝。由于预加应力作用，构件承受荷载后，向下弯的程度减小，提高了构件的刚度。

（2）增加构件的耐久性。预应力钢筋混凝土可避免构件出现裂缝，构件内的钢筋就不容易锈蚀，因而相应地延长了构件的使用年限。

（3）节约材料。预应力钢筋混凝土可以合理地应用高强度钢材，所以钢材和混凝土用料都能相应地减少。

（4）减轻构件自重。由于采用了高强材料，构件截面尺寸相应减小，自重也就减轻了。

（5）扩大了高、大、重型结构的预置装配化程度。

（6）抗疲劳性能优于钢筋混凝土。因在反复荷载作用下，预应力筋的应力波动幅度小。尽管预应力混凝土有上述优点，但也带来了另一方面的问题，就是制作构件时增加了张拉工序、灌浆机具以及锚固装置等专用设备，同时制作技术也比钢筋混凝土复杂得多。

所以跨度较小的梁和板，不承受拉力的拱与柱子等就不适宜采用预应力结构。因此，不是在任何场合都可以用预应力混凝土来代替普通钢筋混凝土的，两者各有合理应用范围。

缺点是构件制作过程增加了张拉工序，并需要专用的张拉设备、锚具夹、台座等。

5.2 先 张 法 施 工

先张法施工是在浇筑混凝土之前,先将预应力筋张拉到设计的控制应力值,并用夹具将预先张拉的预应力钢筋临时固定在台座或模板上,然后浇筑混凝土。待混凝土达到规定强度(一般不低于混凝土设计强度标准值的 75%),保证预应力筋与混凝土有足够的黏结力时,放张或切断预应力筋,借助于混凝土与预应力筋之间的黏结,对混凝土产生预压应力,如图 5.1 所示。

先张法生产可采用台座法和机组流水法。先张法施工工艺流程如图 5.3 所示。

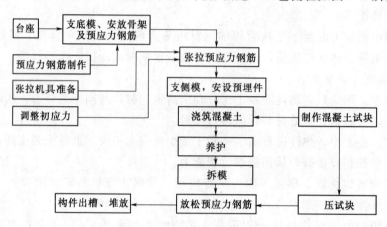

图 5.3 先张法施工工艺流程

先张法采用台座法生产时,预应力筋的张拉、锚固,混凝土构件的浇筑、养护和预应力筋放张等工序皆在台座上进行,预应力筋的张拉力由台座承受。用机组流水法和传送带法生产时,预应力筋的拉力由钢模承受。先张法适用于生产定型的中小型构件,如空心板、屋面板、吊车梁、檩条等。

5.2.1 先张法施工设备

5.2.1.1 台座

台座是先张法生产的主要设备之一,它承受预应力筋的全部张拉力。因此,台座应具有足够的强度、刚度和稳定性。

台座构造型式有墩式台座、槽式台座等。选用时根据构件种类、张拉力的大小和施工条件而定。

(1)墩式台座。生产空心板、平板等平面布筋的混凝土构件时,由于张拉力不大,可利用简易墩式台座,如图 5.4 所示。

生产中型构件或多层叠浇构件,如图 5.5 所示的墩式台座,台座局部加厚,以承受部分张拉力。

台座的长度和宽度应根据场地大小、构件类型和产量而定,一般长度为 $100\sim150\mathrm{m}$,宽度为 2m。在台座的端部应留出张拉操作用地和通道,两侧要有构件运输和堆放的场地。墩式台座是由承力台墩、台面、横梁组成。目前常用的是用现浇钢筋混凝土制成的、由承力台墩与台面共同受力的台座。

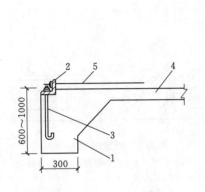

图 5.4 简易墩式台座（单位：mm）
1—卧梁；2—角钢；3—预埋螺栓；
4—混凝土台面；5—预应力钢丝

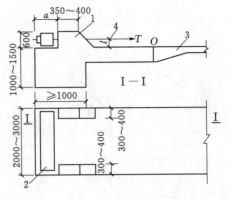

图 5.5 墩式台座（单位：mm）
1—混凝土墩；2—钢横梁；3—局部
加厚的台面；4—预应力筋

承力台墩设计时，应进行稳定性和强度验算。稳定性指台座的抗倾覆能力和抗滑移能力。抗倾覆验算的抗倾覆安全系数≥1.5，抗滑移安全系数应≥1.3。

（2）槽式台座。槽式台座由端柱、传力柱、柱垫、横梁和台面等组成，既可承受张拉力，又可作蒸汽养护槽，适用于张拉力较大的大型构件，如吊车梁、屋架等。槽式台座构造如图 5.6 所示。

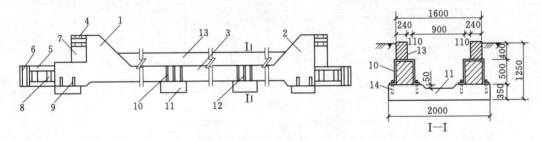

图 5.6 槽式台座构造示意图
1—张拉端柱；2—锚固端柱；3—中间传力柱；4—上横梁；5—下横梁；6—横梁；7、8—垫块；
9—连接板；10—卡环；11—基础板；12—砂浆嵌缝；13—砖墙；14—螺栓

槽式台座亦需进行强度和稳定性计算。端柱和传力柱的强度按钢筋混凝土结构偏心受压构件计算。端柱抗倾覆力矩由端柱、横梁自重及部分张拉力组成。

5.2.1.2 夹具

先张法中采用的夹具按其用途不同，可分为两类：一类是将预应力筋固定在台座上的锚固夹具；另一类是张拉时夹持预应力筋用的张拉夹具。

（1）钢丝锚固夹具。

1）钢质锥形夹具。钢质锥形夹具是常用的单根钢丝夹具，适用于锚固直径 3～5mm 的冷拔低碳钢丝和碳素（刻痕）钢丝。它由套筒和销子组成，如图 5.7 所示。套筒为圆柱形，中间开圆锥形孔。

2）墩头夹具，如图 5.8 所示。将钢丝端部冷墩或热墩形成粗头，通过承力板或梳筋板锚固。墩头夹具用于预应力钢丝固定端的锚固。

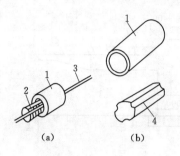

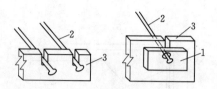

图 5.7　钢质锥形夹具

（a）圆锥齿板式；（b）圆锥槽式

1—套筒；2—齿板；3—钢丝；4—锥塞

图 5.8　固定端墩头夹具

1—垫片；2—墩头钢丝；3—承力板

（2）钢筋锚固夹具。圆套筒三片式夹具是由夹片与套筒组成，如图 5.9 所示。套筒的内孔成圆锥形，3 个夹片互成 120°，钢筋平持在三夹片中心，夹片内槽上有齿纹，以保证钢筋的锚固。这种夹具适用于夹持直径为 12mm、14mm 的单根冷拉 Ⅱ 级、Ⅲ 级、Ⅳ 级钢筋。

（3）张拉夹具。常用的张拉夹具有月牙形夹具、偏心式夹具和楔形夹具等，如图 5.10 所示。

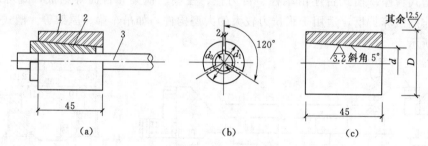

图 5.9　圆套筒三片式夹具

（a）装配图；（b）夹片；（c）套筒

1—套筒；2—夹片；3—预应力钢筋

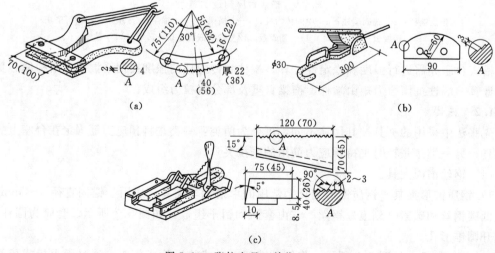

图 5.10　张拉夹具（单位：mm）

（a）月牙形夹具；（b）偏心式夹具；（c）楔形夹具

（4）夹具的要求。先张法的夹具、连接器的静载锚固性能，应符合工类锚具的效率系数 η_d 的要求，效率系数应大于或等于 0.95，并应具有良好的自锚与松锚性能。

5.2.1.3 张拉设备

张拉设备要求简易可靠，控制应力准确，能以稳定的速率增大拉力。近年来由于预应力混凝土施工工艺的完善，创造了多种简易机具，如手动螺杆张拉器、电动螺杆张拉机、卷扬机（包括电动和手动）和液压千斤顶等张拉机具。在测力方面有弹簧测力计、杠杆测力器、荷重控制器及油压表等不同方法。

钢丝张拉分单根张拉和多根张拉。用钢模以机组流水法或传送带法生产构件多用多根张拉，此时钢丝以墩头锚固在锚固板上，用油压千斤顶进行张拉。在台座上生产构件多为单根进行张拉，可采用电动卷扬机、电动螺杆张拉机等进行张拉。

（1）卷扬机张拉、杠杆测力的张拉装置。张拉机由电动卷扬机、杠杆测力装置及张拉夹具等组成。使用时根据钢丝的拉力，先挂好砝码，用张拉夹具夹紧钢丝后，开动卷扬机，即可张拉钢丝。

（2）电动螺杆张拉机。电动螺杆张拉机由螺杆、顶杆、张拉夹具、弹簧测力计等组成。使用时，先用张拉夹具夹紧钢丝，然后开动电动机，通过皮带、齿轮，使齿轮和螺母（外有齿、内有螺纹）转动，由于齿轮螺母只能旋转，不能移动，迫使螺杆作直线运动而张拉钢丝。

（3）穿心式千斤顶。张拉直径 12～20mm 的单根钢筋、钢绞线或小型钢丝束，可用 YC－20 型穿心式千斤顶，如图 5.11 所示。张拉时，前油嘴回油、后油嘴进油，被偏心夹具夹紧的钢筋随着液压缸的伸出而被拉伸。

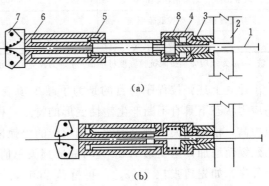

图 5.11　YC－20 型穿心式千斤顶
(a) 张拉；(b) 临时锚固，回油
1—钢筋；2—台座；3—穿心式夹具；4—弹性顶压头；
5、6—油嘴；7—偏心式夹具；8—弹簧

选择张拉机具时，为了保证设备、人身安全和张拉力准确，张拉机具的张拉力应不小于预应力筋张拉力的 1.5 倍；张拉机具的张拉行程应不小于预应力筋张拉伸长值的 1.1～1.3 倍。

5.2.2　先张法施工工艺

5.2.2.1　预应力筋的张拉

预应力筋张拉程序有超张拉和一次张拉两种。超张拉是指张拉应力超过所规定的张拉控制应力值，采用超张拉方法时，预应力筋可按以下两种张拉程序之一进行。

$$0 \rightarrow 1.05\sigma_{con} \xrightarrow{\text{持荷 2min}} \sigma_{con}$$

或

$$0 \rightarrow 1.03\sigma_{con}$$

第一种张拉程序中，超张拉 5%，并持荷 2min，其目的是为了在高应力状态下加速预应力筋松弛早期发展，可以减少松弛引起的预应力损失约 50%；第二种张拉程序中，超张拉

3％，其目的是为了弥补预应力筋的松弛损失。

另外，所用机具设备及仪表应定期维护和校验。校验张拉设备用的试验机或测力计精度不得低于±2％。校验期限不宜超过半年。

张拉控制应力的数值直接影响预应力的效果，控制应力越高，建立的预应力值则越大。但控制应力过高，预应力筋处于高应力状态，使构件出现裂缝时的荷载与破坏荷载接近，破坏前无明显的预兆，这是不允许的。因此预应力筋的张拉控制应力（σ_{con}）应符合设计规定。为了部分抵消由于应力松弛、摩擦、钢筋分批张拉以及预应力筋与张拉台座之间的温差因素产生的预应力损失，施工中可比设计要求提高 5％，但其最大张拉控制应力不得超过表 5.1 的规定。

表 5.1   **最大张拉控制应力允许值**

钢 种	张 拉 方 法	
	先张法	后张法
碳素钢丝、刻痕钢丝、钢绞线	$0.80 f_{ptk}$	$0.75 f_{ptk}$
热处理钢筋、冷拔低碳钢丝	$0.75 f_{ptk}$	$0.70 f_{ptk}$
冷拉钢筋	$0.95 f_{pyk}$	$0.90 f_{pyk}$

注 f_{ptk} 为预应力筋极限抗拉强度标准值；f_{pyk} 为预应力筋屈服强度标准值。

建立上述张拉程序的目的是为了减少预应力松弛损失。所谓"松弛"，即钢材在常温、高应力状态下具有不断产生塑性变形的特点。松弛的数值与控制应力和延续时间有关，控制应力高，松弛也大，所以钢丝、钢绞线的松弛损失比冷拉热轧钢筋大。松弛损失还随着时间的延续而增加，但在第 1min 内可完成损失总值的 50％左右，24h 内则可完成 80％。上述张拉程序，如先超张拉 5％σ_{con}，再持荷 2min，则可减少 50％以上的松弛损失。超张拉 3％σ_{con}，也是为了弥补预应力钢筋的松弛等原因所造成的预应力损失。

多根钢丝同时张拉断裂和滑脱的钢丝数量，不得超过构件同一截面钢材总根数的 5％，且严禁相邻两根预应力钢丝断裂和滑脱。构件在浇筑混凝土前发生断裂或滑脱的预应力钢丝必须予以更换。

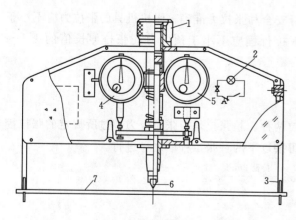

图 5.12 2CN-1型双控钢丝内力测定仪
1—旋钮；2—指示灯；3—测钩；4—内力表；
5—挠度表；6—测头；7—钢丝

同时张拉多根预应力钢丝时，应预先调整初应力（10％σ_{con}），使其相互之间的应力一致。张拉后应抽查钢丝的应力值，其偏差不得大于设计规定预应力值的±5％。

5.2.2.2 预应力值校核

预应力钢筋的张拉力，一般用伸长值校核。张拉时预应力筋的理论伸长值与实际伸长值的误差应在规范允许范围内。预应力钢丝张拉时，伸长值不作校核。钢丝张拉锚固后，应采用钢丝内力测定仪（图 5.12）检查钢丝的预应力值。使用 2CN-1 型双控钢丝内力测定仪仪器时，将测钩勾住钢丝，扭转旋扭，待测头与钢丝接触，指示灯亮，此时即为挠度的起点（记下挠度表上读数）；继续扭转旋钮，在钢丝跨中施加横向力，将钢丝压弯，当挠度表上的读数表明钢丝的挠度为 2mm 时，内力表上的读数即为钢丝的内力值（百分表上每 0.01mm 为 10N）。一根钢丝要反复测定 4 次，取后 3 次的平均值为钢丝内力，其允许偏差为设计规定预应力值的 ±5%。每工作班检查预应力筋总数的 1%，且不少于 3 根。这种控制方法，业内俗称"单控"。

钢绞线张拉时，一般采用张拉力控制、伸长值校核。张拉时预应力筋的实际伸长值与理论伸长值的允许偏差为 ±6%。张拉力控制的校核方法与钢丝相同，这种控制方法，业内俗称为"双控"。

预应力钢丝内力的检测，一般在张拉锚固后 1h 进行。此时，锚固损失已完成，钢筋松弛损失也部分产生。

5.2.2.3 张拉注意事项

（1）张拉时，张拉机具与预应力筋应在一条直线上，同时在台面上每隔一定距离放一根圆钢筋头或相当于保护层厚度的其他垫块，以防止预应力筋因自重而下垂，破坏隔离剂、沾污预应力筋。

（2）顶紧锚塞时，用力不要过猛，以防钢丝折断；在拧紧螺母时，应注意压力表读数始终保持所需的张拉力。

（3）预应力筋张拉完毕后，对设计位置的偏差不得大于 5mm，也不得大于构件截面积最短边长的 4%。

（4）在张拉过程中发生断丝或滑脱钢丝时，应予以更换。

（5）台座两端应有防护设施。张拉时沿台座长度方向每隔 4～5m 放一个防护架，两端严禁站人，也不准许进入台座。

5.2.2.4 预应力筋放张

预应力筋放张时，混凝土的强度应符合设计要求；如设计无规定，不应低于强度等级的 75%。

1. 放张顺序

预应力筋的放张顺序，如设计无规定时，可按下列要求进行。

（1）轴心受预压的构件（如拉杆、桩等），所有预应力筋应同时放张。

（2）偏心受预压的构件（如梁等），应先同时放张预压力较小区域的预应力筋，再同时放张预压力较大区域的预应力筋。

（3）如不能满足（1）、（2）两项要求时，应分阶段、对称、交错地放张，以防止在放张过程中构件产生弯曲、裂纹和预应力筋断裂。

2. 放张

放张前，应拆除侧模，使放张时构件能自由压缩，否则将损坏模板或使构件开裂。预应力筋的放张工作，应缓慢进行，防止冲击。

对预应力筋为钢丝或细钢筋的板类构件，放张时可直接用钢丝钳或氧炔焰切割，并宜从生产线中间处切断，以减少回弹量，且有利于脱模；对每一块板，应从外向内对称放张，以免构件扭转两端开裂，对预应力筋为数量较少的粗钢筋的构件，可采用氧炔焰在烘烤区轮换加热每根粗钢筋，使其同步升温，此时钢筋内力徐徐下降，外形慢慢伸长，待钢筋出现缩颈，即可切断。此法应采取隔热措施，防止烧伤构件端部混凝土。

对预应力筋配置较多的构件，不允许采用剪断或割断等方式突然放张，以避免最后放张的几根预应力筋产生过大的冲击而断裂，致使构件开裂。为此应采用千斤顶或在台座与横梁之间设置楔块（图 5.13）和砂箱（图 5.14）或在准备切割的一端预先浇筑一块混凝土块（作为切割时冲击力的缓冲体，使构件不受或少受冲击）进行缓慢放张。

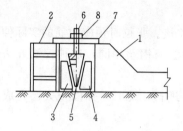

图 5.13　用楔块放张预应力筋示意图
1—台座；2—横梁；3、4—钢块；5—钢楔块；
6—螺杆；7—承载力；8—螺母

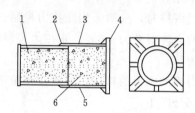

图 5.14　砂箱构造图
1—活塞；2—套箱；3—进砂口；4—套箱
底板；5—出砂口；6—砂子

用千斤顶逐根放张，应拟定合理的放张顺序并控制每一循环的放张力，以免构件在放张过程中受力不均。防止先放张的预应力筋引起后放张的预应力筋内力增大，而造成最后几根拉不动或拉断。在四横梁长线台座上，也可用台座式千斤顶推动拉力架逐步放大螺杆上的螺母，达到整体放张预应力筋的目的。

采用砂箱放张方法，在预应力筋张拉时，箱内砂被压实，承受横梁的反力，预应力筋放张时，将出砂口打开，砂慢慢流出，从而使整批预应力筋徐徐放张。此放张方法能控制放张速度、工作可靠、施工方便，可用于张拉力大于 1000kN 的情况。

采用楔块放张时，旋转螺母使螺杆向上运动，带动楔块向上移动，钢块间距变小，横梁向台座方向移动，从而同时放张预应力筋。楔块放张一般用于张拉力不大于 300kN 的情况。

为了检查构件放张时钢丝与混凝土的黏结是否可靠，切断钢丝时应测定钢丝往混凝土内的回缩情况。钢丝回缩值的简易测试方法是在板端贴玻璃片和在靠近板端的钢丝上贴胶带纸用游标卡尺读数，其精度可达 0.1mm。钢丝回缩值：对冷拔低碳钢丝不应大于 0.6mm 对碳素钢不应大于 1.2mm。如果最多只有 20% 的测试数据超过上述规定值的 20%，则检查结果是令人满意的。否则应加强构件端部区域分布钢筋、提高放张时混凝土强度等。

5.3　后 张 法 施 工

后张法施工是指在浇筑混凝土构件时，在放置预应力筋的位置预先留出相应的孔道，待构件混凝土强度（一般不低于混凝土设计强度标准值的 75%）达到设计规定的数值后，在孔道内穿入预应力筋，用张拉机具进行张拉，并利用锚具把张拉后的预应力锚固在构件的端部。预应力筋的张拉力，主要靠构件端部的锚具传给混凝土，使其产生压力。张拉锚固后，立即在预留孔道内灌浆，使预应力筋不受锈蚀，并与构件形成整体。

后张法的生产工艺流程如图 5.15 所示。其优点是直接在构件上张拉，不需要专门台座，现场生产时可避免构件的长途搬运，所以适宜于在现场生产的大型构件，特别是大跨度的构件，如薄腹梁、吊车梁和屋架等。后张法又可作为一种预制构件的拼装手段，可先在预制厂制作小型块体，运到现场后，穿入钢筋，通过施加预应力拼装成整体。但后张法需在钢筋两端设置专门的锚具，这些锚具永远留在构件上，不能重复使用，耗用钢材较多，且要求加工精密，费用较高。同时由于留孔、穿筋、灌浆及锚具部分预压应力局部集中处需加强配筋等原因，使构件端部构造和施工操作都比先张法复杂，所以造价一般比先张法要高。

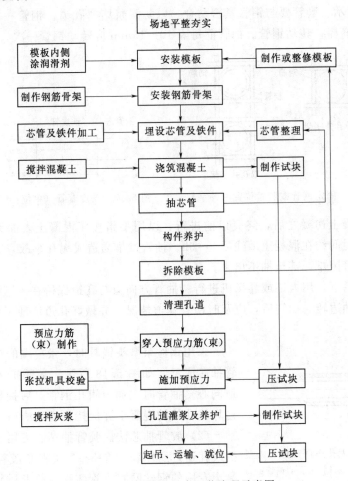

图 5.15 后张法生产工艺流程示意图

5.3.1 预留孔道

5.3.1.1 预应力筋孔道的留设

预应力的孔道形状有直线、曲线和折线 3 种。孔道的直径与布置，主要根据预应力混凝土构件或结构的受力性能，并参考预应力筋张拉锚固体系特点与尺寸确定。

(1) 孔道直径。对粗钢筋，孔道的直径应比预应力筋直径、钢筋对焊接头处外径、需穿过孔道的锚具或连接器外径大 10～15mm。对钢丝或钢绞线，孔道的直径应比预应力钢丝束外径或锚具外径大 5～10mm，且孔道面积应大于预应力筋面积的两倍。

（2）孔道布置。预应力筋孔道之间的净距不应小于50mm，孔道至构件边缘的净距不应小于20mm，凡需要起拱的构件，预留孔道宜随构件同时起拱。

5.3.1.2 孔道成型方法

预应力筋的孔道成型方法有钢管抽芯法、胶管抽芯法和预埋管法等。孔道成型时要保证孔道的尺寸与位置准确，孔道平顺，接头不漏浆，端部预埋钢板垂直于孔道中心线等。

（1）钢管抽芯法。钢管抽芯法用于直线孔道。所用钢管平直，钢管表面必须圆滑，预埋前除锈、刷油。钢管在构件中每隔1.0～1.5m设置一个钢筋井字架，如图5.16所示，以固定钢管位置，井字架与钢筋骨架扎牢。长孔道两根接头处采用0.5mm厚铁皮做成的套管连接，如图5.17所示。套管要与钢管紧密贴合，以防漏浆堵塞孔道。钢管一端钻16mm的小孔，以备插入钢筋棒，转动钢管。抽管前每隔10～15min应转动钢管一次。

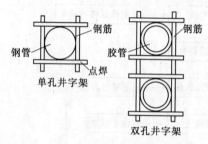

图 5.16 固定钢管或胶管位置的井字架　　图 5.17 铁皮套管（单位：mm）

抽管宜在混凝土初凝之后，终凝以前进行，以用手指按压混凝土表面无明显指纹时为宜。常温下抽管时间约在混凝土灌注后3～6h。抽管过早易造成塌孔事故，太晚混凝土与钢管黏结牢固，抽管困难，甚至抽不出来。

抽管宜先上后下，用人工或卷扬机进行。抽管方向应与孔道保持在一直线上。抽管时必须速度均匀、边抽边转。抽管后，应及时检查孔道情况，并做好孔道清理工作，防止以后穿筋困难。

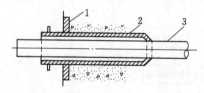

图 5.18 张拉端扩大孔用钢管抽芯成型
1—预埋钢板；2—端部扩大孔的钢管；
3—中间孔的钢管

采用钢丝束墩头锚具时，张拉端的扩大孔也可用钢管抽芯成型，如图5.18所示。端部扩大孔应与中间孔道同心。抽管时先抽中间孔钢管，后抽扩孔钢管，以免碰坏扩孔处的混凝土并保持孔道清洁和尺寸准确。

（2）胶管抽芯法。胶管抽芯法可用于直线、曲线或折线孔道，所用胶管有5～7层夹布胶管及供预应力混凝土专用的钢丝网胶皮管两种。前者质软，必须在管内充水后才能使用；后者质硬，且有一定弹性，预留孔道时与钢管一样使用，所不同的是浇筑混凝土后不需转动。

（3）预埋管法。预埋管法可采用镀锌钢管与金属螺旋管。金属螺旋管重量轻、刚度好、弯折方便、连接容易、与混凝土黏结良好，可做成各种形状的预应力筋孔道，是现行后张法预应力筋孔道成型用的理想材料。镀锌钢管仅用于施工周期长的超高竖向孔道或有特殊要求的部位。

螺旋管的合格性检验包括抵抗集中荷载试验、抵抗均布荷载试验、承受荷载后抗渗漏试验、弯曲抗渗试验、轴向拉伸试验等。螺旋管的连接，采用大一号同型螺旋管。接头管的长

度在管径为 $\phi40\sim65$ 时取 200mm；$\phi70\sim85$ 时取 250mm；$\phi90\sim100$ 时取 300mm，其两端用密封胶带或塑料热缩管封裹，如图 5.19 所示。

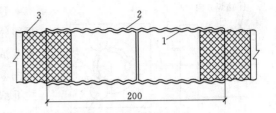

图 5.19 螺旋管的连接（单位：mm）
1—螺旋管；2—接头管；3—密封胶带

5.3.1.3 灌浆孔、排气孔与泌水管

在构件两端及跨中处应设置灌浆孔，其孔距不宜大于 12m。灌浆孔与排气孔也可设置在锚具或铸铁喇叭管处。对立式制作的梁，当曲线孔道的高差大于 500mm 时，应在孔道的每个峰顶处设置泌水管，泌水管伸出梁面的高度一般不小于 500mm。泌水管也可兼作灌浆管用。

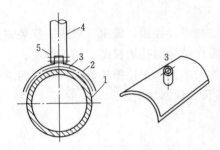

图 5.20 螺旋管上留灌浆孔
1—螺旋管；2—海绵垫；3—塑料弧形压板；4—塑料管；5—铁丝扎紧

对一般预制构件，可采用木塞留孔。木塞应抵紧钢管、胶管或螺旋管，并应固定，严防混凝土振捣时脱开。对现浇预应力结构金属螺旋管留孔，可在螺旋管上开口，用带嘴的塑料弧形压板与海绵垫片覆盖并用铁丝扎牢，再接通塑料管（外径 20mm，内径 16mm），如图 5.20 所示。

5.3.2 预应力筋制作

5.3.2.1 锚具及预应力筋的制作

在后张法中，预应力筋、锚具和张拉机具是配套的。目前，后张法中常用的预应力筋有单根粗钢筋、钢筋束（或钢绞线束）和钢丝类。它们是由冷拉Ⅱ级、Ⅲ级、Ⅳ级钢筋，碳素钢丝和钢绞线制作的。锚具有多种类型，须具有可靠的锚固能力。

1. 单根粗钢筋

（1）锚具。单根粗钢筋的预应力筋，张拉端一般用螺丝端杆锚具；固定端一般用帮条锚具或墩头锚具。螺丝端杆锚具由螺丝端杆和螺母及垫板组成，如图 5.21 所示。螺丝端杆与预应力筋对焊连接，张拉设备张拉螺丝端杆用螺母锚固。

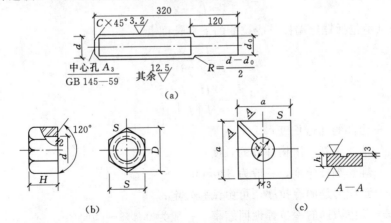

图 5.21 螺旋端杆锚具（单位：mm）
(a) 螺丝端杆；(b) 螺母；(c) 垫板

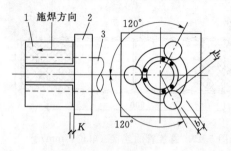

图 5.22 帮条锚具

1—帮条；2—衬板；3—主筋

这种锚具适用于锚固直径 18～36mm 的 Ⅱ 级、Ⅲ 级钢筋。帮条锚具是由一块方形或圆形衬板与 3 根互成 120°的钢筋帮条与预应力钢筋端部焊接而成，如图 5.22 所示。适用于锚固直径在 12～40mm 的冷拉 Ⅱ 级、Ⅲ 级钢筋。

墩头锚具是由墩头和垫板组成。当预应力筋直径在 22mm 以内时，端部墩头可用对焊机热墩，将钢筋及铜棒夹入对焊机的两电极中，使钢筋端面与紫铜棒接触，进行脉冲式通电加热，当钢筋加热至红色呈可塑状态时，即逐渐加热加压，直至形成墩头为止，如图 5.23 所示。当钢筋直径较大时可采用加热锻打成型。

（2）预应力筋制作。预应力筋制作，主要包括下料、调直、连接、编束、墩头、安装锚具等环节。预应力筋的下料长度应计算确定，计算时要考虑结构的孔道长度、锚具厚度、千斤顶长度、焊接接头或墩头的预留量、冷拉伸长值、弹性回缩值、张拉伸长值等。现以两端用螺丝端杆锚具预应力筋为例，如图 5.24 所示，其下料长度计算如下。

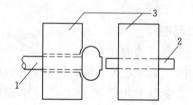

图 5.23 钢筋热墩示意图

1—钢筋；2—紫铜棒；3—电极

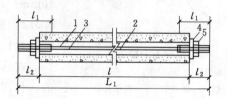

图 5.24 粗钢筋下料长度计算示意图

1—螺丝端杆；2—预应力钢筋；3—对焊
接头；4—垫板；5—螺母

预应力筋的成品长度（即预应力筋和螺丝端杆对焊并经冷拉后的全长）L_1

$$L_1 = l + 2l_2 \tag{5.1}$$

预应力筋（不包括螺丝端杆）冷拉后需达到的长度 L_0

$$L_0 = L_1 - 2l_1 \tag{5.2}$$

预应力筋（不包括螺丝端杆）冷拉前的下料长度 L

$$L = \frac{L_0}{l + \gamma - \delta} + n\Delta \tag{5.3}$$

张拉端 $\qquad\qquad\qquad l_2 = 2H + h + 5 \tag{5.4}$

锚固端 $\qquad\qquad\qquad l_2 = H + h + 10 \tag{5.5}$

以上式中 $\quad l$——构件的孔道长度；

$\qquad\quad l_2$——螺丝端杆伸出构件外的长度；

$\qquad\quad l_1$——螺丝端杆长度，一般为 320mm；

$\qquad\quad \gamma$——预应力筋的冷拉率，可由试验确定；

$\qquad\quad \delta$——预应力筋的冷拉弹性回缩率，一般为 0.4%～0.6%；

$\qquad\quad n$——对焊接头数量；

$\qquad\quad \Delta$——每个对焊接头的压缩量，一般为 20～30mm；

H——螺母高度；

h——垫板厚度。

【例 5.1】 预应力混凝土屋架，采用机械张拉后张法施工，孔道长度为 29.80m，预应力筋为冷拉Ⅲ级钢筋，直径为 20mm，每根长度为 8m，实测钢筋冷拉率 γ 为 3.5%，钢筋冷拉后的弹性回缩率 δ 为 0.4%，螺丝端杆长度为 320mm，张拉控制应力为 $0.85f_{ptk}$，计算预应力钢筋的下料长度和预应力筋的张拉力。

【解】 因屋架孔道长度大于 24m，宜采用螺丝端杆锚具，两端同时张拉，螺母厚度取 36mm，垫板厚度取 16mm，则螺丝端杆伸出构件外的长度 $l_2=2H+h+5=2\times36+16+5=93$（mm），对焊接头数 $n=3+2=5$，每个对焊接头的压缩量 $\Delta=20$mm，则预应力筋下料长度

$$L=\frac{l-2l_1+2l_2}{1+\gamma-\delta}+n\Delta=\frac{29800-2\times320+2\times93}{1+0.035-0.004}+5\times20=28564（\text{m}）$$

预应力筋的张拉力

$$F_p=\sigma_{con}A_p=0.85\times500\times314=133450（\text{N}）$$

【例 5.2】 ［例 5.1］中若孔道长度为 20.8m，采用一端张拉，固定端采用帮条锚具和墩头锚具，分别计算预应力钢筋的下料长度。

【解】（1）帮条锚具取 3 根 $\phi14$ 长 50mm 的钢筋帮条，垫板取 15mm 厚、$50\text{mm}\times50\text{mm}$ 的钢板，则

预应力筋的成品长度

$$L_1=l+l_2+l_x=20800+93+(50+15)=20958（\text{mm}）$$

预应力筋（不含螺丝端杆锚具）冷拉后长度

$$L_0=L_1-l_1=20958-320=20638（\text{mm}）$$

预应力筋（不含螺丝端杆锚具）下料长度

$$L=\frac{L_0}{1+\gamma-\delta}+n\Delta=\frac{20638}{1+0.035-0.004}+(2+1)\times20=20077（\text{mm}）$$

（2）墩头锚具长度可取 2.25 倍钢筋直径加垫板厚度 15mm，即 $l_1=2.25\times20+15=60$（mm），则预应力筋（不含螺丝端杆锚具）下料长度

$$L=\frac{l+l_2+l_3-l_1}{1+\gamma-\delta}+n\Delta=\frac{20638+93+60-320}{1+0.035-0.004}+(2+1)\times20=20077（\text{mm}）$$

5.3.2.2 钢筋束和钢绞线束

1. 锚具

钢筋束和钢绞线束目前使用的锚具有 JM 型、XM 型、QM 型和墩头锚具等。

（1）JM 型锚具是由锚环与 6 片夹片组成，如图 5.25 所示。夹片呈扇形，用两侧的半圆槽锚固预应力筋。

JM 型锚具可用于锚固 3～6 根直径为 12mm 的光圆或变形的钢筋束，也可用于锚固五六根直径为 12mm 或 15mm 的钢绞线束。JM 型锚具也可作工具锚重复使用，但如发现夹筋孔的齿纹有轻度损伤，即应改为工作锚使用。

（2）XM 型锚具是一种新型锚具。它既可用于锚固钢绞线束，又可用于锚固钢丝束；既可锚固单根预应力筋，又可锚固多根预应力筋。当用于锚固多根预应力筋时，既可单根张拉，逐根锚固，又可成组张拉，成组锚固。它既可用作工作锚，又可用作工具锚。XM 型锚

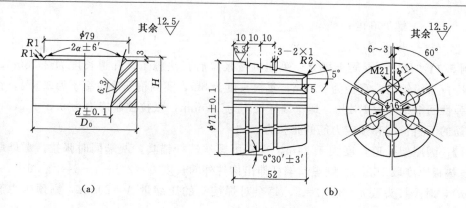

图 5.25　JM 型锚具（单位：mm）

（a）锚环；（b）绞 JM—12—6 夹片

具通用性好，锚固性能可靠，施工方便，且便于高空作业。XM 型锚具由锚环和 3 块夹片组成，如图 5.26 所示。

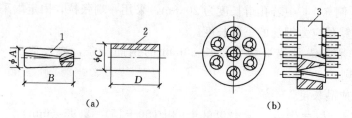

图 5.26　XM 型锚具

（a）单根 XM 型锚具；（b）多根 XM 型锚具

1—夹片；2—锚环；3—锚板

（3）QM 型锚具也是由锚板与夹片组成，但与 XM 型锚具不同之处是锚孔是直的，锚板顶面是平的，夹片垂直开缝。此外，备有配套喇叭形铸铁垫板与弹簧圈等，由于灌浆孔设在垫板上，锚板尺寸可稍小。该体系还配有专门工具锚。QM 型锚具及其有关配件的形状，如图 5.27 所示。这种锚具适用于锚固 1－31Φ12 和 3－19Φ15 钢绞线束。

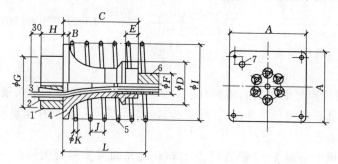

图 5.27　QM 型锚具及配件

1—锚板；2—夹片；3—钢绞线；4—喇叭形铸铁垫板；

5—弹簧圈；6—预留孔道用的波纹管；7—灌浆孔

2. 钢筋束、钢纹线束的制作

钢筋束所用钢筋一般是盘圆供应，长度较长，不需对焊接长。钢筋束预应力筋的制作工序一般是：开盘冷拉→下料→编束。

当采用 JM 型、XM 型锚具，用穿心式千斤顶张拉时，钢筋束和钢绞线束的下料长度 l，应等于构件孔道长度加上两端张拉、锚固所需的外露长度。如图 5.28 所示，按式计算。

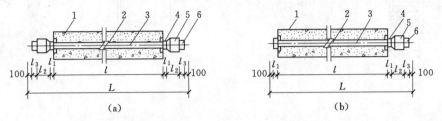

图 5.28　钢筋束、钢绞线束下料长度计算简图（单位：mm）

（a）两端张拉；（b）一端张拉

1—混凝土构件；2—孔道；3—钢绞线；4—夹片式工作锚；

5—穿心式千斤顶；6—夹片式工具锚

两端张拉时

$$L = l + 2(l_1 + l_2 + l_3 + 100) \tag{5.6}$$

一端张拉时

$$L = l + 2(l_1 + 100) + l_2 + l_3 \tag{5.7}$$

式中　l——构件的孔道长度，mm；

l_1——工作锚厚度，mm；

l_2——穿心式千斤顶长度，mm；

l_3——夹片式工具锚厚度，mm。

热处理钢筋、冷拉 W 级钢筋及钢绞线下料切断时，宜采用切断机或砂轮锯切断，不得采用电弧切割。钢绞线切断前，在切口两侧各 50mm 处，应用铅丝绑扎，以免钢绞线松散。

钢绞线束或钢筋束预应力筋的编束，主要是为了保证穿入构件孔道中的预应力筋束不发生扭结。编束工作是将钢筋或钢绞线理顺以后，用铅丝每隔 1m 左右绑扎成束，在穿筋时尽可能注意防止扭结。

3. 钢丝束

（1）锚具。钢丝束一般由几根到几十根直径 3～5mm 平行的碳素钢丝组成。目前采用的锚具有钢质锥形锚具和钢丝束墩头锚具等。

1）钢质锥形锚具。由锚环和锚塞组成，如图 5.29 所示。用于锚固以锥锚式双作用千斤顶张拉的钢丝束。

2）钢丝束墩头锚具。用于锚固 12～54 根 Φ5 碳素钢丝的钢丝束。分 DM5A 型和 DM5B 型，DMSA 型用于张拉端，由锚环和螺母组成；DM5B 型用于固定端，仅有一块锚板。如图 5.30 所示。

张拉时，张拉螺杆一端与锚环内丝扣连接，另一端与拉杆式千斤顶的拉头连接，当张拉

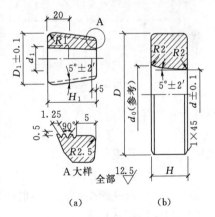

图 5.29　钢质锥形锚具

（a）锚塞；（b）锚环

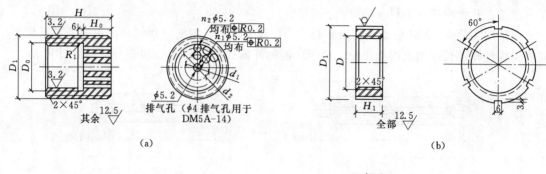

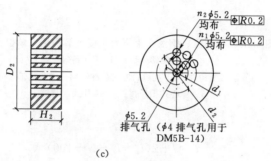

图 5.30 墩头锚具

(a) DM5A 锚环；(b) DM5A 螺母；(c) DM5B 锚板

到制应力时，锚环被拉出，则拧紧锚环外丝扣上的螺母加以锚固。

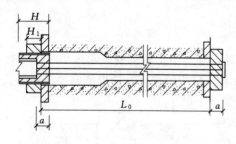

图 5.31 用墩头锚具时钢丝
下料长度计算简图

（2）钢丝束的制作。随着锚具型式的不同，钢丝束制作方法也有差异。一般需经下料、编束和安装锚具等工序。

当用钢质锥形锚具、XM 型锚具、QM 型锚具时，预应力钢丝束的制作和下料长度计算基本上与预应力钢筋束同。

对钢丝束墩头锚固体系，如采用墩头锚具一端张拉时，应考虑钢丝束张拉锚固后螺母位于锚环中部，钢丝的下料长度 L，可按如图 5.31 所示，用下式计算。

$$L=L_0+2a+2\delta-0.5(H-H_1)-\Delta L-C \tag{5.8}$$

式中　L_0——孔道长度；

　　　a——锚板厚度；

　　　δ——钢丝墩头留量，一般取钢丝直径的 2 倍；

　　　H——锚环高度；

　　　H_1——螺母高度；

　　　ΔL——张拉时钢丝伸长值；

　　　C——混凝土弹性压缩，当其值很小时可略去不计。

【例 5.3】　某预应力混凝土屋架，采用机械张拉法施工。孔道长度为 23.80mm，预应力筋为 18Φ^{b}5（甲级 1 组）冷拔低碳钢丝束。两端采用墩头锚具，一端张拉，张拉控制应力为

$0.65F_{ptk}$。计算预应力钢丝的下料长度和预应力筋张拉力。

【解】 张拉端锚具为 DM5A-18 型墩头锚具；固定端为 DM5B-18 型墩头锚具，张拉机械为 YC-60 型穿心式双作用千斤顶。锚环高度 H 为 70mm，螺帽高度 H_1 为 25mm，锚板厚度 a 为 30mm，钢丝墩头留量取 $\delta = 2 \times 5 = 10 (mm)$。

预应力筋张拉力

$$F_p = \sigma_{com} A_p = 0.65 \times 650 \times \left(18 \times \frac{3.14 \times 5^2}{4}\right) = 149248 (N)$$

张拉时钢丝伸长值

$$\Delta L = \sigma_{con} \frac{l}{E_3} = 0.65 \times 650 \times \frac{23800}{2.0 \times 10^5} = 50 (mm)$$

预应力钢丝的下料长度

$$L = L_0 + 2a + 2\delta - 0.5(H - H_1) - \Delta L - C$$
$$= 23800 + 2 \times 30 + 2 \times 10 - 0.5 \times (70 - 25) - 50 - 0$$
$$= 23808 (mm)$$

5.3.2.3 钢丝下料与编束

1. 钢丝下料

消除应力的钢丝放开后是直的，可直接下料。钢丝下料时如发现钢丝表面有毛接头或机械损伤，应注意随时剔除。

2. 钢丝编束

钢丝束两端钢丝的排列顺序应一致，钢丝不得交叉，穿束与张拉顺序不紊乱，因此，每束钢丝都必须进行编束。编束方法与所用锚具形式应协调。

5.3.2.4 钢绞线下料与编束

钢绞线下料时，应制作一个简易的铁笼，将钢绞线盘装在铁笼内，从盘卷中央逐步抽出，以防止在下料过程中钢绞线紊乱，并弹出伤人。钢绞线的下料宜用砂轮切割机切割，不得采用电弧切割。

钢绞线的编束用 20 号铁丝绑扎，间距 1~1.5m。编束时应先将钢绞线理顺，并尽量使各根钢绞线松紧一致。如单根穿入孔道，则不编束。

5.3.3 穿束

预应力筋穿入孔道，简称穿束。穿束需要解决的两个问题是穿束时机和穿束方法。

5.3.3.1 穿束时机

根据穿束与浇筑混凝土之间的先后关系，可分为先穿束法和后穿束法两种。

(1) 先穿束法。先穿束法即在浇筑混凝土之前穿束。按穿束与预埋螺旋管之间的配合，又可分为以下两种情况。

1) 先穿束后装管：即将预应力筋先穿入钢筋骨架内，然后将螺旋管逐节从两端套入并连接。

2) 先装管后穿束：即将螺旋管先安装就位，然后将预应力筋穿入。

(2) 后穿束法。后穿束法即在浇筑混凝土之后穿束。此法可在混凝土养护期内进行，不占工期，便于用通孔器或高压水通孔，穿束后即可张拉，易于防锈，但穿束较为费力。

5.3.3.2 穿束方法

根据一次穿入数量，可采用整束穿和单根穿。钢丝束应整束穿；钢绞线既可整束穿也可单根穿，但优先用整束穿。穿束工作可由人工、卷扬机和穿束机进行。

5.3.4 张拉机具设备

预应力筋的张拉工作，必须配置成套的张拉机具设备。后张法用张拉设备主要由液压千斤顶、高压油泵和外接油管 3 部分组成。

5.3.4.1 液压千斤顶

目前常用的张拉预应力筋的千斤顶有液压千斤顶（代号为 YL），穿心千斤顶（代号为 YC）和锥锚式千斤顶（代号为 YZ）3 种。液压千斤顶的额定张拉力为 180~5000kN。

5.3.4.2 电动高压油泵

电动高压油泵的类型比较多，如 ZB4/500 型电动高压油泵，它由泵体、控制阀和车体管路等部分组成。

5.3.4.3 千斤顶的校验

用千斤顶张拉预应力筋时，张拉力主要用油泵上的压力表读数表达。压力表所表明的读数，表示千斤顶主缸活塞单位面积上的压力值。千斤顶校验时，千斤顶与压力表一定要配套校验，压力表的精度不宜低于 1.5 级，校验用的试验机或测力计精度不得低于 ±2%。张拉设备的校验期一般不超过半年，如在使用过程中张拉设备出现反常现象，或在千斤顶经过检修后开始使用时，应重新校验。

5.3.5 预应力筋张拉

预应力筋的张拉是制作预应力混凝土的关键，必须按照现行《混凝土结构工程施工质量验收规范》（GB 50204—2015）的有关规定进行施工。

5.3.5.1 一般规定

预应力筋张拉时，结构的混凝土强度应符合设计要求，当设计无要求时，不应低于设计强度标准值的 75%，以确保在张拉过程中，混凝土不至于受压而破坏。安装张拉设备时，直线预应力筋应使张拉力的作用线与孔道中心线重合；曲线预应力筋应使张拉力的作用线与孔道中心线末端的切线重合。预应力筋张拉、锚固完毕，留在锚具外的预应力筋长度不得小于 30mm。锚具应用封端混凝土保护，长期外露的锚具应采用防锈措施。

5.3.5.2 张拉控制力和张拉程序

后张法预应力筋的张拉控制应力 σ_{con} 不宜超过表 5.1 规定的数值。张拉程序与先张法相同。

5.3.5.3 张拉方法

为了减少预应力筋与孔道摩擦引起的损失，预应力筋张拉端的设计应符合设计要求。当设计无要求时应符合下列规定。

（1）抽芯成形孔道。曲线预应力筋和长度大于 21m 的直线预应力筋，应在两端张拉；长度等于或小于 24m 的直线预应力，可在一端张拉。

（2）预埋波纹管孔道。曲线预应力筋和长度大于 30m 的直线预应力筋，宜在两端张拉；长度等于或小于 30m 的直线预应力筋，可在一端张拉。

同一截面中有多根一端张拉的预应力筋，张拉端宜分别设置在结构的两端。当两端同时张拉同一根预应力筋时，为了减少预应力损失，宜先在一端锚固，再在另一端补足张拉力后进行锚固。

5.3.5.4 张拉顺序

预应力筋的张拉顺序应符合设计要求，当设计无具体要求时，可采用分批、分阶段对称张拉，以使混凝土不产生超应力、构件不扭转与侧弯、结构不变位等。因此对称张拉是一项重要原则。同时还要考虑到尽量减少张拉机械的移动次数。

对配有多根预应力筋的预应力混凝土构件，由于不可能同时一次张拉，应分批、对称地进行张拉。图 5.32 所示是预应力混凝土屋架的下弦，图（a）为二束不超过 30m 的钢丝束，可采用一端张拉，用二台千斤顶分别在构件的两端进行对称张拉，一次完成；图（b）预应力筋为四束，需分两批张拉，用两台千斤顶分别张拉对角线上的二束，然后张拉另二束，先批张拉的预应力损失应予补足。

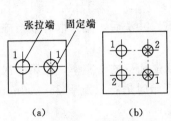

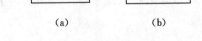

图 5.32 预应力混凝土屋架下弦的张拉顺序　　　图 5.33 框架梁预应力筋的张拉顺序

图 5.33 为双跨预应力框架梁，预应力筋为四束超过 40m 的双跨曲线钢绞线束，分二批张拉，用二台千斤顶分别设在梁的两端，按左右对称各张拉一束，待二批四束均进行一端张拉后，再分批在另一端进行补张拉。

对于平卧重叠构件张拉：现场平卧重叠制作的后张法预应力构件，其张拉顺序宜先上后下逐层进行，为减少上下层之间因摩擦力引起的预应力损失，应视预应力筋和隔离剂的类别逐层加大张拉力。

5.3.6 孔道灌浆

预应力筋张拉后，应立即进行孔道灌浆，以防止预应力筋锈蚀，增加结构的整体性和耐久性。

5.3.6.1 灌浆的要求

（1）孔道灌浆前应进行水泥浆配合比设计，并通过试验确定其流动度、泌水率、膨胀率及强度。

（2）灌浆宜用强度等级不低于 32.5MPa 的普通硅酸盐水泥和矿渣硅酸盐水泥配制的水泥浆，应优先采用普通硅酸盐水泥。水泥浆的强度不应低于 20MPa。

（3）水泥浆应有足够流动性，水灰比为 0.4 左右，流动度为 120～170mm。

（4）水泥浆 3h 泌水率宜控制在 2%，最大不得超过 3%。

（5）在水泥浆中掺入适量的减水剂，一般可减水 10%～15%，对保证灌浆质量有明显效果。

在水泥浆中掺入占水泥重量 0.05‰的铝粉，可使水泥浆获得 2%～3%的膨胀率，对提高孔道灌浆饱满度有好处，同时也能满足强度要求。此外，水泥浆中不得掺入氯化物、硫化物以及硝酸盐等，以防预应力筋受到腐蚀。

水泥浆强度不应低于 M20（灰浆强度等级 M20 是指立方体抗压标准强度为 $20N/mm^2$），水泥浆试块用 70.7mm 立方体无底模制作。

后张法预应力筋锚固后的外露部分宜采用机械方法切割，也可采用氧-乙炔焰方法切割，其外露长度不宜小于预应力筋直径的 1.5 倍，且不宜小于 30mm。

5.3.6.2 灌浆设备

灌浆设备包括砂浆搅拌机、灌浆泵、储浆桶、过滤器、橡胶管和喷浆嘴等。

5.3.6.3 灌浆工艺

搅拌好的水泥浆通过过滤器置于贮浆桶内，并不断搅拌，以防泌水沉淀。

灌浆工作应缓慢均匀地进行，不得中断，并应排气通顺；在孔道两端冒出浓浆并封闭排气孔后，宜再继续加压至 $0.5\sim0.6N/mm^2$，稍后再封闭灌浆孔。灌浆顺序宜先下后上，以避免上层孔道漏浆而把下层孔道堵塞。

灌浆前孔道应用压力水冲洗，以清洗和湿润孔道。冲洗后，应采取有效措施排除孔道中的积水。

对较大的孔道或预埋管孔道，二次灌浆有利于增强孔道的密实率，但第二次灌浆时间要掌握得恰当，一般在水泥浆泌水基本完成，初凝尚未开始时进行（夏季 $25\sim30min$，冬季 $1\sim 2h$）。

5.4 无黏结预应力混凝土结构施工

在后张法预应力混凝土中，预应力可分为有黏结和无黏结两种。预应力筋张拉后浇筑混凝土与预应力筋黏结称为黏结预应力筋。凡是预应力筋张拉后允许预应力筋与其周围的混凝土产生相对滑动的预应力筋，称作无黏结预应力筋。

无黏结预应力混凝土的施工方法是在预应力筋的表面刷防腐润滑脂并套塑料管后，铺设在模板内的预应力筋设计位置处，然后浇筑混凝土，待混凝土达到要求的强度后，进行预应力筋的张拉和锚固。该工艺的优点是不需要留设孔道、穿筋、灌浆，施工简单，摩擦力小，预应力筋易弯成多跨曲线形状等，是近年发展起来的一项新技术。

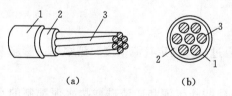

图 5.34 无黏结预应力筋
(a) 无黏结预应力筋；(b) 截面示意
1—聚乙烯塑料套管；2—保护油脂；
3—钢绞线或钢丝束

5.4.1 无黏结预应力筋制作

无黏结预应力筋一般由钢绞线或 7Φ5 高强钢丝组成的钢丝束，通过专用设备涂包防腐油脂和塑料套管而构成的一种新型预应力筋，其截面如图 5.34 所示。

无黏结预应力筋包括钢丝束和钢绞线。制作时要求每根通长，中间不能有接头，其制作工艺为：编束放盘→刷防腐润滑脂→覆裹塑料护套→冷却→调直→成型。

5.4.2 无黏结预应力筋锚具

无黏结预应力结构中，预应力筋的张拉力完全借助于锚具传递给混凝土，外荷载作用引起预应力筋受力的变化也全部由锚具承担。因此，无黏结预应力筋用的锚具不仅受力较大，而且承受重复荷载。无黏结预应力筋的锚具宜选用 QM 或 XM 体系的单孔锚具及挤压锚具，有时也采用小规格的群锚。

5.4.3　无黏结预应力混凝土施工

5.4.3.1　工艺流程

安装梁或楼板模板→放线→下部非预应力钢筋铺放、绑扎→铺放暗管、预埋件→安装无黏结筋张拉端模板（包括打眼、钉焊预埋承压板、螺旋筋、穴模及各部位马凳筋等）→铺放无黏结筋→修补破损的护套→上部非预应力钢筋铺放、绑扎→自检无黏结筋的标高、位置及端部状况→隐蔽工程检查验收→浇筑混凝土→混凝土养护→松动穴模、拆除侧模→张拉准备→混凝土强度试验→张拉无黏结筋→切除超长的无黏结筋→安放封端罩，端部封闭。

5.4.3.2　施工操作要点

1. 现场制作

（1）下料。无黏结筋的下料长度应按设计和施工工艺计算确定。下料应用砂轮锯切割。

（2）制作固定端的挤压锚。制作挤压锚具时应遵守专项操作规定。在完成挤压后，护套应正好与挤压锚具头贴紧靠拢。

（3）在使用连体锚作为张拉端锚具时，必须加套颈管，并切断护套，安装空心穴模。

2. 模板

底模板在建筑物周边宜外挑出去，以便早拆侧模。侧模应便于可靠固定锚具垫板。

3. 铺筋

（1）底模安装后，应在模板上标出预应力筋的位置和走向，以便核查根数并留下标记。

（2）无黏结预应力筋铺设前应检查外包层完好程度，对有轻微破损者，用塑料带包好，对破损严重者应予以报废。

（3）双向预应力筋铺设时，应先铺设下面的预应力筋，再铺设上面的预应力筋。

（4）无黏结预应力筋应严格按设计要求的曲线形状就位固定牢固。可用短钢筋或混凝土垫块等架起控制标高，再用铁丝绑扎在非预应力筋上。绑扎点间距不大于1m，钢丝束的曲率控制可用铁马凳控制，马凳间距不宜大于2m。

（5）无黏结筋与预埋电线发生位置矛盾时，后者应予避让。

4. 端部节点安装

（1）固定端挤压式锚具的承压板应与挤压锚固头贴紧并固定牢靠。

（2）张拉端无黏结筋应与承压板垂直，承压板和穴模应与端模紧密固定。

（3）穴模外端面与端模之间应加泡沫塑料垫片，防止漏浆。

（4）张拉端无黏结筋外露长度与所使用的千斤顶有关，应具体核定并适当留有余量。

5. 混凝土浇筑及振捣

混凝土浇筑时，严禁踏压撞碰无黏结筋、支撑架以及端部预埋部件；张拉端、固定端混凝土必须振捣密实，以确保张拉操作的顺利进行。

6. 张拉

（1）张拉依据和要求。

1）设计单位应向施工单位提出无黏结筋的张拉顺序、张拉值及伸长值。

2）张拉时混凝土强度设计无要求时，不应低于设计强度的75%，并应有试验报告单。

3）张拉前必须对各种机具、设备及仪表进行校核标定。

4）无黏结筋张拉顺序应按设计要求进行，如设计无特殊要求时，可依次张拉。

5）为减少无黏结筋松弛、摩擦等损失，可采用超张拉法。

6）张拉后，按设计要求拆除模板及支撑。

（2）张拉操作。

1）张拉千斤顶前端的附件配置与锚具形式有关，应视具体情况而定。

2）张拉时要控制给油速度。

3）无黏结筋曲线配置或长度超过 20m 时，宜采取两端张拉。

4）张拉前后，均应认真测量无黏结筋外露尺寸，并做好记录。

5）张拉程序宜采用从 $0 \rightarrow 1.03\sigma_{con}$ 张拉并直接锚固。同时校核伸长值，实际伸长值对计算伸长值的偏差应在 $-5\% \sim +10\%$。

6）无黏结筋张拉时，应逐根填写张拉记录，经整理签署验收存档。

7）端部处理。

张拉后，应采用液压切筋器或砂轮锯切断超长部分的无黏结筋，严禁采用电弧切断。将外露无黏结筋切至约 30mm 后，涂专用防腐油脂，并加盖塑料封端罩，最后浇筑混凝土。当采用穴模时，应用微膨胀细石混凝土或高强度等级砂浆将构件凹槽堵平。

5.5 预应力混凝土质量要求与安全技术

5.5.1 一般规定

预应力筋进场时，应按现行国家标准《预应力混凝土用钢绞线》（GB/T 5224—2014）等的规定抽取试件作力学性能检验，其质量必须符合有关标准的规定。预应力筋安装时，其品种、级别、规格、数量必须符合设计要求。

预应力筋用锚具、夹具和连接器应按设计要求采用。其性能应符合现行国家标准《预应力筋用锚具、夹具和连接器》（GB/T 14370—2015）等的规定。

预应力筋端部锚具的制作质量应符合下列要求。

（1）挤压锚具制作时，压力表油压应符合操作说明书的规定，挤压后预应力筋外端应露出挤压套筒 1～5mm。

（2）钢绞线压花锚成形时，表面应清洁、无油污，梨形头尺寸和直线段长度应符合设计要求。

（3）钢丝墩头的强度不得低于钢丝强度标准值的 98%。

预应力筋张拉锚固后实际建立的预应力值与工程设计规定检验值的相对允许偏差为 ±5%。

锚固阶段张拉端预应力筋的内缩量应符合设计要求；当设计无具体要求时，应符合表 5.2 的规定。

表 5.2 张拉端预应力筋的内缩量限值

锚 具 类 别		内缩量限值/mm
支承式锚具 （墩头锚具等）	螺帽缝隙	1
	每块后加垫板的缝隙	1
锥塞式锚具		5
夹片式锚具	有顶压	5
	无顶压	6～8

5.5.2 原材料

5.5.2.1 主控项目

(1) 预应力筋进场时，应按现行国家标准《预应力混凝土用钢绞线》（GB/T 5224—2014）等的规定抽取试件作力学性能检验，其质量必须符合有关标准的规定。检查数量：按进场的批次和产品的抽样检验方案确定。检验方法：检查产品合格证、出厂检验报告和进场复验报告。

(2) 无黏结预应力筋的涂包质量应符合无黏结预应力钢绞线标准的规定。检查数量：每60t 为一批，每批抽取一组计划体制。检验方法：观察，检查产品合格时，可不作油脂用量和护套厚度的进场复验。

(3) 预应力筋用锚具、夹具和连接器应按设计要求采用，其性能应符合现行国家标准《预应力筋用锚具、夹具和连接器》（GB/T 12370—2015）等的规定。检查数量：报告和进场复验报告。对锚具用量较少的一般工程，如供货方提供有效的试验报告，可不作静载锚固性能试验。

(4) 孔道灌浆用水泥应采用普通硅酸盐水泥，其质量应符合现行《混凝土结构工程施工质量验收规范》（GB 50204—2015）的规定。孔道灌浆用外加剂的质量也应符合现行《混凝土结构工程施工质量验收规范》（GB 50204—2015）的规定。检查数量：按进场批次和产品的抽样检验方案确定。检验方法：检查产品合格证、出厂检验报告和进场复验报告。对孔道灌浆用水泥和外加剂用量较少的一般工程，当有可靠依据时，可不作材料性能的进场复验。

5.5.2.2 一般项目

(1) 预应力筋使用前应进行外观检查，其质量应符合下列要求。

1) 有黏结预应力筋展开后应平顺，不得有弯折，表面不应有裂缝、小刺、机械损伤、氧化铁皮和油污等。

2) 无黏结预应力筋护套应光滑、无裂缝，无明显褶皱。

检查数量：全数检查。检验方法：观察。无黏结预应力筋护套轻微破损者应外包防水塑料胶带修复，严重者不得使用。

(2) 预应力筋用锚具、夹具和连接器使用前应进行外观检查，其表面应无污物、锈蚀、机械损伤和裂纹。检查数量：全数检查。检验方法：观察。

(3) 预应力混凝土用金属螺旋管的尺寸和性能应符合国家现行标准《预应力混凝土用金属螺旋管》（JG/T 3013—1994）的规定。检查数量：按进场批次和产品抽样检验方案确定。
检验方法：检查产品合格证、出厂检验报告和进场复验报告。对金属螺旋管用量较少的一般工程，当有可靠依据时，可不作径向刚度、抗渗漏性能的进场复验。

(4) 预应力混凝土用金属螺旋管在使用前应进行外观检查，其内外表面应清洁，无锈蚀，不应有油污、孔洞和不规则的褶皱，咬口不应有开裂或脱扣。检查数量：全数检查。检验方法：观察。

5.5.3 制作与安装

5.5.3.1 主控项目

(1) 预应力筋安装时，其品种、级别、规格、数量必须符合设计要求。检查数量：全数检查。检验方法：观察，钢直尺检查。

(2) 先张法预应力施工时应选用非油质类模板隔离剂，并应避免玷污预应力筋。检查数量：全数检查。检验方法：观察。

（3）施工过程中应避免电火花损伤预应力筋，受损伤的预应力筋应予以更换。检查数量：全数检查。检验方法：观察。

5.5.3.2 一般项目

（1）预应力筋下料应符合下列要求。

1）预应力筋采用砂轮锯或切断机切断，不得采用电弧切割。

2）当钢丝束两端采用墩头锚具时，同一束中各根钢丝长度的极差不大于钢丝长度的1/5000，且不应大于5mm。当成级张拉长度不大于10m的钢丝时，同组钢丝长度的极差不得大于2mm。检查数量：每工作班抽查预应力筋总数的3%，且不应少于3束。检验方法：观察，钢直尺检查。

（2）预应力筋端部锚具的制作质量应符合下列要求。

1）挤压锚具制作时压力计液压应符合操作说明书的规定，挤压后预应力盘外端应露出挤压套筒1~5mm。

2）钢绞线压花锚成形时，表面应清洁、无油污，梨头尺寸和直线段长度应符合设计要求。

3）钢线墩头的强度不得低于钢丝强度标准值的98%。

检查数量：对挤压锚，每工作班抽查5%，且不应少于5件；对压花锚，每工件班抽查3件；对钢丝墩头强度，每批钢丝检查6个墩头试件。检验方法：观察，钢直尺检查，检查墩头强度试验报告。

（3）后张法有黏结预应力筋预留孔道的规格、数量、位置和形状除应符合设计要求外，尚应符合下列规定。

1）预留孔道的定位应牢固，浇筑混凝土时不应出现移位和变。

2）孔道应平顺，端部的预埋锚垫板应垂直于孔道中心线。

3）成孔用管道应密封良好，接头应严密且不得漏浆。

4）灌浆孔的间距：对预埋金属螺旋管不宜大于30m；对抽芯成形孔道不宜大于12m。

5）在曲线孔道的曲线波峰部位应设置排气兼泌水管，必要时可在最低点设置排水孔。

6）灌浆孔及泌水管的孔径应能保证浆液畅通。

检查数量：全数检查。检验方法：观察，钢直尺检查。

（4）预应力筋束形控制点的竖向位置偏差应符合表5.3的规定。检查数量：在同一检验批内，抽查各类型构件中预应力筋总数的5%，且对各类型构件均不少于5束，每束不应少于5处。检验方法：钢直尺检查。束形控制点的竖向位置偏差合格点率应达到90%及以上，且不得有超过表中数值1.5倍的尺寸偏差。

表 5.3 束形控制点的竖向位置允许偏差

截面高（宽）度/mm	$h \leqslant 300$	$300 < h \leqslant 1500$	$h > 1500$
允许偏差/mm	±5	±10	±15

（5）无黏结预应力筋的铺设除应符合第（4）条的规定外，尚应符合下列要求。

1）无黏结预应力筋的定位应牢固，浇筑混凝土时不应出现移位和变形。

2）端部的预埋铺垫板应垂直于预应力筋。

3）内埋式固定端垫板不应重叠，锚具与垫板应贴紧。

4）无黏结预应力筋成束布置时应能保证混凝土密实并能裹住预应力筋。

5）无黏结预应力筋的护套应完整，局部破损处应采用防水胶带缠绕紧密。

检查数量：全数检查。检验方法：观察。

（6）浇筑混凝土前穿入孔道的后张法有黏结预应力筋，宜采取防止锈蚀的措施。检查数量：全数检查。检验方法：观察。

5.5.4　张拉和放张

5.5.4.1　主控项目

（1）预应力筋张拉或放张时，混凝土强度应符合设计要求；当设计无具体要求时，不应低于设计的混凝土立方体抗压强度标准值的75%。检查数量：全数检查。检验方法：检查同条件养护试件试验报告。

（2）预应力筋的张拉力、张拉或放张顺序及张拉工艺应符合设计及施工技术方案的要求，并应符合下列规定。

1）当施工需要超张拉时，最大张拉应力不应大于国家现行标准《混凝土结构设计规范》（GB 50010—2010）的规定。

2）张拉工艺应能保证同一束中各根预应力筋的应力均匀一致。

3）后张法施工中，当预应力筋是逐根或逐束张拉时，应保证各阶段不出现对结构不利的应力状态；同时宜考虑后批张的预应力筋所产生的结构构件的弹性压缩对先批张拉预应力筋的影响，确定张拉力。

4）先张拉预应力筋放张时，宜缓慢放松锚固装置，使各根预应力筋同时缓慢放松。

5）当采用应力控制方法张拉时，应校核预应力筋的伸长值。实际伸长值与设计计算理论伸长值的相对允许偏差为±6%。

检查数量：全数检查。检验方法：检查张拉记录。

（3）预应力筋张拉锚固后建立的预应力值与工程设计规定检验值的相对允许偏差为±5%。检查数量：对先张法施工，每工作班抽查预应力筋总数的1%，且不少于3根；对后张法施工，在同一检验批内，抽查预应力筋总数的3%，且不少于5束。检验方法：对先张法施工，检查预应力筋应力检测记录；对后张法施工，检查见张拉记录。

（4）张拉过程中应避免预应力筋断裂或滑脱；当发生断裂或滑脱时，必须符合下列规定。

1）对后张法预应力结构构件，断裂或滑脱的数量严禁超过同一截面预应力筋总根数的3%，且每束钢丝不得超过一根；对多跨双向连续板，其同一截面应按每跨计算。

2）对先张法预应力构件，在浇筑混凝土前发生断裂或滑脱的预应力筋必须予以更换。

检查数量：全数检查。检验方法：观察、检查张拉记录。

5.5.4.2　一般项目

先张法预应力筋张拉后与设计位置的偏差不得大于5mm，且不得大于构件截面短边边长的4%。检查数量：每工件班抽查预应力筋总数的3%，且不少于3束。检验方法：钢直尺检查。

5.5.5　灌浆及封锚

5.5.5.1　主控项目

（1）后张法有黏结预应力筋张拉后应尽早进行孔道灌浆，孔道内水泥浆应饱满、密实。

检查数量：全数检查。检验方法：观察、检查灌浆记录。

（2）锚具的封闭保护应符和设计要求，当设计无具体要求时，应符合下列规定。

1）应采取防止锚具腐蚀和遭受机械损伤的有效措施。

2）凸出式锚固端锚具的保护层厚度不应小于 50mm。

3）外露预应力筋的保护层厚度：处于正常环境时，不应小于 20mm；处于易受腐蚀的环境时，不应小于 50mm。

检查数量：在同一检验批内，抽查预应力筋总数的 5%，不少于 5 处。检验方法：观察，钢直尺检查。

5.5.5.2 一般项目

（1）后张法预应力筋锚固后的外露部分宜采用机械方法切割，其外露长度不宜小于预应力筋直径的 1.5 倍，且不宜小于 30mm。检查数量：在同一检验批内，抽查预应力筋总数的 3%，且不少于 5 束。检验方法：观察，钢直尺检查。

（2）灌浆用水泥浆的水灰比不应大于 0.45，搅拌后 3h 泌水率不大于 2%，且不应大于 3%。泌水应能在 24h 内全部重新被水泥浆吸收。检查数量：同一配合比检查一次。检验方法：检查水泥浆性能试验报告。

（3）灌浆用水泥浆的抗压强度不应小于 30N/mm²。检查数量：每工作班留置一组边长为 70.7mm 的立方体试件。检验方法：检查水泥浆强度试验报告。一组试件由 6 个试件组成，试件应标准养护 28d；抗压强度为一组试件的平均值，当一组试件中抗压强度最大值或最小值与平均值相差超过 20% 时，应取中间 4 个试件强度的平均值。

5.5.6 预应力混凝土工程施工安全技术

预应力混凝土工程施工有一系列安全问题，如张拉钢筋时断裂伤人、电张时触电伤人等。因此，应注意以下技术环节。

（1）高压液压泵和千斤顶，应符合产品说明书的要求。机具设备及仪表，应由专人使用和管理，并定期维护与检验。

（2）张拉设备测定期限，不宜超过半年。当遇下列情况之一时应重新测定：千斤顶经拆卸与修理；千斤顶久置后使用；压力计受过碰撞或出现过失灵；更换压力计；张拉中发生多根筋破断事故或张拉伸长值误差较大。弹簧测力计应在压力试验机上测定。

（3）预应力筋的一次伸长值不应超过设备的最大张拉行程。

（4）操作千斤顶和测量伸长值的人员，应站在千斤顶侧面操作，严格遵守操作规程。液压泵开动过程中，不得擅自离开岗位。如需离开，必须把液压阀门全部松开或切断电路。

（5）钢丝束墩头锚固体系在张拉过程中应随时拧上螺母；锚固时如遇钢丝束偏长或偏短，应增加或用连接器解决。

（6）负荷时严禁换液压管或压力计。

（7）机壳必须接地，经检查线路绝缘确属可靠后方可试运行。

（8）锚、夹具应有出厂合格证，并经进场检查合格。

（9）螺纹端杆与预应力筋的焊接应在冷拉钱进行，冷拉时螺母应位于螺纹端杆的端部，经冷拉后螺纹端杆不得发生塑性变形。

（10）帮条锚具的帮条应与预应力筋同级别，帮条按 120° 等分，帮条与衬板接触的截面在一个垂直面上。

（11）施焊时严禁将地线搭在预应力筋上，且严禁在预应力筋上引弧。

（12）锚具的预紧力应取张拉力的 120%～130%。顶紧锚塞时用力不要过猛以免钢丝断裂。

（13）切断钢丝时应在生产线中间，然后再在剩余段的中点切断。

（14）台座两端、千斤顶后面应设防护设施，并在台座长度方向每隔 4～5m 设一个防护架。台座、预应力筋两端严禁站人，更不准进入台座。

（15）预应力筋放开，应缓慢，防止冲击。用乙炔或电弧切割时应采取隔热措施以防止烧伤构件端部混凝土。

（16）锥锚式千斤顶张拉钢丝束时，应使千斤顶张拉缸进油至压力计略起动后，检查并调整使每根钢丝的松紧一致，然后再打紧楔块。

（17）电张时作钢筋的绝缘处理。先试张拉，检查电压、电流、电压降是否符合要求。停电冷却 12h 后，将预应力筋、螺母、垫板、预埋铁板相互焊牢。电张构件两端应设防护设施。操作人员必须穿绝缘鞋、戴绝缘手套，操作时站在构件侧面。电张时发生碰火现象应立即进行停电处理后方可继续。电张中经常检查电压、电流、电压降、温度、通电时间等，如通电时间较长、混凝土发热、钢筋伸长缓慢或不伸长，应立即停电，待钢筋冷却后再加大电流进行。冷拉钢筋电热张拉的重复张拉次数不应超过 3 次。采用预埋金属管孔道的不得电张。孔道灌浆须在钢筋冷却后进行。

思 考 题

1. 预应力混凝土有何特点？
2. 试述台座的作用、分类。
3. 试述先张法夹具的作用与要求。
4. 先张法的张拉设备有哪些？
5. 试述先张法张拉程序。
6. 超张拉的作用是什么？有何要求？
7. 预应力筋放张的条件是什么？
8. 预应力筋放张有哪些要求？
9. 试述锚具的作用与要求。
10. 后张法张拉设备有哪些？
11. 后张法是如何预留孔道的？
12. 后张法的张拉顺序是如何确定的？
13. 孔道灌浆的作用是什么？对灌浆材料有何要求？

习 题

一、填空题

1. 作预应力用的混凝土强度等级一般不得低于_____。
2. 后张法预应力混凝土孔道灌浆的目的是_____。

3. 无黏结预应力筋的组成包括_____、_____、_____。

二、单选题

1. 预应力混凝土是在结构或构件的（　　）预先施加压应力而成。

A. 受压区　　　　　　　B. 受拉区　　　　C. 中心线处　　　　D. 中性轴处

2. 预应力先张法施工适用于（　　）。

A. 现场大跨度结构施工　　　　　　B. 构件厂生产大跨度构件

C. 构件厂生产中、小型构件　　　　D. 现在构件的组并

3. 先张法施工时，当混凝土强度至少达到设计强度标准值的（　　）时，方可放张。

A. 50%　　　　　　B. 75%　　　　　　C. 85%　　　　　　D. 100%

4. 后张法施工较先张法的优点是（　　）。

A. 不需要台座、不受地点限制　　　B. 工序少

C. 工艺简单　　　　　　　　　　　D. 锚具可重复利用

5. 无黏结预应力的特点是（　　）。

A. 需留孔道和灌浆　　　　　　　　B. 张拉时摩擦阻力大

C. 易用于多跨连续梁板　　　　　　D. 预应力筋沿长度方向受力不均

6. 无黏结预应力筋应（　　）铺设。

A. 在非预应力筋安装前　　　　　　B. 与非预应力筋安装同时

C. 在非预应力筋安装完成后　　　　D. 按照标高位置从上向下

7. 曲线铺设的预应力筋应（　　）。

A. 一端张拉　　　　　　　　　　　B. 两端分别张拉

C. 一端张拉后另一端补强　　　　　D. 两端同时张拉

8. 无黏结预应力筋张拉时，滑脱或断裂的数量不应超过结构同一截面预应力筋总量的（　　）。

A. 1%　　　　　　　B. 2%　　　　　　C. 3%　　　　　　　D. 5%

9. 预应力钢筋的制作工序为（　　）。

A. 冷拉、配料、对焊　　　　　　　B. 冷拉、对焊、配料

C. 配料、对焊、冷拉　　　　　　　D. 配料、冷拉、对焊

10. 预应力筋超张拉 5% 并持荷 2min，其目的是（　　）。

A. 减少混凝土徐变引起的应力损失　　B. 减少预应力筋松弛引起的应力损失

C. 建立较大的预应力值　　　　　　　D. 张拉更彻底

三、多选题

1. 对于预应力混凝土结构，其钢材要求（　　）。

A. 高强　　　　　　　　　　　　　B. 可塑性好

C. 与混凝土黏结可靠　　　　　　　D. 变形小

E. 易于加工

2. 后张法施工的优点是（　　）。

A. 经济　　　　　　　　　　　　　B. 不受地点限制

C. 不需要台座　　　　　　　　　　D. 锚具可重复利用

E. 工艺简单

3. 无黏结预应力混凝土的施工方法（　　）。

A. 为先张法与后张法结合 　　　　B. 工序简单

C. 属于后张法 　　　　D. 属于先张法

E. 不需要预留孔道和灌浆

4. 无黏结预应力施工的主要问题是（　　）。

A. 预应力筋表面刷涂料 　　　　B. 无黏结预应力筋的铺设

C. 张拉 　　　　D. 端部锚头处理

E. 预留孔道和灌浆

5. 无黏结预应力筋（　　）。

A. 曲线铺设时曲率可垫铁马凳控制

B. 强度可以充分发挥

C. 宜两端同时张拉

D. 可采用钢绞线制作

E. 应在混凝土结硬后铺放

第6章 结 构 安 装 工 程

【本章要点】

本章介绍了吊装工程施工的基本知识。内容包括起重卷扬机、钢丝绳、描碗、吊具、索具等的规格和使用注意事项。介绍了各种起重机械的特点、工作性能与适用性，并详细叙述了柱、吊车梁、屋架等几种基本构件的吊装工艺。

【学习要求】

了解起重机械的功能，掌握构件吊装的工艺，同时了解单层工业厂房的吊装方法等。

结构安装工程是用各种类型的起重机械将预制的结构构件安装到设计位置的施工过程，是装配式结构工程施工的主导工种工程，它直接影响装配式结构工程的施工进度、工程质量和成本。

装配式结构工程的施工特点是结构构件生产工厂化、现场施工装配化。这种施工方法可以改善工人的劳动条件，提高劳动生产率，加快施工进度，降低工程成本。为了充分发挥装配化施工的优越性，在拟定结构安装工程施工方案时，要根据结构特点、机械设备条件及施工工期的要求，合理地选择安装机械，确定合理的构件安装工艺、结构安装方法、起重机开行路线和构件的平面布置，以达到缩短工期、保证工程质量、降低工程成本的目的。

6.1 起 重 机 具

6.1.1 卷扬机

卷扬机又称绞车，是结构吊装最常用的工具。按驱动方式可分手动卷扬机和电动卷扬机。用于结构吊装的卷扬机多为电动卷扬机。电动卷扬机主要由电动机、卷筒、电磁制动器和减速机构等组成，如图6.1所示。

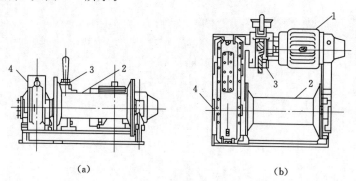

(a) (b)

图6.1 电动卷扬机

(a) 立面图；(b) 平面图

1—电动机；2—卷筒；3—电磁制动器；4—减速机构

使用卷扬机应注意：

（1）为使钢丝绳能自动在卷筒上往复缠绕，卷扬机的安装位置应使距第一个导向滑轮的距离 l 为卷筒长度 a 的 15 倍，即当钢丝绳在卷筒边时，与卷筒中垂线的夹角不大于 2°，如图 6.2 所示。

（2）钢丝绳引入卷筒时应接近水平，并应从卷筒的下面引入，以减少卷扬机的倾覆力矩。

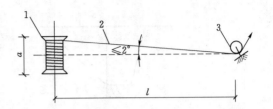

图 6.2 卷扬机与第一个导向滑轮的布置
1—卷筒；2—钢丝绳；3—第一个导向油轮

（3）卷扬机在使用时必须可靠地固定，如基础固定、压重物固定、设地锚固定，或利用树木、构筑物等固定。

6.1.2 钢丝绳

钢丝绳是起重机械中用于悬吊、牵引或捆缚重物的柔性件。它是由许多根直径为 0.4～2mm、抗拉强度为 1200～2200MPa 的钢丝按一定规则捻制而成。按照捻制方法不同，分为单绕、双绕和三绕。土木工程施工中常用的是双绕钢丝绳，是由钢丝捻成股，再由多股围绕绳芯绕成绳。双绕钢丝绳按照捻制方向分为同向绕、交叉绕和混合绕三种，如图 6.3 所示。同向绕是指钢丝捻成股的方向与股捻成绳的方向相同。这种绳的柔性好，表面光滑磨损小，但易松散和扭转，不宜悬吊重物。交叉绕是指钢丝捻成股的方向与股捻成绳的方向相反。这种绳不易松散和扭转，宜作起吊绳，但柔性差。混合绕指相邻的两股的钢丝绕向相反，性能介于二者之间，制造复杂，用得较少。

 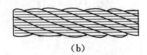 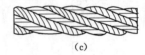

（a）　　　　　　　　　（b）　　　　　　　　　（c）

图 6.3 双绕钢丝绳的绕向
（a）同向绕；（b）交叉绕；（c）混合绕

结构安装中常用的钢丝绳按每股钢丝数量的不同又可分为 6×19＋1（即 6 股，每股 19 根钢丝，加 1 根绳芯），6×37＋1 和 6×61＋1 三种。6×19＋1 钢丝绳在绳的直径相同的情况下，钢丝粗，比较耐磨，但较硬，不易弯曲，一般用作缆风绳；6×37＋1 钢丝绳比较柔软，可用作穿滑轮组和吊索；6×61＋1 钢丝绳质地软，主要用于重型起重机械中。

钢丝绳使用时应注意以下事项：

（1）钢丝绳穿过滑轮组时，滑轮直径应比绳直径大 1～1.25 倍。

（2）应定期对钢丝绳加油润滑，以减少磨损和腐蚀。

（3）使用钢丝绳时，应事先进行检查核定。

6.1.3 锚碇

地锚，是用来固定缆风绳和卷扬机的，是保证系缆构件稳定的重要组成部分，一般有桩式锚碇和水平锚碇两种。桩式锚碇是用木桩或型钢打入土中而成；水平锚碇可承受较大荷载，分无板栅水平锚碇和有板栅水平锚碇两种，如图 6.4 所示。

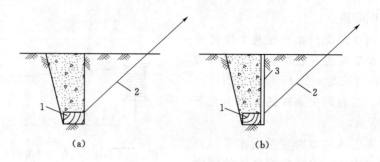

图 6.4 水平锚碇

(a) 无板栅锚碇；(b) 有板栅锚碇

1—横梁；2—钢丝绳（或拉杆）；3—板栅

6.1.4 其他机具

6.1.4.1 滑轮组

滑轮组是由一定数量的定滑轮和动滑轮穿绕钢丝绳组合而成的，如图 6.5 所示。它既可以省力，又可改变用力方向，是起重机械中不可缺少的部件之一。

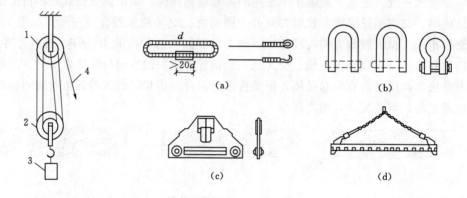

图 6.5 滑轮组

1—定滑轮；2—动滑轮；

3—重物；4—绳索

图 6.6 吊具

(a) 吊索；(b) 卡环；(c) 钢板横吊梁；(d) 铁扁担

6.1.4.2 吊具

吊具主要包括卡环、吊索、横吊梁等，如图 6.6 所示，是吊装时的重要工具。

(1) 吊索（千斤绳）用于绑扎和起吊构件的工具，分为开口和环状两种类型，如图 6.6 (a) 所示。

(2) 卡环（卸甲）用于吊索之间或吊索与构件吊环之间的连接，如图 6.6 (b) 所示。

(3) 横吊梁（铁扁担）用于承受吊索对构件的轴向压力和减少起吊高度，分为钢板横吊梁 [图 6.6 (c)] 和铁扁担 [图 6.6 (d)] 两种类型。

6.2 起 重 机 械

结构吊装工程常用的起重机械主要有桅杆式起重机、自行式起重机、塔式起重机及桥梁施工特殊起重机械等。

6.2.1 桅杆式起重机

桅杆式起重机具有制作简单、装拆方便、起重量大（可达 1000 kN 以上）、受地形限制小等特点。但它的灵活性较差、工作半径小、移动较困难、并需要拉设较多的缆风绳，故一般只适用于安装工程量比较集中的工程。

桅杆式起重机可分为独脚把杆、人字把杆、悬臂把杆和牵缆式桅杆起重机。

6.2.1.1 独脚把杆

独脚把杆由把杆、起重滑轮组、卷扬机、缆风绳和锚碇等组成，如图 6.7 所示。

在使用时，把杆应保持一定的倾角（但倾角 β 不宜大于 $10°$），以便在吊装时，构件不致撞碰把杆。把杆的稳定，主要依靠缆风绳。绳的一端固定在桅杆顶端，另一端固定在锚碇上。

缆风绳一般为 6～12 根，依起重量、起重高度和绳索的强度而定，但不能少于 4 根。缆风绳与地面的角度 α 一般取 $30°$～$45°$，角度过大则对把杆产生较大的压力。缆风绳多采用钢丝绳，以确保施工安全。把杆底部要设置拖子以便移动。

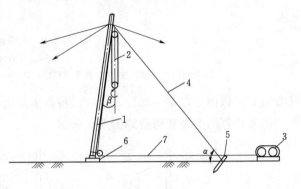

图 6.7　独脚把杆
1—把杆；2—起重滑轮组；3—卷扬机；4—缆风绳；
5—锚碇；6—拖子；7—拉索

根据制作材料不同，把杆主要有以下几种类型：

（1）木独脚把杆通常用独根圆木做成，圆木梢径 20～32cm，起重高度一般为 8～15m，起重量在 30～100kN。起重量大时，也可将 2～3 根圆木绑扎在一起，作为一根把杆使用。

（2）钢管独脚把杆常用钢管直径 200～400mm，壁厚 8～12mm，起重高度可达 30m，起重量可达 450kN。

（3）金属格构式独脚把杆一般用四个角钢作主肢，并由横向和斜向缀条（角钢或扁钢）联系而成，截面多呈正方形。常用截面为 450mm×450mm～1200mm×1200mm 不等。整个把杆由多段拼成，可根据需要调整把杆高度。起重量可达 1000kN 以上，起重高度达 70～80m。把杆所受的轴向力往往很大，因此，对支座及地基要求较高，一般要经过计算。

6.2.1.2 人字把杆

人字把杆是由两根圆木或两根钢管以钢丝绳绑扎或铁件铰接而成，如图 6.8 所示。两杆在顶部相交成 $20°$～$30°$角。人字把杆上部两杆的绑扎点，离杆顶至少 60cm，并用 8 字结捆牢。起重滑轮组和缆风绳均应固定在交叉点处。底部设有拉杆或拉绳，以平衡把杆本身的水平推力。其中一根把杆的底部装有一导向滑轮组，起重索通过它连到卷扬机，另用一钢丝绳连接到锚碇，以保证在起重时底部稳固。人字把杆是前倾的，但倾斜度不宜超过 1/10，并在前、后面各用两根缆风绳拉结。

人字把杆的优点是侧向稳定性较好，缆风绳较少；缺点是起吊构件的活动范围小，故一般仅用于安装重型柱或其他重型构件。

6.2.1.3 悬臂把杆

在独脚把杆的中部或 2/3 高度处装上一根起重臂，即成悬臂把杆。起重杆可以回转和起

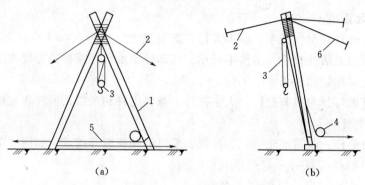

图 6.8　人字把杆

（a）正面；（b）侧面

1—人字把杆；2—缆风绳；3—起重滑轮组；4—导向滑轮；5—拉索（拉杆）；6—主缆风绳

伏变幅；可以固定在某一部位，也可以根据需要沿杆升降。

悬臂把杆的类型和构造如图 6.9 所示。

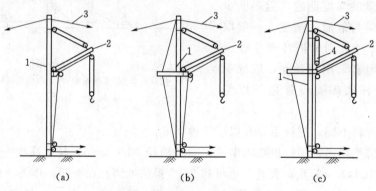

图 6.9　悬臂把杆的类型和点构造

（a）一般形式；（b）带有加劲杆；（c）起重杆可升降

1—把杆；2—悬臂起重杆；3—缆风绳；4—升降悬臂杆的滑轮组

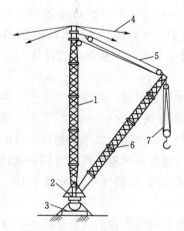

图 6.10　牵缆式桅杆起重机

1—把杆；2—转盘；3—底座；

4—缆风绳；5—起伏滑轮组；

6—吊杆；7—起重滑轮组

悬臂把杆的特点是能够获得较大的起重高度，起重杆能左右摆动 $120°\sim270°$，宜于吊装高度较大的构件。

6.2.1.4　牵缆式桅杆起重机

它是在独脚把杆的根部装一可以 360°回转和起伏的吊杆，如图 6.10 所示。它比独脚把杆工作范围大，而且机动灵活。

起重量在 50kN 以下时，牵缆式桅杆起重机大多用圆木做成，用来吊装一般小型构件；起重量在 100kN 左右时，用无缝钢管做成，把杆高度可达 25m，用于一般工业厂房构件的吊装大型牵缆式把杆起重机，起重量可达 600kN，起重高度达 80m，把杆和吊杆均系角钢组成的格构式截面。这种把杆用于重型工业厂房的吊装或高炉安装。

6.2.2 自行式起重机

自行式起重机又称为流动式起重机，分为履带式起重机和轮胎式起重机两种，后者又分为汽车起重机和轮胎起重机。

自行式起重机的优点是灵活性大，移动方便，缺点是稳定性差。

6.2.2.1 履带式起重机

履带式起重机是一种 $360°$ 全回转式起重机。履带式起重机是由行走装置（履带）、工作机构（起重滑轮组、变幅滑轮组、卷扬机等）、机身及起重臂等部分组成，如图 6.11 所示。履带式起重机的特点是操纵灵活，本身能回转 $360°$。在平坦坚实的地面上能负荷行驶。由于履带的作用，可在松软、泥泞的地面上作业，且可以在崎岖不平的场地行驶。目前，在装配式结构施工中，特别是单层工业厂房结构安装中，履带式起重机得到广泛的使用。履带式起重机的缺点是稳定性较差，不应超负荷吊装，行驶速度慢且履带易损坏路面，因而，转移时多用平板拖车装运。

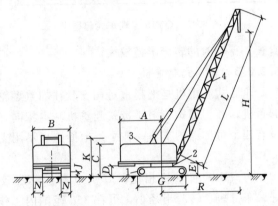

图 6.11 履带式起重机外形图
1—行走装置；2—回转机构；3—机身；4—起重臂；
A、B、C—外形尺寸；L—起重臂长；
H—起重高度；R—起重半径

履带式起重机主要技术性能包括 3 个参数：起重量 Q、起重半径 R 及起重高度 H。其中，起重量 Q 指起重机在相对的臂长和仰角时，安全工作所允许的最大起重物的重量，起重半径 R 指起重机回转中心至吊钩中垂线的水平距离，起重高度 H 指起重机在竖直上限位置时，吊钩中心至停机地面的垂直距离。起重量 Q、起重半径 R、起重高度 H 这 3 个参数之间存在相互制约的关系，其数值的变化取决于起重臂的长度及其仰角的大小。每一种型号的起重机都有几种臂长，当臂长 L 一定时，随起重臂仰角 α 的增大，起重量 Q 和起重高度 H 增大，而起重半径 R 减小。当起重臂仰角 α 一定时，随着起重臂长 L 增大，起重半径 R 及起重高度 H 增大，而起重量 Q 减小。

起重量 Q、起重高度 H 与起重臂长度 L，及其仰角 α 之间的几何关系为：

$$R = F + L$$
$$H = E + L\sin\alpha - d_0 \tag{6.1}$$

式中　R——履带式起重机的起重半径，m；

F——起重臂下铰中心距回转中心距离，m；

L——起重臂的长度，m；

α——起重臂的仰角，$(°)$；

E——起重下铰中心距地面的高度，m；

d_0——吊钩中心至起重臂顶端定滑轮中心最小距离，m。

6.2.2.2 汽车式起重机

汽车式起重机是把起重机构安装在普通载重汽车或专用汽车底盘上的一种自行式起重机。起重臂的构造形式有桁架臂和伸缩臂两种，其行驶的驾驶室与起重操纵室是分开的。如

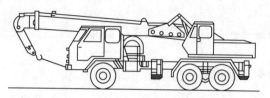

图 6.12 QY16 型汽车式起重机

图 6.12 所示。汽车式起重机的优点是行驶速度快、转移迅速、对路面破坏性小。因此，特别适用于流动性大，经常变换地点的作业。其缺点是安装作业时稳定性差，为增加其稳定性，设有可伸缩的支腿，起重时支腿落地。这种起重机不能负荷行驶。由于机身长，行驶时的转弯半径较大。

6.2.2.3 轮胎式起重机

轮胎式起重机是把起重机构安装在加重型轮胎和轮轴组成的特制底盘上的一种全回转式起重机，其上部构造与履带式起重机基本相同，为了保证安装作业时机身的稳定性，起重机设有四个可伸缩的支腿。在平坦地面上可不用支腿进行小起重量吊装及吊物低速行驶，如图 6.13 所示。

与汽车式起重机相比，其优点有：轮距较宽、稳定性好、车身短、转弯半径小，可在 360°范围内工作。但其行驶时对路面要求较高，行驶速度较汽车式慢，不适于在松软泥泞的地面上工作。

6.2.3 塔式起重机

塔式起重机是一种塔身直立，起重臂安装在塔身顶部可做 360°回转的起重机，一般具有较大的起重高度和工作幅度，工作速度快、生产效率高，广泛用于多层和高层装配式及现浇式结构的施工。

塔式起重机一般可按其功能特点分成轨道式、爬升式和附着式三类。

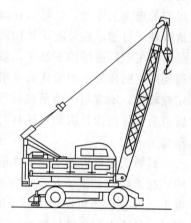

图 6.13 轮胎式起重机

6.2.3.1 轨道式塔式起重机

轨道式塔式起重机能负荷行走，能同时完成垂直和水平运输，使用安全，能在直线和曲线的轨道上行走，生产效率高。但是需要铺设轨道，装拆、转移费工费，因而台班费用较高。轨道式塔式起重机常用的型号有 QT1-2 型、QT-16 型、QT-40 型、QT1-6 型、QT-60/80 型、QTZ-800 型、QTZ-315 型、QTZ-125 型等。

6.2.3.2 爬升式塔式起重机

高层结构施工，若采用一般轨道式塔式起重机，其起重高度已不能满足构件的吊装要求，需采用自升式塔式起重机。

爬升式塔式起重机是自升式塔式起重机的一种，它安装在建筑物内部的框架梁上或电梯井上，一般每两层爬升一次，依靠套架托架和爬升系统自己爬升。爬升式起重机由底座套架、塔身、塔顶、行车式起重臂、平衡臂等部分组成。其特点是机身体积小，重量轻，安装简单、不需要铺设轨道，不占用施工场地；但塔基作用于楼层，建筑结构需进行相对加固，拆卸时需在屋面架设辅助起重设备。该机适用于施工现场狭窄的高层框架结构的施工。

6.2.3.3 附着式塔式起重机

附着式塔式起重机直接固定在建筑物近旁的混凝土基础上，依靠爬升系统，随着建筑施工进度而自行向上接高。每隔 20m 左右将塔身与建筑物的框架用锚固装置联结起来。它是一种能适应多种工作情况的起重机，它还可装在建筑物内部做爬升式塔式起重机使用或作轨道式塔式起重机使用，如图 6.14 所示。

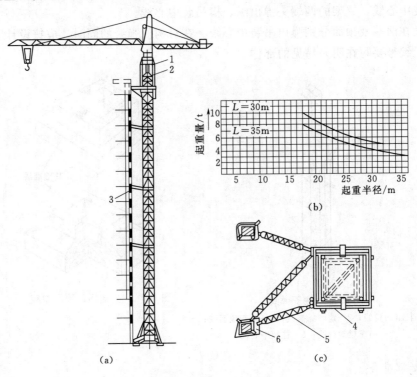

图 6.14 附着式塔式起重机

(a) 全貌图；(b) 性能曲线；(c) 锚固装置图

1—液压千斤顶；2—顶升套架；3—锚固装置；4—塔身套箍；5—撑杆；6—柱套箍

6.3 构件吊装工艺

6.3.1 构件吊装前的准备工作

6.3.1.1 场地清理和铺设道路

起重机进场之前，按照施工平面布置图中标出的起重机开行路线、构件运输和堆放位置，清理场地、平整压实和铺设临时道路，并做好排水设施。

6.3.1.2 构件外观和强度检查

构件吊装前应检查构件的外形尺寸、预埋件位置、吊环规格、表面平整度、表面孔洞、蜂窝麻面、露筋裂缝等是否符合规范要求，以及混凝土强度是否达到 75％ 以上设计的混凝土强度标准值（如吊装后张法预应力混凝土构件时，则孔道灌浆的水泥砂浆强度应不低于 15MPa）。

6.3.1.3 构件弹线与编号

吊装前，在构件表面弹出吊装中心线，作为构件吊装对位、校正的依据。对形状复杂的构件，还要标出重心及绑扎点的位置。

（1）柱子在柱身三个面上弹出吊装中心线。所弹中心线位置应与柱基杯口面上所弹中心线相吻合。此外，在柱顶和牛腿面上还要弹出屋架及吊车梁的吊装中心线，如图 6.15 所示。

（2）屋架在上弦顶面弹出几何中心线，并从跨度中央向两端分别弹出天窗架、屋面板或析条的吊装中心线，屋架的两端头弹出纵、横吊装中心线。

（3）梁在两端及顶面分别弹出吊装中心线。在对构件弹线的同时，应按设计图纸将构件进行编号。编号要写在明显易见的部位。

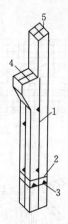

图 6.15 柱子弹线

1—柱身对位线；2—地坪标高线；3—基础顶面线；

4—吊车梁对位线；5—柱顶中心线

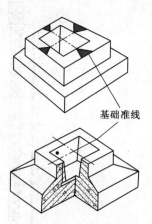

图 6.16 基础杯口顶面弹定位线

6.3.1.4 基础准备

对柱下独立杯形基础，应在基础顶面弹出十字交叉的吊装中心线（即纵、横轴线），作为柱在平面位置吊装对位及校正的依据，如图 6.16 所示。为了保证所有柱牛腿面设计标高的一致性，必须对所有柱基的杯底标高进行抄平。在混凝土浇筑时，杯底标高要较设计标高低 50mm，以便在抄平时用水泥砂浆或细石混凝土将杯底抹平至所需标高。

6.3.1.5 构件的运输

预制构件如柱、屋架、梁、桥面板等一般在现场预制或工厂预制。在许可的条件下，预制尽可能采用叠浇法。重叠层数由地基承载能力和施工条件确定，一般不超过 4 层，上下层间应做好隔离层，上层构件的浇筑应等到下层构件混凝土达到设计强度的 30% 以后才可进行。整个预制场地应夯实平整，不可因受荷、浸水而产生不均匀沉陷。

工厂预制的构件需在吊装前运至工地，运输宜选用载重量较大的载重汽车和半拖式或全拖式的平板拖车，将构件直接运到工地构件堆放处。

对构件运输时的混凝土强度要求是：设计无规定的，不应低于设计的混凝土强度标准值的 75%。在运输过程中，构件的支承位置和方法，应根据设计的吊（垫）点设置，不应引起超应力和使构件损伤。叠放运输构件之间必须用隔板或垫木隔开。上、下垫木应保持在同一垂直线上，支垫数量要符合设计要求以免构件受损；运输道路要有足够的宽度和转弯半径。图 6.17 为构件运输示意图。

6.3.1.6 构件的堆放

构件应按施工平面图堆放，避免二次搬运。堆放构件的地面应平整坚实，排水良好，以防构件因地面下沉而倾倒。叠放构件时，构件之间的垫木要在同一条垂直线上，以免构件折

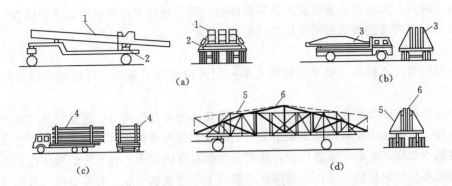

图 6.17 构件运输示意图

(a) 拖车运输柱子；(b) 运输梁；(c) 运送大型预制板；(d) 用钢拖架运输桁架
1—柱子；2—垫木；3—大型梁；4—预制板；5—钢拖架；6—大型桁架

断。构件叠放的高度，按构件混凝土强度、地面的耐压力和构件叠放的稳定性确定。一般梁可叠放 2～3 层，屋面板可 6～8 层。

6.3.1.7 构件应力核算和临时加固

由于构件吊装与使用时的受力状态不同，可能导致构件吊装损坏。因而，构件在吊装前须验算吊装应力，并采取适当的临时加固措施。

6.3.2 起重机械与结构吊装方法的选用

装配式建筑结构、桥梁及各种构筑物均由柱、梁、板等构件组成，因此，在吊装构件时，需根据结构的具体情况，选择起重机械及各种物件吊装工艺。一般来讲，常见的预制拼装式结构，主要有单层工业厂房、预制框架式结构、预制式大板、钢结构、装配式钢筋混凝土及预应力钢筋混凝土桥梁、地下管、槽等。

6.3.2.1 起重机械的选用原则

预制装配式结构吊装用的各种类型起重机械，选用时应根据工程具体情况，综合考虑下列因素来选择起重机类型和型号：①结构的平面尺寸及平面布置；②构件的重量和吊装高度；③施工现场条件；④现有的起重设备条件；⑤吊装工程量和吊装计划工期。

总的来讲，起重机类型的选择需视施工现场条件、结构类型而定，并综合考虑现有的起重设备条件，而起重机型号选择取决于起重量、起重高度及起重半径 3 个工作参数。3 个工作参数均应满足结构吊装的要求：

(1) 起重机的起重量必须大于所吊构件的重量与索具重量之和。

(2) 起重高度必须满足所吊构件的吊装高度要求，即满足下式要求。

$$H \geqslant h_1 + h_2 + h_3 + h_4 \tag{6.2}$$

式中 H——起重机起重高度，m，从停机面至吊钩中心；

h_1——安装支座表面高度，m，从停机面算起；

h_2——安装空隙，m，即所吊构件支承底面至安装支座表面高度，一般不小于 0.3m；

h_3——绑扎点到所吊构件支承底面距离，m；

h_4——索具高度，m，自绑扎点至吊钩中心，视具体情况而定。

(3) 当起重机可以不受限制地开到所吊构件附近去吊装构件时，可不考虑起重半径；但当起重机受限制不能靠近吊装位置去吊装构件时，则应验算当起重机的起重半径为一定值时的起重量与起重高度能否满足吊装构件的要求。

6.3.2.2 结构吊装方法的选用

对于预制装配式结构，根据结构形式的不同及现场施工条件，可采用不同的结构吊装方法。

（1）分件吊装法即起重机每开行一次，仅吊装一种或几种构件，起重机分几次开行吊装完全部构件。本方法由于每次基本是吊装同类型或相近类型构件，索具不需要经常更换，操作方法也基本相同，所以吊装速度快，能充分发挥起重机效率，各工序的操作也比较方便和安全；同时容易组织吊装、校正、焊接、灌浆等工序的流水作业，容易安排构件的供应和现场布置工作。其缺点是不能为后续工序及早提供工作面，起重机的开行路线较长。

对于多层装配式结构的吊装，分件吊装法按其流水方式的不同，又分为分层分段流水吊装法和分层大流水吊装法。前者是以一个楼层为一个施工层（如果柱子是两层一节，则以两个楼层为一个施工层），而每一个施工层又划分为若干个施工段，以便于构件吊装、校正、焊接以及接头灌浆等工序的流水作业；后者是每个施工层不再划分施工段，而按一个楼层组织各工序的流水作业。

分件吊装法较适合于采用移动较为方便的起重机械（如自行式起重机、轨道式塔式起重机等）吊装单层工业厂房、多层装配式结构等预制装配式结构。

（2）综合吊装法是以一个柱网（节间）或若干个柱网（节间）为一个施工段，以结构的全高为一个施工层来组织各工序的流水作业，起重机在一个施工段内吊装完全部构件至结构的全高，然后转移到下一个施工段。起重机一次开行便可完成全部结构吊装。

采用综合吊装法，起重机开行路线短，停机点少；每吊完一个施工段，后续工种就可进入工作，使各工种交叉平行流水作业，有利于缩短工期。其缺点是由于同时吊装不同类型构件，吊装速度较慢；构件供应紧张和平面布置复杂；构件校正困难，最后固定时间较紧，结构稳定性难以保证；工人在操作过程中上下频繁，劳动强度大。

综合吊装法目前较少采用，对于某些结构（如门式框架结构）有特殊要求，或使用移动较为困难的起重机械（如桅杆式起重机）时，才采用综合吊装法。

（3）桥梁施工预制梁吊装方法选用在岸上或浅水区，预制梁的安装可采用龙门吊机、汽车吊机及履带吊机；水中梁跨安装常采用穿巷吊机、浮吊及架桥机等方法。预制梁安装方法如下。

1）用跨墩龙门吊机安装：适用于岸上和浅水滩以及不通航浅水区域安装预制梁。

2）用穿巷吊机安装：穿巷吊机可支承在桥墩和已架设的桥面上，不需要在岸滩或水中另搭脚手与铺设轨道，因此，适用于在水深流急的大河上架设水上桥孔。

3）自行式吊车安装：陆地桥梁、城市高架桥预制梁安装常采用自行吊车。

4）浮吊安装：浮吊安装预制梁，施工速度快，高空作业较少，是航运河道上架梁常用的办法。

5）架桥机安装：架桥机架设桥梁一般用于长大河道上，公路上采用贝雷梁构件拼装架桥机，铁路上采用 800kN、1300kN、1600kN 架桥机。

6.3.2.3 构件吊装工艺

无论是装配式建筑结构还是桥梁或其他构筑物，预制构件的吊装过程一般包括绑扎、起吊、就位、临时固定、校正和最后固定等工序。

1. 柱的吊装

(1) 柱的绑扎。柱身绑扎点和绑扎位置,要保证柱身在吊装过程中受力合理,不变形或裂断。一般中、小型柱绑扎一点;重型柱或配筋少而细长的柱,绑扎两点甚至两点以上以减少柱的吊装弯矩;必要时,需经吊装应力和裂缝控制验算后确定。对附有牛腿的柱子,如果采用一点绑扎时,绑扎位置在牛腿下面。

按柱吊起后柱身是否能保持垂直状态,分为斜吊法和直吊法。相应的绑扎方法有:第一种是斜吊绑扎法(图 6.18),用于柱的宽面抗弯能力满足吊装要求的情况。此法无需将预制柱翻身,但因起吊后柱身与杯形柱基础底不垂直,对线就位较难。另外一种是直吊绑扎法(图 6.19),适用于柱宽面抗弯能力不足,必须将预制柱翻身后狭面向上,刚度增大,再绑扎起吊。此法因吊索需跨过柱顶,需要较长的起重杆。

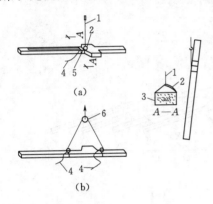

图 6.18 斜吊绑扎法
(a) 一点绑扎;(b) 两点绑扎
1—吊索;2—椭圆销卡环;3—柱子;
4—棕绳;5—铅丝;6—滑车

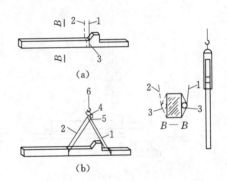

图 6.19 直吊绑扎法
(a) 一点绑扎;(b) 两点绑扎
1—第一支吊索;2—第二支吊索;3—活络卡环;
4—铁扁担;5—滑车;6—长吊

(2) 柱的起吊柱的起吊方法,按柱在吊升过程中柱身运动的特点分旋转法和滑行法;按所用起重机的数量分,有单机起吊和双机抬吊。

单机起吊的工艺如下:

1) 旋转法。此法系起重机边起钩、边旋转,使柱身绕柱脚旋转而逐渐吊起。其要点是保持柱脚位置不动,并使柱的吊点、柱脚中心和杯口中心三点共圆,如图 6.20 所示。特点是柱在吊升中所受震动较小,但对起重机的机动性要求高,所以它一般采用自行式起重机。

2) 滑行法。此法系起吊时起重机不旋转,只起升吊钩,使柱脚在吊钩上升过程中沿着地面逐渐向前滑行,直至柱身直立,要点是柱的吊点要布置在杯口旁,并与杯口中心 2 点共圆弧。其特点是起重机只需转动吊杆,即可将柱子吊装就位,较安全,但滑行过程中柱子受震动,故只有起重机场地受限时才采用此法,如图 6.21 所示。

(3) 柱的对位和临时固定。柱脚插入杯口后,使柱的安装中心线对准杯口的安装中心线,然后将柱四周 8 只楔子打紧临时固定。吊装重型、细长柱时,除采用以上措施临时固定外,必要时可增设缆风绳拉锚。

(4) 柱的校正包括平面定位轴线、标高和垂直度。柱平面定位轴线在临时固定前的对位

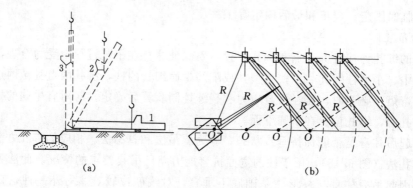

图 6.20　旋转法吊柱

（a）旋转过程；（b）平面布置

1—柱子平卧时；2—起吊中途；3—直立

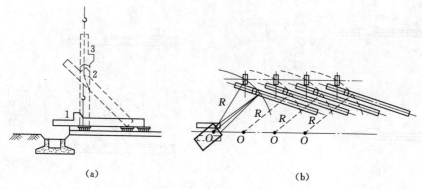

图 6.21　滑行法吊柱

（a）滑行过程；（b）平面布置

1—柱子平卧时；2—起吊中途；3—直立

时已校正好；标高则在柱吊装前，由调整基础杯底的标高控制在施工验收规范允许的范围以内；而垂直度的校正可用经纬仪的观测和钢管校正器或螺旋千斤顶（柱较重时），如图 6.22 和图 6.23 所示。

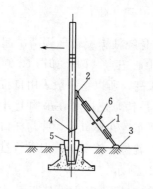

图 6.22　钢管撑杆校正法

1—钢管校正器；2—头部摩擦板；3—底板；
4—钢丝绳；5—楔块；6—转动手柄

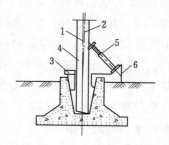

图 6.23　千斤顶斜顶法

1—柱中线；2—铅垂线；3—楔块；4—柱；
5—千斤顶；6—铁簸箕

（5）柱的最后固定。柱校正后，应将楔块以每两个一组对称、均匀、依次打紧，并立即进行最后固定。其方法是在柱脚与杯口的空隙中浇注比柱混凝土强度高一级的细石混凝土。混凝土的浇筑分两次进行。第一次浇至楔块底面以下50mm，待混凝土达到25%的设计强度后，拔出楔块，再浇筑第二次混凝土至杯口顶面，并进行养护。待第二次浇筑的混凝土强度达到70%设计强度后，方能安装上部构件。

2. 吊车梁的安装

吊车梁的吊装必须在基础杯口二次灌筑的混凝土强度达到设计强度的70%以上才能进行。吊车梁绑扎时，两根吊索要长，绑扎点要对称设置，以使吊车梁起吊后能保持水平。吊车梁两头需用溜绳控制。

吊车梁的类型，通常有T型、鱼腹型和组合型等。

吊车梁吊装时，应两点绑扎，对称起吊。起吊后应基本保持水平，对位时不宜用橇棍在纵轴方向撬动吊车梁，以防使柱身受挤动产生偏差。

吊车梁吊装后需校正其标高、平面位置和垂直度。吊车梁的标高主要取决于柱牛腿标高，一般只要牛腿标高准确时，其误差就不大。如仍有微差，可待安装轨道时再调整。在检查及校正吊车梁中心线的同时，可用垂球检查吊车梁的垂直度，如有偏差时，可在支座处加斜垫铁纠正。

一般较轻的吊车梁或跨度较小些的吊车梁，可在屋盖吊装前或吊装后进行校正；而对于较重的吊车梁或跨度较大些的吊车梁，宜在屋盖吊装前进行校正，但注意不可有正偏差（以免屋盖吊装时正偏差迭加超限）。

吊车梁平面位置的校正，常用通线法与平移轴线法，如图6.24和图6.25所示。通线法是根据柱子轴线用经纬仪和钢尺，准确地校核厂房两端的四根吊车梁位置，对吊车梁的纵轴线和轨距校正好之后，再依据校正好的端部吊车梁，沿其轴线拉上钢丝通线，逐根拨正。

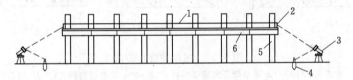

图6.24 通线法校正吊车梁的平面位置

1—钢丝；2—支架；3—经纬仪；4—木桩；5—柱；6—吊车梁

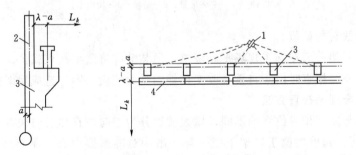

图6.25 平移轴线法校正吊车梁的平面位置

1—经纬仪；2—标志；3—柱；4—柱基础；5—吊车梁

平移轴线法是根据柱子和吊车梁的定位轴线间的距离（一般为750mm），逐根拨正吊车梁的安装中心线。

吊车梁校正后,应立即焊接固定,并在吊车梁与柱的空隙处浇筑细石混凝土。

3. 屋架的吊装

屋盖系统包括有:屋架、屋面板、天窗架、支撑、天窗侧板及天沟板等构件。屋盖系统一般采用按节间进行综合安装:即每安装好一榀屋架,就随即将这一节间的全部构件安装上去。这样做可以提高起重机的利用率,加快安装进度,有利于提高质量和保证安全。

在安装起始的两个节间时,要及时安好支撑,以保证屋盖安装中的稳定。

(1) 屋架的绑扎。

屋架的绑扎点应选在上弦节点处左右对称,并高于屋架重心,以免屋架起吊后晃动和倾翻。翻身或直立屋架时,吊索与水平线的夹角不宜小于 60°,吊装时不宜小于 45°,以免屋架承受过大的横向压力。必要时,为了减小绑扎高度及所受横向压力可采用横吊梁。吊点的数目及位置与屋架的形式和跨度有关,一般应经吊装验算确定。

当跨度不大于 18m 时,采用三点绑扎;当跨度为 18~24m 时,采用四点绑扎。当跨度为 30~36m 时,采用 9m 长的横吊梁,以降低吊装高度和减小吊索对屋架上弦的轴向压力。组合屋架吊装采用四点绑扎,下弦绑木杆加固,如图 6.26 所示。

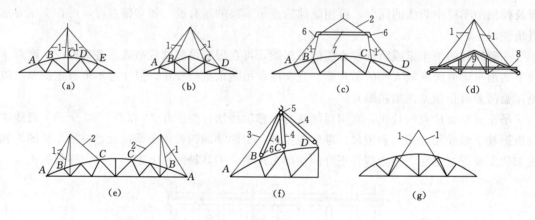

图 6.26 屋架的绑扎方法

(a) 18m 屋架吊装绑扎;(b) 24m 屋架翻身和吊装绑扎;(c) 30m 屋架吊装绑扎;(d) 组合屋架吊装绑扎;
(e) 36m 屋架双机抬吊绑扎;(f) 半榀屋架翻身绑扎;(g) 吊索绑扎在屋架下弦的情况
1—长吊索对折使用;2—单根吊索;3—平衡吊索;4—长吊索穿滑轮组;5—双门滑车;
6—单门滑车;7—横吊梁;8—铅丝;9—加固木杆

(2) 屋架的扶直与就位。

钢筋混凝土屋架一般在施工现场平卧浇筑,吊装前应将屋架扶直就位。屋架是平面受力构件,侧向刚度差。扶直时由于自重会改变杆件的受力性质,容易造成屋架损伤,所以必须采取有效措施或合理的扶直方法。

按照起重机与屋架相对位置的不同,屋架扶直分为正向扶直和反向扶直两种方法。

1) 正向扶直:起重机位于屋架下弦一侧,吊钩对准屋架中心。屋架绑扎起吊过程中,应使屋架以下弦为轴心,缓慢旋转为直立状态。

2) 反向扶直:起重机位于屋架上弦一侧,吊钩对准屋架中心。屋架绑扎起吊过程中,使屋架以下弦为轴心,缓慢旋转为直立状态。

正向扶直和反向扶直的最大不同点是:起重机在起吊过程中,对于正向扶直时要升钩并升臂；而在反向扶直时要升钩并降臂。一般将构件在操作中升臂比降臂较安全，故应尽量采用正向扶直。

屋架扶直后，应立即进行就位。就位指移放在吊装前最近的便于操作的位置。屋架就位位置应在事先加以考虑，它与屋架的安装方法、起重机械的性能有关，还应考虑到屋架的安装顺序，两端朝向，尽量少占场地，便利吊装。就位位置一般靠柱边斜放或以 3～5 榀为一组平行于柱边就位。屋架就位后，应用 8 号铁丝，支撑等与已安装的柱或其他固定体相互拉结，以保持稳定。

（3）屋架的吊升、对位与临时固定。

在屋架吊离地面约 300mm 时，将屋架引至吊装位置下方，然后再将屋架吊升超过柱顶一些，进行屋架与柱顶的对位。

屋架对位应以建筑物的定位轴线为准，对位成功后，立即进行临时固定。第一榀屋架的临时固定，可利用屋架与抗风柱连接，也可用缆风绳固定；后榀屋架可用工具式支撑与前一榀屋架连接，如图 6.27 所示。

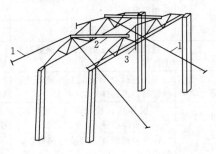

图 6.27 屋架的临时固定
1—缆风绳；2—工具式支撑；3—线坠

（4）屋架的校正与最后固定。

屋架的垂直度应用垂球或经纬仪检查校正，有偏差时采用工具式支撑纠正，并在柱顶加垫铁片稳定。屋架校正完毕后，应立即按设计规定用螺母或电焊固定，待屋架固定后，起重机方可松卸吊钩。中、小型屋架，一般均用单机吊装，当屋架跨度大于 24m 或重量较大时，应采用双机抬吊。

6.4 混凝土结构吊装工程质量要求与安全技术

6.4.1 混凝土结构吊装工程质量要求

（1）在进行构件的运输或吊装前，必须认真对构件的制作质量进行复查验收。此前，制作单位须先行自查，然后向运输单位和吊装单位提交构件出厂证明书（附混凝土试块强度报告），并在自查合格的构件上加盖"合格"印章。

（2）预制构件应进行结构性能检验，结构性能检验不合格的预制构件不得用于混凝土结构。预制构件应在明显部位标明生产单位、构件型号、生产日期和质量验收标志。构件上的预埋件、插筋和孔洞的规格、位置和数量，应符合标准图或设计要求。

预制构件的外观质量应由监理（建设）单位、施工单位等各方面进行鉴定，不应有严重缺陷，也不宜有一般缺陷。对已出现的严重缺陷和一般缺陷，应按技术处理方案进行处理，并重新检查验收。预制构件的外观缺陷的现象和区分，见表 6.1。

预制构件不应有影响结构性能和安装、使用功能的尺寸偏差，对于超过尺寸允许偏差且影响结构性能和安装、使用功能的部位，应按技术处理方案进行处理，并重新检查验收。

进入施工现场的预制构件，其外观质量、尺寸偏差及结构性能应符合标准图或设计要求。预制构件尺寸的允许偏差及检查方法见表 6.2。

表 6.1　　　　　　　　　　　　　　　　　　　**预制构件的外观缺陷**

名称	现　象	严 重 缺 陷	一 般 缺 陷
露筋	构件内钢筋未被混凝土包裹而外露	纵向受力钢筋有露筋现象	其他钢筋有少量露筋现象
蜂窝	混凝土表面缺少水泥砂浆而形成石子外露	构件主要受力部位有蜂窝	其他部位有少量蜂窝现象
孔洞	混凝土中孔穴深度和长度均超过保护层厚度	构件主要受力部位有孔洞	其他部位有少量孔洞现象
夹渣	混凝土中夹有杂物且其深度超过保护层厚度	构件主要受力部位有夹渣	其他部位有少量夹渣现象
疏松	混凝土中局部振捣不密实	构件主要受力部位有疏松	其他部位有少量疏松现象
裂缝	缝隙从混凝土的表面延伸至混凝土内部	构件主要受力部位有影响结构性能或使用功能的裂缝	其他部位有少量不影响结构性能或使用功能的裂缝
连接部位缺陷	构件连接处的混凝土有缺陷及连接钢筋、连接件松动	连接部位有影响结构传力性能的缺陷	连接部位有基本不影响结构传力性能的缺陷
外形缺陷	缺棱掉角、棱角不直、翘曲不平、飞边凸肋等	清水混凝土的构件有影响使用功能或装饰效果的外形缺陷	其他部位混凝土构件有不影响使用功能的外形缺陷
外表缺陷	构件表面麻面、掉皮、起砂、沾污等	具有重要装饰效果的清水混凝土构件有外表缺陷	其他混凝土构件有不影响使用功能的外表缺陷

表 6.2　　　　　　　　　　　　　　　**预制构件尺寸的允许偏差及检查方法**

项　目		允许偏差/mm	检 验 方 法
长度	板、梁	$+10$，-5	钢尺检查
	柱	$+5$，-10	
	墙板	±5	
	薄腹梁、桁架	$+15$，-10	
宽度、高（厚）度	板、梁、柱、墙板、薄腹梁、桁架	±5	钢尺量一端及中部，取其中较大值
侧向弯曲	梁、柱、板	$l/750$ 且 $\leqslant20$	拉线、钢尺量最大侧向弯曲处
	墙板、薄腹梁、桁架	$l/1000$ 且 $\leqslant20$	
预埋件	中心线位置	10	钢尺检查
	螺栓位置	5	
	螺栓外露长度	$+10$，5	
预留孔	中心线位置	5	钢尺检查
预留洞	中心线位置	15	钢尺检查
主筋保护层厚度	板	$+5$，-3	钢尺或保护层厚度测定仪量测
	梁、柱、墙板、薄腹梁、桁架	$+10$，-5	
对角线差	板、墙板	10	钢尺量两个对角线
表面平整度	板、墙板、梁、柱	5	2m靠尺和塞尺检查
预应力构件预留孔道位置	梁、墙板、薄腹梁、桁架	3	钢尺检查
翘曲	板	$l/750$	调平尺在两端量测
	墙板	$l/1000$	

　　注　1. l 为构件的长度，mm。
　　　　2. 检查中心线、螺栓和孔道位置时，应沿纵横向两个方向量测，并取其中的最大值。
　　　　3. 对形状复杂或有特殊要求的构件，其尺寸偏差应符合标准图或设计的要求。

（3）保证混凝土预制构件的型号、位置和支点锚固质量符合设计要求，并且无变形损坏现象。

（4）为保证构件在吊装中不产生断裂，吊装时对构件混凝土的强度、预应力混凝土构件孔道灌浆的水泥砂浆强度、下层结构承受内力的接头（接缝）混凝土或砂浆强度，必须进行试验且达到设计要求。当设计无具体要求时，混凝土强度不应低于设计的混凝土立方体抗压强度标准值的 75％，预应力混凝土构件孔道灌浆的强度不应低于 15MPa，下层结构承受内力的接头（接缝）的混凝土或砂浆强度不应低于 10MPa。

（5）确实保证构件的连接质量。混凝土构件之间的连接，一般有焊接和浇筑混凝土接头两种。为保证焊接的质量，焊接工必须经过技术培训并取得考试合格证；所焊焊缝的外观质量、尺寸偏差及内在质量等，均必须符合国家现行标准《钢筋焊接及验收规程》（JGJ 18—2012），《钢筋机械连接技术规程》（JGJ 107—2016）的要求。为保证混凝土接头的质量，必须保证配制接头混凝土的各种材料计量要准确，强度等级比构件混凝土等级提高一级，浇捣要密实并认真养护，其强度必须达到设计要求或施工验收规范的规定。

（6）预制构件应按标准图样或设计要求的试验参数及检验指标进行结构性能检验。检验主要包括：对钢筋混凝土构件和允许出现裂缝的预应力混凝土构件进行承载力、挠度和抗裂检验；对预应力混凝土构件中的非预应力杆件，按钢筋混凝土构件要求进行检验。结构性能检验应按《混凝土结构工程施工质量验收规范》（GB 50204—2015）附录 C 规定的方法进行。

（7）对设计成熟、生产数量少的大型构件，当采取"加强材料和制作质量检验的措施"时，可仅作挠度、抗裂或裂缝宽度检验；当采取上述措施并有可靠的实践经验时，也可不作结构性能检验。

6.4.2 混凝土构件安装允许偏差和检查方法

混凝土构件安装允许偏差和检查方法见表 6.3。

表 6.3　　　　　　　　　　　混凝土构件安装允许偏差和检查方法

项次	项　　目			允许偏差/mm	检查方法
1	杯形基础	中心线对轴线位置偏移		10	尺量检查
		杯底安装标高		+0，−10	用水准仪检查
2	柱子	中心线对定位轴线位置偏移		5	尺量检查
		上下柱接口中心线位置偏移		3	
		垂直度	≤5m	5	用经纬仪或吊线和尺量检查
			>5m	10	
			≥10m 多节柱	1/1000 柱高且<20	
		牛腿上表面和柱顶高程	≤5m	+0，−5	用水准仪和尺量检查
			>5m	+0，−8	
3	梁或吊车梁	中心线对定位轴线位置偏移		5	尺量检查
		梁上表面标高		+0，−5	用水准仪或尺量检查
4	屋架	下弦中心线对定位轴线位置偏移		5	尺量检查
		垂直度	桁架拱形屋架	1/250 屋架高	用经纬仪或吊线和尺量检查
			薄腹梁	5	

项次	项 目		允许偏差/mm	检查方法
5	天窗架	构件中心线对定位轴线位置偏移	5	尺量检查
		垂直度	1/300 天窗架高	用经纬仪或吊线和尺量检查
6	托架梁	底座中心线对定位轴线位置偏移	5	尺量检查
		垂直度	10	用经纬仪或吊线和尺量检查
7	板	相邻板下表面平整度 抹灰	5	用直尺和楔形尺检查
		不抹灰	3	
8	楼梯阳台	水平位置偏移	10	尺量检查
		标高	±5	用水准仪或尺量检查
9	工业厂房墙板	标高	±5	
		墙板两端高低差	±5	

6.4.3 结构安装工程安全技术

6.4.3.1 防止高处坠落的措施

（1）吊装操作人员在高处进行作业时，必须正确使用安全带。安全带正确的使用方法一般应高挂低用，即将安全带绳端的钩环挂于高处，人在低处进行操作。

（2）在高处使用撬杠作业时，场地要坚固，人要站立稳，如附近有脚手架或已固定的构件，应当依此作为依靠。撬杠插入深度要适宜，用力不要过猛，不要急于求成。

（3）在雨雪天气进行高空吊装作业时，必须采取可靠的防滑、防寒和防冻措施。对于进行高处作业的高耸建筑物，必须事先设置避雷设施。

（4）操作人员上下的梯子和脚手架必须牢固，两侧必须设置栏杆和扶手。立梯的工作角度以 70°±5° 为宜，防止搭设悬臂式的脚手架。

（5）安装有预留孔洞的楼板或屋面板时，应及时用木板将孔洞封盖或及时设置防护栏杆、安全网等防坠落措施。电梯井口必须设防护栏杆或固定栅门；电梯井内应每隔两层并最多每隔 10m 设一道安全网。

（6）在进行屋架和梁等重型构件安装时，必须搭设牢固可靠的操作平台。需要在梁上行走时，应设置护栏横杆和绳索。

6.4.3.2 防止起重机倾翻措施

（1）起重机的行驶道路必须平整坚实，地下墓坑和松软土层要进行处理。如土质松软，需铺设道木或路基箱。起重机不得停置在斜坡上工作，也不允许起重机两个履带一高一低。当起重机通过墙基或地梁时，应在墙基两侧铺垫道木或石子，以免起重机直接碾压在墙基或地梁上。

（2）应尽量避免超载吊装。但在某些特殊情况下难以避免时，应采取措施，如：在起重机起重臂上拉缆绳或在其尾部增加平衡重等。起重机增加平衡重后，卸载或空载时，起重臂必须落到与水平线夹角 60° 以内。在操作时应缓慢进行。

（3）禁止斜吊。这里讲的斜吊，是指所要起吊的重物不在起重机起重臂顶的正下方，因而当将捆绑重物的吊索挂上吊钩后，吊钩滑车组不与地面垂直，而与水平线成一个夹角。斜吊会造成超负荷及钢丝绳出槽，甚至导致绳索被拉断。斜吊还会使重物在离开地面后发生快速摆动，可能碰伤人或其他物体。

（4）应尽量避免满负荷行驶，如需作短距离负荷行驶，只能将构件吊离地面30cm左右，且要慢行，并将构件转至起重机的前方，拉好溜绳，控制构件摆动。

（5）双机抬吊时，要根据起重机的起重能力进行合理的负荷分配，并在操作时要统一指挥，互相密切配合。在整个抬吊过程中，两台起重机的吊钩滑车组均应基本保持垂直状态。

（6）不吊重量不明的重大构件设备。

（7）禁止在6级风的情况下进行吊装作业。

（8）绑扎构件的吊索需经过计算，绑扎方法应正确牢靠。所有起重工具应定期检查。

（9）指挥人员应使用统一指挥信号，信号要鲜明、准确。起重机驾驶人员应听从指挥。

6.4.3.3 防止高空落物伤人措施

（1）在地面的施工人员必须戴安全帽。在吊装操作过程中，地面操作人员应尽量避免在高空作业的正下方停留或通过，也不得在起重机的起重臂或正在吊装的构件下停留或通过。

（2）高空作业人员使用的工具、零配件等，应放在随时佩戴的工具袋内，不可随意向下丢掷。

（3）在高处用气割或电焊作业时，应当采取一定的防护措施，防止火花掉落伤人。

（4）当预制构件安装后，必须立即检查连接质量，只有确认连接质量安全可靠后，才能松开吊钩或拆除临时固定工具。

（5）在进行吊装作业时，应根据吊装现场的实际设置禁区，禁止与吊装作业无关的人员进入吊装禁区。

6.4.3.4 防止触电及防火的措施

（1）当起重机从电线下行驶时，起重臂最高点与电线之间的安全距离，应符合表6.4中的要求。

表6.4　　　　　　　　　　起重机与架空输电导线的安全距离

输电导线电压/kV	1以下	1～15	20～40	60～110	220以上
允许沿输电导线垂直方向最近距离/m	1.5	3.0	4.0	5.0	6.0
允许沿输电导线水平方向最近距离/m	1.0	1.5	2.0	4.0	6.0

（2）电焊机的电源线长度不宜超过5m，在使用中必须将其架高，电焊机手把线的正常电压，当用交流电工作时为60～80V，手把线质量应当良好，如发现有破皮情况，应及时用绝缘胶布严密包扎，电焊机的外壳应接地。当电焊线与钢丝绳需要交叉时，应有绝缘隔离措施。

（3）当使用塔式起重机或长起重臂的其他类型起重机时，应有避雷防触电措施。

（4）施工现场的变电室、配电室必须保持干燥通风。各种可燃材料不准堆放在电闸箱、电焊机、变压器和电动工具的周围，防止材料长时间蓄热后发生自燃。

（5）在搬运氧气瓶时，必须采取可靠的防震措施，不得野蛮装卸。氧气瓶严禁曝晒，更不能放置于火源附近。在冬期施工时不得用火烤冻结的阀门。

（6）乙炔发生器应放置于安全的地方，距离火源至少应在10m以上。严禁在乙炔发生器附近吸烟。如高空有电焊作业时，乙炔发生器不得放在下风向处。

（7）电石桶应存放在干燥的房间内，并在电石桶的底部加垫，以防止桶底锈蚀腐烂，使水分进入电石桶产生乙炔。在打开电石桶时，应使用不会发生火花的工具（如铜凿等）。

思 考 题

1. 结构吊装工程的特点有哪些？

2. 起重机械分哪几类？各有何特点？其适用范围如何？

3. 结构吊装方法有几种？各有何特点？

4. 柱子的起吊方法有哪几种？各有何特点？

5. 柱子在临时固定后，垂直度如何校正？

习 题

一、填空题

1. 单层厂房的结构安装常用的方法有_____、_____。

2. 电动卷扬机主要由_____、_____、_____和减速机构等组成。

3. 履带式起重机主要技术性能包括 3 个参数，即：_____、_____、_____。

4. 结构安装操作中的安全要求有_____、_____。结构吊装工程常用的起重机械主要有桅杆式起重机、自行式起重机、塔式起重机及桥梁施工特殊起重机械等。

5. 缆风绳一般为_____根，依起重量、起重高度和绳索的_____而定，但不能少于_____根。

6. 旋转法此法系起重机边起钩、边旋转，使柱身绕柱脚旋转而逐渐吊起。其要点是保持柱脚位置不动，并使柱的_____、_____和_____三点共圆。

7. 土木工程施工中常用的是_____，是由钢丝捻成股，再由多股围绕绳芯绕成绳。

8. 吊车梁的吊装必须在基础杯口二次灌筑的混凝土强度达到设计强度的_____以上才能进行。

二、单选题

1. 钢丝绳在卷筒边时，与卷筒中垂线的夹角不大于（　　）。

A. 2° 　　　　B. 3° 　　　　C. 4° 　　　　D. 5°

2. （　　）是把起重机构安装在加重型轮胎和轮轴组成的特制底盘上的一种全回转式起重机。

A. 履带式起重机 　　　　　　　　B. 轮胎式起重机

C. 汽车式起重机 　　　　　　　　D. 自行式起重机

3. 预制尽可能采用叠浇法。上层构件的浇筑应等到下层构件混凝土达到设计强度的（　　）以后才可进行。

A. 30% 　　　　B. 40% 　　　　C. 50% 　　　　D. 25%

4. 构件的堆放：一般梁可叠放 2~3 层，屋面板可（　　）层。

A. 3~8 　　　　B. 3~5 　　　　C. 4~8 　　　　D. 6~8

5. 以下不是综合吊装法优点的是（　　）。

A. 起重机开行路线短 　　　　　　B. 停机点少

C. 有利于缩短工期　　　　　　　　　　D. 劳动强度大

6. 在进行构件的运输或吊装前，先行自查，然后向运输单位和吊装单位提交构件出厂证明书，并在自查合格的构件上加盖（　　）印章。

A. "验收"　　　　　B. "合格"　　　　　C. "验讫"　　　　　D. "良好"

7. 操作人员上下的梯子和脚手架必须牢固，两侧必须设置栏杆和扶手。立梯的工作角度以（　　）为宜，防止搭设悬臂式的脚手架。

A. $60°\pm5°$　　　　　B. $60°\pm3°$　　　　　C. $70°\pm5°$　　　　　D. $70°\pm3°$

8. 防止起重机倾翻措施，禁止在（　　）风的情况下进行吊装作业。

A. 5 级　　　　　B. 6 级　　　　　C. 7 级　　　　　D. 8 级

三、多选题

1. 有关屋架的绑扎，正确的是（　　）。

A. 绑扎点选在上弦节点处　　　　　　　B. 绑扎中心在屋架重心之上

C. 屋架绑扎吊点应经吊装验算确定　　　D. 绑扎点左右对称

E. 甲吊索与水平线夹角≥45°

2. 屋架的绑扎方法有（　　）。

A. 三点绑扎　　　　　　　　　　　　　B. 两点绑扎

C. 四点绑扎　　　　　　　　　　　　　D. 横吊梁四点绑扎

E. 一点绑扎

3. 对于大跨度的重型厂房可选用的起重机有（　　）。

A. 自行式起重机　　　　　　　　　　　B. 塔式起重机

C. 重型塔式起重机　　　　　　　　　　D. 大型自行起重机

E. 塔桅起重机

4. 在单层厂房施工中，柱的绑扎方法有（　　）。

A. 斜吊绑扎法　　　　　　　　　　　　B. 直吊绑扎法

C. 三点绑扎法　　　　　　　　　　　　D. 翻身绑扎法

E. 两点绑扎法

5. 桅杆式起重机可分为（　　）。

A. 塔桅起重机　　　　　　　　　　　　B. 独脚桅杆

C. 人字桅杆　　　　　　　　　　　　　D. 悬臂桅杆

E. 牵缆式桅杆起重机

第7章 防水工程施工

【本章要点】

本章主要阐述了防水工程施工中的屋面防水施工、地下防水施工的施工工艺流程、施工操作要点。此外，还介绍了防水工程施工的质量要求和安全措施等。

【学习要求】

要求掌握卷材防水屋面、涂膜防水屋面和刚性防水屋面的施工工艺、施工要点及质量标准；了解沥青胶、冷底子油的配制和防水层的质量问题及原因；掌握地下防水施工的防水方案，地下工程防水施工的工艺要求及施工要点；掌握卫生间防水施工的工艺要求及质量问题的处理；了解防水工程施工的质量要求及施工安全措施等。

防水工程按其部位不同，又可分为：屋面防水、地下防水、卫生间防水等。

防水工程根据所用材料不同，可分为柔性防水和刚性防水两大类。柔性防水用的是柔性材料，包括各类卷材和沥青胶结材料；刚性防水采用的主要是砂浆和混凝土类刚性材料。

防水工程按工程部位和用途，又可分为屋面工程防水和地下工程防水两大类。

防水工程质量的优劣，不仅关系到建筑物或构筑物的使用寿命，而且直接关系到使用功能。影响防水工程质量的因素有防水设计的合理性、防水材料的选择、施工工艺及施工质量、保养与维修管理等。其中，防水工程的施工质量是关键因素。

7.1 屋面防水工程

建筑物的屋面根据排水坡度分为平屋面和坡屋面两类。根据屋面防水材料的不同又可分为卷材防水屋面（柔性防水层屋面）、瓦屋面、构件自防水屋面、现浇钢筋混凝土防水屋面（刚性防水屋面）等。

根据建筑物的性质、重要程度、使用功能的要求以及防水层的耐用年限等，屋面防水可分为4个等级进行设防，见表7.1。

7.1.1 卷材防水屋面

卷材防水屋面的防水层是用胶黏剂将卷材逐层粘贴在结构基层的表面而成的，属于柔性防水层面，适用于防水等级为Ⅰ～Ⅳ级的屋面防水。其特点是防水层的柔韧性较好，能适应一定程度的结构振动和胀缩变形，但卷材易老化、起鼓、耐久性差、施工工序多、工效低、产生渗漏水时找漏修补较困难。

卷材防水屋面分保温卷材屋面和不保温卷材屋面，一般由结构层、隔气层、保温层、找平层、防水层和保护层等组成，其构造层次如图7.1所示。

7.1.1.1 防水材料

1. 卷材

卷材防水屋面中使用的卷材主要有沥青防水卷材、高聚物改性沥青防水卷材和合成高分

表 7.1 屋面防水等级和设防要求

项 目	屋 面 防 水 等 级			
	Ⅰ	Ⅱ	Ⅲ	Ⅳ
建筑物类型	特别重要或对防水有特殊要求的建筑	重要的建筑和高层建筑	一般的建筑	非永久性的建筑
防水层合理使用年限	25	15	10	5
防水层选用材料	宜选用合成高分子防水卷材、高聚物改性沥青防水卷材、金属板材、合成高分子防水涂料、细石混凝土等材料	宜选用合成高分子防水卷材、高聚物改性沥青防水卷材、金属板材、合成高分子防水涂料、高聚物改性沥青防水涂料、细石混凝土、平瓦、油毡瓦等材料	宜选用高聚物改性沥青防水卷材、合成高分子防水卷材、三毡四油沥青防水卷材、金属板材、合成高分子防水涂料、高聚物改性沥青防水涂料、细石混凝土、平瓦、油毡瓦等材料	可选用高聚物改性沥青防水涂料、二毡三油沥青防水卷材
设防要求	三道或三道以上防水设防	二道防水设防	一道防水设防	一道防水设防

子防水卷材 3 大类，若干个品种。

（1）沥青防水卷材是指将原纸、织物纤维、纤维毡等胎体材料浸渍于沥青中，然后在其表面撒布云母片等材料制成的可卷曲的片状防水材料。常用的沥青防水卷材有石油沥青纸胎卷材、石油沥青玻纤胎卷材、石油沥青麻布胎卷材等。对抗裂性和耐久性要求较高的屋面防水层，可选用石油沥青麻布胎卷材。

沥青防水卷材根据胎体材料每立方米的重量（g）分 350 号和 500 号两种，卷

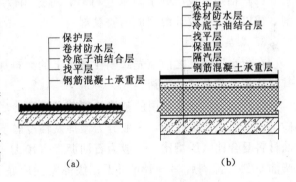

图 7.1 卷材屋面构造层次图
(a) 不保温卷材屋面；(b) 保温卷材屋面

材宽度有 915mm 和 1000mm 两种，每卷约 20m²。由于这类卷材低温时柔性较差，防水耐用年限短，适用于Ⅲ～Ⅳ级的屋面防水。

（2）高聚物改性沥青防水卷材是指以合成高分子聚合物改性沥青为涂盖层，用纤维织物或纤维毡为胎体，以粉状、片状为覆面材料制成的可卷曲的防水材料。常用的有 SBS 改性沥青防水卷材、APP 改性沥青防水卷材、再生胶改性沥青防水卷材、PVC 改性沥青防水卷材等。由于该类卷材具有较好的低温柔性和延伸率，抗拉强度好，可单层铺贴，适用于Ⅰ～Ⅱ级屋面防水。

（3）合成高分子防水卷材是指以合成橡胶、合成树脂或两者的混合体为基料，加入适量的化学助剂和填充料，经混炼、压延或挤出等工序加工而成的可卷曲片状防水材料。常用的有三元乙丙橡胶防水卷材、丁基橡胶防水卷材、聚氯乙烯防水卷材、氯化聚乙烯防水卷材等。此类卷材具有良好的低温柔性和适应基层变形的能力，耐久性好，使用年限较长，一般为单层铺贴，适用于防水等级为Ⅰ～Ⅱ级的屋面防水。

卷材品种繁多，性能差异较大，因此对不同品种、标号和等级的卷材，应分别堆放，不

得混杂。卷材要储存在阴凉通风的室内，避免雨淋、曝晒和受潮，严禁接近火源；运输、堆放时应竖直搁置，高度不超过两层。先到先用，避免因长期储存而变质。

2. 胶黏剂

粘贴防水卷材用的胶黏剂品种多、性能差异大，选用时应与所用卷材的材性相容，才能很好地粘贴在一起，否则就会出现粘贴不牢，脱胶开口，甚至发生相互间的化学腐蚀，使防水层遭到破坏。胶黏剂由卷材厂家配套生产和供应。

（1）粘贴沥青防水卷材，可选用沥青玛蹄脂。沥青玛蹄脂是粘贴油毡的胶结材料。它是一种牌号的沥青或是两种以上牌号的沥青按适当的比例混合熬化而成；也可在熬化的沥青中掺入适当的滑石粉（一般为 20%～30%）或石棉粉（一般为 5%～15%）等填充材料拌和均匀，形成沥青胶，俗称玛蹄脂。掺入填料可以改善沥青胶的耐热度、柔韧性、黏结力，延缓老化，节约沥青。在试配沥青胶时，必须对耐热度、柔韧性、黏结力 3 项指标作全面考虑，尤以耐热度最为重要。耐热度太高，冬季容易脆裂；太低，夏季容易流淌。熬制时，必须严格掌握配合比、熬制温度和时间，遵守有关操作规程。

（2）粘贴高聚物改性沥青防水卷材时，可选用橡胶或再生橡胶改性沥青的汽油溶液或水乳液作胶黏剂。

（3）粘贴合成高分子防水卷材时，可选用以氯丁橡胶和丁酚醛树脂为主要成分的胶黏剂，或以氯丁橡胶乳液制成的胶黏剂。

3. 基层处理剂

在防水层施工之前预先涂刷在基层上的涂料称为基层处理剂。不同种类的卷材应选用与其材性相容的基层处理剂。

（1）沥青防水卷材用的基层处理剂可选用冷底子油。冷底子油的作用是使沥青胶与水泥砂浆找平层更好地黏结，一般分为慢挥发性冷底子油和快挥发性冷底子油。慢挥发性冷底子油材料配合比（质量比）一般为石油沥青（10 号或 30 号，加热熔化脱水）40%加煤油或轻柴油 60%，涂刷后 12～18h 可干；快挥发性冷底子油材料配合比（质量比）采用石油沥青30%加汽油 70%，涂刷后 5～10h 可干。冷底子油可涂可喷。一般要求找平层完全干燥后施工。冷底子油干燥后，必须立即做油毡防水层，冷底子油易粘灰尘，粘灰尘后，又得重刷。

（2）高聚物改性沥青防水卷材用的基层处理剂可选用氯丁胶沥青乳液、橡胶改性沥青溶液和冷底子油等。

（3）合成高分子防水卷材用的基层处理剂可选用聚氯酯二甲苯溶液、氯丁橡胶溶液和氯丁胶沥青乳液等。

7.1.1.2 卷材防水层施工

卷材防水层的施工流程：基层表面清理、修整→喷、涂基层处理剂→节点附加层处理→定位、弹线、试铺→铺贴卷材→收头处理、节点密封→保护层施工。

1. 基层处理

基层处理的好坏，对保证屋面防水施工质量起很大的作用。要求基层有足够的强度和刚度，承受荷载时不致产生显著的变形。一般采用水泥砂浆（体积配合比为 1:3）或沥青砂浆（质量配合比为 1:8）找平层作为基层，厚为 15～20mm。找平层应留设分格缝，缝宽20mm，其留设位置应在预制板支承端的拼缝处。其纵横向最大间距，当找平层为水泥砂浆时，不宜大于 6m；为沥青砂浆时，则不宜大于 4m。并于缝口上加铺 200～300mm 宽的油毡条，用沥青胶单边点贴，以防结构变形将防水层拉裂。在与突出屋面结构的连接处以及基层转角处，均应做成边长为 100mm 的钝角或半径为 100~150mm 的圆弧。找平层应平整坚实，无松动、翻砂和起壳现象，只有当找平层的强度达到 5MPa 以上，才允许在其上铺贴卷材。

2. 卷材的铺贴

(1) 沥青防水卷材的铺贴。卷材铺贴前应先准备好黏结剂、熬制好沥青胶和清除卷材表面的撒料。沥青胶中的沥青成分应与卷材中的沥青成分相同。卷材铺贴层数一般为 2~3 层，沥青胶铺贴厚度一般在 1~1.5mm 之间，最厚不得超过 2mm。卷材的铺贴方向应根据屋面坡度或是否受振动荷载而定。当屋面坡度小于 3% 时，宜平行于屋脊铺贴；当屋面坡度大于 15% 或屋面受振动荷载时，应垂直于屋脊铺贴。在铺贴卷材时，上下层卷材不得相互垂直铺贴。

平行于屋脊铺贴时，由檐口开始。两幅卷材的长边搭接，应顺流水方向；短边搭接，应顺主导方向。

垂直于屋脊铺贴时，由屋脊开始向檐口进行。长边搭接应顺主导方向，短边接头应顺流水方向。同时在屋脊处不能留设搭接缝，必须使卷材相互越过屋脊交错搭接，以增强屋脊的防水和耐久性。

为防止卷材接缝处漏水，卷材间应具有一定的搭接宽度，如图 7.2 所示。长边不应小于 70mm；短边搭接不应小于 100mm（坡屋面 150mm）；当第一层卷材采用条铺、花铺或空铺时，长边搭接不应小于 100mm，短边不应小于 150mm，相邻两幅卷材短边搭接缝应错开且不小于 500mm；上下两层卷材应错开 1/3 或 1/2 幅卷材宽。搭接缝处必须用沥青胶仔细封严。

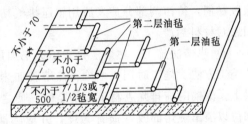

图 7.2 油毡搭接尺寸示意图（单位：mm）

当铺贴连续多跨或高低跨屋面卷材时，应按先高跨后低跨、先远后近的顺序进行。对同一坡面，则应先铺好落水口、天沟、女儿墙泛水和沉降缝等地方，然后按顺序铺贴大屋面防水层。卷材铺贴前，应先在干燥后的找平层上涂刷一遍冷底子油，待冷底子油挥发干燥后进行铺贴，其铺贴方法有浇油法、刷油法、刮油法和散油法这 4 种。浇油法（又称赶油法）是将沥青胶浇到基层上，然后推着卷材向前滚动来铺平压实卷材；刷油法是用毛刷将沥青胶在基层上刷开，刷油长度以 300~500mm 为宜，超出卷材边不应大于 50mm，然后快速铺压卷材；刮油法是将沥青胶浇在基层上后，用厚 5~10mm 的胶皮刮板刮开沥青胶铺贴；撒油法是在铺第一层卷材时，先在卷材周边满涂沥青，中间用撒蛇形花的方法撒油铺贴，其余各层则仍按浇油、刮油或刷油方法进行铺贴，此法多用于基层不太干燥需做排气屋面的情况。待各层卷材铺贴完后，再在上层表面浇一层 2~4mm 厚的沥青胶，趁热撒上一层粒径为 3~5mm 的绿豆砂，并加以压实，使大多数石子能嵌入沥青胶中形成保护层。

卷材防水屋面最容易产生的质量问题有：防水层起鼓、开裂；沥青流淌、老化；屋面漏水等。

为防止起鼓，要求基层干燥，其含水率在 6% 以内，避免在雨、雾、霜天气施工；隔气层良好；防止卷材受潮；保证基层平整，卷材铺贴均匀；封闭严密，各层卷材粘贴密实，以免水分蒸发、空气残留形成气囊而使防水层产生起鼓现象。为此，在铺贴过程中应专人检查，如发生气泡或空鼓时，应将其割开修补。在潮湿基层上铺贴卷材，宜做成排气屋面。所谓排气屋面，就是在铺第一层卷材时，采用条铺、花铺等方法使卷材与基层间留有纵横相互贯通的排气道，并在屋面或屋脊上设置一定量的排气孔，使潮湿基层中的水分及时排走，从而避免防水层起鼓。

为了防止沥青胶流淌，要求沥青胶有足够的耐热度，较高的软化点，涂刷均匀，其厚度不得超过 2mm，屋面坡度不宜过大。

防水层破裂的主要原因是：结构变形、找平层开裂；屋面刚度不够；建筑物不均匀沉降；沥青胶流淌，卷材接头错动；防水层温度收缩，沥青胶变硬、变脆而拉裂；防水层起鼓后内部气体受热膨胀等。

此外，沥青在热能、阳光、空气等长期作用下，内部成分逐渐老化，为了延长防水层的使用寿命，通常设置绿豆砂保护层，这是一项重要措施。

（2）高聚物改性沥青防水卷材的铺贴方法可采用冷黏法、热熔法和自黏法。

1）冷黏法施工。冷黏法是指用冷胶黏剂将高聚物改性沥青防水卷材粘贴在涂刷有基层处理剂的屋面找平层上，而不需要加热施工的方法。冷黏法铺贴卷材时，胶黏剂涂刷应均匀、不漏底、不堆积，卷材铺贴应平直整齐、搭接尺寸准确，不得扭曲、皱折。接缝处应满涂胶黏剂，待溶剂部分挥发后用辊压排气粘贴牢固，对溢出的胶黏剂随即刮平封口，接缝口用密封材料封严。

2）热熔法施工。热熔法是采用火焰加热器熔化热熔型防水卷材底部的热熔胶进行粘贴的施工方法。施工时用火焰枪将热熔胶加热熔化后作为胶黏剂，立即将卷材滚铺在屋面找平层上。滚铺时应排除卷材下面的空气，使之平整顺直，不皱折，并应辊压粘贴牢固。搭接缝部位以溢出热熔的改性沥青为度，并应随即刮封接口。采用热熔法铺贴卷材，可节省胶黏剂，降低工程造价，特别是当气温较低时施工尤其适应。

3）自黏法施工。自黏法是采用带有自黏结胶的防水材料，不用热施工，也不需要再涂胶结材料而进行粘贴的施工方法。采用自黏法铺贴的高聚物改性沥青防水卷材，是一种在卷材底面有一层自黏胶，在自黏胶表面敷一层隔离纸，可以直接将卷材粘贴于涂刷了基层处理剂的屋面找平层上。

7.1.2 涂膜防水屋面

涂膜防水屋面的构造如图 7.3 所示，是将以高分子合成材料为主体的涂料，涂抹在经嵌缝处理的屋面板或找平层上，形成具有防水效能的坚韧涂膜。涂膜防水屋面主要用于防水等级为Ⅲ、Ⅳ级的屋面防水，也可用于Ⅰ级、Ⅱ级屋面防水设防中的一道防水层。

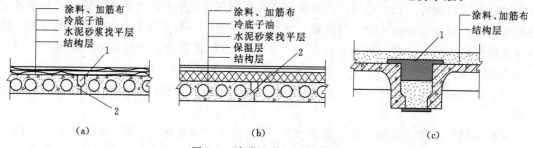

图 7.3　涂膜防水屋面构造图

（a）无保温涂膜防水屋面；（b）有保温涂膜防水屋面；（c）槽形板涂膜防水屋面

1—嵌缝油膏；2—细石混凝土

7.1.2.1　板缝嵌缝

1. 嵌缝油膏和胶泥

油膏有沥青油膏、橡胶沥青油膏、塑料油膏等，一般由工厂生产成品，现场冷嵌施工。

胶泥是以煤焦油和聚氯乙烯树脂为主剂在现场配制，热灌施工。其配制方法是先将煤焦油脱水后降温至 40～60℃备用，然后将各项原材料按规定的配合比准确称量后，加入专用搅拌机中加热塑化，边加热边搅拌，使温度升至 110～130℃，并在此温度下保持 5～10min 即塑化完成。

2. 板缝嵌缝施工

板缝上口宽度（30±10)mm，板缝下部灌细石混凝土，其表面距板面 20～30mm，灌缝时应将板缝两侧的砂浆、浮灰清理干净，混凝土表面应抹平，防止呈月弯凹面。

在油膏嵌缝前，板缝必须干燥，清除两侧浮灰、杂物，随即满涂冷底子油一遍，待其干燥后，及时冷嵌或热灌胶泥。冷嵌油膏宜采用嵌缝枪，也可将油膏切成条，随切随嵌，用力压实嵌密，接样应采用斜样。热灌胶泥应自下而上进行，并尽量减少接头数量，一般是先灌垂直于屋脊的板缝，后灌平行于屋脊的板缝。在灌垂直于屋脊面的板缝的同时，应将平行于屋脊的板缝于交叉处两侧各灌 150mm，并留成斜样。油膏的覆盖宽度，应超出板缝且每边不少于 20mm。

油膏或胶泥嵌缝后，应沿缝做好保护层，保护层的做法主要有沥青胶粘贴油毡条；用稀释油膏粘贴玻璃丝布，表面再涂刷稀释油膏；涂刷防水涂料；涂刷稀棒油膏或加铺绿豆砂、中砂等。

7.1.2.2　防水涂料施工

1. 防水涂料

防水涂料有薄质涂料和厚质涂料之分。

薄质涂料按其形成液态的方式可分成溶剂型、反应型和水乳型三类。溶剂型涂料是以各种有机溶剂使高分子材料等溶解成液态的涂料，如氯丁橡胶涂料及氯磺化聚乙烯涂料，这两种涂料均以甲苯为溶剂，溶解挥发后而成膜。反应型涂料是以一个或两个液态组分构成的涂料，涂刷后经化学反应形成固态涂膜，如聚氨基甲酸酯橡胶类涂料、环氧树脂和聚硫化合物。水乳型涂料是以水为分散介质，使高分子材料及沥青材料等形成乳状液，水分蒸发后成膜，如丙烯酸乳液及橡胶沥青乳液等。溶剂型涂料成膜迅速，但易燃、有毒；反应型涂料成膜时体积不收缩，但配制须精确，否则不易保证质量；水乳型涂料可在较潮湿的基面上施工，但黏结力较差，且低温时成膜困难。

厚质涂料主要有石灰乳化沥青防水涂料、膨润土乳化沥青防水涂料、石棉沥青防水涂料等。

2. 防水涂膜施工

板面防水涂膜层施工应在嵌缝完毕后进行，一般采用手工抹压、涂刷或喷涂等方法。厚质涂膜涂刷前，应先刷一道冷底子油。涂刷时，上下层应交错涂刷，接样宜留在板缝处，每层涂刷厚度应均匀一致，一道涂刷完毕，必须待其干燥结膜后，方可进行下道涂层施工；在涂刷最后一道涂层时可掺入 2% 的云母粉或铝粉，以防涂层老化。在涂层结膜硬化前，不得在其上行走或堆放物品，以免破坏涂膜。

为加强涂膜对基层开裂、房屋伸缩变形和结构沉陷的抵抗能力，在涂刷防水涂料时，可铺贴加筋材料如玻璃丝布等。雨天或在涂层干燥结膜前可能下雨刮风时，均不得施工。不宜在气温高于 35℃ 及日均气温在 5℃ 以下时施工。

7.1.3 刚性防水屋面

刚性防水屋面是指利用刚性防水材料做防水层的屋面，主要有普通细石混凝土屋面和补偿收缩混凝土屋面，适用于防水等级为Ⅲ级的屋面防水，也可作为Ⅰ、Ⅱ级屋面多道防水中的一道防水层；不适用于设有松散材料保温层的屋面和受到较大震动或冲击的建筑屋面。刚性防水屋面构造层次如图 7.4 所示。

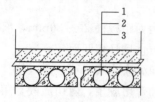

图 7.4 刚性防水屋面的构造
1—防水层；2—隔离层；3—结构层

刚性防水屋面的结构层宜为整体现浇的钢筋混凝土层。当屋面结构层采用装配式钢筋混凝土板时，应用细石混凝土（＞C20）灌缝，细石混凝土宜掺入微膨胀剂。

7.1.3.1 普通细石混凝土屋面

1. 屋面构造

细石混凝土刚性防水屋面，一般是在屋面板上浇筑一层厚度不小于 40mm，强度等级不低于 C20 的细石混凝土作为屋面防水层，如图 7.4 所示。为了使其受力均匀，有良好的抗裂和抗渗能力，在混凝土中配置直径为 4mm、间距为 100～200 mm 的双向钢筋网片，且钢筋网片在分格缝处应断开，其保护层厚度不小于 10mm。

2. 施工工艺

（1）分格缝设置。

对于大面积的细石混凝土屋面防水层，为了避免受温度变化等影响而产生裂缝，防水层必须设置分格缝。分格缝的位置应按设计要求而定，一般应留在结构应力变化较大的部位。如设置在屋面板的支承端，屋面转折处，防水层与突出屋面的交接处，并应与板缝对齐，其纵横向间跨不宜大于 6m。一般情况下，屋面板的支承端每个开间应留横向缝，屋脊应留纵向缝，分格的面积以 20m² 左右为宜。

（2）细石混凝土防水层施工。

在浇筑防水层混凝土之前，为减少结构变形对防水层的影响，宜在防水层与基层间设置隔离层。隔离层可采用纸筋石灰或麻刀石灰、低强砂浆、干铺卷材等。在隔离层做好后，便在其上定好分格缝位置，再用分格木条隔开作为分格缝，一个分格缝内的混凝土必须一次浇完，不得留施工缝。浇筑混凝土时应保证双向钢筋网片设置在防水层

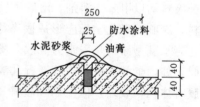

图 7.5 分格缝嵌缝做法

中部，防水层混凝土应采用机械振捣密实，表面泛浆后抹平，收水后再次压光。待混凝土初凝后，将分格木条取出，分格缝处必须有防水措施，通常采用油膏嵌缝，缝口上还做覆盖保护层，如图 7.5 所示。

细石混凝土防水层施工时，屋面泛水与屋面防水层应一次做成，泛水高度不应低于 120mm，以防止雨水倒灌或爬水现象引起渗漏水。

细石混凝土防水层，其伸缩弹性很小，故对地基不均匀沉降，结构位移和变形，对温差和混凝土收缩、徐变引起的应力变形等敏感性大，容易开裂。在施工时应做好以下主要工作，才能确保工程质量。

1）防水层细石混凝土所用的水泥品种、水泥最小用量、水灰比以及粗细骨料规格和级配应符合规范要求。

2）混凝土防水层，施工气温宜为 5～35℃，不得在负温和烈日曝晒下施工。

3）防水层混凝土浇筑后，应及时养护，养护时间不得少于 14d。

7.1.3.2 补偿收缩混凝土屋面

补偿收缩混凝土屋面是在细石混凝土中掺入膨胀剂拌制而成。在配筋情况下由于钢筋限制其膨胀，从而使混凝土产生自应力，起到致密混凝土、提高混凝土抗裂性和抗渗性的作用，使其具有良好的防水效果。

采用补偿收缩混凝土做防水层时，除膨胀剂外，对混凝土原材料和配合比的要求与细石混凝土相同。由于膨胀剂的类型不同，混凝土防水层约束条件和配筋不同，膨胀剂的掺量也不一样，施工时应根据试验确定。用膨胀剂拌制补偿收缩混凝土时，膨胀剂应与水泥同时加入，以便混合均匀，搅拌时间应比普通混凝土的搅拌时间稍长，连续搅拌时间不少于 3min。对混凝土的浇筑与养护要求，与普通混凝土基本相同。

7.2 地 下 防 水 工 程

由于地下工程常年受到潮湿和地下水的有害影响，所以，对地下工程防水的处理比屋面工程要求更高更严，防水技术难度更大，故必须认真对待，确保良好防水效果，满足使用上的要求。

地下工程的防水等级标准按围护结构允许渗漏水量的多少划分为四级，见表 7.2。各类地下工程的防水等级见表 7.3。

表 7.2　　　　　　　　　　　　　　**地下工程防水等级标准**

防水等级	标　准
一级	不允许渗水，围护结构无湿渍
二级	不允许漏水，围护结构有少量、偶见的湿渍
三级	有少量漏水点，不得有线流、漏泥沙，每昼夜漏水量$<0.5L/m^2$
四级	有漏水点，不得有线漏、漏泥沙，每昼夜漏水量$<2.0L/m^2$

表 7.3　　　　　　　　　　　　　　**各类地下工程的防水等级**

防水等级	工　程　名　称
一级	医院、餐厅、旅馆、影剧院、商场、冷库、粮库、金库、档案库、通信工程、计算机房、电站控制室、配电间、防水要求较高的车间、指挥工程、武器弹药库、防水要求较高的人员掩蔽部、铁路旅客站台、行李房、地铁车站、城市人行地道
二级	一般生产车间、空调机房、发电机房、燃料室、一般人员掩蔽工程、电气化铁道隧道、地铁运行区间隧道、城市公路隧道、水泵房
三级	电缆隧道、水下隧道、非电气化铁路隧道、一般公路隧道
四级	取水隧道、污水排放隧道、人防疏散干道、涵洞

目前，地下工程的防水方案有下列几种：

一是采用防水混凝土结构，它是利用提高混凝土结构本身的密实性来达到防水要求的。

防水混凝土结构既能承重又能防水，应用较广泛。

二是排水方案，即利用盲沟、渗排水层等措施，把地下水排走，以达到防水要求，此法多用于重要的、面积较大的地下防水工程。

三是在地下结构表面设附加防水层，如在地下结构的表面抹水泥砂浆防水层、贴卷材防水层或刷涂料防水层等。

在进行地下工程防水设计时，应遵循"防排结合，刚柔并用，多道防水，综合治理"原则，并根据建筑物的使用功能及使用要求，结合地下工程的防水等级，选择合理的防水方案。

7.2.1 卷材防水层

地下防水的油毡除应满足强度、延伸性、不透水性外，更要有耐腐蚀性。因此，宜优先采用沥青矿棉纸油毡、沥青玻璃布油毡、再生橡胶沥青油毡等。

铺贴油毡用的沥青胶的技术标准与油毡屋面要求基本相同。由于用在地下，其耐热度要求不高。在侵蚀性环境中宜用加填充料的沥青胶，填充料应耐腐蚀。

地下油毡防水层的施工方法，有外防外贴法和外防内贴法。

7.2.1.1 外防外贴法施工

外防外贴法（简称外贴法），如图7.6所示，待混凝土垫层及砂浆找平层施工完毕，在垫层四周砌保护墙的位置干铺油毡条一层，再砌半砖保护墙高约300～500mm，并在内侧抹找平层。干燥后，刷冷底子油1～2道，再铺贴底面及砌好保护墙部分的油毡防水层，在四周留出油毡接头，置于保护墙上，并用两块木板或其他合适材料将油毡接头压于其间，从而防止接头断裂、损伤、弄脏。然后在油毡层上做保护层。再进行钢筋混凝土底板及砌外墙等结构施工，并在墙的外边抹找平层，刷冷底子油。干燥后，铺贴油毡防水层。先贴留出的接头，再分层接铺到要求的高度。完成后，立即刷涂1.5～3mm厚的热沥青或加入填充料的沥青胶，以保护油毡。随即继续砌保护墙至油毡防水层稍高的地方。保护墙与防水层之间的空隙用砂浆随砌随填。

7.2.1.2 外防内贴法施工

外防内贴法（简称内贴法）如图7.7所示。先做好混凝土垫层及找平层，在垫层四周干铺油毡一层并在其上砌一砖厚的保护墙，内侧抹找平层，刷冷底子油1～2遍，然后铺贴油毡防水层。完成后，表面涂刷2～4mm厚热沥青或加填充料的沥青胶，随即铺撒干净、预热过的绿豆砂，以保护油毡。接着进行钢筋混凝土底板及砌外墙等结构施工。

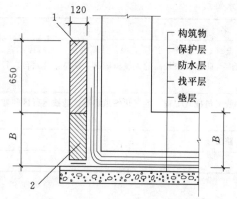

图7.6 外防外贴法（单位：mm）
1—临时保护墙；2—永久保护墙

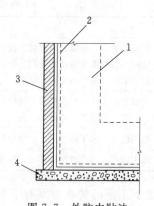

图7.7 外防内贴法
1—需防水结构；2—防水层；3—永久保护墙；4—底板垫层

7.2.1.3　油毡铺贴要求及结构缝的施工

保护墙每隔5～6m及转角处必须留缝，在缝内用油毡条或沥青麻丝填塞，以免保护墙伸缩时拉裂防水层。地下防水层及结构施工时，地下水位要设法降至底部最低标高至少300mm以下，并防止地面水流入。油毡防水层施工时，气温不宜低于5℃，最好在10～25℃时进行。沥青胶的浇涂厚度一般为1.5～2.5mm，最大不超过3mm。油毡长、短边的接头宽度不小于100mm；上下两幅油毡压边应错开1/3幅油毡宽；各层油毡接头应错开300～500mm。两垂直面交角处的油毡要互相交叉搭接。

应特别注意阴阳角部位，穿墙管（图7.8）以及变形缝（图7.9）部位的油毡铺贴，这是防水薄弱的地方，铺贴比较困难，操作要仔细，并增贴附加油毡层及采取必要的加强构造措施。

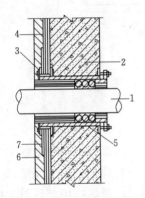

图7.8　穿墙管道防水做法

1—管道；2—套管；3—夹板；4—卷材防水层；
5—填缝材料；6—保护墙；7—附加卷材衬层

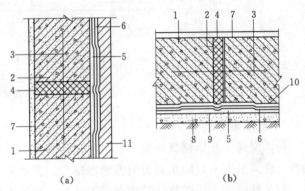

（a）　　　　　　　　　　（b）

图7.9　变形缝处防水做法

（a）墙体变形缝；（b）底板变形缝

1—需防水结构；2—浸过沥青的木丝板；3—止水带；4—填缝油膏；
5—卷材附加层；6—卷材防水层；7—水泥砂浆面层；8—混凝土
垫层；9—水泥砂浆找平层；10—水泥砂浆保护层；11—保护墙

7.2.2　水泥砂浆防水层

水泥砂浆防水层是用水泥砂浆、素灰（纯水泥浆）交替抹压涂刷四层或五层的多层抹面的水泥砂浆防水层。其防水原理是分层闭合，构成一个多层整体防水层，各层的残留毛细孔道互相堵塞住，使水分不可能透过其毛细孔，从而具有较好的抗渗防水性能。

7.2.2.1　材料要求

水泥砂浆防水层所用的水泥宜采用强度等级不低于32.5级普通硅酸盐水泥或膨胀水泥，也可以用矿渣硅酸盐水泥。砂浆用砂应控制其含泥量和杂质含量。

配合比按工程需要确定。水泥净浆的水灰比宜控制在0.37～0.40或0.55～0.60。水泥砂浆灰砂比宜用1∶2.5，其水灰比为0.6～0.65，稠度宜控制在70～80mm。如掺外加剂或采用膨胀水泥时，其配合比应执行专门的技术规定。

7.2.2.2　水泥砂浆防水层施工

施工前，必须对基层表面进行严格而细致的处理，包括清理、浇水、凿槽和补平等工作，保证基层表面潮湿、清洁、坚实、大面积平整而表面粗糙，可增强防水层与结构层表面的黏结力。

防水层的第一层是在基面抹素灰，厚2mm，分两次抹成。第二层抹水泥砂浆，厚4～5mm，在第一层初凝时抹上，以增强两层黏结。第三层抹素灰，厚 2mm，在第二层凝固并有一定强度，表面适当洒水湿润后进行。第四层抹水泥砂浆，厚 4～5mm，同第二层操作。若采用四层防水时，则此层应表面抹平压光。若用五层防水时，第五层刷水泥浆一遍，随第四层抹平压光。

采用水泥砂浆防水层时，结构物阴阳角、转角均应做成圆角。防水层的施工缝需留斜坡阶梯形，层次要清楚，可留在地面或墙面上，离开阴阳角 200mm 左右，其接头方法如图 7.10 所示。接缝时，先在阶梯形处均匀涂刷水泥浆一层，然后依次层层搭接。

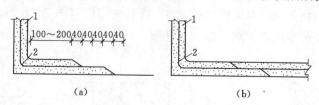

图 7.10　刚性防水层施工缝的处理
(a) 留头方法；(b) 接头方法
1—砂浆层；2—素灰层

7.2.3　防水混凝土

防水混凝土是以调整混凝土配合比或掺外加剂等方法，来提高混凝土本身的密实性和抗渗性，使其具有一定防水能力的特殊混凝土。防水混凝土具有取材容易、施工简便、工期较短、耐久性好、工程造价低等优点，因此，在地下工程中得到了广泛的应用。目前常用的防水混凝土，主要有普通防水混凝土、外加剂防水混凝土等。

7.2.3.1　防水混凝土的性能与配制

普通防水混凝土除满足设计强度要求外，还须根据设计抗渗等级来配制。在普通防水混凝土中，水泥砂浆除满足填充、黏结作用外，还要求在石子周围形成一定数量和质量良好的砂浆包裹层，减少混凝土内部毛细管、缝隙的形成，切断石子间相互连通的渗水通路，满足结构抗渗防水的要求。

普通防水混凝土宜采用普通硅酸盐水泥、火山灰硅酸盐水泥、粉煤灰硅酸盐水泥，水泥强度等级应不低于 42.5 级。如掺外加剂，亦可用矿渣硅酸盐水泥。石子粒径不宜大于 40mm 吸水率不大于 1.5%，含泥量不大于 1%。

普通防水混凝土的配合比应通过试验选定。选定配合比时，应按设计要求的抗渗等级提高 0.2MPa，其他各项技术指标应符合下列规定：每立方米混凝土的水泥用量不少于 320kg；含砂率以 35%～40% 为宜；灰砂比应为 1:2～1:2.5；水灰比不大于 0.6；坍落度不大于 60mm，如掺用外加剂或用泵送混凝土时，不受此限制。

外加剂防水混凝土是在混凝土中加入一定量的外加剂，如减水剂、加气剂、防水剂及膨胀剂等，以改善混凝土性能和结构的组成，提高其密实性和抗渗性，达到防水要求。

7.2.3.2　防水混凝土的施工

防水混凝土工程质量除精心设计、合理选材外，关键还要保证施工质量。对施工中的各主要环节，如混凝土的搅拌、运输、浇筑振捣、养护等，均应严格遵循施工及验收规范和操作规程的规定进行施工，以保证防水混凝土工程的质量。

1. 施工要点

防水混凝土工程的模板应平整且拼缝严密不漏浆，并有足够的强度和刚度，吸水率要小。一般不宜用螺栓或铁丝贯穿混凝土墙固定模板，当墙高需要用螺栓贯穿混凝土墙固定模板时，应采取止水措施。一般可在螺栓中间加焊一块 100mm×100mm 的止水钢板，阻止渗水通路。

为了阻止钢筋的引水作用，迎水面防水混凝土的钢筋保护层厚度不得小于 30mm，底板钢筋不能接触混凝土垫层。墙体的钢筋不能用铁钉或铁丝固定在模板上。严禁用钢筋充当保护层垫块，以防止水沿钢筋浸入。

防水混凝土应用机械搅拌、机械振捣，浇筑时应严格做到分层连续进行，每层厚度不宜超过 300～400mm。两层浇筑时间间隔不应超过 2h，夏季适当缩短。混凝土进入终凝（一般浇后 4～6h）即应覆盖，浇水湿润养护不少于 14d。

2. 施工缝

施工缝是防水薄弱部位之一，施工中应尽量不留或少留。底板的混凝土应连续浇筑，墙体不得留垂直施工缝。墙体水平施工缝不应留在剪力与弯矩最大处或底板与墙体交接处，最低水平施工缝距底板面不少于 200mm，距穿墙孔洞边缘不少于 300mm。施工缝的形式有平口缝、凸缝、高低缝、金属止水缝等，如图 7.11 所示。

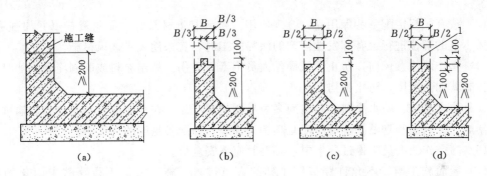

图 7.11　施工缝接缝形式
（a）平口缝；（b）凸缝；（c）高低缝；（d）金属止水缝
1—金属止水片

在施工缝上继续浇筑混凝土前，应将施工缝处松散的混凝土凿除，清除浮料和杂物，用水清洗干净，保持润湿，铺上 10～20mm 厚水泥砂浆，再浇筑上层混凝土。

7.3　防水工程施工质量要求及安全措施

7.3.1　防水工程质量要求

为了加强防水工程施工质量控制，按照建设部提出的"验评分离、强化验收、完善手段、过程控制"16 字方针采取相应措施。施工单位必须按照工程设计图纸和施工技术标准施工，不得擅自修改工程设计，不得偷工减料。按工程设计图纸施工，是保证工程实现设计意图的前提。防水工程施工应符合《屋面工程施工质量验收规范》（GB 50207—2012）和《地下防水工程施工质量验收规范》（GB 50208—2011）的相关规定。

屋面防水工程施工中，屋面的天沟、檐沟、泛水、落水口、檐口、变形缝、伸出屋面管道等部位，是最容易出现渗漏的薄弱环节。所以，对这些部位均应进行防水增强处理，细部防水构造施工必须符合设计要求，并应全部进行重点检查，以确保屋面工程的质量。另外，完整的施工资料是屋面工程验收的重要依据，也是整个施工过程的记录。

地下防水工程的施工，应建立各道工序的自检、交接检和专职人员检查的"三检"制度，并有完整的检查记录。未经建设（监理）单位对上道工序的检查确认，不得进行下道工序的施工。与屋面工程不同，地下防水工程是地基与基础分部工程中的一个子分部工程，应按工序或分项进行验收，构成分项工程的检验批应符合本规范相应质量标准的规定。

屋面及地下防水工程验收的文件和记录体现了施工全过程控制，必须做到真实、准确且不得有涂改和伪造，各级负责人签字后生效。

7.3.2 防水工程安全措施

屋面防水工程施工是在高空、高温环境下进行的，大部分材料易燃并含有一定的毒性，必须采取必要的措施，防止发生火灾、中毒、烫伤、坠落等工伤事故。

（1）施工前应进行安全技术交底工作，施工操作过程应符合安全技术规定。

（2）皮肤病、支气管炎病、结核病、眼病以及对沥青、橡胶刺激过敏的人员，不得参加操作。

（3）按有关规定配备劳保用品，合理使用。接触有毒材料时，需佩戴口罩并加强通风。在通风不良的部位进行含有挥发性溶剂的涂料施工时，宜采用人工通风措施。

（4）操作时注意风向，防止下风操作人员中毒、受伤。熬制涂料或配制冷底子油时，应注意控制其加热温度，防止烫伤。

（5）防水卷材、防水涂料和黏结剂多为易燃易爆产品，在仓库或现场存放和运输过程中应严禁烟火、高温和曝晒。现场应配有禁烟火标志，并配备足够的灭火器具。

（6）高空作业人员不得过分集中，必要时应系安全带。

（7）屋面施工时，不允许穿带钉子鞋的人员进入，施工人员不得踩踏未固化的防水涂膜。

（8）地下防水应注意检查基坑护坡和支护是否可靠。

（9）材料堆放应离开基坑边 1m 以外，重物应放置在边坡安全距离以外。

思　考　题

1. 试述卷材屋面的组成及对材料的要求。

2. 在沥青胶结材料中加入填充料的作用是什么？

3. 什么叫冷底子油？作用有哪些？如何配制？

4. 卷材防水屋面找平层为何要留分格缝？如何留设？

5. 如何进行屋面卷材铺贴？有哪些铺贴方法？

6. 屋面卷材防水层最容易产生的质量问题有哪些？如何防治？

7. 试述涂膜防水屋面的组成。这种屋面的施工是怎样进行的？

8. 细石混凝土防水层的施工有何特点？如何预防裂缝和渗漏？

习　题

一、填空题

1. 根据建筑物的性质、_____、_____的要求以及防水层的_____，屋面防水可分为 4 个等级进行设防。

2. 卷材防水屋面中使用的卷材主要有_____、_____和_____ 3 大类，若干个品种。

3. 施工缝的形式有_____、_____和_____、金属止水缝等几种。

4. 防水工程施工质量控制，按照建设部提出的"_____、_____、_____、过程控制"16 字方针采取相应措施。

二、单选题

1. 为防止卷材接缝处漏水，卷材间应具有一定的搭接宽度，长边不应小于（　　）mm。

A. 70　　　　　　　B. 100　　　　　　　C. 80　　　　　　　D. 120

2. 当铺贴连续多跨或高低跨屋面卷材时，应按（　　）进行。

A. 先低跨后高跨　　　　　　　B. 先高跨后低跨

C. 先近后远　　　　　　　　　D. 先近后高跨

3. 适合于卷材平行屋脊铺设的屋面的坡度应是（　　）。

A. 3％　　　　　　　B. 18％　　　　　　C. 20％　　　　　　D. 25％

4. 二级屋面防水要求防水层耐用年限为（　　）。

A. 25 年　　　　　　B. 10 年　　　　　　C. 15 年　　　　　　D. 5 年

5. 卷材防水屋面不具有的特点是（　　）。

A. 自重轻　　　　　B. 防水性能好　　　　C. 柔韧性好　　　　D. 刚度好

6. 要求设置三道或三道以上防水的屋面防水等级是（　　）。

A. Ⅳ　　　　　　　B. Ⅲ　　　　　　　　C. Ⅱ　　　　　　　D. Ⅰ

7. 为防止起鼓，要求基层干燥，其含水率在（　　）以内，避免在雨、雾、霜天气施工。

A. 4％　　　　　　　B. 5％　　　　　　　C. 6％　　　　　　　D. 7％

8. （　　）是指用冷胶黏剂将高聚物改性沥青防水卷材粘贴在涂刷有基层处理剂的屋面找平层上，而不需要加热施工的方法。

A. 热熔法　　　　　B. 自黏法　　　　　　C. 干黏法　　　　　D. 冷黏法

9. 防水涂膜施工不宜在气温高于（　　）及日均气温在（　　）以下时施工。

A. 35℃、5℃　　　B. 30℃、3℃　　　　C. 25℃、6℃　　　D. 30℃、8℃

10. 当屋面结构层采用装配式钢筋混凝土板时，应用（　　）灌缝，并宜掺入微膨胀剂。

A. 水泥砂浆　　　　B. 细石混凝土　　　　C. 无石混凝土　　　D. 砂浆

11. 当地下水位高于地下室地坪标高时，则应采取（　　）措施。

A. 防潮　　　　　　B. 防水　　　　　　　C. 防漏　　　　　　D. 防腐

12. 防水直接影响着建筑物的（　　　）。

A. 使用寿命　　　　B. 使用质量　　　　C. 卫生条件　　　　D. 外观条件

13. 卷材防水层的施工，在基层表面清理、修整完毕后的工序是（　　　）。

A. 喷、涂基层处理剂　　　　　　　　B. 节点附加层处理

C. 定位、弹线、试铺　　　　　　　　D. 铺贴卷材

14. 卷材的铺贴时，平行于屋脊铺贴时，由（　　　）开始。

A. 山墙　　　　　　　　　　　　　　B. 檐口

C. 屋脊　　　　　　　　　　　　　　D. 檐口和屋脊间的任意处

15. 关于大面积的细石混凝土屋面防水层，其分格缝的位置说法错误的是（　　　）。

A. 屋面板的支承端　　　　　　　　　B. 屋面转折处

C. 防水层与突出屋面的交接处　　　　D. 由经验设置

16. 施工缝是防水薄弱部位，底板的混凝土应连续浇筑，墙体不得留（　　　）。

A. 施工缝　　　　　　　　　　　　　B. 水平施工缝

C. 垂直施工缝　　　　　　　　　　　D. 倾斜施工缝

17. 下列不属于高聚物改性沥青防水卷材的是（　　　）。

A. SBS 改性沥青防水卷材　　　　　　B. APP 改性沥青防水卷材

C. 丁基橡胶防水卷材　　　　　　　　D. 再生胶改性沥青防水卷材

18. 地下工程变形缝常用的止水带有（　　　）。

A. 橡胶止水带　　　　　　　　　　　B. 膨胀水泥止水带

C. 塑料止水带　　　　　　　　　　　D. 金属止水带

第8章 装 饰 工 程

【本章要点】

建筑装饰工程是指单位工程的全部结构工程完工以后，对建筑物的外表进行美化、修饰处理的一系列建筑工程活动，达到对建筑物的主体保护，进而起到美化空间渲染环境的作用和效果。

本章主要讲述楼地面工程、抹灰工程、饰面工程、涂饰工程等的基本构造、施工工艺，对材料和施工质量的要求。

【学习要求】

重点掌握普通抹灰、涂料等工程的组成、要求、作用、施工做法和质量要求；了解一般装饰工程的施工程序。

8.1 地 面 工 程

楼地面是指房屋建筑地坪层和楼板层（或楼板）的总称。地面包括底层地面（地面）和楼层地面（楼面）。主要由面层、垫层和基层等部分构成。

楼地面按面层结构和施工的不同分整体地面（如水泥砂浆、细石混凝土、现浇水磨石等）、块材地面（如陶瓷锦砖即马赛克、陶瓷地砖、缸砖、砖石等）、卷材地面（如地毯地面等）和实木地面、竹地板、强化地板等。

8.1.1 整体地面工程

8.1.1.1 水泥砂浆楼地面

1. 基本构造

水泥砂浆楼地面是将水泥砂浆涂抹于混凝土基层或垫层上，抹压制成的地面。水泥砂浆面层材料由水泥和砂按比例配制而成。水泥砂浆楼地面一般的做法是在结构层上抹水泥砂浆，有单层和双层两种。水泥砂浆楼地面的基本构造如图 8.1 所示。

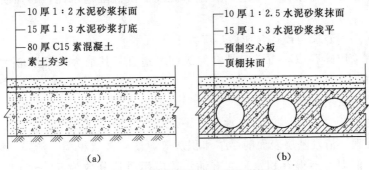

图 8.1 水泥砂浆楼地面的基本构造

（a）水泥砂浆地面；（b）水泥砂浆楼面

2. 材料质量要求

（1）不同品种、不同强度等级的水泥严禁混用。

（2）水泥宜采用硅酸盐水泥、普通硅酸盐水泥，其强度等级不应低于 32.5 级。

（3）砂为中砂或粗砂，其含泥量不应大于 3%。

3. 施工工艺

（1）基层清理。将基层表面的积灰、浮浆、油污及杂物清理干净。抹砂浆前浇水湿润，表面的积水应予以排除。

（2）铺抹砂浆。面层铺抹前，先刷一道含 4%～5% 的 108 胶水泥浆，随即铺抹水泥砂浆，用刮尺赶平，并用木抹子压实。

（3）抹平、压光。在砂浆初凝后终凝前，用铁抹子反复压光三遍。

（4）养护。水泥砂浆面层铺好后 1d 内应用砂或锯末覆盖，并在 7～10d 内每天浇水不少于一次，养护期间不允许压重物或碰撞。

8.1.1.2 水泥混凝土楼地面

1. 基本构造

水泥混凝土是用水泥、砂和小石子按比例配制而成，水泥混凝土楼地面的强度高，干缩性小，与水泥砂浆楼地面相比，它的耐久性和防水性更好，且不易起砂，但厚度较大，适用于地面面积较大或基层为松散材料，面层厚度较大的地面装饰工程。水泥混凝土楼地面的基本构造如图 8.2 所示。

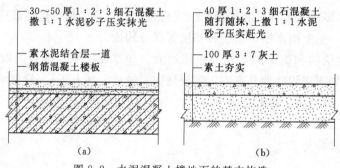

图 8.2　水泥混凝土楼地面的基本构造

（a）水泥混凝土楼面；（b）水泥混凝土地面

2. 材料质量要求

（1）水泥采用硅酸盐水泥、普通硅酸盐水泥或矿渣硅酸盐水泥，其强度等级不得低于 42.5 级。

（2）砂宜采用中砂或粗砂，含泥量不应大于 3%。

（3）石子宜采用碎石或卵石，粗骨料的级配要适宜，其最大粒径不应大于面层厚度的 2/3，含泥量不应大于 2%。

（4）水宜采用饮用水。

3. 施工工艺

（1）基层处理。清理基层表面的浮浆和积灰等，使得基层粗糙、洁净。铺设前 1d 对楼板表面进行浇水润湿，不得有积水。如有油污，应用质量分数为 5%～10% 的碱溶液清洗干净。

（2）弹线、标高。根据水平标准线和设计厚度，在四周墙、柱上弹出面层的上平标高控制线。按线拉水平线抹找平墩（60mm×60mm，与面层完成面同高，用同种混凝土），间距双向不大于 2m。有坡度要求的房间应按设计坡度要求拉线，抹出坡度数。

（3）混凝土铺设。铺设时按标筋高度刮平，随后用平板式振捣器振捣密实。待其稍收水，即用铁抹子预压一遍，或用铁辊筒往复交叉滚压 3～5 遍，使之平整，不显露石子。若有低凹处，要随即用混凝土填补，滚压至表面泛浆；若泛出表层的水泥浆呈细花纹状，表明已经滚压密实，即可进行抹平压光。压光工作不应少于两遍，要求达到表面光滑、无抹痕、色泽均匀一致。

（4）水泥混凝土面层不应留置施工缝。当施工间歇超过允许时间规定，再继续浇筑混凝土时，应对已凝结的混凝土接槎处进行处理。刷一层水泥浆，其水灰比宜为 0.4～0.5，再浇筑混凝土，并应捣实压平，不显接槎。

（5）养护。浇筑完成后，应在 12h 内加以覆盖和浇水，养护时间不得少于 7h，浇水次数应能保持混凝土具有足够的湿润状态。

8.1.1.3 现浇水磨石楼地面

1. 基本构造

现浇水磨石楼地面是在水泥砂浆或混凝土垫层上，按设计要求分格并抹水泥石子浆，硬化后，磨光露出石渣，并经补浆、细磨、打蜡而成。现浇水磨石楼地面基本构造如图 8.3 所示。

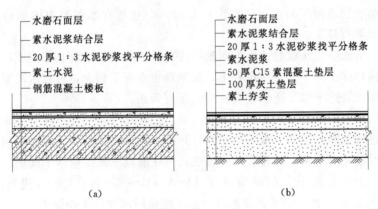

（a）　　　　　　　　　　　　　（b）

图 8.3　现浇水磨石楼地面构造

（a）现浇水磨石楼面；（b）现浇水磨石地面

2. 材料质量要求

（1）所用的水泥强度等级不应低于 32.5 级；原色水磨石面层宜用 32.5 级普通硅酸盐水泥；彩色水磨石应采用白色或彩色水泥。

（2）石子应采用坚硬可磨的岩石（常用白云石、大理石等），并应洁净无杂物、无风化颗粒。其粒径除特殊要求外，一般采用 6～15mm，或将大、小石料按一定比例混合使用。

（3）玻璃条采用厚 3mm 的普通平板玻璃裁制而成，宽 10mm 左右（视石子粒径而定），长度由分块尺寸决定。

（4）铜条采用 2～3mm 厚的铜板，宽度 10mm 左右（视石子粒径定），长度由分块尺寸决定。铜条需经调直才能使用。铜条下部 1/3 处每米钻四个 2mm 孔，穿铁丝备用。

（5）颜料采用耐光、耐碱的矿物颜料，其掺入量不大于水泥质量的 12%。如采用彩色水泥，可直接与石子拌和使用。

（6）砂子采用中砂，且能通过 0.63mm 孔径的筛，含泥量不得大于 3%。

（7）草酸，即乙二酸 [(COOH)$_2$]。通常配成二水物相对密度 1.65；无水物相对密度 1.9；溶于水，有毒，对皮肤有腐蚀作用。使用前用沸水溶解成浓度为 10%～25% 的溶液，冷却后使用。

（8）地板蜡由固体石蜡和溶剂配制而成，按 0.5kg 石蜡配 2.5kg 煤油自行配制。

3. 施工工艺

（1）基层处理、找平。把沾在基层上的浮浆、落地灰等用錾子或钢丝刷清理掉，再用扫帚将浮土清扫干净。根据水平标准线和设计厚度，在四周墙、柱上弹出面层的上平标高控制线。

（2）镶嵌分格条。在抹好水泥砂浆找平层 24h 后，按设计要求在找平层上弹（划）线分格，分格间距以 1m 以内为宜。水泥浆顶部应低于条顶 4～6mm，并做成 45°。嵌条应平直、牢固、接头严密，并作为铺设面层的标志。分格条十字交叉接头处黏嵌水泥浆时，宜留有 15～20mm 的空隙，以确保铺设水泥石粒浆时使石粒分布饱满、磨光后表面美观。分格条黏嵌后，经 24h 即可洒水养护，一般养护 3～5d。

（3）铺抹石粒浆。嵌条黏固养护后，即清除积水及浮灰，涂刷与面层颜色一致的水泥浆结合层一道。结合层水泥浆的水灰比宜为 0.1～0.5，也可在水泥浆内掺加适量胶黏剂，随刷随铺设面层水泥石粒浆。

（4）滚压。滚压应该从横竖两个方向轮换进行，用力均匀，防止压倒或压坏分格条。待表面出浆后，再用抹子抹平。滚压过程中，如发现表面石子偏少，可在水泥浆较多处补撒石子并拍平。滚压至表面平整、泛浆且石粒均匀排列为止。

（5）水磨。水磨石开磨时间与所用水泥品质、色粉品种及气候条件有一定关系。水磨石面层开机前先进行试磨，表面石渣不松动方可开磨。具体操作步骤是边磨边洒水，确保磨盘下有水，并随时清除磨石浆。如开磨时间过晚，可在磨盘下撒少量砂子助磨。

（6）磨光。磨光是用 10% 的草酸溶液（加入 1%～2% 的氧化铝）进行涂刷，随即用 240～320 号油石细磨。磨至砂浆表面光滑为止，然后用水冲洗干净晾干。

（7）打蜡。先在水磨石面层上薄涂一层蜡，待干后再用磨光机研磨，直到光滑洁亮为止，上蜡后铺锯末进行养护。

8.1.2 板块楼地面施工

8.1.2.1 陶瓷地砖楼地面施工

1. 基本构造

陶瓷地砖分有釉面和无光釉面、无釉防滑及抛光等多种，且色彩图案丰富，抗腐耐磨，施工方便，装饰效果好。其地面具有强度高、致密坚实、抗腐耐磨、耐污染、易清洗、平整光洁、规格与色泽多样等特点，其装饰效果好，施工方便，广泛应用于室内地面的装饰。陶瓷地砖楼地面的基本构造如图 8.4 所示。

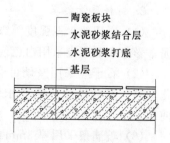
图 8.4 陶瓷地砖楼地面的基本构造

2. 材料质量要求

（1）地砖。符合施工要求的陶瓷地砖、缸砖、马赛克等，对有裂缝、掉角、翘曲、明显色差、尺寸误差大等缺陷的块材应剔除。

（2）水泥。水泥采用硅酸盐水泥、普通硅酸盐水泥或矿渣硅酸盐水泥，其强度等级不低于 32.5 级。不同品种、不同强度等级的水泥严禁混用。

（3）砂。找平层水泥砂浆采用过筛的中砂或粗砂，嵌缝宜用中、细砂。

（4）胶黏剂。采用胶黏剂在结合层上粘贴砖面层时，胶黏剂选用应符合现行国家标准《民用建筑工程室内环境污染控制规范》（GB 50325—2013）的规定。

3. 施工工艺

（1）基层处理。将基层凿毛，凿毛深度 5～10mm，再将混凝土地面上杂物清理掉，如有油污，应用 10％火碱水刷净，并用清水及时将其上面的碱液冲净。

（2）找标高。根据水平标准线和设计厚度，在四周墙、柱上弹出面层的上平标高控制线。

（3）铺砂浆。铺砂浆前，基层浇水润湿，刷一道水灰比 0.4～0.5 水泥素浆，随刷随铺 1：（2～3）的干硬性水泥砂浆。有防水要求时，找平层砂浆或水泥混凝土要掺防水剂，或按照设计要求加铺防水卷材。

（4）弹铺砖控制线。在已有一定强度的找平层上弹出与门道口成直角的基准线，弹线应考虑板块间隙，弹出纵横定位控制线。弹线从门口开始，以保证进口处为整砖，非整砖置于阴角或家具下面。

（5）铺地砖板块。铺地砖前将板块浸水润湿，并码好阴干备用。铺砌时切忌板块有明水。铺砌时，按基准板块先拉通线，对准纵横缝按线铺砌。为使砂浆密实，用橡皮锤轻击板块，如有空隙应补浆。有明水时撒少许水泥粉。缝隙、平整度满足要求后，揭开板块，浇一层水泥素浆，正式铺贴。每铺完一条，再用 3m 靠尺双向找平。随时将板面多余砂浆清理干净。铺板块采用后退的顺序铺贴。

（6）压平拔缝。每铺完一段落或 8～10 块后用喷壶略洒水，15min 左右用橡皮锤（木槌）按铺砖顺序锤铺一遍，不得遗漏。边压实边用水平尺找平。压实后拉通线，先竖缝后横缝调拨缝隙，使缝口平直、贯通。

（7）嵌缝养护。铺贴完 2～3h 后，用白水泥或普通水泥浆嵌缝，缝要填充密实、平整光滑，再用棉丝将表面擦净，擦净后铺撒锯末养护 3～4d 后方可使用。

8.1.2.2 石材楼地面施工

1. 基本构造

石材楼地面是采用天然花岗石、天然大理石及人造花岗石、人造大理石等铺砌而成。

石材楼地面的铺砌一般均采用半干硬性水泥砂浆粘贴，基层、垫层的做法和一般水泥砂浆地面做法相同，只是要做防潮处理。石材楼地面基本构造如图 8.5 所示。

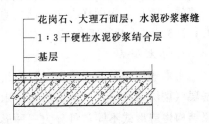

图 8.5 石材楼地面基本构造

2. 材料质量要求

（1）水泥。水泥一般采用普通硅酸盐水泥，其强度等级不得低于 32.5 级。受潮结块的水泥禁止使用。

（2）砂。砂宜选用中砂或粗砂。

（3）石材的技术等级、光泽度、外观等质量要求应符合国家现行国家标准《天然大理石建筑板材》（GB/T 19766—2005）、《天然花岗石建筑板材》（GB/T 18601—2001）等的规定。

（4）凡有翘曲、歪斜、厚薄偏差太大以及缺边、掉角、裂纹、隐伤和局部污染变色的石材应予以剔除，完好的石材板块应套方检查，规格尺寸如有偏差，应磨边修正。用草绳等易褪色材料包装花岗石石板时，拆包前应防止受潮和污染。

（5）碎拼大理石要进行清理归类，把颜色、厚薄相近的放在一起施工，板材边长不宜超过 300mm。

3. 施工工艺

（1）基层清理。将地面垫层上杂物清理掉，用钢丝刷刷掉黏结在垫层上的砂浆，并清理干净。

（2）弹线。根据设计要求，并考虑结合层厚度与板块厚度，确定平面标高位置后，在相应立面弹线。在十字线交点处对角安放两块标准块，并用水平尺和角尺校正。

（3）选材。铺贴前将板材进行试拼，对花、对色、编号，以使铺设出的地面花色一致。试拼调试合格后，可在房间主要部位弹相互垂直的控制线，并引至墙上，用以检查和控制板块位置。

（4）石材浸水湿润。施工前应将板材（特别是预制水磨石板）浸水湿润，并阴干码放好备用，铺贴时，板材的底面以内潮外干为宜。

（5）铺砂浆和石板。根据水平地面弹线，定出地面找平层厚度，铺 1：3 干硬性水泥砂浆。砂浆从房间里面往门口处摊铺，铺好后用大杠刮平，再用抹子拍实找平。石材的铺设也是从里向外延控制线，按照试铺编号铺砌，逐步退至门口用橡皮锤敲击木垫板，振实砂浆到铺设高度。在水泥砂浆找平层上再满浇一层素水泥浆结合层，铺设石板，四角同时向下落下，用橡皮锤轻敲木垫层，水平尺找平。

（6）擦缝。铺板完成 2d 后，经检查板块无断裂及空鼓现象后方可进行擦缝。要求嵌铜条的地面板材铺贴，先将相邻两块板铺贴平整，留出嵌条缝隙，然后向缝内灌水泥砂浆，将铜条敲入缝隙内，使其外露部分略高于板面即可，然后擦净挤出的砂浆。

（7）养护。对于不设镶条的地面，应在铺完 24h 后洒水养护，2d 后进行灌缝，灌缝力求达到紧密。

（8）上蜡。板块铺贴完工后，待其结合层砂浆强度达到 60%～70% 即可打蜡抛光。将石材地面晾干擦净，用干净的布或麻丝沾稀糊状的蜡，涂在石材上，用磨石机压磨，擦打第一遍蜡。随后，用同样方法涂第二遍蜡，要求光亮、颜色一致。

8.1.2.3 实木地板楼地面

1. 基本构造

实木地板楼地面是采用条材和块材实木地板或采用拼花实木地板，以空铺或实铺方式在基层（楼层结构层）上铺设而成。木地板的铺设方式有实铺和架空两种。实木地板楼地面按照结构构造形式不同，可分为三种形式：即实铺式木地板、架空式木地板和粘贴式木地板。具体构造如图 8.6～图 8.9 所示。

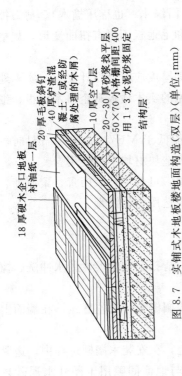

图 8.7 实铺式木地板楼地面构造（双层）（单位：mm）

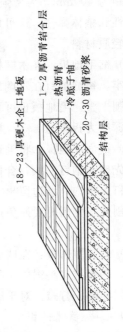

图 8.9 架空式木地板楼地面构造

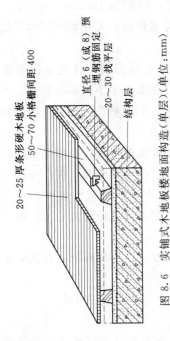

图 8.6 实铺式木地板地面构造（单层）（单位：mm）

图 8.8 粘贴式木地板楼地面构造（单位：mm）

2. 材料质量要求

（1）木地板敷设所需要的木搁栅（俗称木楞）、垫木、沿缘木（也称压檐木）、剪刀撑及毛地板：采用红白松，经烘干、防腐处理后使用，木龙骨和毛地板不得有扭曲变形，规格尺寸按设计要求加工。

（2）实木地板面层可采用双层面层和单层面层铺设，其厚度应符合设计要求。实木地板面层的条材和块材应采用具有商品检验合格证的产品。常见的实木地板有企口木地板、细纹木地板。

（3）砖和石料。用于地垄墙和砖墩的砖强度等级，不能低于 MU7.5。采用石料时，不得使用风化石；凡后期强度不稳定或受潮后会降低强度的人造块材均不得使用。

（4）胶黏剂及沥青。若使用胶黏剂粘贴拼花木地板面层，可选用环氧沥青、聚氨酯、聚醋酸乙烯和酪素胶等。若采用沥青粘贴拼花木地板面层，应选用石油沥青。

（5）其他材料。木地板专用钉、防潮垫、镀锌铅丝等。

3. 实铺式木地板施工工艺

（1）基层清理：基层表面的砂浆、浮灰必须铲除干净，清扫杂物尘埃、用水冲洗、擦拭清洁、干燥。

（2）弹线：根据地板铺设方向和长度先在地面上弹出木搁栅龙骨的位置线，在墙面上弹出地面标高线。

（3）安装木搁栅：将木搁栅按位置线固定铺设在地面上，在安装木搁栅过程中，边紧固边调整找平。找平后的木搁栅用斜钉和垫木钉牢。木搁栅与地面间隙用干硬性水泥砂浆找平，与木搁栅接触处做防腐处理。在家庭装修中木搁栅可采用断面尺寸为 30mm×40mm 木方，间距为 400mm。为增强整体性，木搁栅之间应设横撑，间距为 1200～1500mm。为提高减振性和整体弹性，还可加设橡胶垫层。为改善吸声和保湿效果，可在龙骨下的空腔内填充一些轻质材料。

（4）铺毛地板：在木搁栅顶面上弹出 300mm 或 400mm 的铺钉线，将毛地板条逐块用扁钉钉牢，错缝铺钉在木搁栅上。铺钉好的毛地板要检查其表面的水平度和平整度，不平处可以刨削平整。毛地板也可采用整张的细木工板或中密度板。采用整张毛板时，应在板上开槽，槽深度为板厚的 1/3，方向与木搁栅垂直，间距 200mm 左右。

（5）铺面层地板：将毛地板清扫干净，在表面弹出条形地板铺钉线。一般由中间向外边铺钉，先按线铺钉一块，合格后逐渐展开。板条之间要靠紧，接头要错开，在凸榫边用扁头钉斜向钉入板内，墙边留出 10～20mm 的空隙。铺完后要检查水平度与平整度，用平刨或机械刨刨光。刨削时要避免产生划痕，最后用磨光机磨光。如使用已经涂饰的木地板，铺钉完即可。

（6）安装踢脚板：在墙面和地面弹出踢脚板高度线、厚度线，将踢脚板钉在墙内木砖或木楔上。踢脚板接头锯成 45°斜口搭接。

（7）油漆、打蜡：对于原木地板还需要刮腻子、涂饰、磨光打蜡等表面处理。

8.1.2.4 粘贴式木地板

在混凝土结构层上用 15mm 厚 1:3 水泥砂浆找平，现在大部分采用高分子黏结剂，将木地板直接粘贴在地面上。具体步骤如下：

（1）清理基层：先清除地面浮灰、杂质等。地面含水率不得大于 16%；水平面误差不大于 4mm；不允许有空鼓、起砂，不符合要求时需进行局部修正或刮水泥胶浆。

（2）弹线：中心线或与之相交的十字线应分别引入各房间作为控制要点；中心线和相交的十字线必须垂直；控制线须平行中心线或十字线；控制线的数量应根据空间大小、铺贴人员水平高低来确定；中心线应在试铺的情况下统筹各铺贴房间的几何尺寸后确定。

（3）刷胶粘剂：在清洁的地面上用锯齿形刮板均匀刮一遍胶，面积为 1m² 以内，然后用铲刀涂胶在木地板粘接面上，特别是凹槽内上胶要饱满。胶的厚度控制在 1～1.2mm。

（4）铺贴：按图案要求进行拼贴，并需用力挤出多余胶液，板面上胶液应及时处理干净。隔天铺贴的交接面上的胶须当天清理，以保证隔天交接面严密。

（5）打磨：待地板固化后（固化时间 24～72h），刨去地板高出的部分，然后进行打磨，并用 2m 直尺检查平整度。控制要求：平整度 2mm（2m）、无刨痕、毛刺，表面光洁。

（6）踢脚板安装：与实铺式相同。

（7）油漆、打蜡：与实铺式相同。

8.1.2.5 强化地板地面施工

施工工艺如下。

1. 基层清理

已做好的地板混凝土基层要求干燥、平整，将基层面清扫干净。

2. 铺塑料衬垫

将塑料衬垫平铺在基层上。

3. 铺装复合木地板

地板从墙的一侧开始铺贴，地板按照设计要求方向铺贴，设计没有要求的按顺光的方向铺贴，靠墙的一块要离开墙面 10mm 左右，再逐块紧排，实木复合木地板的接头，应按设计要求留置，铺实木复合木地板时，应从房间的内侧向外铺设。

4. 踢脚安装

踢脚的材质、规格尺寸按设计要求，在墙内安装踢脚板的位置，每隔 400mm 打入木楔。安装前，先按设计标高将控制线弹到墙面，使木踢脚板上口与标高控制线重合。木踢脚板与地面转角处安装木压条或安装圆角成品木条。木踢脚板接缝处应做成斜坡压槎，在 90° 转角处做成 45° 斜角接槎。安装时，木踢脚板要与墙立面贴紧，上口要平直，钉接要牢固，用气动打钉枪直接钉在木楔，若用明打钉接，钉帽要砸扁，并冲入板内 2～3mm，油漆时用腻子填平钉孔，钉子的长度是板厚度的 2.0～2.5 倍，且间距不宜大于 1.5m。

8.2 抹 灰 工 程

抹灰工程是指用各种灰浆涂抹在建筑表面，起找平、装饰和保护墙面的作用，主要分室内抹灰和室外抹灰。按工种部位可分为内外墙面抹灰、地面抹灰和顶棚抹灰；按使用材料和装饰效果可分为一般抹灰和装饰抹灰。

一般抹灰是指采用石灰砂浆、水泥砂浆、水泥混合砂浆、聚合物水泥砂浆、膨胀珍珠岩水泥砂浆、麻刀石灰浆、纸筋石灰浆和石膏灰等抹灰材料进行的涂抹施工。一般抹灰分为普通抹灰、高级抹灰。普通抹灰要求做一层底层、一层中层和一层面层；高级抹灰要求做一层底层、数层中层和一层面层。

本节主要介绍内墙面和外墙面一般抹灰的施工工艺、材料质量要求、施工操作步骤等。

8.2.1 室内抹灰施工

8.2.1.1 材料质量要求

（1）水泥。水泥必须有出厂合格证，标明进场批次，并按品种、强度等级、出厂日期分别堆放，保持干燥。如遇水泥强度等级不明或出厂日期超过三个月及受潮变质等情况，应经试验鉴定，按试验结果确定使用与否。不同品种的水泥不得混合使用。水泥的凝结时间和安定性应进行复验。

（2）石灰膏。抹灰用石灰必须先熟化成石灰膏，常温下石灰的熟化时间不得少于15d，不得含有未熟化的颗粒。

（3）砂子。抹灰宜采用中砂或粗砂与中砂混合使用，尽可能少用细砂，不宜使用特细砂，砂在使用前必须过筛，不得含有杂质。砂的含泥量应符合标准。

（4）外掺剂。抹灰砂浆的外掺剂有憎水剂、分散剂、减水剂、胶黏剂、颜料等，要根据抹灰的要求按比例适量加入，不得随意添加。

8.2.1.2 普通抹灰的施工工艺

（1）基层清理。清扫墙面上浮灰污物，检查门窗洞口位置尺寸，打凿补平墙面，浇水润湿基层。

（2）找规矩、弹线。四角规方、横线找平、立线吊直、弹出准线、墙裙线、踢脚线。

（3）做标志块（灰饼）、做标筋（冲筋），如图8.10所示。为控制抹灰层厚度和平整度，必须用与抹灰材料相同的砂浆先做出灰饼和冲筋。先用托线板检查墙面平整度和垂直度，大致决定抹灰厚度（最薄处一般不小于7mm），再在墙的上角各做一个标准灰饼（遇有门窗口垛角处要补做灰饼），大小约为50mm。然后根据这两个灰饼用托线板或挂垂线作墙面下角的两个标准灰饼（高低位置一般在踢脚线上口200～250mm），厚度以垂线为准；再在灰饼左右墙缝里钉钉子，按灰饼厚度拴上小线挂通线，并沿小线每隔1200～1500mm上下加做若干标准灰饼。待灰饼稍干后，在上下灰饼之间抹上宽约100mm的砂浆冲筋，用木杠刮平，厚度与灰饼相平，待稍干后即可进行底层抹灰。

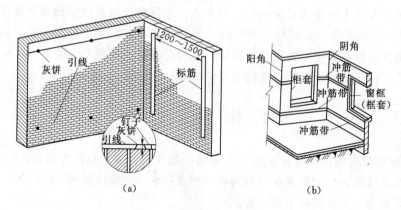

图8.10 标志块与标筋
（a）竖向标筋；（b）横向标筋

（4）做阳角护角。室内墙面、柱面和门洞口的阳角护角做法应符合设计要求。如设计无要求，一般采用1:2水泥砂浆做暗护角，其高度不应低于2m，每侧宽度不应小于50mm。

具体操作如下：

1）将阳角用方尺规方，靠门窗框一边以框墙空隙为准，另一边以冲筋厚度为准，在地面划好基准线，根据抹灰层厚度粘稳靠尺板并用托线板吊垂直。

2）在靠尺板的另一边墙角分层抹护角的水泥砂浆，其外角与靠尺板外口平齐。

3）一侧抹好后把靠尺板移到该侧用卡子稳住，并吊垂线调直靠尺板，将护角另一面水泥砂浆分层抹好。

4）轻手取下靠尺板。待护角的棱角稍收水后，用钢皮抹子抹光、压实或用阳角抹子将护角捋顺直。

5）在阳角两侧分别留出护角宽度尺寸，将多余的砂浆以45°斜面切掉。

6）对于特殊用途房间的墙（柱）阳角部位，其护角可按设计要求在抹灰层中埋设金属护角线。高级抹灰的阳角处理，亦可在抹灰面层镶贴硬质 PVC 特制装饰护角条。

（5）抹底层灰。底层的抹灰层强度不宜低于面层的抹灰层强度。水泥砂浆拌好后，应在初凝前用完，凡结硬砂浆不得继续使用。冲筋有一定的强度后，在两冲筋之间用力抹上底灰，用抹子压实搓毛。底层灰应略低于冲筋，约为标筋厚度的 2/3，由上往下抹。若基层为混凝土时，抹灰前应刮素水泥浆一道；在加气混凝土或粉煤灰砌块基层抹石灰砂浆时，应先刷 108 胶溶液一道（108 胶：水＝1：5），抹混合砂浆时，应先刷 108 胶水泥浆一道，108 胶掺量重量比为水泥重量的 10％～15％。抹灰砂浆中使用掺和料应充分水化，防止影响黏结力。底层灰抹完，表面应基本平整，阴阳角应基本方正。

（6）抹中层灰。中层灰应在底层灰干至六七成后进行。抹灰厚度以垫平冲筋为准，并使其稍高于冲筋。抹上砂浆后，用木杠按标筋刮平，刮平后紧接着用木抹子搓压，使表面平整密实。在墙的阴角处，先用方尺上下核对方正（水平标筋则免去此道工序），然后用阴角器上下拖动搓平，使室内四角方正。在加气混凝土基层上抹底灰的强度与加气混凝土的强度接近，中层灰的配合比也宜与底灰基本相同，底灰宜用粗砂，中层灰和面灰宜用中砂。板条或钢丝网的缝隙中，各层分遍成活，每遍厚 3～6mm，待前一遍灰七八成干再抹第二遍灰。

（7）抹窗台板、踢脚线（或墙裙）。窗台板采用 1：3 水泥砂浆抹底层，表面划毛，隔 1d 后，刷素水泥浆一道，再用 1：2.5 水泥砂浆抹面层。面层宜用原浆压光，上口成小圆角，下口要求平直，不得有毛刺，凝结后洒水养护不少于 4d。踢脚线或墙裙采用 1：3 水泥砂浆或水泥混合砂浆打底，1：2 水泥砂浆抹面，厚度比墙面凸出 3～5mm，并根据设计要求的高度弹出上口线，用八字靠尺靠在线上用铁抹子切齐并修整压光。

窗台板应以 1：3 水泥砂浆抹底层，表面搓毛，隔 1d 后，用素水泥浆刷一道，再用 1：2.5 水泥砂浆抹面。面层要用原浆压光，上口做成小圆角，下口要求平直，不得有毛刺，浇水养护 4d。踢脚线比墙面凸出 3～5mm，1：3 水泥砂浆或水泥混合砂浆打底，1：2 水泥砂浆抹面，根据高度尺寸弹出上线，把八字靠尺靠在线上用铁抹子切齐，修边清理。

（8）抹面层灰，俗称罩面。操作应以阴角开始，最好两人同时操作，一人在前面上灰，另一人紧跟在后找平整，并用铁抹子压实赶光。阴阳角处用阴阳角抹子捋光，并用毛刷蘸水将门窗圆角等处清理干净。

1）纸筋石灰或麻刀石灰面层。纸筋石灰面层，一般宜在中层石灰砂浆六至七成干后进行操作（手按不软，但有指印）。如底层砂浆过于干燥应先洒水润湿后再抹面层，压光后，可用排笔蘸水横刷一遍，使表面色泽一致，用钢皮抹子再压实、揉平、抹光一次，则面层更为光滑细腻。麻刀石灰抹面层的操作方法与纸筋石灰抹面层相同，而麻刀纤维比较粗，且不易捣烂，用它制成的麻刀石灰抹面厚度要求不得大于 3mm，大于 3mm 时，面层容易产生收缩裂缝影响工程质量。因此，操作时一人用铁抹子将麻刀石灰抹在墙上，另一人紧接着自左向右将面层赶平、压实、抹光；稍干后，再用钢皮抹子将面层压实、抹光。

2）石灰砂浆面层。一般采用 1：1 石灰砂浆，应在中层砂浆五到六成干时进行。如中层较干时，需洒水润湿后再进行。操作时，先用铁抹子抹灰，再用刮尺由下向上刮平，然后用木抹子搓平，最后用铁抹子压光成活。

3）当面层不罩面抹灰，而采用刮大白腻子时，一般应在中层砂浆干透、表面坚硬成灰白色，且没有水迹及潮湿痕迹、用铲刀刻划显白印时进行。面层刮大白腻子一般不少于两遍，总厚度 1mm 左右。操作时，使用钢片或胶皮刮板，每遍按同一方向往返刮。头道腻子刮后，在基层已修补过的部位应进行复补找平，待腻子干后，用 0 号砂纸磨平，扫净浮灰；待头遍腻子干燥后，再进行第二遍。要求表面平整，纹理质感均匀一致。

（9）清理。抹面层灰完工后，应注意对抹灰部分的保护，墙面上浮灰污物需用 0 号砂纸磨平，补抹腻子灰。

8.2.2 外墙抹灰施工工艺

（1）基层清理。清扫墙面上浮灰污物，打凿补平墙面，浇水润湿基层。

（2）找规矩。外墙抹灰同内墙抹灰一样要挂线做灰饼和冲筋，但因外墙面由檐口到地面，整体抹灰面大，门窗、阳台、明柱、腰线等都要横平竖直，而抹灰操作则必须是自上而下、一步架一步架地涂抹。因此，外墙抹灰找规矩要在四个大角先挂好垂直通线，然后大致决定抹灰厚度。

（3）做灰饼，冲筋。在每步架大角两侧弹上控制线，再拉水平通线并弹水平线做灰饼，竖向每步架都做一个灰饼，然后再做冲筋。

（4）贴分格条。为避免罩面砂浆收缩后产生裂缝，一般均需设分格线，粘贴分格条。粘贴分格条是在底层灰抹完之后进行（底层灰用刮尺赶平）。按已弹好的水平线和分格尺寸弹好分格线，水平分格条一般贴在水平线下边，竖向分格条贴于垂直线的左侧。分格条使用前要用水浸透，以防止使用时变形。粘贴时，分格条两侧用抹成八字形的水泥砂浆固定。

（5）抹灰（底层灰、中层灰、面层灰）。与内墙抹灰要求相同。

（6）滴水线（槽）外墙抹灰时，在外窗台板、窗楣、雨篷、阳台、压顶及突出腰线等部位的上面必须做出流水坡度，下面应做滴水线或滴水槽。

（7）清理。与内墙抹灰要求相同。

8.3 饰 面 工 程

饰面工程是指将块料材料镶贴（安装）在基层上，以形成良好装饰面层的施工。常用的块料面层的种类可分为饰面砖和饰面板两大类。饰面砖有釉面瓷砖、外墙面砖、陶瓷锦砖、玻璃锦砖等；饰面板有天然石饰面板（如大理石、花岗石、青石板等）、人造石饰面板（预制水磨石板、人造大理石板等）、金属饰面板（如不锈钢板、涂层钢板、铝合金饰面板等）、木质饰面板（如胶合板、木条板）、塑料饰面板、玻璃饰面板等。

饰面工程的底层施工与一般抹灰基本相同，下面介绍几种主要块料面层的工艺。

8.3.1 石材饰面板的安装

大理石、花岗石、青石板、预制水刷石板等安装工艺基本相同。以大理石、花岗石为例，其安装工艺流程如下：选材→放样→基层处理→找规矩弹线→安装钢筋骨架→预拼→钻孔制槽→安装饰面板、灌浆→清理嵌缝。

8.3.1.1 主要材料

（1）石材：石材拆包后，应符合设计及国家产品标准规范的规定，挑选规格、品种、颜色一致，无裂纹，无缺边、掉角及局部污染变色的块料，分别堆放。按设计尺寸要求在平地上进行试拼，校正尺寸，试拼后分部位逐块按安装顺序予以编号，以便安装时对号入座。对轻微破裂的石材，可用环氧树脂胶黏结。

（2）水泥：一般采用强度等级为 32.5 级或 42.5 级普通硅酸盐水泥或矿渣硅酸盐水泥。水泥应有出厂合格证及性能检测报告。

（3）砂：中砂，平均粒径为 0.35～0.5mm，砂颗粒要求坚硬洁净，不得含有草根、树叶等其他杂质。砂在使用前应根据使用要求用不同孔径的筛子过筛，含泥量按质量分数不得大于 3%。

8.3.1.2 基层处理及弹线

（1）根据设计要求检查墙体的水平度和垂直度。偏差较大者应剔凿、修补。对表面光滑的基层进行凿毛处理。基层应具有足够的稳定性和刚度，表面平整、粗糙，基体表面清理完后，用水冲净。

（2）找平层干燥后，在基层上分块弹出水平线和垂直线，并在地面上顺墙（柱）弹出大理石外廓尺寸线，在外廓尺寸线上再弹出每块大理石板的就位线，把饰面板编号写在分格线内。

8.3.1.3 饰面板固定及安装

1. 绑扎固定灌浆法

饰面板绑扎固定灌浆法的施工顺序：绑扎钢筋网片→对石板修边、钻孔、剔槽→面板安装→灌浆。其主要工艺如下。

（1）安装钢筋骨架。

一种方法是在预埋钢筋上绑扎（或焊接）Φ6～8mm 的竖向钢筋，随后绑扎横向钢筋，如图 8.11 所示。

另一种方法是用电锤钻孔径为 $\phi25$mm、孔深为 90mm 的孔，用 M16 膨胀螺栓固定预埋铁件，或用电钻在基体上打直径为 $\phi6.5$～8.5mm、深度大于 60mm 的孔，打入短钢筋；外露 50mm 以上并弯钩，然后按上述方法绑扎竖向、横向钢筋。

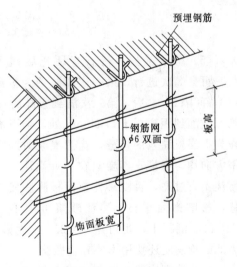

图 8.11 预埋固定钢筋

（2）预拼。饰面板应按设计图挑出品种、规格、色泽一致的块料，校正尺寸及四角套方，按设计尺寸进行试拼。凡阳角处相邻两块板应磨边卡角，如图 8.12 所示，要同时对花纹，预拼好后由下向上编排施工号，然后分类竖向堆好备用。

（3）钻孔制槽。为方便板材的绑扎安装，在板背上、下两面需打孔，将不锈钢丝或细铜

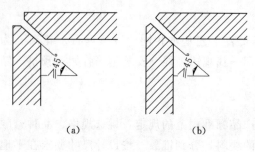

图 8.12　阳角磨边卡角

(a) 阳角"小八字"卡角；(b) 阳角 45°裁边卡角

丝穿在里面并固定好，以便绑扎用。饰面板钻孔位置一般在板的背面算起 2/3 处，使横孔、竖孔相连通，钻孔大小能满足穿丝即可。孔的形状有牛轭孔、斜孔和三角形锯口，如图 8.13 所示。

(4) 饰面板安装。先检查所有准备工作，再安装饰面板。饰面板安装由下往上进行，每层板的安装由一端或中间开始。操作时，一人拿饰面板，使板下口对准水平线，板上略向外倾，另一人及时将板下口的铜丝绑扎在钢筋网的横筋上，然后扣好板上口铜丝，调整板的水平度和垂直度（调整木楔），保证板与板交接处四角平整，用托线板检查，调整无误后扎紧铜丝，使之与钢筋网绑扎牢固，然后用木楔固定好，如发现间隙不匀，应用镀锌铁皮加垫。将调成粥状的熟石膏浆粘贴在饰面板上、下端及相邻板缝间，在木楔处可粘贴石膏，以防发生移位，如图 8.14 所示。

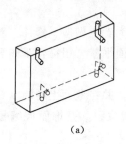 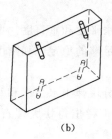 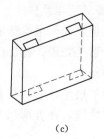

(a) (b) (c)

图 8.13　饰面板各种钻孔

(a) 牛轭孔；(b) 斜孔；(c) 三角形锯口

(5) 分层灌浆。待石膏硬化后即可灌浆，可分 3 次进行。第一次灌浆约为板高的 1/3，间隔 2h 之后，第二次灌到板高的 1/2，第三次灌到距离板上口 50mm 处，余下高度作为上层板灌浆的接缝。注意灌浆时应沿水平方向均匀浇灌，不要只在一处灌注。每次灌注不宜过高，否则易使饰面板膨胀发生位移，影响饰面平整。灌注砂浆可用不低于 C15 细石混凝土，也可用 1 : 2.5 水泥砂浆，为达到饱满度还要用木棒轻轻振捣。

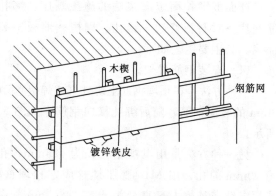

图 8.14　饰面板安装

(6) 清理嵌缝。灌浆完成，待砂浆初凝之后，即可清除饰面板上的余浆，并擦干净，隔天取下临时固定用的木楔和石膏等，然后按上述相同方法继续安装上一层饰面板。为使饰面板拼缝缝隙灰浆饱满、密实、干净及颜色一致，最后还需用与饰面板颜色相同的色浆作为嵌缝材料，进行嵌缝，并将饰面板表面擦干净。如表面有损伤、失光，应打蜡处理。板材安装完毕应做好成品保护工作，墙面可采用木板遮护。

2. 钢筋钩挂贴法

钢筋钩挂贴法就是将饰面板以不锈钢钩直接楔固于墙体之上，又称挂贴楔固法，与钢筋网片锚固法不同。

施工工艺流程：基层处理→墙体钻孔→饰面板选材编号→饰面板钻孔剔槽→安装饰面板→灌浆→清理、灌缝→打蜡。

（1）饰面板钻孔、剔槽。先在板厚中心打深 7mm 的直孔。板长 ≤ 500mm 钻 2 孔，500mm ＜ 板长 ≤ 800mm 钻 3 孔，板长＞800mm 则钻 1 孔。钻孔后，再在饰面板两个侧边下部开 ϕ8mm 横槽各一个，如图 8.15 所示。

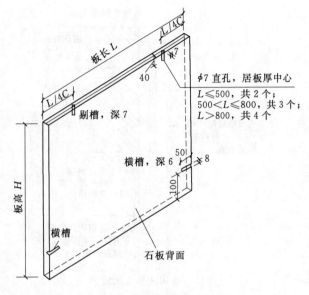

图 8.15　钻孔、剔槽示意图（单位：mm）

（2）墙体钻孔有两种打孔方式：一种是打直孔，孔径 14.5mm，孔深 65mm，以能锚入膨胀螺栓为准；另一种是在墙上打 45°斜孔，孔径 7mm，孔深 50mm。

（3）饰面板安装须由下向上安装。

第一种方法为将不锈钢斜脚直角钩改为不锈钢直角钩，不锈钢斜角 T 形钉改为不锈钢 T 形钉，一端放入板内，一端与预埋在墙内的膨胀螺栓焊接。其他工艺不变。

第二种方法是先将饰面板安放就位，将 ϕ6mm 不锈钢斜脚直角钩（图 8.16）刷胶，把 45°斜角一端插入墙体斜洞内，直角钩一端插入石板顶边直孔内，同时将不锈钢斜角 T 形钉（图 8.17）刷胶，斜脚放入墙体内，T 形一端扣入石板横槽内，最后用大头硬木楔揳入石板与墙体之间，将石板定牢，石板固定后取掉木楔，如图 8.18、图 8.19 所示。

每行饰面板挂锚完毕，安装就位、校正调整后，向板与墙内灌浆，如图 8.20 所示。

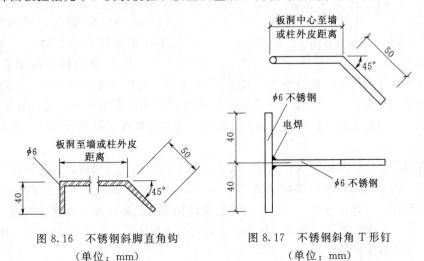

图 8.16　不锈钢斜脚直角钩　　　　　图 8.17　不锈钢斜角 T 形钉
　　　　（单位：mm）　　　　　　　　　　（单位：mm）

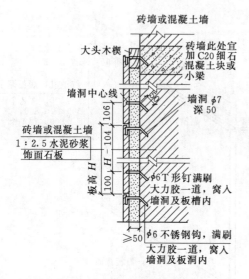

图 8.18　挂钩法构造示意图一

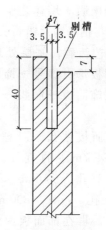

图 8.19　板材剔槽示意图

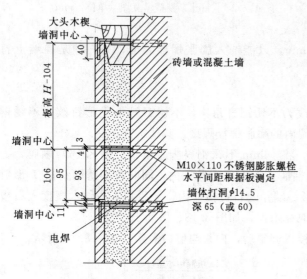

图 8.20　挂钩法构造示意图二

3. 膨胀螺栓锚固法

膨胀螺栓锚固施工法（又称干挂法）。

施工工艺包括选材→钻孔→基层处理→弹线、板材铺贴→固定。除钻孔和板材固定工序外，其余做法均同前。

（1）钻孔由于相邻板材是用不锈钢销钉连接的，因此钻孔位置要准确，以便使板材之间的连接水平一致、上下平齐。钻孔前应在板材侧面按要求定位后，用电钻钻成直径为 5 mm、深 12～15mm 的圆孔，然后将直径为 5mm 的销钉插入孔内。

（2）板材的固定用膨胀螺栓将固定和支承板块的连接件固定在墙面上，如图 8.21 所示。连接件是根据墙面与板块销孔的距离，用不锈钢加工成 L 形。为便于安装板块时调节销孔和膨胀螺栓的位置，在 L 形连接件上留槽形孔眼，待板块调整到正确位置时，随即拧紧膨胀螺栓螺母进行固结，并用环氧树脂胶将销钉固定。

饰面石板用吊挂件及膨胀螺栓等挂于墙上，施工进度快，周期短，吊挂件轻巧灵活，前后、上下均可调整。膨胀螺栓锚固法属于干作业，避免了由于挂贴不牢而产生的裂缝、空鼓、脱落等问题，以及由于水泥化学作用而造成的饰面石板表面发生花脸、变色、锈斑等问题。这种施工工艺造价较高，饰面石板与墙面须留一定间隔，占用一定的面积，且因精确度要求高，须熟练技工操作。

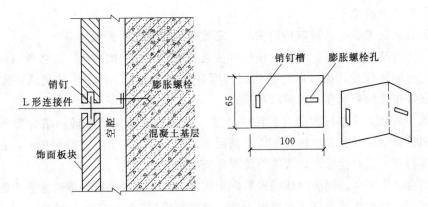

图 8.21 膨胀螺栓锚固法固定板块（单位：mm）

8.3.2 金属饰面板的安装

金属饰面板是采用一些轻金属或在薄钢板的表面进行处理等做成的装饰面板，也可采用彩色压型钢板与聚苯乙烯泡沫塑料板垫压而成的隔热夹芯墙板；也可在现场以两层金属板间填充保温材料，并与金属框架组成整体；也可采用单层金属板加保温材料组成。有坚固耐用，美观新颖，也可用于室外。

8.3.2.1 混凝土框架结构墙面金属板安装工艺

（1）根据装饰设计施工图、土建施工图和现场实测，领会设计意图，做好技术交底，确定墙板的尺寸及组拼位置。

（2）查核和清理混凝土结构表面的预埋件，并作拉拔实验，做好记录。

（3）根据控制轴线、水平标高线，并予以校正，弹出金属板安装基准线（包括纵横线和水准线）。

（4）连接件的安装。在预埋件上先设连接件螺栓，确保螺栓的位置横平竖直，其位置应以基准线为准。连接件上的螺栓槽孔均应呈长圆形，以便于金属板安装应有可调范围。

（5）金属板的安装，安装顺序应自下而上逐层进行。安装就位后用螺栓将连横竖骨架连接件，关键要控制好每块板安装的高度、板面平整度和表面垂直度，并用水平和前后调节螺栓进行校正后固定。

（6）最后将连接件与结构预埋件进行焊接。

（7）墙板的外、内包角及窗周围的泛水板等以及需在现场加工的异形件，应参考图纸对安装好的墙进行实测，并确定其形状尺寸，使其加工准确，便于安装。

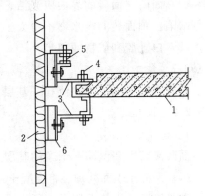

图 8.22 金属板安装示意图
1—模板；2—金属板；3—连接件；4—前后调节螺栓；5—水平调节螺栓；6—连接槽钢

混凝土框架结构墙面金属板安装示意如图 8.22 所示。

8.3.2.2 剪力墙结构的铝合金安装工艺

铝合金板装饰是一种高档次的建筑装饰，铝合金板墙面主要由铝合金板和骨架组成。骨架由横竖杆件拼成，其材质为铝合金型材或型钢。因型钢较便宜，强度高，安装方便，因此多数工程采用角钢或槽钢。

（1）放线。首先检查基层结构的质量，将骨架位置准确的弹到基层上。

（2）固定骨架的连接件。骨架的横竖杆件通过连接件与结构固定，连接件与结构的连接可以在墙上打膨胀螺栓，也可以与结构的预埋件焊接。因前一种方法较灵活，尺寸误差较小，容易保证位置的准确性，因而较多采用。

（3）固定骨架。骨架应预先进行防腐处理。安装骨架位置要准确，结合要牢固。安装后，应全面检查中心线、表面标高等。对高层建筑外墙，为保证板的安装精度，宜用经纬仪对横竖杆进行贯通。对变形缝、沉降缝等要妥善处理。

（4）铝合金板安装。铝合金板的安装常用的有两种。一种是将条板或方板用螺丝或铆钉固定到角钢上，其耐久性较好，多用于室外，铆钉间距以 $100\sim150mm$ 为宜。另一种是将条板卡在特制的龙骨上，一般是较薄的板条，多用于室内，板与板之间的间隙一般为 $10\sim20mm$，用橡胶条或密封胶等弹性材料处理。铝合金板安装完毕，在易于被污染的部位，用塑料薄膜覆盖保护，或用橡胶或密封胶等弹性材料处理。易被碰、划的部位，应设安全保护。

8.3.3 饰面砖镶贴

饰面砖镶贴一般是指内墙砖、外墙砖、陶瓷锦砖、玻璃马赛克的镶贴。陶瓷砖，正面有白色和其他颜色，可带有各种花纹和图案。

8.3.3.1 材料要求

（1）水泥：一般采用强度等级为 32.5 级的矿渣硅酸盐水泥或普通硅酸盐水泥。

（2）白水泥：强度等级为 32.5 级。

（3）砂子：粗砂或中砂，用前过筛。

（4）面砖：面砖的表面应光洁、方正、平整、质地坚固，不得有缺棱、掉角、暗痕和裂纹等缺陷。釉面砖的吸水率不得大于 10%。

（5）白乳胶和矿物颜料等。

8.3.3.2 施工工艺

面砖镶贴的施工工艺流程：基层处理→弹线、找方→镶贴釉面砖→检查清理。

8.3.3.3 操作要点

1. 基层处理

面砖应镶贴在湿润、干净的基层上，并应根据不同的基体进行如下处理。

（1）混凝土表面处理。将混凝土表面凿毛后用水湿润，刷一道聚合物水泥砂浆，抹1：3水泥砂浆打底，木抹子搓平，隔天浇水养护；将1：1水泥细砂浆（内掺20%的107胶）喷或甩到混凝土基体上，作"毛化处理"，待其凝固后，用1：3水泥砂浆打底，木抹子搓平，隔天浇水养护；用界面处理剂处理基体表面，待表干后，用1：3水泥砂浆打底，木抹子搓平，隔天浇水养护。

（2）砖墙表面处理。剔除多余砂浆，将基体用水湿透后，用1：3水泥砂浆打底，木抹子搓平，隔天浇水养护。

（3）纸面石膏板基体。将板缝用嵌缝腻子填密实，并在其上粘贴玻璃丝网格布（或穿孔纸带）使之形成整体。

2. 弹线分格

（1）镶贴前应在找平层水泥砂浆上用墨线弹出饰面砖的分格线。按设计的镶贴形式和接缝宽度，计算纵横皮数，弹出釉面砖的水平和垂直控制线。

（2）在分尺寸、定皮数时，注意同一墙面上横竖方向不得出现一排以上的非整砖，并将其放在次要部位或墙阴角处。

（3）用面砖按镶贴厚度，在墙的上下左右做标志块，如图 8.23 所示，并用标砖棱角作为基准线，间距 1.5m 左右，用托线板、靠尺等挂直、校正平整度。

3. 镶贴饰面砖

（1）预排饰面砖，同一面墙只能有一行与一列非整块饰面砖，把非整砖留在地面处或阴角处。镶贴时先浇水湿润中层，沿最下层一皮釉面砖的下口放好垫尺，并用水平尺找平。贴第一行釉面砖时，面砖下口即坐在垫尺上，这样可防止面砖因自重而向下滑移，以使其横平竖直，并从下往上逐行进行镶贴，如图 8.24 所示。

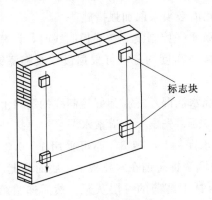

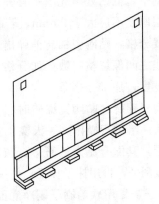

图 8.23　做标志块　　　　　　图 8.24　排底砖

（2）镶贴时，先在釉面砖背面满刮砂浆，按所弹尺寸线将釉面砖贴于墙面，用小铲把轻轻敲击，用力按压，使其与中层黏结密实、牢固，并用靠尺按标志块将其表面移正平整，理直灰缝，使暗缝宽度控制在设计要求范围，且保持宽度一致。

4. 检查清理

（1）在镶贴中，应随贴随敲击随用长靠尺横向校正一次，对于高于标志块的釉面砖，可轻轻敲击，使其平齐；对于低于标志块的釉面砖，应取下重贴，不得在砖口处塞灰，以免造成空敲。

（2）全部铺贴完毕后，用清水或棉丝将釉面砖表面擦洗干净，室外接缝应用水泥砂浆勾缝，室内接缝宜用与釉面砖颜色相同的石灰膏或水泥浆嵌缝。若表面有水泥污染，先用稀盐酸刷洗，再用清水冲刷。对非规格釉面砖切割，可用切割机。

8.3.4　陶瓷锦砖镶贴

8.3.4.1　主要材料

（1）水泥、白水泥、砂子、白乳胶和矿物颜料等同饰面砖镶贴。

（2）陶瓷锦砖：应表面平整，颜色一致，每张长宽规格一致，尺寸正确，边棱整齐。锦砖脱纸时间不得大于 40min。

8.3.4.2 施工工艺

陶瓷锦砖镶贴施工过程：基层处理→吊垂直、套方、找规矩→贴灰饼→抹底子灰→弹控制线→贴陶瓷锦砖→揭纸、调缝、擦缝。

1. 基层为混凝土墙面的施工工艺

（1）基层处理：墙面凸出的混凝土剔平，对大钢模施工较光滑的混凝土墙面应凿毛，并用钢丝刷满刷一遍，再浇水湿润，并用水泥：砂：界面剂＝1：0.5：0.5的水泥砂浆对混凝土墙面进行拉毛处理。

（2）吊垂直、套方、找规矩、贴灰饼：根据墙面结构平整度找出贴陶瓷锦砖的规矩，还要考虑墙面的窗台、腰线、阳角立边等部位砖块贴面排列的对称性，以及块料铺贴方正等因素，力求整体美观。贴灰饼方法与贴饰面砖的做法一致。

（3）抹底子灰：底子灰一般分两次操作，水泥砂浆配合比为1：2.5或1：3，并掺20%水泥质量的界面剂胶，薄薄地抹一层，用抹子压实。第二次用相同配合比的砂浆按标筋抹平，用短杠刮平，低凹处事先填平补齐，最后用木抹子搓出麻面。底子灰抹完后，隔天浇水养护。找平层厚度不应大于20mm，若超过此值必须采取加强措施。

（4）弹线分格：贴陶瓷锦砖前弹出若干条水平控制线，在弹控制线时，计算陶瓷锦砖的块数，使两线之间保持整砖数。如分格，需按总高度均分，可根据设计及陶瓷锦砖的品种、规格定出缝宽度，加工分格条。

（5）贴陶瓷锦砖：贴陶瓷锦砖时底灰要浇水润湿，并在弹好控制线的下口上支上一根垫尺，可3人为一组进行操作。一人浇水润湿墙面，先刷上一道素水泥浆，再抹2～3mm厚的混合灰黏结层，其配合比为纸筋：石灰膏：水泥＝1：1：8，亦可采用1：0.3水泥纸筋石灰，用靠尺板刮平，再用抹子抹平；另一人将陶瓷锦砖铺在木托板上，底面朝上，缝里灌上1：1水泥细砂子灰，用软毛刷子刷净底面，再抹上薄薄的一层灰浆，然后递给第3人，第3人将四边灰刮掉，两手执住陶瓷锦砖上面，在已支好的垫尺上由下往上贴，缝对齐，要注意按弹好的横竖线贴。分格贴完一组后，将米厘条放在上口线继续贴第二组。

（6）揭纸、调缝：贴完陶瓷锦砖后，要一手拿拍板，靠在已贴好的墙面上，一手拿锤子对拍板满敲一遍，然后将陶瓷锦砖上的纸用刷子刷上水，等20～30min便可揭纸。

（7）擦缝：陶瓷锦砖粘贴48h后，先用抹子把近似陶瓷锦砖颜色的擦缝水泥浆摊放在需擦缝的陶瓷锦砖上，然后用刮板将水泥浆往缝隙里刮满、刮实，再用麻丝和擦布将表面擦净。

2. 基层为砖墙墙面的施工工艺

（1）基层处理：抹灰前墙面必须清理干净，检查窗台、窗套和腰线等处，对损坏和松动的部分要处理好，然后浇水润湿墙面。

（2）吊垂直、套方、找规矩：同基层为混凝土墙面的做法。

（3）抹底子灰：抹底子灰一般分两次操作，第一次抹薄薄的一层，用抹子压实，水泥砂浆的配合比为1：3，并掺水泥质量20%的界面剂胶；第二次用相同配合比的砂浆按标筋线抹平，用短杠刮平，低凹处事先填平补齐，最后用木抹子搓出麻面。底子灰抹完后，隔天浇水养护。

（4）面层做法同基层为混凝土墙面的做法。

3．基层为加气混凝土墙面的施工工艺

基层为加气混凝土墙面时，可酌情选用下述两种方法中的一种。

（1）用水湿润加气混凝土表面，修补缺棱掉角处。修补前，先刷一道聚合物水泥浆，然后用水泥∶石灰膏∶砂子＝1∶3∶9 的混合砂浆分层补平，隔天刷聚合物水泥浆，并抹 1∶6 混合砂浆打底；木抹子搓平，隔天浇水养护。

（2）用水湿润加气混凝土表面，在缺棱掉角处刷聚合物水泥浆一道，用 1∶3∶9 混合砂浆分层补平，待干燥后，钉金属网一层并绷紧。在金属网上分层抹 1∶1∶6 混合砂浆打底，砂浆与金属网应结合牢固，最后用木抹子轻轻搓平，隔天浇水养护。

其他做法同混凝土墙面。

8.4 涂 饰 工 程

涂饰工程包括油漆涂饰和涂料涂饰，是将涂料通过刷、喷、弹、滚、涂敷在物体表面与基层黏结，形成一层完整而坚韧的保护膜，以保护被涂物免受外界侵蚀，达到建筑装饰、美化的效果。

8.4.1 油漆涂饰

油漆主要由胶粘剂、稀释溶剂、颜料和其他填充料或辅助料（催干剂、增塑剂、固化剂等）组成的胶体溶液。胶粘剂漆膜主要成分，有桐油、梓油和亚麻仁油及树脂等。溶剂有松香水或溶剂油、酒精、汽油等。颜料是各种色彩，能减少收缩，起充填、密实、耐水、稳定作用。加入少量催干剂可加速油漆干燥。选择涂料应注意配套使用，即腻子、底漆、面漆、罩光漆彼此之间的附着力不致有影响。

8.4.1.1 建筑中常用油漆

（1）清油，又称鱼油、熟油。多用于调配厚漆、红丹防锈漆以及打底及调配腻子，也可单独涂刷于金属、木材表面，干燥后漆膜柔软，易发粘。

（2）厚漆，又称铅油，有红、白、淡黄、深绿、灰、黑等色。使用时需加清油、松香水等稀释。漆膜柔软，与面漆黏结性能好，但干燥慢，光亮度、坚硬性较差。可用于各种涂层打底或单独作表面涂层，也可用来调配色油和腻子。

（3）调和漆，分油性和瓷性两类。油性调和漆漆膜附着力强，有较高的弹性，不易粉化、脱落及龟裂，经久耐用，但漆膜较软，干燥缓慢，光泽差，适用于室内外金属及木材、水泥表面涂刷。瓷性调和漆膜较硬，颜色鲜明，光亮平滑，能耐水洗，但耐气候性差，易失光、龟裂和粉化，故仅用于室内画层涂刷。调和漆有大红、奶油、白、绿、灰、黑等色，不需调配，使用时只需调匀或配色，稠度过大时可用溶剂稀释。

（4）清漆，分油质清漆（凡立水）和虫胶清漆（泡立水）两类。油质清漆常用的有酯胶清漆、酚醛清漆、醇酸清漆等。漆膜干燥快，光泽透明，适用于木门窗、板壁及金属表面罩光。虫胶清漆常用的有漆片，漆膜干燥快、坚硬光亮，耐水、耐热、耐气候性差，易失光，多用于室内木材面层的油漆或家具罩面。

（5）聚醋酸乙烯乳胶漆，是一种性能良好的涂料和墙漆，以水做稀释剂，无毒安全，适合于作高级建筑室内抹灰面、木材面和混凝土面层的涂刷，也可用于室外抹灰面。漆膜坚硬平整，表面无光，色彩明快柔和，附着力强，干燥快，耐曝晒和水洗，新墙面稍干燥即可涂刷。

（6）防锈漆，常用的有红丹油性和铁红油性防锈漆，主要用于各种金属表面防锈。此外，尚有硝基外用、内用清漆、硝基纤维漆（即腊克）、丙烯酸磁漆、防腐油漆、耐热漆及耐火漆等。

8.4.1.2 油漆涂饰施工

油漆施工工艺：基层处理→打底子→抹腻子→涂刷油漆。

1. 基层处理

为使油漆和基层表面黏结牢固，节省材料，必须对涂刷的基层表面进行处理。木材基层表面应平整光滑、颜色协调一致、无污染、裂缝、残缺等缺陷，灰尘、污垢清除干净，缝隙、毛刺、节疤和脂囊修整后腻子填平刮光，砂纸打磨光滑，不能磨穿油底和磨损棱角。金属基层应防锈处理，清除锈斑、尘土、油渍、焊渣等杂物。纸面石膏板基层应对板缝、钉眼处理后，满刮腻子、砂纸打光。水泥砂浆抹灰层和混凝土基层应满刮腻子、砂纸打光，表面干燥、平整光滑、洁净、线角顺直，不得有起皮和松散等，粗糙表面应磨光，缝隙和小孔应用腻子刮平。基层如为混凝土和抹灰层，涂刷溶剂型涂料时，含水率不得大于8%；涂刷水性涂料时，含水率不得大于10%。基层为木质时，含水率不得大于12%。

2. 打底子

在处理好的基层表面上刷冷底子油一遍（可适当加色），厚薄应均匀，使其能均匀吸收色料，以保证整个油漆面色泽均匀一致。

3. 抹腻子

腻子是由油料、填料（石膏粉、大白粉）、水或松香水拌制成的膏状物。高级油漆施工需要基层上全部抹一层腻子，待其干后用砂纸打磨，再抹腻子，再打磨，直到表面平整光滑为止，有时还要和涂刷油漆交替进行。腻子磨光后，清理干净表面，再涂刷一道清漆，以便节约油漆。所用腻子应按基层、底漆和面漆性质配套选用。

4. 涂刷油漆

油漆施工按操作工序和质量要求不同分为普通、中级和高级三级。表面常涂刷混色油漆，木材面、金属面涂刷分三级，一般金属面多采用普通或中级；混凝土和抹灰面只分为中、高级二级油漆。涂饰方法有喷涂、滚涂、刷涂、擦涂及揩涂等多种。

喷涂是用喷雾器或喷浆机将油漆喷射在物体表面上，每层应纵横交错往复进行，两行重叠宽度宜控制在喷涂宽度的1/3范围内，一次不能喷得过厚，需分几次喷涂。喷涂时喷枪匀速平行移动，与墙面保持垂直，距离控制在500mm左右，速度为10～18m/min，压力为0.4～0.8MPa。此法工效高，漆膜分散均匀，平整光滑，干燥快，但油漆消耗量大，需喷枪、空气压缩机等设备，施工时还应注意通风、防火、防爆等。

滚涂是用羊皮、橡皮或其他吸附材料制成的毛辊蘸上漆液后，按W形将涂料涂在基层上，然后用不蘸漆液毛辊紧贴基层上下、左右滚动，使漆液均匀展开，最后用蘸漆液毛辊按一定方向满滚一遍。阴角及上下口可采用排笔刷涂找齐。此法漆膜均匀，可使用较稠的油漆涂料，适用于墙面滚花涂饰。

刷涂是用棕刷蘸油漆涂刷在物体表面上。宜按左右、上下、难易、边角面的顺序施工。其设备简单、操作方便，用油省，不受物件形状大小的影响，但工效低，不适于快干和扩散性不良的油漆施工。

擦涂是用纱布包棉花团蘸油漆擦涂在物体表面上，待漆膜稍干后再连续转圈揩擦多遍，直到均匀擦亮为止。此法漆膜光亮、质量好，但工效低。

揩涂用于生漆涂刷施工，是用布或丝团浸油漆在物体表面上来回左右滚动，反复搓揩使漆膜均匀一致。在涂刷油漆整个过程中，应待前一遍油漆干燥后方可涂刷后一遍油漆。每遍油漆应涂刷均匀，各层结合牢固，干燥得当，达到均匀密实。油漆不得任意稀释，最后一遍油漆不宜加催干剂。如干燥不好，将造成起皱、发黏、麻点、针孔、失光和泛白等。一般油漆施工环境的适宜湿度为 $10\sim35℃$，相对湿度不宜大于 60%，应注意通风换气和防尘，遇大风、雨、雾天气不可施工。

8.4.2 涂料涂饰

涂料品种繁多，主要分类如下：按成膜物质分为油性（也称油漆）、有机高分子、无机高分子和复合涂料；按分散介质分为溶剂型（传统的油漆）、水溶性（聚乙烯醇水玻璃涂料，即 106 涂料）和乳液型涂料；按功能分为装饰、防火、防水、防腐、防霉和防结露涂料等；按成膜质感分为薄质、厚质和复层建筑涂料；按装饰部位分为内墙、外墙、顶棚、地面和屋面防水涂料等。

涂料涂饰施工与油漆涂饰施工基本相同，其施工工艺：基层处理→刮腻子→涂刷涂料。

8.4.2.1 新型外墙涂料

1. JDL-82A 着色砂丙烯酸系建筑涂料

该涂料由丙烯酸系乳液人工着色石英砂及各种助剂混合而成。特点是结膜快、耐污染、耐褪色性能良好、色彩鲜艳、质感丰富、黏结力强，适用于混凝土、水泥砂浆、石棉水泥板、纸面石膏板、砖墙等基层。

施工时处理好基层，将涂料搅拌均匀，加水量不超过涂料质量的 5%，采用孔径为 5～7mm 的喷嘴，距墙面 300～400mm，压力为 0.5～0.7MPa。喷涂时厚度要均匀，待第一遍干燥后再喷第二遍。

2. 彩砂涂料

彩砂涂料是丙烯酸树脂类建筑涂料的一种，是用着色骨料代替一般涂料中的颜料和填料，根本上解决了褪色问题，且着色骨料由于高温烧结、人工制造，做到了色彩鲜艳、质感丰富。具有优异的耐候性、耐水性、耐碱性和保色性等，将取代 106 涂料等一些低劣涂料产品。从耐久性和装饰效果看，属于中、高档建筑涂料。彩砂涂料所用的合成树脂乳液使涂料的耐水性、成膜温度与基层的黏结力、耐候性等都有所改进，从而提高了涂料的质量。

施工时基层要求平整、洁净、干燥，应用 107 或 108 胶水泥腻子（水泥：胶＝100：20，加适量水）找平。大面积墙面上喷涂彩砂涂料，应弹线做分格缝，以便涂料施工接槎。彩砂涂料的配合比为 BB-01（或 BB-02）乳液：骨料：增稠剂（2% 水溶液）：成膜助剂：防霉剂和水＝100：400～500：20：4～6：适量。单组分或双组分包装的彩砂涂料，都应按配合比充分搅拌均匀，不能随意加水稀释，以免影响涂层质量。喷涂时喷斗要平稳，出料口与墙面垂直，距离 400～500mm，压力保持在 0.6～0.8MPa，喷嘴直径以 5mm 为宜。喷涂后用胶辊滚压两遍，把悬浮石粒压入涂料中，使饰面密实平整，观感好。然后间隔 2h 左右再喷罩面胶两遍，使石粒黏结牢固，不致掉落，风雨天不宜施工。

3. 丙烯酸有光凹凸乳胶漆

该涂料以有机高分子材料苯乙烯、丙烯酸酯乳液为主要胶粘剂，加入不同颜料、填料和集料而制成的厚质型和薄质型两部分涂料。厚质型涂料是丙烯酸凹凸乳胶底漆；薄质型涂料是各色丙烯酸有光乳胶漆。

丙烯酸凹凸乳胶漆具有良好的耐水性和耐碱性。施工温度要求在5℃以上，不宜在大风天、雨天施工。施工方法一种是在底层土喷一遍凹凸乳胶底漆，经过辊压后再喷1~2遍各色丙烯酸有光乳胶漆；另一种是在底层上喷一遍各色丙烯酸有光乳胶漆，等干后再喷涂丙烯酸凹凸乳胶底漆，然后经过辊压显出凹凸图案，等干后再罩一层苯丙乳液。这样便可在外墙面显示出各种各样的花纹图案和美丽的色彩，装饰质感甚佳。

8.4.2.2 新型内墙涂料

1. 双效纳米磁漆

双效纳米磁漆是一种大力推广的绿色新型装饰材料，利用纳米材料亲密无间的结构特点，采用荷叶双疏（疏水、疏油）滴水成珠机理研制的双效纳米磁漆，用于外墙刮底，解决了开裂、脱漆难题，可替代传统腻子粉及乳胶漆。广泛用于室内各种墙体壁面的装饰。其施工工艺简单，只需加清水调配均匀成糊状，刮涂两遍（第二遍收光）打底做面一次完成，墙面干后涂刷一遍耐污剂既可。耐水耐脏污性能好、硬度强、黏结度高、附着力强，墙面用指甲或牙签刮划不留痕迹。

2. 乳胶漆

乳胶漆是以合成树脂乳液为主要成膜物质，加入颜料、填料以及保护胶体、增塑剂、耐湿剂、防冻剂、消泡剂、防霉剂等辅助材料，经过研磨或分散处理而制成的乳液型涂料。乳胶漆作为内外墙涂料可以洗刷，易于保持清洁，安全无毒，操作方便，涂膜透气性和耐碱性好，适于混凝土、水泥砂浆、石棉水泥板、纸面石膏板等各种基层，可采用喷涂和刷涂等施工。

3. 喷塑涂料

喷塑涂料是以丙烯酸酯乳液和无机高分子材料为主要成膜物质的有骨料的建筑涂料（又称"浮雕涂料"或"华丽喷砖"）。它是用喷枪将其喷涂在基层上，适用于内、外墙装饰。喷塑涂层结构分为底油、骨架、面油三部分。底油是涂布乙烯-丙烯酸酯共聚乳液，抗碱、耐水，能增强骨架与基层的黏结力；骨架是喷塑涂料特有的一层成型层，是主要构成部分，用特制的喷枪，喷嘴将涂料喷涂在底油上，再经过滚压形成主体花纹图案；面油是喷塑涂层的表面层，面油内加入各种耐晒彩色颜料，使喷塑涂层带有柔和的色彩。

喷塑涂料可用于水泥砂浆、混凝土、水泥石棉板、胶合板等面层上，按喷嘴大小分为小花、中花和大花，施工时应预先做出样板，经选定后方可进行。其施工工艺为：基层处理→贴分格条→喷刷底油→喷点料（骨架层）→压花→喷面油→分格缝上色。

涂饰的质量要求是：油漆、涂料的品种、型号、性能和涂饰的颜色、光泽、图案应符合设计要求。涂饰应均匀一致、黏结牢固，无漏涂、透底、起皮、反锈、裂缝、掉粉等现象。

思 考 题

1. 装饰工程的主要作用是什么？
2. 绘制现浇水磨石地面的构造做法并注文字说明。
3. 简述实铺式木地板施工工艺。

4. 简述强化地板施工工艺。

5. 一般抹灰的分类、组成以及各层的作用是什么？

6. 简述室内抹灰的施工工艺。

7. 简述内墙面砖铺贴施工工艺。

8. 新型内墙涂料的种类有哪些，各有什么特点？

习　　题

一、单选题

1. 水泥砂浆地面施工不正确的做法是（　　　）。

A. 基层处理应达到密实、平整、不积水、不起砂

B. 水泥砂浆铺设前，不涂刷水泥浆黏结层

C. 水泥砂浆初凝前完成抹面和压光

D. 养护期间不允许压重物或碰撞

2. 铺设水泥混凝土楼地面面层时，正确的做法是（　　　）。

A. 混凝土用砂含泥量不小于3％

B. 砂宜采用细砂

C. 浇抹后3h内覆盖浇水养护

D. 常温养护不少于7d

3. 陶瓷地砖铺设施工错误做法是（　　　）。

A. 铺贴完2～3h后，用白水泥或普通水泥浆擦缝

B. 铺撒锯末养护3～4d后方可使用

C. 弹铺砖控制线应从室内墙开始

D. 边压实边用水平尺找平

4. 装饰抹灰与一般抹灰的区别在于（　　　）。

A. 面层不同　　　　B. 基层不同　　　　C. 底层不同　　　　D. 中层不同

5. 一般抹灰通常分为三层施工，中层主要起（　　　）作用。

A. 黏结　　　　B. 找平　　　　C. 装饰　　　　D. 节约材料

6. 室内抹灰门窗洞口阳角的做法为（　　　）。

A. 1∶2水泥砂浆做暗护角，高度不低于2m，每侧宽度不小于50mm

B. 1∶2水泥砂浆做暗护角，高度不低于2m，每侧宽度不小于60mm

C. 1∶3水泥砂浆做暗护角，高度不低于2m，每侧宽度不小于50mm

D. 1∶2水泥砂浆做暗护角，高度不低于1.8m，每侧宽度不小于50mm

7. 抹灰用的石灰膏熟化时间不应小于（　　　）d。

A. 7　　　　B. 8　　　　C. 10　　　　D. 15

8. 石材饰面板安装灌注砂浆时应分层进行，每层灌注高度宜为（　　　）。

A. 150mm　　　　B. 250mm　　　　C. 200mm　　　　D. 100mm

9. 安装石材饰面板时，块材与基层间的缝隙（即灌浆厚度），一般为（　　　）。

A. 10～20mm　　　　B. 20～30mm　　　　C. 30～50mm　　　　D. 35～40mm

10. 饰面砖粘贴工程常用的施工工艺是 （　　　）。

A. 点粘法　　　　　B. 满粘法　　　　　C. 半粘法　　　　　D. 挂粘法

11. 溶剂性涂料对抹灰基层的要求，含水率不得大于 （　　　）。

A. 3%　　　　　B. 5%　　　　　C. 8%　　　　　D. 15%

12. 一般油漆施工环境的适宜温度为 （　　　）。

A. 5℃　　　　　B. 0℃　　　　　C. 10～35℃　　　　　D. 不超过 20℃

二、多选题

1. 属于一般抹灰的是 （　　　）。

A. 纸筋石灰　　　　　　　　　　B. 拉条灰

C. 聚合物水泥砂浆　　　　　　　D. 水泥砂浆

E. 干粘石

2. 一般抹灰层的组成部分有 （　　　）。

A. 基层　　　　　B. 底层　　　　　C. 找平层　　　　　D. 中层

E. 面层

3. 木板条或钢丝网基体的底层抹灰宜用 （　　　）。

A. 水泥砂浆　　　　B. 石灰膏　　　　C. 水泥混合砂浆　　　D. 麻刀石灰

E. 石灰砂浆

4. 在一般抹灰施工中，内墙面及顶棚面层抹灰材料一般用 （　　　）。

A. 水泥砂浆　　　　B. 麻刀石灰　　　　C. 石灰膏　　　　D. 纸筋石灰

E. 石灰砂浆

5. 普通、中级和高级抹灰抹灰层相同的是 （　　　）。

A. 一层面层　　　　B. 一层中层　　　　C. 数层中层　　　　D. 一层底层

E. 三遍成活

6. 下列属于装饰抹灰的是 （　　　）。

A. 水刷石　　　　B. 麻刀石灰　　　　C. 水磨石　　　　D. 斩假石

E. 弹涂饰面

7. 采用干挂安装法安装大规格饰面板的优点是 （　　　）。

A. 安装精度高　　B. 墙面平整　　C. 减轻结构自重　　D. 保温隔热

E. 节能

8. 大规格饰面板的安装方法通常有 （　　　）。

A. 镶贴法　　　　B. 挂钩法　　　　C. 湿挂法　　　　D. 胶粘法

E. 干挂法

9. 涂料按分散介质的不同，可分为 （　　　）。

A. 复层建筑涂料　　　　　　　　B. 溶剂型涂料

C. 水溶性涂料　　　　　　　　　D. 乳胶漆

E. 门窗涂料

10. 建筑涂料施工中，基本要求正确的是 （　　　）。

A. 环境温度不宜低于 10℃

B. 遇有 5 级大风、雨雾天气时不可施工

C. 涂料施涂遍数均为底一面二

D. 同一墙面应用同一批号涂料

E. 内墙采用溶剂型涂料不分级

11. 建筑涂料的施涂方法主要有（　　）。

A. 弹涂法　　　　　B. 刷涂法　　　　　C. 浇涂法　　　　　D. 滚涂法

E. 喷涂法

12. 喷涂建筑涂料时，应该注意的是（　　）。

A. 涂料稠度要适中　　　　　　　　B. 喷枪移动应与墙面垂直

C. 喷射距离为 200mm　　　　　　　D. 喷枪与喷涂表面应保持垂直

E. 喷枪运行速度应一致

13. 在有关抹灰施工中，灰饼的做法正确的是（　　）。

A. 先用靠尺检查墙面垂直平整度

B. 灰饼厚度应与抹灰层厚度相同

C. 上下灰饼间距为 1.2～1.5m

D. 灰饼面积大小为 50mm×50mm

E. 先做上面灰饼，后做下面灰饼

第9章 季节性施工

【本章要点】

本章主要阐述了冬、雨期施工的特点、原则及要求，分析了各分部分项工程在冬期与雨期施工的方法及质量、安全保证措施，重点介绍了混凝土工程冬期施工的要求，质量检验与测控工作。

【学习要求】

要求掌握冬、雨期施工的特点、原则和要求，了解冬期施工期限的划分原则，了解混凝土结构工程的冬期施工原理，掌握混凝土工程冬期施工的工艺要求及冬期施工方法的选择，了解混凝土工程的热工计算方法；了解土方工程的冬期施工；掌握砖石工程冬期施工的方法；掌握土方工程及其他分部分项工程雨期施工的方法、要求及采取的措施。

9.1 冬、雨期施工概述

我国地域辽阔，气候条件复杂，建筑工程施工可能遇到各种各样的复杂气候条件，如何在复杂的气候条件下选择合理的施工方法，制定安全可行的施工组织与技术措施，在保证工程质量与安全的同时确保工程顺利施工，是施工人员必须要解决的问题。为此，我们应分析冬期与雨期施工的特点，从具体的条件出发，解决工程实际问题。

9.1.1 冬期施工概述

9.1.1.1 冬期施工的特点

（1）冬期施工是工程质量事故的多发期。冬期施工的工程往往长时间处在负温、强风、冰雪、大温差和冻融交替的环境下。对温度条件要求比较高的工程，在冬期施工，工程质量事故多发。

（2）冬期施工的质量事故的发现往往呈滞后性。在冬期施工的工程，许多质量问题往往是在温度回升，春期之后才暴露出来，因而给事故的处理带来很大的困难，有些质量事故很难彻底解决，影响了工程的整体质量，严重的会影响建筑物的使用寿命。

（3）冬期施工技术要求高，能源消耗多，施工费用要增加。在冬期施工的工程，与其他的气候条件相比，往往要增加大量的保温、防冻等施工措施，有的还要考虑添加外加剂或加热等来达到施工的温度要求，因而施工的费用会增加，因此，在冬期施工的项目更要注重施工方法与各种措施的采用，对工程取得较好的技术与经济效益影响重大。

（4）施工计划的充分性与施工准备工作的充分性对工程项目质量保障影响深远。对于冬期施工的项目，施工的计划性和准备工作的时间性很强，必须做好充分的准备，否则，在冬期来临时，因准备不充分而工程仓促上阵，容易出现工程质量事故。

9.1.1.2 冬期施工的原则

为了确保工程施工质量，有关部门规定了严格的技术与组织措施，要求施工单位严格执行冬期施工的技术要求,采取相应的有效措施保障工程的顺利施工,施工单位在选择具体的施工方法,确定施工方案的时候,应遵循下列原则。

(1) 确保工程质量的原则。在选择施工方法时,要根据实际条件,选择保证工程质量的施工方法,应具备能充分保证工程质量的技术与组织保障措施。

(2) 节约能源,降低费用,经济合理的原则。在冬期施工时,要在保障工程质量的同时,尽可能合理地安排施工进度,节约能源,减少各种措施费用的投入,使工程获得最大的经济效益。所需的能源、措施材料及临时设施应有可靠的来源并按时到位。

(3) 保证工程质量的同时,保障工程工期能满足规定要求。在冬期要合理安排工程进度,尽可能使一些受气候影响比较大的分部分项工程在冬期来临之前完成,在冬期安排一些室内或受气候影响小的分部分项工程,在充分保障工程质量的同时,保障工程的工期能满足规定的要求。

(4) 确保施工安全的原则。在冬期施工时,应做好现场的安全防护工作,注意消防,避免因采暖或动用明火而造成火灾,应注意防冻、防滑,避免施工事故的发生。

9.1.1.3　冬期施工的准备工作

在冬期来临之前,要根据工程进度,进行组织、技术、材料等方面的施工准备工作,具体为以下几个方面。

(1) 收集气象资料,掌握并分析当地的气温情况。可与当地的气象部门保持联系,搜集当地历年有关的气象资料作为制定施工进度计划、组织各种措施材料、搭设各种临时设施的依据,以防止突然的气候变化。

(2) 进行图纸的准备。凡在冬期进行施工的工程项目,必须会同设计单位复核审查施工图纸,查对施工的项目是否适应冬期施工的要求,对施工中应采取的各种措施及施工方案进行论证,如有问题应及时提出并修改设计。

(3) 进行施工组织设计的编制。对进入冬期的施工项目,应针对性地进行冬期施工项目施工方案的编制,制定冬期施工项目的各种质量与安全保障措施,对于一些复杂的工程,施工组织设计应由专家讨论论证通过方可采用。冬期施工组织设计,一般应在入冬前编审完毕。冬期施工组织设计,应包括以下内容:确定冬期施工的方法、工程进度计划、技术供应计划、施工劳动力供应计划、能源供应计划;冬期施工的总平面图、防火安全措施、劳动用品、冬期施工安全措施、冬期施工各项安全技术经济指标和节能措施。

(4) 进行施工作业人员的培训。应根据冬期施工的特点,重新调整好机构和人员,并制定好岗位责任制,加强安全生产管理。主要应当加强对保温、测温、冬期施工技术检验机构,热源管理等机构的管理,并充实相应的人员;安排气象预报人员,了解近期、中长期天气,防止寒流突袭;对测温人员、保温人员、能源工(锅炉工和电热运行人员)、管理人员组织专门的技术业务培训,学习操作范围的相关业务知识,明确相应的工作职责,经培训考核合格后,方准上岗工作。

(5) 充分做好冬期施工物资准备工作。物资准备的内容包括:外加剂、保温材料;测温表计及工器具、劳保用品;现场管理和技术管理的表格、记录本;燃料及防冻油料;电热物资等。

(6) 施工现场的准备。场地要在土方冻结前平整完工,道路应畅通,并有防止路面结冰的具体措施;提前组织有关机具、外加剂、保温材料等实物进场;生产上水系统应采取防冻措施，并设专人管理，生产排水系统应畅通；搭设加热用的锅炉房、搅拌站，敷设管道，对锅炉房进行试压，对各种加热材料、设备进行检查，确保安全可靠；蒸汽管道应保温良好，保证管路系统不被冻坏；按照规划落实职工宿舍、办公室等临时设施的取暖措施。

9.1.2 雨期施工概述

雨期施工，由于施工场地泥泞或积水，会给施工造成很大困难。雨期材料贮存和保护都要格外注意，以防止淋雨或受潮，影响材料的正常使用。另外在雨期，若施工组织不当，就会影响施工的正常进度，给工程造成很大浪费。雨期施工应着重解决现场的雨水排除问题，尤其是对大中型工程的施工现场，必须做好临时排水系统的总体规划，其中包括阻止场地外雨水流入施工现场，并且保证现场的雨水能及时排出施工现场。对雨期施工，现场防水的原则基本是上游截水、下游散水、坑底抽水、地面排水。在对施工现场排水系统进行规划设计时，应根据各地历年最大降雨量，结合现场地形和施工要求全盘考虑。

9.1.2.1 雨期施工的特点

1. 雨期的来临具有突然性

各地气候条件不同，具体的降雨时间具有突发性，这就要求提前做好雨期施工的准备工作和防范措施，如有降雨发生时，能及时应对，避免手忙脚乱，造成不必要的损失。

2. 雨期施工带有突击性

有的分部分项工程的施工质量，最容易受到雨水的影响，如地基基础工程、砌筑工程、混凝土浇筑工程、防水工程以及室外装饰装修等，因为雨水对完工部位的冲刷或浸泡，有严重的破坏性，会影响到建筑物的使用功能，严重的会影响到最终的承载能力，必须迅速及时地对完工部位进行防护，以保证工程施工质量，以免发生质量事故。

3. 雨期往往具有长期性

雨期持续时间往往比较长，应做好组织安排工作，尤其是在进行工程进度计划设计的时候，要合理安排施工项目的开工、完工时间，将不利于在雨期施工的项目尽量避开雨期施工，避免影响工期、影响施工质量。

9.1.2.2 雨期施工的原则

为了确保工程施工质量，有关部门规定了严格的技术与组织措施，要求施工单位严格执行雨期施工的技术要求，采取相应的有效的措施保障工程的顺利施工，施工单位在选择具体的施工方法、确定施工方案的时候，应遵循下列原则。

(1) 确保工程质量的原则。在选择施工方法时，要根据实际条件，选择保证工程质量的施工方法，具备能充分保证工程质量的技术与组织措施。

(2) 降低费用，经济合理的原则。在雨期施工时，要在保障工程质量的同时，尽可能合理地安排施工进度，减少各种措施费用的投入，使工程获得最大的经济效益。所需的措施材料及临时设施应有可靠的来源并按时到位。

(3) 满足工期要求的原则。保证工程质量的同时，保障工程工期能满足规定要求。

(4) 确保施工安全的原则。在雨期施工时，应做好现场的安全防护工作，注意防涝、防雷击等，避免施工事故的发生。

9.1.2.3 雨期施工的准备工作

由于雨期施工持续时间较长，而且大雨、大风等恶劣天气具有突然性，因此应认真编制好雨期施工的安全技术措施，做好雨期施工的各项准备工作。

1. 合理组织施工

根据雨期施工的特点，将不宜在雨期施工的工程提早或延后安排，对必须在雨期施工的工程制定有效的措施。晴天抓紧室外作业，雨天安排室内工作。

注意天气预报，做好防汛准备。遇到大雨、大雾、雷击和6级以上大风等恶劣天气，应当停止进行露天高处、起重吊装和打桩等作业。暑期作业应调整作息时间，从事高温作业的场所应当采取通风和降温措施。

2. 做好施工现场的排水

（1）根据施工总平面图、排水总平面图，利用自然地形确定排水方向，按规定坡度挖好排水沟，确保施工工地排水畅通。

（2）应严格按防汛要求，设置连续、通畅的排水设施和其他应急设施，防止泥浆、污水、废水外流或堵塞下水道和排水河沟。

（3）若施工现场临近高地，应在高地的边缘（现场上侧）挖好截水沟，防止洪水冲入现场。

（4）雨期前应做好傍山的施工现场边缘的危石处理，防止滑坡、塌方威胁工地。

（5）雨期应设专人负责，及时疏浚排水系统，确保施工现场排水畅通。

3. 运输道路的准备

（1）临时道路应起拱5％，两侧做宽300mm、深200mm的排水沟。

（2）对路基易受冲刷部分，应铺石块、焦渣、砾石等渗水防滑材料，或者设涵管排泄，保证路基的稳固。

（3）雨期应指定专人负责维修路面，对路面不平或积水处应及时修好。

（4）场区内主要道路应当硬化。

4. 临时设施及其他准备工作

（1）施工现场的大型临时设施在雨期前应整修加固完毕，应保证不漏、不塌、不倒，周围不积水，严防水冲入设施内。选址要合理，避开滑坡、泥石流、山洪、坍塌等灾害地段。大风和大雨后，应当检查临时设施地基和主体结构情况，发现问题及时处理。

（2）雨期前应清除沟边坡多余的弃土，减轻坡顶压力。

（3）雨后应及时对坑、槽、沟边坡和固壁支撑结构进行检查，深基坑应当派专人进行认真测量、观察边坡情况，如果发现边坡有裂缝、疏松、支撑结构折断、走动等危险征兆，应当立即采取措施。

（4）雨期施工中遇到气候突变，发生暴雨、水位暴涨、山洪暴发或因雨发生坡道打滑等情况时应当停止土石方机械作业施工。

（5）雷雨天气不得露天进行电力爆破土石方，如中途遇到雷电时，应当迅速将雷管的脚线、电线主线两端连成短路。

（6）大风大雨后作业，应当检查起重机械设备的基础、塔身的垂直度、缆风绳和附着结构，以及安全保险装置并先试吊，确认无异常方可作业。轨道式塔机，还应对轨道基础进行全面检查，检查轨距偏差、轨顶倾斜度、轨道基础沉降、钢轨不直度和轨道通过性能等。

（7）落地式钢管脚手架底应当高于自然地坪50mm，并夯实整平，留一定的散水坡度，在周围设置排水措施，防止雨水浸泡脚手架。

（8）遇到大雨、大雾、高温、雷击和 6 级以上大风等恶劣天气时，应当停止脚手架的搭设和拆除工作。

（9）大风、大雨后，要组织人员检查脚手架是否牢固，如有倾斜、下沉、松扣、崩扣和安全网脱落、开绳等现象，要及时进行处理。

9.2 冬 期 施 工 基 本 知 识

根据《建筑工程冬期施工规程》（JGJ 104—1997）规定，冬期施工期限的划分原则是：根据当地多年气温资料统计，当室外日平均气温连续 5d 稳定低于 5℃即进入冬期施工。第一个出现连续 5d 稳定低于 5℃的初日作为冬期施工的起始日期，当气温回升时，取第一个连续 5d 稳定高于 5℃的末日作为冬期施工的终止日期。当天气温降到 0℃及以下时，应采取相应保护措施。

9.2.1 混凝土工程冬期施工

9.2.1.1 混凝土冬期施工原理

混凝土之所以在常温下获得最终的强度，是水泥和水发生一系列物理、化学反应的结果。混凝土强度增长的快慢，与很多因素有关，而温度高低是其中主要的一项。通常混凝土周围温度愈高，其硬化进行得愈快；温度愈低，硬化进行得就愈慢。当混凝土温度降到 0℃时，水泥水化作用基本就停止了，温度再降低至 −4～−2℃时，混凝土内的游离水开始结冰，混凝土也即逐渐冻结，强度不再增长。混凝土受冻有以下 3 种情况。

（1）混凝土在初凝前后即遭冻结。此时混凝土中水泥和水的作用刚开始，本身尚无强度。混凝土中的游离水受冻而膨胀为 8%～9%，混凝土即遭破坏。这种受冻的混凝土即使采用正温浇水养护，也不能恢复其强度。

（2）混凝土在终凝后，本身强度很小时遭到冻结。由于水化作用时间短，此时混凝土的黏结力很小，而游离水结冰产生的冻胀应力大于混凝土的黏结力，这种受冻的混凝土经正温浇水养护，可部分地恢复其强度。

（3）混凝土经一段时间养护，具有一定强度后，遭到冻结。此时混凝土的内部水化作用产生的黏结力，足以抵抗水结冰产生的冻胀应力。这种受冻混凝土在正温后经浇水养护，其强度会继续增长，最终强度无损失或损失很小。

混凝土养护一定时间后遭受冻结，其内部强度达到某一值，足以抵抗冻结时的冻胀应力对混凝土结构的破坏，混凝土经正温养护，其后期强度可达设计要求，其冻结前的初期强度称为混凝土抗冻临界强度。我国现行规范规定混凝土抗冻临界强度值为：普通混凝土采用硅酸盐水泥或普通硅酸盐水泥配制时，应为设计的混凝土强度标准值的 30%；矿渣硅酸盐水泥配制的混凝土为设计混凝土标准值的 40%。

混凝土冬期施工基本可采取两种措施来防止混凝土早期冻害对混凝土强度的影响。

1）早期增强措施，主要是提高混凝土早期强度，使其尽快达到或超过混凝土抗冻临界强度。具体措施有：使用早强水泥和超早强水泥；掺入外加剂，如早强剂等；早期保温蓄热；早期短时间加热等。

2）改善混凝土内部结构的措施，其方法主要有：①增加混凝土密实度，减少多余游离水；②掺入减水剂或引气型减水剂，提高混凝土的抗冻能力。

9.2.1.2 混凝土冬期施工方法选择和有关要求

1. 混凝土冬期施工的方法

混凝土冬期施工方法是保证混凝土在硬化过程中，防止早期受冻所采取的各种措施。根据使用材料和热源条件，混凝土冬期施工方法归纳如下：

（1）混凝土养护期间不加热的方法。当外界气温较低，构件表面系数（即结构冷却的表面积与结构体积之比）较小，且为地下混凝土结构时，可提高混凝土的初始浇筑温度和掺化学外加剂，使水泥水化放热较早、较快。在尽量减少混凝土本身热量散失的基础上，使新浇筑的混凝土保持一定的正温养护，在混凝土温度降到 0℃之前，混凝土达到抗冻临界强度；或掺外加剂后，混凝土降到 0℃时，混凝土中的水在负温下保持液态，从而保证了水化作用的正常进行，在混凝土冻结前，达到抗冻临界强度。

混凝土养护期间不加热的方法基本有下列 3 种：蓄热法、掺外加剂法和暖棚法。

混凝土养护期间不加热的方法工艺简单，施工费用增加少，但要使混凝土达到设计强度的要求，所需的养护时间较长。

（2）混凝土养护期间加热的方法。当天气寒冷，气温较低，构件表面系数较大时，需要利用外部热源对新浇混凝土进行加热养护，使混凝土处于某种正温条件下，达到混凝土抗冻临界强度。

混凝土养护期间加热的方法有：蒸汽加热法、电热法和远红外线法等。

混凝土养护期间加热法使混凝土构件在较高温度下养护，混凝土强度增加较快，但能源消耗较多，所需设备复杂，且热效率利用较低。

（3）综合法。根据施工季节的气温和结构的形式，可采用综合的方法，目前常采用的是综合蓄热法。

2. 混凝土冬期施工方法的选择

混凝土冬期施工选择什么施工方法，要根据气候条件、结构类型、水泥品种、工期长短、能源情况和经济指标等因素来考虑，如工期要求不紧和对工程无特殊限制，从节约能源和降低冬期施工费用着眼，应优先选用养护期间不加热的施工方法和综合法。否则，应根据经济比较和具体情况来确定。比较时，不应只比较冬期费用的增加，而应考虑工程质量和对工期影响等综合经济效益。

3. 对材料和材料加热的要求

（1）对材料的要求。冬期施工混凝土用的水泥，应优先使用活性高、水化热大的硅酸盐水泥和普通硅酸盐水泥，不宜用火山灰质硅酸盐水泥和粉煤灰硅酸盐水泥。用蒸汽直接养护混凝土时，用的水泥品种要经试验确定。水泥标号不宜低于 42.5MPa，混凝土中水泥量不宜小于 $300kg/m^3$，水灰比不应大于 0.6。

骨料要在冬期施工前清洗和贮备，并覆盖防雨雪材料，适当采取保温措施，防止骨料内夹有冰碴和雪团。

水的比热大，是砂石骨料的 5 倍左右，所以冬期施工拌制混凝土应优先采用加热水的方法。加热水时，应考虑加热的最高温度，以免水泥直接接触过热的水而产生"假凝"现象。水泥假凝指水泥颗粒遇到温度较高的热水时，颗粒表面很快形成薄而硬的壳，阻止水泥与水的水化作用的进行，使水泥水化不充分，新拌混凝土拌和物的和易性下降，导致混凝土强度下降。

冬期施工时，钢筋在运输和加工过程中要防止刻痕和碰伤。钢筋焊接和冷拉施工时，气温不宜低于－20℃，预应力钢筋张拉温度不宜低于－15℃。当温度低于－20℃时，严禁对低合金Ⅱ、Ⅲ级钢筋进行冷弯操作，以避免在钢筋弯点处发生强化，造成钢筋脆断。

（2）材料的加热。冬期施工为了满足热工计算和施工操作的要求，对材料应进行加热，根据材料比热容的大小和加热方法的难易程度，一般优先加热水，其次是加热砂、石集料，水泥不加热，但应保持正温。水、集料加热的温度一般不得超过表9.1的规定。

表 9.1　　　　　　　　　　　　　　拌和水及骨料的最高温度

项目	水泥强度等级	拌和水/℃	骨料/℃
1	强度等级小于52.5MPa普通硅酸盐水泥、矿渣硅酸盐水泥	80	60
2	强度等级不小于52.5MPa普通硅酸盐水泥、矿渣硅酸盐水泥	60	40

4. 混凝土的搅拌、运输、浇筑要求

（1）混凝土的搅拌。混凝土的搅拌应在搭设的暖棚内进行，应优先采用大容量的搅拌机，以减少混凝土的热量损失。

（2）混凝土的运输。混凝土的运输时间和距离应保证混凝土不离析，不丧失塑性，尽量减少混凝土在运输过程中的热量损失，缩短运输路线，减少装卸和转运次数。使用大容积的运输工具，并经常清理，保持干净。运输的容器四周必须加保温套和保温盖，尽量缩短装卸操作时间。

（3）混凝土的浇筑。混凝土浇筑前，要对各项保温措施进行一次全面检查。制定浇筑方案时，应考虑集中浇筑，避免分散浇筑。浇筑混凝土应随浇随盖，分层浇筑的混凝土构件及已浇筑层的混凝土温度，在未被上层覆盖前，不应低于计算规定的温度。

9.2.2　土方工程的冬期施工

土遭受冻结后，机械强度增加，开挖困难，工效低，同时会对浅基础建筑造成危害，所以要采用冬期施工防护措施。土方工程一般最好安排在入冬前施工完毕，若必须在冬期施工，应根据本地区气温、土壤性质、冻结情况和施工条件，因地制宜采用经济和技术合理的施工方案。

9.2.2.1　地基土的保温防冻

（1）翻松耙平土防冻法。入冬前，在挖土的地表层先翻松25～40cm厚表层土并耙平，其宽度应不小于土冻后深度的两倍与基底宽之和。在翻松的土壤颗粒间存在许多封闭的孔隙，且充满了空气，因而降低了土层的导热性，有效地防止或减缓了下部土层的冻结。翻松耙平土防冻法适用于－10℃以上，冻结期短，地下水位较低、地势平坦的地区。

（2）覆盖防冻法。在降雨量较大的地区，可利用较厚的雪层覆盖作保温层，防止地基土冻结，适用于大面积的土方工程。

（3）保温覆盖法。面积较小的基槽（坑）的地基土防冻，可在土层表面直接覆盖炉渣、锯末、草垫等保温材料，其宽度为土层冻结深度的两倍与基槽宽度之和。

9.2.2.2　冻土的融化

冻结土的开挖比较困难，可用外加热能融化后挖掘。这种方式只有在面积不大的工程上采用，费用较高。

（1）烘烤法。常用锯末、谷壳等作燃料，在冻土层表面引燃木柴后，铺撒250mm厚的锯末，上面铺压 30~40mm 厚土层，作用是使锯末不起火苗地燃烧，其热量经一昼夜可融化土层 300mm，如此分段分层施工，直至挖到未冻土为止。采用烘烤法融解冻土时，会出现明火，由于冬天风大、干燥，易引起火灾。因此，应注意安全。

（2）循环针法。循环针法分蒸汽循环针法和热水循环针法两种，如图 9.1 所示。

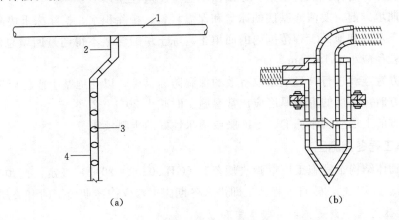

图 9.1　循环针法

（a）蒸汽循环针法；（b）热水循环针法

1—主管；2—连接胶管；3—蒸汽孔；4—支管

蒸汽循环针法是管壁上钻有孔眼的蒸汽管，用机械钻孔，孔径 50~100mm，孔深视土冻结深度而定，间距不大于 1m，将蒸汽管循环针埋入孔中，通入低压蒸汽，一般 2h 能融化直径 500mm 范围的冻土。其优点是融化速度快，缺点是热能消耗大，土融化后过湿。热水循环针是用 $\phi60~150mm$ 双层循环水管制作，呈梅花形布置埋入冻土中，通过 40~50℃ 的热水循环来融化冻土，适用于大面积融化冻土。

融化冻土应按开挖顺序分段进行，每段大小应与每天挖土的工程量相适应，挖土应昼夜连续进行，以免间歇而使地基重新遭受冻结。

开挖基槽（坑）施工中，应防止基槽（坑）基础下的基土遭受冻结，可在基土标高以上预留适当厚度松土层或覆盖一定厚度的保温材料。冬期开挖土方时，邻近建筑物地基或地下设施应采取防冻措施，以免冻结破坏。

9.2.2.3　冻土的开挖

冻土的开挖方法有人工法、机械法、爆破法 3 种。

（1）人工法。人工开挖是用铁锤将铁楔块打入，将冻土劈开。人工开挖时，工人劳动强度大，工效低，仅适用于小面积基槽、坑的开挖。

（2）机械开挖冻土法。依据冻土层的厚度和工程量大小，选择适宜的破土机械施工。

1）冻土层厚度小于 0.25m 时，可直接用铲运机、推土机、挖土机挖掘。

2）冻土层厚度为 0.6~1.0m 时，用打桩机将楔形劈块按一定顺序打入冻土层，劈裂破碎冻土，或用起重设备将重 3~4t 的尖底锤吊至 5~6m 高时，脱钩自由落下，可击碎 1~2m 厚的冻土层，然后用斗容量大的挖土机进行挖掘。适用于大面积的冻土开挖。

3）小面积冻土施工，用风镐将冻土打碎后，人工或机械挖除。

（3）爆破冻土法。冻土深度达 2m 左右时，采用打炮眼、填药的爆破方法将冻土破碎后，用机械挖掘施工。爆破冻土法适用于面积较大、冻土层较厚的坚土层施工。

9.2.2.4 冬期回填土施工

由于冻结土块坚硬且不易破碎，回填过程中又不易被压实，待温度回升、土层解冻后会造成较大的沉降，为保证工程质量，冬期回填土施工应注意以下事项。

（1）冬期填方前，要清除基底的冰雪和保温材料，排除积水，挖除冻土块或淤泥。

（2）对于基础和地面工程范围内的回填土，冻土块的含量不得超过回填总体积的15%，且冻土块的粒径应小于150mm。

（3）填方宜连续进行，且应采取有效的保温防冻措施，以免地基土或已填土受冻。

（4）填方时，每层的虚铺厚度应比常温施工时减少20%～25%。

（5）填方的上层应用未冻的、不冻胀或透水性好的土料填筑。

9.2.3 砌体工程冬期施工

根据《砌体结构工程施工质量验收规范》（GB 50203—2011）规定：当预计连续5d内的平均气温低于5℃时，砖石工程施工即进入冬期施工，应按冬期施工的有关规定进行。

9.2.3.1 砌体工程冬期施工的一般规定和要求

（1）砖石砌体冬期施工所用材料应符合下列规定。

1）在砌筑前，砖和石材应清除表面的污物、冰霜等，遭水浸后冻结的砖不得使用。

2）砂浆宜采用普通硅酸盐水泥拌制，冬期砌筑不得用无水泥拌制的砂浆。

3）石灰膏、黏土膏或电石膏应保温，防止受冻；如遭受冻结，应待融化后，方可使用。

4）拌制砂浆所用的砂，不得含有冰块和直径大于10mm的冻渣块。

5）拌制砂浆时，水温不得超过80℃，砂的温度不得超过40℃。当水温超过规定值时，先将水、砂进行搅拌，再加水泥，以防出现假凝现象。

6）冬期砌筑砂浆的稠度，宜比常温施工时适当增加。

（2）冬期施工的一般要求。

1）冬期施工不得使用无水泥拌制的砂浆；砂浆拌制应在暖棚内进行拌制，砂浆温度不低于5℃，搅拌时间适当延长；尽量减少砂浆在搅拌、运输和砌筑过程中的热量损失。

2）在负温条件下砌筑砖石工程时，可不浇水湿润，但必须适当增加砂浆的私度。

3）抗震设计烈度为9度的建筑物，普通砖和空心砖无法浇水湿润时，无特殊措施，不得砌筑。

4）应按"三一砌砖法"操作，组砌方式优先采用一顺一丁法；砖砌体的灰缝厚度不可大于3mm，也不宜小于8mm。

5）砖石工程冬期施工应以采用掺盐砂浆法为主，对绝缘、装饰等方面有特殊要求的工程，应采用冻结法或其他施工方法。

6）严禁使用已遭冻结的砂浆；不准单以热水掺入冻结砂浆内重新搅拌使用，也不宜在砌筑时向砂浆内掺水。

7）当地基为不冻胀土时，可在冻结的地基上砌筑基础；当地基为冻胀性土时，必须在未冻的地基上砌筑；在施工时和回填土前，均应防止地基遭受冻结。

8）冬期施工中，每日砌筑后，应在砌体表面覆盖草袋等保温材料。

9.2.3.2 砌体工程冬期施工方法

1. 掺盐砂浆法

在砌筑砂浆内掺加一定数量的抗冻化学剂（一般为盐类），降低水溶液冰点，使砂浆在负温下不冻结，且强度能够继续增长，或在砌筑后慢慢受冻，用这种砂浆砌筑砌体的方法，称为掺盐砂浆法。由于掺盐砂浆在负温情况下可以不遭冻结，砌体强度在负温下继续慢慢增长，并与砖石有一定的黏结力，使砌体在解冻期内不必采取临时加固措施。这种方法既经济可靠，又施工简单，在工程中被广泛采用，但下列工程严禁采用掺盐砂浆法施工。

（1）对装饰材料有特殊要求的建筑物。

（2）使用时，相对湿度大于60%的建筑物。

（3）配筋、钢预埋件无可靠防腐处理措施的砌体。

（4）接近高压电路的建筑物（如变电站）。

（5）热工要求高的建筑物。

（6）处于地下水位变化范围以内，以及在水下未设防水保护层的结构。

2. 冻结法

冻结法是指采用不掺任何化学外加剂的普通水泥砂浆或水泥混合砂浆，用热砂浆进行砌筑的一种冬期施工方法，砌体在负温条件下很快冻结，随着温度降低，冻结强度也增大，到融化时强度仅为零或接近于零，转入正常温度后，强度才逐渐增长。

为保证质量，采用冻结法砌筑的砖石砌体，在施工前应会同设计单位对结构解冻时承载能力进行验算，并提出防止倾斜变形的措施。冻结法所用砂浆强度等级，如设计未作规定，当日最低气温高于或等于$-25℃$时，对砌筑承重砌体的砂浆等级应按常温施工时提高一个等级；当日最低气温低于$-25℃$时，则提高两个等级。砂浆强度等级不应小于M2.5。

冻结法施工注意事项有如下几点。

（1）砌体解冻时，增加了砌体的变形和沉降，对空斗墙、毛石墙、承受侧后力的砌体不宜采用冻结法施工。

（2）采用冻结法施工，应会同设计单位制定在施工过程中和解冻期内必要的加固措施。

（3）为了保证砌体在解冻时正常沉降、稳定和安全，应遵守下列规定。

a. 冻结法宜采用水平分段施工，每日砌筑高度及临时间断处均不得大于1.2m，应留设置的拉结筋，每500mm高设一道，伸入砌体长度不小于1.0m。

b. 砌体水平灰缝不宜大于10mm。

c. 跨度大于0.7m的过梁，应采用预制过梁。

d. 门窗框上部应留3~5mm的空隙，作为化冻后预留沉降量。

（4）在解冻期间，应经常对砌体进行观测和检查，如发现裂缝、不均匀下沉等现象时，应分析原因并立即采取加固措施。

冻结法解冻期间进行观测时，应特别注意观测多层房屋的下层柱和窗间墙、梁端支撑处、墙交接处和过梁模板支撑处等地方，此外还必须观测砌体沉降量的大小、方向和均匀性。砌体灰缝内砂浆的硬化情况。在观测期间发现裂缝、不均匀沉降等情况，应分析原因，并立即采取措施，清除或减弱其影响，观测时间一般为15d左右。

3. 其他冬期施工法简介

（1）暖棚法。暖棚法是利用简易结构和廉价的保温材料，将需要砌筑的砌体和工作面临时封闭起来，使之在正温条件下砌筑养护，暖棚法费用高，热效低，劳动效率不高，因此不宜多采用。一般在地下室墙、挡土墙、局部性事故修复工程时，方可考虑采用。采用暖棚法砌筑时，砌筑时的温度不得低于5℃，故经常采用热风装置进行加热，养护砌体的时间一般不少于3d。

（2）蓄热法。蓄热法是在施工中，先将水和砂加热，在一个施工段内的墙体砌筑完毕后，立即用保温材料覆盖其表面，使砂浆在砌体中保持一定正温，以推迟冻结的时间，使砂浆强度在冻结前达到设计强度的20％。蓄热法可用于冬期气温不太低的地区，寒冷地区的初冬或初春季节，以及风速较小的地区，特别适用于地下结构。

（3）电热法。电热法是用导体在砂浆内通过低压电流，使电能变为热能，产生热量对砌体进行加热，加速砂浆的硬化，电热法加热的温度不宜超过40℃，电极可用6mm的钢筋做成，施工时放在灰缝内联成组。由于施工中消耗很多电能，并需要一定的设备，故工程的附加费用较高，所以仅用于个别荷载很大的结构，需要使局部砌体具有一定的强度，以及修缮工程中局部砌体需立即恢复使用时，方可考虑此法。

（4）蒸汽加热法。蒸汽加热法是利用低压蒸汽对砌体进行均匀的加热，使砌体得到适宜的养护温度和湿度，使砂浆加快凝结与硬化。蒸汽加热温度不超过60℃。由于蒸汽加热法在实际施工过程中需要模板或其他有关材料，施工复杂，成本较高，故一般工程不宜采用。蒸汽加热法适用电热施工的范围及设计要求。

（5）快硬砂浆法。当温度不低于－10℃时，对于荷载较大的单独结构，可采用1：3（快硬硅酸盐水泥：砂）的快硬水泥砂浆砌筑，并掺加5％（占拌和水重）的氯化钠。

快硬砂浆在砌体完全冻结前能比普通的抗冻砂浆获得较大的强度，解冻后一般能达到或接近设计强度。

快硬砂浆所使用的材料及拌和水的加热温度不应超过40℃，砂浆出罐温度不宜超过30℃。由于快硬砂浆硬化和凝结时间很快，因此必须在10～15min内用完。

9.3 雨期施工基本知识

9.3.1 土方基础工程的雨期施工

（1）雨期不得在滑坡地段进行施工。

（2）地槽、地坑开挖的雨期施工面不宜过大。

（3）开挖土方应从上至下分层分段依次施工，底部随时做成一定的坡度，以利泄水。

（4）雨期施工中，应经常检查边坡的稳定情况。

（5）防止大型基坑开挖土方工程的边坡被雨水冲刷造成塌方。

（6）地下的池、罐构筑物或地下室结构，完工后应抓紧基坑四周回填土施工和上部结构继续施工。

9.3.2 混凝土工程雨期施工

（1）加强对水泥材料防雨防潮工作的检查，对砂石骨料进行含水量的测定，及时调整施工配合比。

（2）加强对模板有无松动变形及隔离剂的情况的检查，特别是对其支撑系统的检查，及时加固处理。

（3）重要结构和大面积的混凝土浇筑应尽量避开雨天施工，施工前，应了解 2～3d 的天气情况。

（4）小雨时，混凝土运输和浇筑均要采取防雨措施，随浇筑随振捣，随覆盖防水材料。遇大雨时，应提前停止浇筑，按要求留设好施工缝，并把已浇筑部位加以覆盖，以防雨水的进入。

9.3.3 砌体工程

（1）雨期施工中，砌筑工程不准使用过湿的砖，以免砂浆流淌和砖块滑移造成墙体倒塌，每日砌筑的高度应控制在 1m 以内。

（2）砌筑施工过程中，若遇雨应立即停止施工，并在砖墙顶面铺设一层干砖，以防雨水冲走灰缝的砂浆；雨后，受冲刷的新砌墙体应翻砌上面的两皮砖。

（3）稳定性较差的窗间墙、山间墙，砌筑到一定高度应在砌体顶部加水平支撑，以防阵风袭击，维护墙体整体性。

（4）雨水浸泡会引起脚手架底座下陷而倾斜，雨后施工要经常检查，发现问题及时处理、加固。

9.3.4 施工现场防雷

（1）为防止雷电袭击，雨期施工现场内的起重机、井字架、龙门架等机械设备，若在相邻建筑物、构筑物的防雷装置的保护范围以外，应安装防雷装置。

（2）施工现场的防雷装置由避雷针、接地线和接地体组成。避雷针安装在高出建筑物的起重机（塔吊）、人货电梯、钢脚手架的最高顶端上。

思　考　题

1. 冬期和雨期施工各有哪些特点？应遵守哪些原则？应做好哪些施工准备工作？

2. 什么是混凝土的抗冻临界强度？

3. 简述混凝土工程冬期施工的原理。

4. 混凝土冬期施工的方法有几种？各有何特点？适用什么范围？

5. 砌筑工程冬期施工的方法有几种？各适用什么范围？

6. 土方基础工程在雨期施工中应注意什么问题？

习　题

一、单选题

1. 下列不属于冬期施工特点的是（　　　）。

A. 多发期　　　　　B. 超前性　　　　　C. 滞后性　　　　　D. 能源消耗多

2. 冬期施工时，做好现场的防护工作，注意消防，避免造成火灾，应注意防冻、防滑，避免施工事故的发生，这属于冬期施工原则中的（　　　）原则。

A. 确保工程施工质量　　　　　　　B. 节约能源

C. 经济合理　　　　　　　　　　　D. 确保施工安全

3. 雨期施工的准备工作中，对于临时道路应按（　　　）起拱。

A. 5‰ B. 6‰ C. 8‰ D. 4.3‰

4. 当（ ）稳定低于 5℃ 即进入冬期施工。

A. 室外日平均气温连续 5d B. 室内日平均气温连续 5d

C. 室内日平均气温连续 3d D. 室外日平均气温连续 3d

5. 下列关于混凝土冬期施工的说法中，不正确的有（ ）。

A. 混凝土强度增长的快慢，与温度高低有关

B. 当混凝土温度降到 5℃ 时，水泥水化作用基本就停止了，强度不再增长

C. 混凝土在初凝前即遭冻结，即使采用正温浇水养护，也不能恢复其强度

D. 混凝土有一定强度后，遭到冻结，经养护，最终强度无损失或损失很小

6. 冻土层厚度小于（ ）时，可直接用铲运机、推土机、挖土机挖掘。

A. 350mm B. 300mm C. 250mm D. 200mm

二、多选题

1. 冻土的开挖方法主要有（ ）。

A. 人工法 B. 凿除法 C. 机械法 D. 破碎法

E. 爆破法

2. 下列属于冬期施工特点的是（ ）。

A. 多发期 B. 超前性 C. 滞后性 D. 能源消耗多

E. 技术要求高

3. 冬期施工的原则包括（ ）。

A. 确保质量原则 B. 节约原则

C. 创新原则 D. 保障工程工期

E. 科技进步原则

4. 下列关于混凝土冬期施工的说法中，正确的有（ ）。

A. 混凝土强度增长的快慢，与温度高低有关

B. 当混凝土温度降到 5℃ 时，水泥水化作用基本就停止了，强度不再增长

C. 混凝土在初凝前即遭冻结，即使采用正温浇水养护，也不能恢复其强度

D. 混凝土有一定强度后，遭到冻结，正温后经浇水养护，最终强度无损失或损失很小

E. 硅酸盐水泥或普通硅酸盐水泥配制的混凝土，混凝土抗冻临界强度值为设计的混凝土强度标准值的 30%

5. 混凝土养护期间不加热的方法主要有（ ）。

A. 蓄热法 B. 掺外加剂法 C. 暖棚法 D. 热水拌和法

E. 加热骨料法

6. 砌体工程冬期施工方法包括（ ）。

A. 掺盐砂浆法 B. 冻结法 C. 暖棚法 D. 蓄热法

E. 电热法

第 10 章 建筑施工技术实训

【本章要点】

本章主要介绍测量放线、施工降排水、基坑验槽等基础施工工艺方法，介绍了砖砌体的砌筑工艺和钢筋、模板、脚手架等混凝土结构工程的施工工艺流程，对于装饰装修的施工也做了简单介绍。

【学习要求】

对主要工种的工作流程和施工工艺的实训训练，要求掌握各工种、特别是混凝土结构工程施工工艺与施工方法，为实现课堂和工地的无缝对接打下基础。

10.1 龙门板测设建筑物基础轴线

10.1.1 实训任务

学院模拟实训场厂房轴线测设，轴线如图 10.1 所示。

10.1.2 目的

按设计意图以一定精度在地面上把建筑物平面位置及高程位置在地面上测设出来，以方便后续工作的施工。

10.1.3 准备工作

（1）了解设计意图、参加图纸会审；检校仪器，研究放线顺序，做好放线准备。

（2）接受建筑红线及坐标桩位。

（3）引水准基点。各地的水准基点都是由国家测绘部门测定的。新建筑的 ±0.000 标高所用的相对标高值，就根据该水准点加以确定。

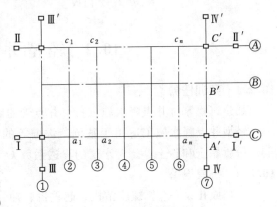

图 10.1 放线定轴线图

（4）工具及仪器设备的准备。木桩、水准仪、经纬仪、钢卷尺、木板、铁钉、白灰、灰铲等。

10.1.4 龙门板的测设

钉设龙门板的步骤如下：

（1）钉龙门桩。在基槽开挖线外 1.0～1.5m 处（应根据土质情况和挖槽深度等确定）钉设龙门桩，龙门桩要钉得竖直、牢固，木桩外侧面与基槽平行。

（2）测设 ±0.000 标高线。根据建筑场地水准点，用水准仪在龙门桩上测设出建筑物 ±0 标高线，其若现场条件不允许，也可测设比 ±0.000 稍高或稍低的某一整分米数的标高线，并标明之。龙门桩标高测设的误差一般应不超过 ±5mm。

（3）钉龙门板。沿龙门桩上±0.00标高线钉龙门板，使龙门板上沿与龙门桩上的±0.00标高线对齐如图10.2所示。钉完后应对龙门板上沿的标高进行检查，常用的检核方法有仪高法、测设已知高程法等。

（4）设置轴线钉。采用经纬仪定线法或顺小线法，将轴线投测到龙门板上沿，并用小钉标定，该小钉称为轴线钉。投测点的容许误差为±5mm。

（5）检测。用钢尺沿龙门板上沿检查轴线钉间的间距，是否符合要求。一般要求轴线间距检测值与设计值的相对精度为1/2000～1/5000。

（6）设置施工标志。以轴线钉为准，将墙边线、基础边线与基槽开挖边线等标定于龙门板上沿。然后根据基槽开挖边线拉线，用石灰在地面上撒出开挖边线。

10.1.5 测设成果

要求通过测设，放出条形基础的边线，如图10.3所示。

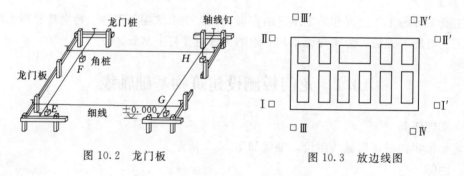

图 10.2 龙门板   图 10.3 放边线图

10.2 轻型井点降水施工

10.2.1 实训任务

某建筑物基坑井点降水施工——井点管的制作、安装。

轻型井点降水施工适用于基坑、沟槽等的降水施工，适用的含水层为人工填土、黏性土、粉质黏土和砂土等。含水层的渗透系数 $k=0.1～20.0 m/d$，降水深度可达 6～12m。

10.2.2 机具设备

（1）成孔设备：长螺旋钻机、起重机、冲管、高压胶管、高压水泵。

（2）洗井设备：工作压力不小于 0.7MPa 空气压缩机。

（3）降水设备：井点管、高压连接软管、集水总管（75～150mm 钢管）、抽水机组合排水管（150～250mm）。

10.2.3 作业条件

（1）施工场地达到"三通一平"，施工作业范围内的地上、地下障碍物及市政管线已改移或保护完毕。

（2）滤料、井点管和设备已到齐，并完成了必要的配套加工工作。

（3）基坑部分的施工图纸及地质勘察资料齐全，可以根据基底标高确定降水深度，并进行降水设计，可以进行基坑平面位置复测和井点孔位测放。

（4）轻型井点降水施工前应根据施工要求按国家现行标准的有关规定进行降水工程设计。

10.2.4 操作工艺

10.2.4.1 工艺流程

工艺流程如下：

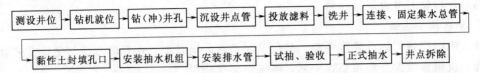

10.2.4.2 操作方法

1. 测设井位、铺设总管

（1）根据设计要求测设井位、铺设总管。为增加降深，集水总管平台应尽量放低，当低于地面时，应挖沟使集水总管平台标高符合要求。当地下水位降深小于6m时，宜用单级真空井点；当降深6~12m且场地条件允许时，宜用多级井点，井点平台的级差宜为4~5m。

（2）开挖排水沟。

（3）根据实地测放的孔位排放集水总管，集水总管应远离基坑一侧。

（4）布置观测孔。观测孔应布置在基坑中部、边角部位和地下水的来水方向。

2. 钻机就位

（1）当采用长螺旋钻机成孔时，钻机应安装在测设的孔位上，使其钻杆轴线垂直对准钻孔中心位置，孔位误差不得大于150mm。使用双侧吊线锤的方法校正调整钻杆垂直度，钻杆倾斜度不得大于1%。

（2）当采用水冲法成孔时，起重机应安装在测设的孔位上，用高压胶管连接冲管与高压水泵，起吊冲管对准钻孔中心，冲管倾斜度不得大于1%。

3. 钻（冲）井孔

（1）对于不易产生塌孔缩孔的地层，可采用长螺旋钻孔机施工成孔，孔径为300~400mm。

（2）对易产生塌孔缩孔的松软地层采用水冲法成孔。冲水压力根据土层的坚实程度确定：砂土层采用0.5~1.25MPa；黏性土采用0.25~1.50MPa。

4. 井点管

埋设井点管应缓慢，保持井点管位于孔正中位置，禁止剐蹭管底和插入井底，井点管应高于地面300mm。管口应临时封闭以免杂物进入。

5. 投放滤料

投放滤料应均匀地从四面围投，保持井点管居中，并随时探测滤料深度，以免堵塞架空。滤料填好后再用黏土封孔。

6. 洗井

投放滤料后应及时洗净，以免泥浆与滤料产生胶结，增大洗井难度。洗井可用清水循环法和空压机法。应注意采取措施防止洗出的浑水回流入孔内。洗井后如果滤料下沉应补投滤料。

（1）清水循环法：可用集水总管连接供水水源和井点管，将清水通过井点管循环洗井，浑水从管外返出，水清后停止，立即用黏性土将管外环状间隙进行封闭以免塌孔。

（2）空气压缩机法：采用直径20~25mm的风管将压缩空气送入井点管底部过滤器位

置，利用气体反循环的原理将滤料空隙中的泥浆洗出。宜采用洗、停间隔进行的方法洗井。

7. 连接、固定集水总管

井点管施工完成后应使用高压软管与集水总管连接，接口必须密封。各集水总管之间宜设置阀门，以便对井点进行维修。

8. 安装抽水机组

抽水机组应稳固地设置在平整、坚实、无积水的地基上，水箱吸水口与集水总管处于同一高程。机组宜设置在集水总管中部，各接口必须密封。

9. 安装集水管

集水管径应根据排水量确定，并连接严密。

10. 试抽、验收

各组井点系统安装完毕，应及时验收，见表 10.1，合格后进行试抽水，核验水位降深、出水量、管路连接质量、井点出水和泵组工作压力、真空度及运转情况等。

表 10.1　　　　　　　　　　　　轻型井点施工质量检验标准

检查项目		允许偏差或允许值	检查方法
过滤器	骨架管孔隙率/%	≥15	用钢尺量、计算
	缠丝间隙=滤料 D10 的倍数	1.0	
	网眼尺寸=砂土类含水层 d50 的倍数	1.5～2.5	
滤料规格	D50=砂土类含水层 d50 的倍数	6～8	取土样作筛分试验
	D50=碎石土类含水层 d20 的倍数	6～8	
	不均匀系数 η	≤2	
抽排水含砂量（体积比）		<1/10000	取水样做试验
井点间距（与设计对比）/mm		≤150	用钢尺量
井管垂直度/%		1	插管时目测
井管垂直度/%		1	插管时目测
井管插入深度（与设计对比）/mm		≤200	水准仪
过滤砂砾料填灌（与设计对比）/%		≤5	检查回填料用量
井管真空度/kPa		>60	真空度表

11. 正式抽水

（1）降水期间应按规定观测记录地下水的水位、流量、降水设备的运转情况以及天气情况。雨季降水应加大观测频率。

（2）当基础结构施工完成，降水可以停止。

12. 井点拆除

多层井点拆除应从低层开始，逐层向上进行，在下层井点拆除时，上层井点应继续降水。井点管拔出后，应及时用砂将井孔回填密实。

10.2.5　成品保护

（1）降水期间应对抽水设备的运行状况进行维护检查，每天不应少于 3 次并做好记录。发现有地下管线漏水、地表水入渗时，应及时采取断水、堵漏、隔水等措施进行治理。

（2）检查抽水设备时，除采用仪器仪表量测外，也可采用摸、听等方法并结合经验对井点出水情况逐个进行判断。

(3) 当发现井点管不出水时，应判别井点管是否淤塞。发现井点失效，严重影响降水效果时，应及时拔管进行处理。

10.2.6 应注意的问题

10.2.6.1 质量要求

(1) 井点系统应以单根集水总管为单位，围绕基坑布置。当井点环宽度超过 40m 时，应在中部设置临时井点系统进行辅助降水。当井点环不能封闭时，应在开口部位向基坑外侧延长 1/2 井点环宽度作为保护段，以确保降水效果。

(2) 发现基坑出水中含砂量突然增大，应立即查明原因进行处理，以防发生事故。

(3) 应采用双路供电或备发电机，以备停电时也能保证正常降水。

10.2.6.2 安全操作要求

(1) 钻（冲）井孔时，应及时排除泥浆，清除弃土，保持地面平整坚硬，防止人员跌伤。

(2) 吊装或起拔井点管时，应遵守起重设备操作规程，注意避开电缆或照明电线，防止触电。

(3) 现场用电应符合国家现行标准 JGJ 46—2005 的有关规定，确保安全。

10.2.6.3 环保措施

(1) 井点施工产生的泥浆、弃土应及时清运，运输时必须覆盖，避免产生扬尘和遗撒。

(2) 排除的地下水经过沉淀处理后方可排入市政管道。

(3) 施工现场应遵守现行国家标准 GB 12523—1992 规定的噪声限值，发现超标应及时采取措施纠正。

10.3 基 坑 验 槽

10.3.1 验槽的目的

为了防止建筑物不均匀沉降，应对地基进行严格检查，检查地基土与工程地质勘查报告及设计图样的要求是否相符；有无破坏原土结构或发生较大的扰动现象，以保证建筑物不发生不均匀的沉降。

10.3.2 验槽方法

10.3.2.1 表面检查验槽法

(1) 根据槽壁土层分布情况及走向，初步判明全部基底是否已挖至设计所要求的土层。

(2) 检查槽底是否已挖至原（老）土，是否需继续下挖或进行处理。

(3) 检查整个槽底土的颜色是否均匀一致，土的坚硬程度是否一样，有否局部过松软或过坚硬的部位；有否局部含水量异常现象，走上去有没有颤动的感觉等。如有异常部位，要会同设计等有关单位进行处理。

10.3.2.2 钎探检查验槽法

基坑挖好后，用锤把钢钎打入槽底的基土内，根据每打入一定深度的锤击次数，来判断地基土质情况。

(1) 钢钎的规格和质量：钢钎用直径 22~25mm 的钢筋制成，钎尖呈 60°尖锥状，长度

1.8～2.0m。大锤用重 3.6～4.5kg 铁锤。打锤时举高离钎顶 50～70cm，将钢钎垂直打入土中，并记录每打入土层 30cm 的锤击数。

（2）钎孔布置和钎探深度：钎孔布置和钎探深度应根据地基土质的复杂情况和基槽宽度、形状而定，一般可参考表 10.2。

表 10.2　　　　　　　　　　　钎 孔 布 置　　　　　　　　　　　单位：m

槽　宽	排列方式及图示		间距	钎探深度
<0.8	中心一排		1～2	1.2
0.8～2	两排错开		1～2	1.5
>2	梅花形		1～2	2.0
柱基	梅花形		1～2	≥1.5m，并不浅于短边宽度

注　对于较软弱的新近沉积黏性土和人工杂填土的地基，钎孔间距应不大于 1.5m。

钎探记录和结果分析：先绘制基槽平面图，在图上根据要求确定钎探点的平面位置，并依次编号制成钎探平面图。钎探时按钎探平面图标定的钎探点顺序进行，最后整理成钎探记录表。

全部钎探完后，逐层地分析研究钎探记录，逐点进行比较，将锤击数显著过多或过少的钎孔在钎探平面图上做上记号，然后再在该部位进行重点检查，如有异常情况，要认真进行处理。

10.3.3　洛阳铲法

在黄土地区基坑挖好后或大面积基坑挖土前，根据建筑物所在地区的具体情况或设计要求，对基槽底以下的土质、古墓、洞穴用专用洛阳铲进行钎探检查。

10.3.3.1　探孔的位置

探孔布置可参考表 10.3。

表 10.3　　　　　　　　　　　探 孔 布 置　　　　　　　　　　　单位：m

槽宽	排列方式及图示	间　　距	钎探深度
<2		1.5～2.0	3.0
>2		1.5～2.0	3.0
柱基		1.5～2.0	3.0（荷载较大时为 4.0～5.0）
加孔		<2.0（如基础过宽时中间再加孔）	3.0

10.3.3.2 探查记录和成果分析

先绘制基础平面图，在图上根据要求确定探孔的平面位置，并依次编号，再按编号顺序进行探孔。探查过程中，一般每3~5铲看一下土，查看土质变化和含有杂物的情况。遇有土质变化或含有杂物等情况，应测量深度并用文字记录清楚。遇有墓穴、地道、地窖、废井等时，应在此部位缩小探孔距离（一般为1m左右），沿其周围仔细探查清楚其大小、深浅、平面形状，并在探孔平面图中标注出来。全部探查完后，绘制探孔平面图和各探孔不同深度的土质情况表，为地基处理提供完整的资料。探完以后，尽快用素土或灰土将探孔回填。

10.3.4 基底人工钎探

10.3.4.1 材料

中砂、粗砂，用于填孔。

10.3.4.2 机具设备

轻便触探器：穿心锤质量10kg，锥头直径40mm，锥角60°，触探杆直径25mm，长度1.8~2.5m；其他：麻绳或铅丝、凳子、手推车、钎杆夹具、撬棍和钢卷尺等。

10.3.4.3 作业条件

（1）基坑（槽）已挖至基底设计标高，土层符合设计要求，表面平整，无虚土，坑（槽）位置及其长、宽均符合设计图纸要求。

（2）夜间作业时，现场应有足够的照明设施。

（3）技术准备。

1）按设计要求布设钎探孔位平面布置图，并对钎探孔位进行编号。当采用轻型动力触探进行基槽检验时，检验深度及间距按表10.4执行。

表 10.4　　　　钎探孔的排列方式、检验深度和间距

槽宽/m	排列方式	检验深度	检 验 间 距
小于0.8	中心一排	1.5	
0.8~2.0	两排错开	1.5	1.0~1.5m，视地层复杂情况定
大于2.0	梅花型	2.1	

2）安排钎探顺序，防止错打或漏打。钎杆上预先划好30cm横线。

10.3.4.4 操作工艺

（1）工艺流程：放钎探孔位→就位打钎→拔钎→移位→灌砂回填→整理记录→记录锤击次数。

1）放钎探孔位。按钎探孔平面布置图放线，孔位钉上小木桩或撒上白灰点。

2）就位打钎。将触探杆尖对准孔位，再把穿心锤套在除探杆上，扶正触探杆，拉起穿心锤，使其自由下落，落距为500mm，把触探杆垂直打入土层中。

3）记录锤击次数。钎杆每打入土层300mm时，记录一次锤击数。钎探深度应符合设计要求，如设计无要求时，一般按国家规范执行。

4）用麻绳和撬棍拔钎，钎杆拔出后，将孔盖上。

5）移位。将触探器移到下一孔位，继续钎探。

6）灌砂回填。打完的钎孔，经过检查孔深与记录无误后，即可进行灌砂。灌砂时，每填入30mm左右可用木棍或钢筋棒捣实一次，直到填满。

7）整理记录。按钎孔顺序编号，将每个孔的锤击数填入记录表格内。字迹要清楚，再经过打钎人员和技术人员签字后归档。

（2）质量标准。

1）主控项目：钎探深度必须符合要求，准确记录锤击数。

2）一般项目：①钎位准确，探孔不得遗漏；②钎孔灌砂密实。

（3）成品保护：钎探完成后，应做好标记，保护好钎孔，未经检查和复验，不得堵塞钎孔或对钎孔灌砂。

10.3.4.5　应注意的问题

（1）将钎孔平面布置图上的钎探孔编号与记录表上的钎探孔编号对照检查，发现错误，及时纠正，以免记录与实位不符；

（2）在钎孔平面布置图上，注明过硬或过软的孔号的位置，把洞穴、枯井或坟墓等标注在钎孔平面布置图上，以便勘察设计人员或有关部门验槽时分析处理；

（3）打不下去的钎探孔，应经有关人员研究后移位打钎，操作人员不得擅自处理。

10.4　墙体的砌筑

10.4.1　实训要求

（1）掌握砖砌体的组砌方法和工艺要求。

（2）掌握砌砖操作技术，达到砌砖操作规范化。

（3）熟练掌握砌砖操作中的基本方法。

（4）了解砖砌体质量要求、允许偏差及质量检查方法。

10.4.2　实训准备

（1）材料准备：黏土砖 80 块，拌制好的石灰砂浆约 0.8m³。

（2）工具准备：瓦刀、大铲、钢卷尺、水平尺等常用工具。

10.4.3　实习场地

场地为学院土建工程实训场。

10.4.4　砖砌体砌筑

10.4.4.1　施工前的准备工作

（1）熟悉、审核施工图纸和设计说明。重点掌握墙身与轴线的关系、门窗洞口的位置和标高、预制构件的位置和标高、砂浆和砖的品种与强度等级等。

（2）按设计图纸复核墙轴线、外包线及洞口的位置和尺寸。

（3）绘制和钉立皮数杆。

（4）翻样和提加工订货单。主要包括墙体加筋及拉结筋的翻样加工、木砖的规格和数量、预埋铁件等。

（5）施工机具和脚手的准备。主要包括砂浆拌和机、垂直和水平运输设备、脚手架等。

10.4.4.2　砌筑施工工艺及保证质量措施

砌筑的施工工序有：找平、放线、摆砖、立皮数杆和砌砖、清理等。

1. 找平

砌墙前应在基础防潮层或楼面上定出各层标高，并用 M7.5 水泥砂浆或 C10 细石混凝土找平，使各段砖墙底部标高符合设计要求。找平时，需使上下两层外墙之间不致出现明显的接缝。

2. 放线

根据龙门板上给定的轴线及图纸上标注的墙体尺寸，在基础顶面上用墨线弹出墙的轴线和墙的宽度线，并分出门洞口位置线。二楼以上墙的轴线可以用经纬仪或垂球将轴线引上，并弹出各墙的宽度线，画出门洞口位置线。

3. 摆砖

摆砖是指在放线的基面上按选定的组砌方式用干砖试摆。一般在房屋外纵墙方向摆顺砖，在山墙方向摆丁砖。摆砖由一个大角摆到另一个大角，砖与砖留 10mm 缝隙。摆砖的目的是为了校对所放出的墨线在门窗洞口、附墙垛等处是否符合砖的模数，以尽可能减少砍砖，并使砌体灰缝均匀，组砌得当。

4. 立皮数杆

皮数杆，是指在其上划有每皮砖和砖缝厚度以及门窗洞口、过梁、楼板、梁底、预埋件等标高位置的一种木制标杆（图 10.4）。它是砌筑时一控制砌体竖向尺寸的标志，同时还可以保证砌体的垂直度。

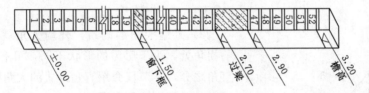

图 10.4 皮数杆

皮数杆一般立于房屋的四大角、内外墙交接处、楼梯间以及洞口多的地方，大约可隔 10～15m 立一根。皮数杆的设立，应由两个方向斜撑或用锚钉加以固定，以保证其牢固、垂直。一般每次开始砌砖前应检查一遍皮数杆的垂直度和牢固程度。同时还要检查皮数杆的竖立情况，弄清皮数杆上的 ±0.000 与测定点处的 ±0.000 是否吻合，各皮数杆的 ±0.000 标高是否在同一水平上，如图 10.5 所示。

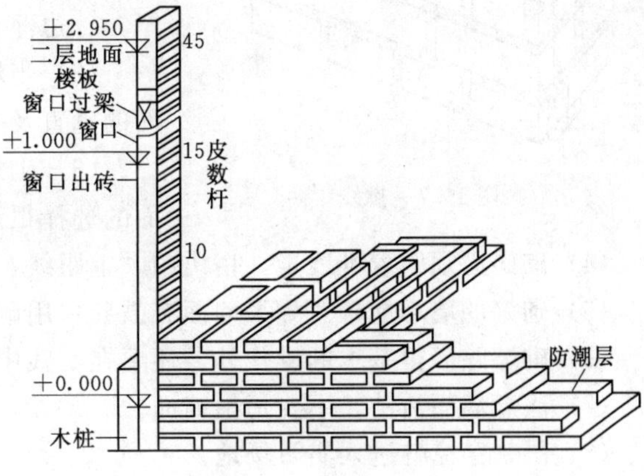

图 10.5 皮数杆的设立

5. 砌筑

1）筑砖墙必须拉通线，砌一砖半以上的墙必须双面挂线。砖瓦工砌墙时主要依靠准线来掌握墙体的平直度，所以挂线工作十分重要。外墙大角挂线的办法是用线拴上半截砖头，挂在大角的砖缝里，然后用别线棍把线别住，别线棍的直径约为 1.0mm，放在离开大角 20～40mm 处。砌筑内墙时，一般采用先拴立线，再将准线挂在立线上的办法砌筑，这样可以避免因槎口砖偏斜带来的误差。当墙面比较长，挂线长度超过 20m 时，线就会因自重而下垂，这时要在墙身的中间砌上一块挑出 30～40mm 的腰线砖，托住准线，然后从一端穿看平直，再用砖将线压住。大角挂线的方式如图 10.6（a）所示，内墙挂线的方法如图 10.6（b）所示。挑线的办法如图 10.7 所示。

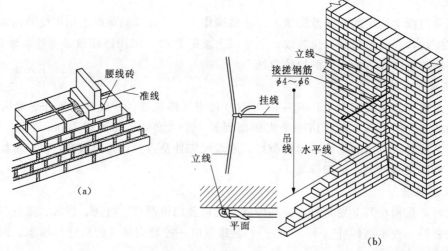

图 10.6 挂线

（a）大角挂线；（b）内墙挂线

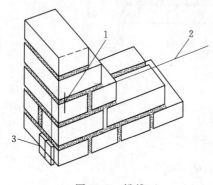

图 10.7 挑线

2）外墙大角的砌筑，外墙大角就是砖墙在外墙的拐角处，由于房屋的形状不同，可有钝角、锐角和直角之分，本节仅介绍直角形式的大角砌法。

10.4.5 实训注意事项

（1）砌在墙上的砖必须放平，且灰缝不能一边厚，一边薄，造成砖面倾斜。

（2）当墙砌起一步架高时要用托线板全面检查墙面的垂直及平整度。

（3）砌筑中还要学会选砖，尤其是清水墙面，砖面的选择很重要。

（4）砌砖必须跟着准线走，俗语叫"上跟线、下跟墙，左右相跟要对平"。

（5）砌好的墙不能砸。如果墙面有鼓肚，用砸砖调整的办法是不好的习惯。

（6）砌墙除懂得基本的操作外，还要在实践中注息练好基本功掌握操作要领。

（7）注意墙面清洁，不要污损墙面。

（8）严禁穿凉鞋进入实习场地。

10.4.6 操作练习

严格按以下要求、步骤进行：

第一阶段：主要是砌砖的铺灰手法练习，根据手腕灵活程度、铲灰动作、铲灰量、铺灰、落灰点、铺出灰条均匀、一次成形情况评定学生成绩。

第二阶段：是各种铺灰手法和步伐，拿砖选砖手法练习，根据手法、步伐协调、拿砖姿势正确、选砖动作熟练程度进行评定学生成绩。

第三阶段：进一步提高砌砖动作规范熟练程度。按砖砌体砌筑操作程序进行砌筑练习，完成图 10.8 的实习作业。全班同学参与完成，任务如下：

(1) 分组砌筑长 6.0m、高 1.0m、厚 240mm 砖墙一段。

(2) 对砌筑质量进行检查、验收。

(3) 实训结束清理场地，归还工具。

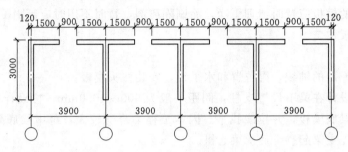

图 10.8 实训训练项目——墙体砌筑

10.5 模板工程施工实训

10.5.1 实训内容

独立基础模板施工；梁、板、柱模板的配板设计和施工。

10.5.2 实训目的

通过对独立基础、梁、板、柱模板的配板设计和搭设及拆除，熟悉并掌握木模板、钢模板的安装方法，搭设步骤和拆除方法及注意事项。

10.5.3 主要材料及机具

(1) 主要材料：1830mm×915mm×18mm 覆面木胶合板；厚度≥25mm 的松木板；2000mm×50mm×100mm 松枋；ϕ48mm×3.5mm 钢管及扣件；ϕ48mm×1200mm 系列门架及附件；尾头直径>80mm 的原木；系列对拉螺栓；锁紧扣等。

(2) 机具：台锯、手提电钻、电焊机、压刨机等若干。

10.5.4 操作工艺

10.5.4.1 阶形独立基础模板施工

1. 工艺流程

弹线→侧板拼接→组拼各阶模板→涂刷隔离剂→下阶模板安装→上阶模板安装→浇筑混凝土→模板拆除

2. 施工要点

(1) 在基坑底垫层上弹出基础中线。

(2) 把截好尺寸的木板加钉木档拼成侧板，在侧板内表面弹出中线，再将各阶的 4 块侧板组拼成方框，并校正尺寸及角部方正。

(3) 安装时，先把下阶模板放在基坑底，两者中线互相对准，用水平校正其标高；在模板周围钉上木桩，用平撑与斜撑支撑顶牢；然后把上阶模板放在下阶模板上，两者中线互相对准，并用斜撑与平撑加以钉牢。

(4) 模板拆除时，先拆除斜撑与平撑，然后用撬杠、钉锤等工具拆下 4 块侧板。

3. 成品保护

(1) 与混凝土接触的模板表面应认真涂刷隔离剂，不得漏涂，涂刷后如被雨淋，应补刷隔离剂。

(2) 拆除模板时要轻轻撬动，使模板脱离混凝土表面，禁止猛砸狠敲，防止碰坏混凝土。

(3) 拆除下的模板应及时清理干净，涂刷隔离剂，暂时不用时应遮阴覆盖，防止曝晒。

10.5.4.2 梁模板施工

1. 施工要点

(1) 根据柱弹出的轴线，梁位置和水平线，安装柱头模板。

(2) 按配板设计在梁下设置支柱，间距一般为 600～1000mm。按设计标高调整支柱的标高，然后安装梁底模板，并拉线找平。因本工程梁跨度较大，跨中梁底处应按 3‰ 起拱，主次梁交接时，先主梁起拱，后次梁起拱。

(3) 底层支柱应支在平整坚实地面上，并在底部加垫脚手板，并设对拔楔搂紧，调整标高，分散荷载，以防发生下沉。支柱之间根据楼层高度，应设两道水平拉杆或斜拉杆。

(4) 梁钢筋一般在底板模板支好后绑扎，找正位置和垫好保护层垫块，清除垃圾及杂物，经检查合格后，即可安装侧模板。

(5) 梁高超过 700mm 时，应采用对拉螺栓在梁侧中部设置通长横楞，用螺栓紧固。

2. 成品保护

(1) 模板支好后，应保持模内清洁，防止掉入砖头、砂浆、木楔等杂物。

(2) 保持钢筋位置正确，不被扰动。

10.5.4.3 板模板施工

1. 施工要点

(1) 模板支设采取先主梁、后次梁，再支楼板模板。平面尺寸较大时，可采取分段支模，留设后浇缝带隔断。跨度 4m 以上主梁底模及支柱，间距一般不得大于 3m。

(2) 在梁两侧设两根脚手杆，固定梁侧模。

(3) 模板支好后，应对模板尺寸、标高、板面平整度、模板和立柱的牢固情况等进行全面检查，如出现较大尺寸偏差或松动，应及时纠正和加固，并将板面清理干净。

(4) 检查完后，在支柱（顶撑）之间设置纵、横水平杆和斜拉杆，以保持稳定。水平拉杆一般离地面 500mm 处一道，以上每 1.6～2.0m 设一道，支柱底部应铺设 50mm 后垫板。

2. 成品保护

(1) 不得用重物冲击碰撞已安装好的模板及支撑。

(2) 不准在吊模、桁架、水平拉杆上搭设跳板，以保证模板的牢固稳定和不变形。

(3) 搭设脚手架时，严禁与模板及支柱连接在一起。

(4) 不得在模板平台上行车和堆放大量材料和重物。

10.5.4.4 柱模板施工

1. 工艺流程

找平、定位→组装柱模→安装柱箍→安装拉杆或斜撑→校正垂直度→柱模预检→浇筑混凝土→柱模拆除。

2. 施工要点

(1) 按标高抹好水泥砂浆找平层，按柱模边线做好定位墩台，以保证标高及柱轴线位置的准确。

（2）安装就位预拼的各片柱模：先将相邻的两片就位，就位后用铁丝与主筋绑扎临时固定；用 U 形卡将两片模板连接卡紧；安装完两面模板后再安装另外两面模板。

（3）安装柱箍。

（4）安装拉杆或斜撑：柱模每边设 2 根拉杆，固定于楼板预埋钢筋环上，用经纬仪控制，用花篮螺栓校正柱模垂直度。拉杆与地面夹角宜为 45°，预埋钢筋环与柱距离宜为 3/4 柱高。

（5）将柱模内清理干净，封闭清扫口，办理柱模预检。

（6）柱子模板拆除：先拆掉柱模拉杆（或支撑），再卸掉柱箍，把连接每片柱模的 U 形卡拆掉，然后用撬杠轻轻撬动模板，使模板与混凝土脱离。

3．成品保护

（1）吊装模板时轻起轻放，不准碰撞楼板混凝土，并防止模板变形。

（2）柱混凝土强度能保证拆模时其表面及棱角不受损时，方可拆除柱模板。

（3）拆模时不得用大锤硬砸或用撬杠硬撬，以免损伤柱子混凝土表面或棱角。

（4）拆下的钢模板及时清理修整，涂刷隔离剂，分规格堆放。

10.5.5 模板安装

模板安装允许偏差及检验方法见表 10.5。

表 10.5　　　　　　　　　　　模板安装允许偏差及检验方法

序号	项　　目	允许偏差/mm	检　查　方　法
1	基础轴线位移	5	尺量检查
2	柱、墙、梁轴线位移	3	尺量检查
3	标高	±2，−5	用水准仪或拉线和尺量检查
4	基础截面尺寸	±10	尺量检查
5	柱、墙、梁截面尺寸	+2，−5	尺量检查
6	每层垂直度	3	线垂或 2m 托线板检查
7	相连两板表面高低差	1	用直尺和尺量检查
8	表面平整度	3	用 2m 靠尺和楔形塞尺检查
9	预埋件中心线位移	3	拉线尺量检查
10	预埋管预留孔中心线位移	3	拉线尺量检查
11	预埋螺栓中心线位移	2	拉线尺量检查
12	预埋螺栓外漏长度	+10，0	拉线尺量检查
13	预留洞口中心线位移	10	拉线尺量检查
14	预留洞口截面内部尺寸	+10，0	拉线尺量检查

10.5.6 模板拆除

（1）拆模顺序一般应后支的先拆，先支的后拆；先拆除非承重墙部分，后拆除承重部分。

（2）模板拆除，当梁、板跨度不大于 8m 时，应达到设计混凝土强度等级的 75%，当梁跨度大于 8m 时，应达到 100%；梁侧非承重墙模板应在保证混凝土表面及棱角不因拆模而受损伤时，方可拆除。

（3）多层楼板支柱拆除，当上层楼盖正在浇筑混凝土时，下层楼板的模板和支柱不得拆除，再下一层楼板的模板和支柱应视待浇混凝土楼层荷载和本楼层混凝土强度而定。

10.5.7 安全措施

（1）作业人员必须戴好安全帽高处作业人员必须系好安全带且做到高挂低用。

（2）作业前检查所使用的工具是否牢固，工具在不使用的时候应及时放入工具袋内。

（3）模板及其支撑系统在安装说必须设置临时固定设施，以防倾倒。

（4）二人抬运模板时，应相互配合协同工作；传递模板、工具等时应用运输工具或用绳系牢后升降传递，不得乱抛。

（5）支设柱上部及梁、板的模板时应搭设操作平台或用马镫脚手架，作业面下方不许非施工人员进入要设专人看护。

（6）不得在脚手架上堆放过多的材料；不准站在柱模板上作业或梁底上行走；不得借助拉杆支撑攀登上下。

（7）安装、吊装模板时，作业人员应站在安全地点进行操作，禁止在同一垂直面工作。

（8）在拆模板时，拆除现场应标出作业禁区，有专人指挥，作业区内禁止非工作人员入内。

（9）严禁直接站在被拆除模板上进行操作；模板应逐块拆卸不得成片松动撬落或直接拉倒，严禁作业人员在同一垂直面同时操作。模板一般用长橇杠拆除，禁止作业人员站在被拆除模板的正下方，拆模时，临时脚手架必须牢固，不得用拆下的模板作脚手架。

（10）拆模间隙时应将已松动的模板、拉杆支撑等固定牢固以防其突然掉落伤人。

（11）模板必须一次性拆清，不得留有无支撑模板；已拆除的模板、拉杆支撑等应及时运到指定地点并堆放整齐。

（12）拆除梁、板等模板前必须执行混凝土拆模申请制度，必须在同条件试块达到拆模强度后方可拆除。

10.6 脚 手 架 搭 设

10.6.1 实训任务

学院实训场地一砖混结构厂房脚手架搭设。脚手架立杆步距 $H=1.5$m，立杆纵距 $L_a=1500$mm，立杆横距 $L_b=900$mm，脚手架内侧立杆距建筑物 $a=500$mm。局部搭设图参见图 10.9 所示。

10.6.2 材料、工具

（1）钢管：$\Phi 48$mm，壁厚为 3～3.5mm；长度为 4～6m，用作立杆，大横杆斜撑等。横杆长度为 1.5m。钢管不得有严重锈蚀、变曲、压扁或裂纹。

（2）扣件：扣件必须符合部颁扣件标准要求，并提供合格证。

（3）脚手板：脚手片用毛竹脚手片，不得有发霉、虫蛀，裂纹的毛竹片。可以用厚竹片排密，下垫横向板条托底，用铁钉边，也可用直径 4～5cm 的竹子排密，钻几排孔，在孔内横贯 8 号～10 号铅水线将竹子连接成板块。

（4）安全网：外挂密目式安全网。

（5）钢卷尺、锤子、扳手、手套。

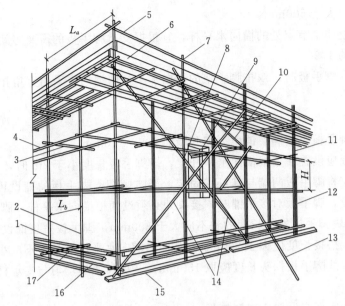

图 10.9　扣件式钢管脚手架

1—外立杆；2—内立杆；3—横向水平杆；4—纵向水平杆；5—栏杆；6—挡脚板；7—直角扣件；8—旋转扣件；
9—连墙件；10—横向斜撑；11—主立杆；12—副立杆；13—抛撑；14—剪刀撑；
15—垫板；16—纵向扫地杆；17—横向扫地杆

（6）其他。

10.6.3　脚手架的搭设程序

10.6.3.1　钢管扣件式脚手架的搭设步骤

搭设范围的地基处理（表面平整，排水畅通）→底座检查、放线定位→铺设垫板、垫木→安放并固定底座→铺设第一节立柱→安装扫地大横杆（贴地大横杆）→安装扫地小横杆→安装第二步大横杆→安装第二步小横杆→设临时抛撑（每隔六个立杆设一道，待安装连墙杆后拆除）→安装第三步大横杆→安装第三步小横杆→设临时连墙杆→拆除临时抛撑→接立杆→连续安装大小横杆→架高七步以上时加设剪刀撑→在操作层设脚手板。

10.6.3.2　脚手架的搭设要求

1. 纵向水平杆

（1）纵向水平杆宜设置在立杆内侧，其长度不宜小于 3 跨。

（2）纵向水平杆接长宜采用对接扣件连接，也可采用搭接、对接、搭接应符合下列规定。

1）纵向水平杆的对接扣件应交错布置，两杆相邻纵向水平杆的接头不宜设置在同步或同跨内，不同步或不同跨两面个相邻接头在水平方向错开的距离不应小于 500mm，各接头中心至最近主节点的距离不宜大于纵距的 1/3。

2）搭接长度不应小于 1m，应等间距设置 3 个旋转扣件固定，端部扣件盖板边缘至搭接纵向水平杆杆端的距离不应小于 100mm。

3）使用木脚手板时，纵向水平杆应作为横向水平杆的支座，用直角扣件固定在立杆上。

2. 横向水平杆

（1）主节点处必须放置一根横向水平杆，用直角扣件扣接且严禁拆除。主节点处两个直角扣件的中心距不应大于 150mm，在双排脚手架，靠墙一端的外伸长度不应大于 0.4 倍的立杆横距，且不应大于 500mm。

（2）作业层上非主节点处的横向水平杆，宜根据支承脚手板的需要等间距设置，最大间距不应大于纵距的 1/2。

（3）当使用木脚手板时，双排脚手架的横向水平杆两端均应采用直角扣件固定在纵向水平杆上。

3. 脚手板

（1）作业层脚手板应铺满、铺稳、离开墙面 100～150mm。

（2）木脚手板应设置在三根横向水平杆上，当脚手板长度小于 2m 时，可采用两根横向水平杆支承，但应将脚手板两端与其可靠固定，严防倾翻，脚手板的铺设可采用对接平铺，亦也采用搭接铺设，脚手板对接平铺时，接头处必须设两根横向水平杆，脚手板外伸长应取 130～150mm，两块脚手板外伸长度的和不应大于 300mm，脚手板搭接铺设时，接头必须支在横向水平杆上，搭接长度应大于 200mm，其伸出横向水平杆的长度不应小于 100mm。

（3）作业层端部脚手板探头长度应取 150mm，其板长两端均匀与支承杆可靠的固定。

4. 立杆

（1）每根立杆底部应设置底座和垫板。

（2）脚手架必须设置纵，横向扫地杆，纵向扫地杆应采用直角扣件固定在距底座上皮不大于 200mm 处的立杆上，横向扫地杆亦应采用直角扣件固定在紧靠纵向扫地杆下方的立杆上，当立杆基础不在同一高度上时，必须将高处的纵向的扫地杆向低处延长两跨与立杆固定。高低差不应小于 1m，靠边坡上方的立杆轴线到边坡的距离不应小于 500mm。

（3）脚手架底层步距不应大于 2m。

（4）立杆必须用连墙件与建筑物可靠连接，连墙件布置间距为，竖向间距每 2 步设，水平间距每 3 跨设，每根连墙件覆盖面积不大于 $27m^2$。

（5）立杆接长除顶层顶步可采用搭接外，其余各层各步接头必须采用对接扣件连接，立杆上的对接扣件应交错布置，两根相邻立杆的接头不应设在同步内，同步内隔一根立杆的两个相邻接头在高度方向错开的距离不宜小于 500mm，各接头中心至主节点的距离不宜大于步距的 1/3，搭接长度不应小于 1m，应采用不少于 2 个旋转扣件固定，端部扣件盖板的边缘至杆端距离不应小于 100mm。

（6）立杆顶端宜高出女儿墙上皮 1m，高出檐上皮 1.5m。

5. 连墙件

（1）连墙件宜靠近主节点设置，偏离主节点的距离不应大于 300mm。

（2）连墙件应从底层第一步纵向水平杆处开始设置，当该处设置有困难时，应采用其他可靠措施固定。

（3）连墙件必须采用刚性连墙件与建筑物可靠连接，连墙件必须采用可承受拉力和压力的构造。

6. 剪刀撑与横向斜撑

（1）高度在 24m 上的双排脚手架应在外侧立面整个长度和高度上连续设置剪刀撑，剪刀撑斜杆的接长宜采用搭接。

（2）剪刀撑斜杆应用旋转扣件固定在与之相交的横向水平杆的伸出端或立杆上，旋转扣件中心线至主节点的距离不宜大于 150mm。

（3）横向斜撑应在同一节间，由底至顶层呈之字形连续布置，斜撑的固定应符合要求，除拐角应设置横向斜撑外，中间应每隔6跨设置一道。

7. 防护棚的搭设

（1）因现场狭小，在施建筑物距离周边施工现场生活区较近，为防止坠物伤人、伤物，保证工程安全顺利的完成，故在建筑物的四周搭设防护棚。

（2）施工现场内临时设施、机械、人行过道上方均搭设防护棚，防护棚采用扣件式脚手架搭设，棚顶铺脚手板，防护棚搭设高度距地面3.3m。

（3）防护棚脚手架搭设选 $\phi48mm \times 35mm$ 钢管，平铺脚手板选用材质好，韧性好的木制脚手板，不得使用劣质、腐朽的脚手板搭设。

10.6.3.3 脚手架的安全管理

（1）所有搭设脚手架的操作工人必须持证上岗，证件必须有效。

（2）脚手架搭设每三步必须经安全员验收，并做书面记录，履行验收签字手续，外架验收合格挂牌（脚手架验收合格证）后方可使用。

（3）当脚手架基础下有设备基础，管沟时，在脚手架使用过程中不应开挖，否则必须采取加固措施，脚手架底座、底面标高宜高于自然地坪50mm。

（4）脚手架必须配合施工进度搭设，一次搭设高度不应超过相邻连墙件以上两步，每搭完一步脚手架后，应校正步距、纵距、横距及立杆的垂直度。

（5）底座、垫板均应准确地放在定位线上，垫板宜采用长度不少于2跨，厚度不小于50mm的不垫板。

（6）扣件规格必须与钢管外径相同，扣件螺栓拧紧扭力矩不应小于 $40N \cdot m$。且不应大于 $65N \cdot m$。

（7）开始搭设立杆时，应每隔6跨设置一根抛撑，直至连墙件安装稳定后方可根据情况拆除。

（8）当搭至有连墙件的构造点时，在搭设完该处的立杆，纵向水平杆，横向水平杆后，应立即设置连墙件。

（9）在封闭型脚手架的同一步中，纵向水平杆应四周交圈，用直角扣件与内处角部立杆固定。

（10）剪刀撑、横向斜撑应随立杆，纵向和横向水平杆同步搭设，各底层杆下端均必须支承在垫板上。

（11）在主节点处固定横向水平杆、纵向水平杆、剪刀撑、横向斜撑等用的直角扣件，旋转扣件的中心点的相互距离不应大于150mm。

（12）对接扣件开口应朝上或朝内，各杆件端头伸出扣件盖板边缘的长度不应小于100mm。

（13）在拐角处的脚手板，应与横向水平杆可靠连接，防止滑动。自顶层作业层的脚手板往下计，宜每隔12m满铺一层脚手板。

（14）搭设脚手架人员必须戴安全帽、系安全带、穿防滑鞋，作业层上的施工荷载应符合设计要求，不得超载。

（15）不得将模板支架、缆风绳、泵送混凝土和砂浆的输送管等固定在脚手架上；严禁悬挂起重设备。

（16）当有六级及六级以上大风和雾、雨、雪天气时应停止脚手架搭设与拆除作业。雨雪后上架作业应有防滑措施，并应扫除积雪。

（17）在脚手架使用期间，严禁拆除下列杆件：主节点处的纵、横向水平杆，纵横向扫地杆；连墙件。

（18）不得在脚手架基础及其邻近处进行挖掘作业，否则应采取安全措施，并报主管部门批准。临街搭设脚手架时，外侧应有防止坠物伤人的防护措施。

（19）在脚手架上进行电、气焊作业时，必须有防火措施和专人看守。工地临时用电线路的架设及脚手架接地、避雷措施等，应按现行行业标准《施工现场临时用电安全技术规范》（JGJ 46）的有关规定执行。

（20）搭拆脚手架时，地面应设围栏和警示标志，并派专人看守，严禁非操作人员入内。

10.6.3.4　脚手架的拆除

（1）拆除脚手架作业必须由上而下逐层进行，严禁上下同时作业，清除脚手架上的杂物及地面障碍物。

（2）连墙件必须随脚手架逐层拆除，严禁先将连墙件整层或数层拆除后再拆脚手架，分段拆除高差不应大于 2 步，如高差大于 2 步，应增设连墙件加固。

（3）当脚手架拆至下部最后一根长立杆的高度时，应先在适当位置搭设临时抛撑加固后，再拆除连墙件。

（4）当脚手架采取分段，分立面拆除时，对不拆除的脚手架两端应设置有效连墙件和横向斜撑加固。

（5）各构配件严禁抛掷至地面，运至地面的构配件应及时检查，整修与保养，并按品种、规格随时码堆存放，置于干净通风处，防止锈蚀。

（6）拆除脚手架时，地面应设围栏和警示标志，并派专人防护，严禁一切非操作人员入内。

10.6.4　评分标准

（1）实训准备：根据实训项目要求查阅资料，汇总操作要点及注意事项。

（2）搭设与拆除要求：符合《建筑施工扣件式钢管脚手架安全技术规范》（JGJ 130—2011）要求。

（3）团队协作：分工协作，发挥集体智慧。

（4）安全要求：佩戴安全帽、手套，穿紧身衣服，无安全事故发生。

（5）脚手架搭设实训评分标准见表 10.6。

表 10.6　　　　　　　　　　　　　脚手架搭设实训评分标准

序号	项　目		分值	自评	教师评价	备　注
1	实训准备		10			
2	材料领取		10			
3	搭设情况	立杆（6分）	30			
		纵向水平杆（6分）				
		横向水平杆（6分）				
		扫地杆（6分）				
		扣件（6分）				
4	拆除及场地清理		10			
5	团队协作		20			
6	安全情况		20			
8	合　计		100			

班级：_____　　小组签名：_____

10.7 钢 筋 综 合 实 训

10.7.1 实训目标

（1）能根据图纸进行钢筋的配料计算。

（2）能根据钢筋配料单进行钢筋制作。

（3）能根据施工图纸进行钢筋绑扎。

（4）能用检测工具和检验规范对钢筋工程质量进行检验和评定。

10.7.2 实训内容

10.7.2.1 钢筋的配料计算

根据图纸和施工手册要求进行钢筋配料，现以图 10.10 的梁为例加以说明。

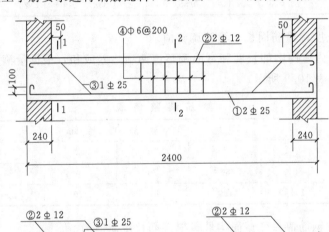

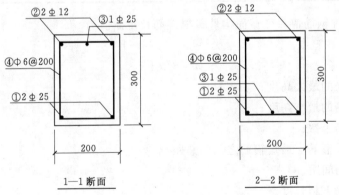

图 10.10 施工图中的某段梁配筋图

1. 工艺流程

熟悉图纸→钢筋翻样（做料表）→下料制作→挂标识牌分类堆放。

2. 操作工艺

（1）钢筋配料。

1）根据构件配筋图，绘制各种形状和规格的单根钢筋简图并加以编号，标出各种钢筋的数量。

2）根据简图，计算各种钢筋下料长度：

a. 直钢筋下料长度＝构件长度－保护层厚度＋弯钩增加长度。

式中钢筋增加长度根据具体条件，采用经验数据，见表 10.7。对于机械弯钩，一般一个弯钩近似值取 6.25d。

表 10.7　　　　　　　　　　弯 钩 增 加 长 度 表

钢筋直径	≤6	8～10	12～18	20～28	32～36
一个弯钩长度/mm	4d	6d	5.5d	5d	4.5d

b. 弯起钢筋下料长度＝直段长度＋斜料长度－弯曲调整值＋弯钩增加长度。

式中的弯曲调整值又称量度差值，是与钢筋的弯折角度有关，其值可参考表 10.8 所示。

表 10.8　　　　　　　　　　钢 筋 的 弯 曲 调 整 值

钢筋弯曲角度	30°	45°	60°	90°	135°
钢筋弯曲调整值	0.35d	0.5d	0.85d	2d	2.5d

c. 箍筋下料长度＝箍筋周长＋箍筋调整值。

箍筋调整值即为弯钩增加长度和弯曲调整值两项之差或和，根据量箍筋外包尺寸或内皮尺寸而定，数据见表 10.9 所示。

表 10.9　　　　　　　　　　箍 筋 调 整 值 表

量箍筋方法	箍 筋 直 径/mm					
	6	8	10	12	14	16
量外包尺寸	50	60	70	70	80	90
量内皮尺寸	100	120	150	170	200	220

d. 变截面构件箍筋值。变截面构件每根箍筋长短差值为

$$\Delta = L_c - L_d / n - 1 \tag{10.1}$$
$$n = S / a + 1$$

式中　L_c——箍筋的最大高度；

　　　L_d——箍筋的最小高度；

　　　n——箍筋个数；

　　　S——最长箍筋与最短箍筋之间的总距离；

　　　a——箍筋间距。

（2）计算钢筋下料长度。

①号钢筋下料长度为

$$(2400 + 2 \times 100 - 2 \times 25) - 2 \times 2 \times 25 + 2 \times 6.25 \times 25 = 2762.5 (\text{mm})$$

②号钢筋下料长度为

$$2400 - 2 \times 25 + 2 \times 6.25 \times 12 = 2500 (\text{mm})$$

③号弯起钢筋下料长度为

上直段钢筋长度：　　　　$240 + 50 - 25 = 265 (\text{mm})$

斜段钢筋长度：　　　　$(300 - 2 \times 25) \times 1.414 = 354 (\text{mm})$

中间直段长度：　　　$2400 - 2 \times (290 + 250) = 1320 (\text{mm})$

下料长度：$(265 + 354) \times 2 + 1320 - 4 \times 0.5 \times 25 + 2 \times 6.25 \times 25 = 2820.5 (\text{mm})$

④号箍筋下料长度为

宽度：$\qquad 200-2\times25=150$（mm）

高度：$\qquad 300-2\times25=250$（mm）

箍筋下料长度为：$\qquad (150+250)\times2+100=900$（mm）

（3）填写配料表。

1）对有搭接接头的钢筋下料长度，按下料长度公式计算后，尚应加长钢筋的搭接长度。

2）配料计算时，要考虑钢筋的形状和尺寸。对外形复杂的构件，应采用放 1∶1 足尺或放大样的办法。

3）配料时，还要考虑施工需要的附加钢筋，例如基础双层钢筋网中保证上层钢筋位置用的钢筋撑脚等。

4）钢筋配料单见图 10.11。

构件名称	钢筋编号	简　图	钢号	直径/mm	下料长度/mm
某梁	①	 2350　100	Φ	25	2762.5
	②	 2350	Φ	12	2500
	③	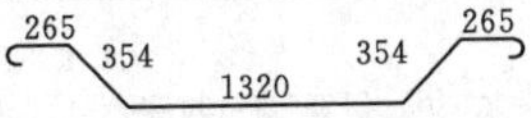 265　354　354　265　1320	Φ	25	2820.5
	④	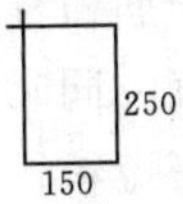 250　150	Φ	6	900

图 10.11　钢筋配料单

10.7.2.2　钢筋代换

钢筋的品种、规格应按设计要求使用，当需要代换时应征得设计人员的同意，并应符合下列规定：

（1）不同种类钢筋代换，应按钢筋受拉承载力设计值相等原则进行。

（2）当构件受抗裂、裂缝宽度或挠度控制时，钢筋代换应进行抗裂，裂缝宽度或挠度验算。

（3）钢筋代换后，应满足混凝土结构设计规范中规定的钢筋间距、锚固长度、钢筋最小直径、根数等要求。

（4）对有抗震要求的框架，不宜以强度较高的钢筋代替原设计中的钢筋。

（5）预制构件的吊环，必须采用未经冷拉的 HPB235 钢筋制作，严禁以其他钢筋代换。

（6）重要受力构件（如吊车梁、薄腹梁、桁架下弦等）不宜用 HPB235 钢筋代换变形钢筋，以免裂缝开展过大。

10.7.2.3　钢筋制作

1. 施工准备

（1）材料准备。

1）钢筋的品种、规格需符合设计要求，应具有产品合格证、出厂检验报告和进场按规定抽样复试报告。

2）当钢筋的品种、规格需作变更时，应办理设计变更文件。

3）当加工过程中发现钢筋脆断、焊接性能不良或力学性能显著不正常时，应对该批钢筋进行化学成分检验或其他专项检验。

（2）机具准备。

应配备足够的机具。如钢筋切断机、弯曲机、操作台等。

（3）作业条件。

1）操作场地应干燥、通风，操作人员应有上岗证。

2）机具设备齐全。

3）应做好料表、料牌（料牌应标明：钢号、规格尺寸、形状、数量）。

2．钢筋制作

（1）钢筋除锈。使用钢筋前均应清除钢筋表面的铁锈、油污和锤打能剥落的浮皮。除锈可通过钢筋冷拉或钢筋调直过程中完成。少量的钢筋除锈，可采用电动除锈机或喷砂方法除锈，钢筋局部除锈可采取人工用钢丝刷或砂轮等方法进行。

（2）钢筋调直。局部曲折、弯曲或成盘的钢筋应加以调直。对于直径Φ10mm 以内钢筋一般使用卷扬机拉直或调直机调直，Φ10mm 以上应采用弯曲机、平直锤或人工捶击矫正的方法调直。

（3）钢筋切断。钢筋弯曲成型前，应根据配料表要求长度分别截断，通常宜用钢筋切断机进行。对机械连接钢筋、电渣焊钢筋、梯子筋横棍、顶模棍钢筋不能使用切断机，应使用切割机械，使钢筋的切口平，与竖向方向垂直。同时，钢筋切断时，应将同规格钢筋不同长度长短搭配，统筹排料，一般先断长料，后断短料，以减少断头和损耗。

（4）钢筋弯曲成型。钢筋的弯曲成型多采用弯曲机（图 10.12）进行，在缺乏设备或少量钢筋加工时，可用手工弯曲成型（图 10.13）。

图 10.12　钢筋的机械弯曲

图 10.13　钢筋的人工弯曲

钢筋弯曲时应将各弯曲点位置划出，划线尺寸应根据不同弯曲角度和钢筋直径扣除钢筋弯曲调整值。钢筋弯曲前，对形状复杂的钢筋（如弯起钢筋），根据钢筋料牌上标明的尺寸，用粉笔将各弯曲点位置划出。划线时应注意以下几点：

1）根据不同的弯曲角度扣除弯曲调整值（表 10.8），其扣法是从相邻两段长度中各扣一半；

2）钢筋端部带半圆弯钩时，该段长度划线时增加 $0.5d$（d 为钢筋直径）；

3）划线工作宜从钢筋中线开始向两边进行；两边不对称的钢筋，也可从钢筋一端开始划线，如划到另一端有出入时，则应重新调整。

例如，图 10.14（a）所示的弯起钢筋，试确定其弯曲时的划线点的位置。

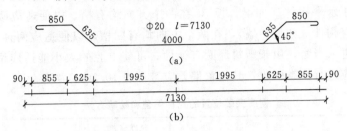

图 10.14 弯起钢筋的划线

（a）弯起钢筋的形状和尺寸；（b）钢筋划线

第一步：在钢筋中心线上划第一道线；

第二步：取中段 $4000/2-0.5d/2=1995$（mm），划第二道线；

第三步：取斜段 $635-2×0.5d/2=625$（mm），划第三道线；

第四步：取直段：$850-0.5d/2+0.5d=855$（mm），划第四道线。

上述划线方法仅供参考。第一根钢筋成型后应与设计尺寸校对一遍，完全符合后再成批生产。

10.7.2.4 钢筋绑扎

1. 钢筋绑扎程序和基本规定

钢筋绑扎程序是：划线→摆筋→穿箍→绑扎→安装垫块等。划线时应注意间距、数量，标明加密箍筋位置。板类摆筋顺序一般先排主筋后排负筋；梁类一般先排纵筋。排放有焊接接头和绑扎接头的钢筋应符合规范规定。有变截面的箍筋，应事先将箍筋排列清楚，然后安装纵向钢筋。

钢筋绑扎应符合下列规定：

（1）钢筋的交点须用铁丝扎牢。

（2）板和墙的钢筋网片，除靠外周两行钢筋的相交点全部扎牢外，中间部分的相交点可相隔交错扎牢，但必须保证受力钢筋不发生位移。双向受力的钢筋网片，须全部扎牢。

（3）梁和柱的钢筋，除设计有特殊要求外，箍筋应与受力筋垂直设置。箍筋弯钩叠合处，应沿受力钢筋方向错开设置。对于梁，箍筋弯钩在梁面左右错开 50%，对于柱，箍筋弯钩在柱四角相互错开。

（4）柱中的竖向钢筋搭接时，角部钢筋的弯钩应与模板成 $45°$（多边形柱为模板内角的平分角；圆形柱应与柱模板切线垂直）；中间钢筋的弯钩应与模板成 $90°$；如采用插入式振捣器浇筑小型截面柱时，弯钩与模板的角度最小不得小于 $15°$。

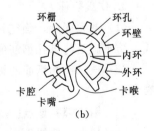

图 10.15 控制混凝土保护层用的塑料卡

（a）塑料垫块；（b）塑料环圈

(5) 板、次梁与主梁交叉处，板的钢筋在上，次梁的钢筋居中，主梁的钢筋在下；当有圈梁或垫梁时，主梁的钢筋在上。控制混凝土的保护层可用水泥砂浆垫块或塑料卡等。水泥砂浆垫块的厚度，应等于保护层厚度。制作垫块时，应在垫块中埋入 20 号~22 号铁丝，以便使用时把垫块绑在钢筋上。常用的塑料卡形状有塑料垫块和塑料环圈两种，如图 10.15 所示。塑料垫块用于水平构件（如梁、板），在两个方向均有槽，以便适应两种保护层厚度；塑料环圈用于垂直构件（如柱、墙），在两个方向均有凹槽，以便适应两种保护层厚度。使用时钢筋从卡嘴进入卡腔，由于塑料环圈有弹性，可使卡腔的大小能适应钢筋直径的变化。钢筋安装完毕后应进行检查验收，其位置偏差应符合表 10.10 的要求。

表 10.10　钢筋安装位置的允许偏差和检验方法

项　目			允许偏差 /mm	检　验　方　法
绑扎钢筋网	长、宽		±10	钢尺检查
	网眼尺寸		±20	钢尺量连续三档，取最大值
绑扎钢筋骨架	长		±10	钢尺检查
	宽、高		±5	钢尺检查
受力钢筋	间距		±10	钢尺量两端、中间各一点，取最大值
	排距		±5	
	保护层厚度	基础	±10	钢尺检查
		柱、梁	±5	钢尺检查
		板、墙、壳	±3	钢尺检查
绑扎钢筋、横向钢筋间距			±20	钢尺量连续三档，取最大值
钢筋弯起点位置			20	钢尺检查
预埋件	中心线位置		5	钢尺检查
	水平高差		+3，0	钢尺和塞尺检查

2. 施工准备

(1) 材料准备：成型钢筋、20 号~22 号镀锌铁丝、钢筋马凳（钢筋支架）、固定墙双排筋的间距支筋（梯子筋）、保护层垫块（水泥砂浆垫层或成品塑料垫块）。

(2) 机具准备：钢筋钩子、撬棍、钢筋扳子、钢筋剪子、绑扎架、钢丝刷子、粉笔、墨斗、钢卷尺等。

3. 作业条件

(1) 熟悉图纸，确定钢筋的穿插就位顺序，并与有关工种做好配合工作，如支模、管线、防水施工与绑扎钢筋的关系，确定施工方法，做好技术交底工作。

(2) 核对实物钢筋的级别、型号、形状、尺寸及数量是否与设计图纸和加工料单、料牌吻合。

(3) 钢筋绑扎地点已清理干净，施工缝处理已符合设计、规范要求。

(4) 抄平、放线工作（即标明墙、柱、梁板、楼梯等部位的水平标高和详细尺寸线）已完成。

(5) 基础钢筋绑扎如遇到地下水时，必须有降水、排水措施。

（6）已将成品、半成品钢筋按施工图运至绑扎部位。

3. 施工工艺

（1）工艺流程。

1）基础钢筋：基础垫层上弹底板钢筋位置线→按线布放钢筋→绑扎底板下部及地梁钢筋→（水电预埋）→设置垫块→放置马凳→绑扎底板上部钢筋→设置插筋定位框→插墙、柱预埋钢筋→基础底板钢筋验收。

2）柱钢筋：弹柱子线→修整底层伸出的柱预留钢筋（含偏位钢筋）→套柱箍筋→竖柱子立筋并接头连接→在柱顶绑定距框→在柱子竖筋上标识箍筋间距→绑扎箍筋→固定保护层垫块。

3）剪力墙钢筋：弹剪力墙线→修整预留的连接筋→绑暗柱钢筋→绑立筋→绑扎水平筋→绑拉筋或支撑筋→固定保护层垫块。

4）梁钢筋：

a. 模内绑扎：划主次梁箍筋间距→放主梁次梁钢筋→穿主梁底层纵筋及弯起筋→穿次梁底层纵筋并与箍筋固定→穿主梁上层纵向架立筋→按箍筋间距绑扎→穿次梁上层纵筋→按箍筋间距绑扎。

b. 模外绑扎（先在梁模板上口绑扎成型后再入模内）：画箍筋间距→在主次梁模板上口铺横杆数根→在横杆上面放箍筋→穿主梁下层纵筋→穿次梁下层钢筋→穿主梁上层钢筋→按箍筋间距绑扎→穿次梁上层纵筋→按箍筋间距绑扎→抽出横杆落骨架于模板内。

5）板钢筋：清理模板→模板上画线→绑扎下层钢筋→（水电预埋）→设置马凳→绑负弯矩钢筋或上层钢筋→垫保护层垫块→钢筋验收。

（2）操作工艺。

1）基础钢筋绑扎。

a. 底板钢筋绑扎时，如有基础梁可先分段绑扎成型，或根据梁位弹线就地绑扎成型。

b. 弹好钢筋位置分格标志线，布放基础钢筋。

c. 绑扎钢筋，四周两行钢筋交叉点应每点绑牢。中间部分交叉点可相隔交错扎牢，但必须保证受力钢筋不位移。双向主筋的钢筋网，则需全部钢筋相交点扎牢，相邻绑扎点的扎丝扣成八字形，以免网片歪斜变形。

d. 基础底板采用双层钢筋网时，在底层钢筋网上应设置钢筋马镫或钢筋支架后即可绑上层钢筋的纵横两个方向定位钢筋，并在定位钢筋上划分当标志，摆放纵横钢筋，帮扎方法同下层钢筋。钢筋马镫或钢筋支架间距1m左右设置一个。

e. 底板上下钢筋有接头时，应按规范要求错开，其位置及搭接长度均应符合设计、规范要求。

f. 墙、柱主筋插筋伸入基础时可采用Φ10中钢筋焊牢于底板面筋或基础梁的箍筋上作为定位线，与墙、柱伸入基础的插筋帮扎牢固，插筋入基础深度要符合设计及规范锚固长度要求；甩出长度和甩头错开应符合设计及规范规定，其上端应采取措施保证甩筋垂直、不倾倒、变位。

Ⅶ. 基础钢筋的保护层应按设计要求严格控制，若设计无规定，对有混凝土垫层的基础，其底板纵向受力钢筋保护层不应小于40mm，当无混凝土垫层时不应小于70mm。

2）柱钢筋绑扎。

a. 套柱箍筋：按图纸要求间距，计算好每根柱箍筋数量，先将箍筋套在伸出基础或底板顶面、楼板面的竖向钢筋上，然后立柱子钢筋。

b. 柱竖向受力筋绑扎：柱竖向受力筋绑扎接头时，在绑扎接头搭接长度内，绑扣不少于 3 个，绑扎要向柱中心；绑扎接头的搭接长度及接头面积百分率应符合设计、规范要求。如果柱子采用光圆钢筋搭接时，角部弯钩应与模板成 45°，中间钢筋的弯钩应与模板成 90°。

c. 箍筋绑扎：在立好的柱子竖向钢筋上，按图纸要求划箍筋间距线，然后将箍筋向上移动，由上而下采用缠扣绑扎。箍筋与主筋要垂直，箍筋转角处与主筋均要绑扎。箍筋弯钩叠合处应沿柱竖筋交错布置，并绑扎牢固，有抗震要求的部位，箍筋端头应弯成 135°，平直部分不少于 10d（d 为箍筋直径）。如箍筋采用 90° 搭接时，应予以焊接，焊缝长度，单面焊不小于 10d。

d. 柱基、柱顶、梁柱交接处箍筋间距应按设计要求加密。柱上下两端箍筋应加密，加密区长度及加密区箍筋间距应符合设计要求。柱的纵向受力钢筋搭接长度范围内的箍筋配筋应符合设计或规范要求。如设计要求箍筋设拉筋时，拉筋应钩住箍筋，拉筋弯钩应呈 135°。

e. 柱筋保护层厚度应符合规范要求，垫块（或塑料卡）应绑在柱竖筋外皮上，以保证主筋保护层厚度准确。

f. 当柱截面尺寸有变化时，柱应在板内弯折或在下层就搭接错位，弯后的尺寸要符合设计和规范要求。

（3）墙钢筋绑扎。

1）墙钢筋绑扎顺序是先绑暗柱再绑墙。

2）根据弹好的线，调整竖向钢筋保护层、间距，接着先立暗柱主筋（无暗柱时，立 2～4 根竖筋），与下层伸出的连接筋绑扎，在主筋上划出水平筋分格标志，在下部及齐胸处绑两根横筋定位，并在横筋上划出主筋分格标志，接着绑其余主筋。最后绑其余横筋，横筋放置于主筋的里或外应符合设计要求。

3）墙钢筋应逐点绑扎，双排钢筋之间应绑拉筋或支撑筋，其纵横间距不大于 600mm。钢筋外边绑扎垫块（或成品塑料卡）也可用梯子筋来保证钢筋保护层厚度。

4）剪力墙与框架柱接连处，剪力墙的水平横筋应锚固到框架柱内，其锚固长度要符合设计要求。如先浇筑柱混凝土后绑扎剪力墙筋时，柱内要预留连接筋或预埋铁件，待柱拆模绑墙筋时作为连接用。其预留长度应符合设计或规范的规定。

5）墙的水平筋在两端头、转角、十字节点、丁字节点、L 节点梁等部位的锚固长度以及洞口周围加固筋等，均应符合设计抗震要求。

6）合模后对伸出的竖向钢筋的间距及保护层进行调整，宜在楼层标高处绑一道横筋定位。浇筑混凝土时应有专人看管，随时调整，以保证钢筋位置的准确。

（4）梁钢筋绑扎。

1）模内绑扎时：

a. 在梁侧模上画好箍筋间距或在已摆放的主筋上划出箍筋间距。

b. 先穿主梁的下部纵向受力钢筋及弯起钢筋，将箍筋按已画好的间距逐一分开；穿次梁的下部纵向钢筋及弯起钢筋并套好箍筋；放主次梁的架立筋；隔一定间距将架立筋与箍筋绑扎牢固；调整好箍筋间距；绑架立筋，再绑主筋，主次梁同时配合进行。

c. 框架梁上部纵向钢筋应贯穿中间节点，梁下部纵向钢筋伸入中间节点锚固长度及伸过中心线的长度要符合设计要求。框架梁纵向钢筋在端节点内的锚固长度也要符合设计要求。

d. 绑梁上部纵向筋的箍筋宜采用套扣绑扎。

e. 箍筋在叠合处的弯钩，在梁中应交错绑扎，箍筋弯钩为 135°，平直部分长度为 $10d$。

f. 梁端第一个箍筋应设置在距离柱节点边缘 50mm。梁端与柱交接处箍筋加密要符合设计要求，在梁纵向受力钢筋搭接长度范围内，应按设计要求配筋，当设计无具体要求时，应符合规范要求。

g. 在主、次梁受力筋下均应垫垫块（或成品塑料卡），保证保护层厚度。受力筋为双排时，可用短钢筋垫在两层钢筋之间，钢筋排距应符合设计要求。

h. 梁筋的绑扎连接：梁的受力钢筋直径小于 22mm 时，可采用绑扎接头，搭接长度要符合规范的规定。接头末端与钢筋弯起点的距离不得小于钢筋直径的 10 倍。接头宜位于受力较小处。同一纵向受力钢筋不宜设置两个或两个以上接头。接头位置应相互错开。在同一连接区段长度 $1.3L_l$（L_l 为搭接长度）范围内纵向受力钢筋的接头面积百分率，应符合设计要求，如设计无要求时应符合规范要求；受拉区域内 HPB235 级钢筋绑扎接头的末端应做弯钩（HRB335 级钢筋可不做弯钩），搭接处应在中心和两端扎牢。

2）模外绑扎时：主梁钢筋也可先在模板上绑扎，然后入模，其方法把主梁需穿次梁的部位抬高，在主、次梁梁口搁横杆数根，把次梁上部纵筋铺在横杆上，按箍筋间距套箍筋，再将次梁下部纵筋穿入箍筋内，按架立筋、弯起筋、受拉筋的顺序与箍筋绑扎，将骨架抬起抽出横杆落入模板内。

（5）板钢筋绑扎。

1）清理模板上面的杂物，调整梁钢筋的保护层，用粉笔在模板上标出钢筋的规格、尺寸、间距。

2）按画好的间距，先摆放受力主筋，后放分布筋。分布筋应设于受力筋内侧。预埋件、电线管、预留孔等及时配合安装。

3）在现浇板中有带梁时，应先绑扎带梁钢筋，再摆放板钢筋。

4）板、次梁、主梁交叉处，板钢筋在上，次梁钢筋居中。主梁钢筋在下，当有圈梁或垫梁时主梁钢筋在上。

5）绑扎板筋时一般用顺扣或八字扣，除外围两根钢筋的相交点应全部绑扎外，其余各点可交错绑扎（双向板相交点需全部绑扎）。如板为双层钢筋，两层钢筋之间须加钢筋马凳，以确保上层钢筋的位置。负弯矩钢筋每个相交点均要绑扎。

6）在钢筋的下面垫好砂浆垫块（或塑料卡），间距 1.5m。垫块的厚度为保护层厚度。

7）钢筋搭接接头的长度和位置，要求与梁相同。

（6）楼梯钢筋绑扎。

1）在楼梯段底模上按设计要求划主筋和分布筋的位置线，先绑扎主筋后绑扎分布筋再绑扎负弯矩筋，每个交叉点均应绑扎。如有楼梯梁时，先绑梁后绑板筋，且板筋要锚固到梁内（楼梯梁为插筋时，梁钢筋应与插筋焊接）。

2）钢筋保护层厚度应符合设计或规范要求，在钢筋的下面垫好砂浆垫块（或塑料卡），弯矩筋下面加钢筋马凳。

10.7.3 评分标准

钢筋工程实训评分标准见表 10.11。

表 10.11 钢筋工程实训评分标准

序号	项 目		分值	自评	教师评价
1	实训准备		10		
2	材料领取		10		
3	钢筋加工	钢筋弯钩、弯折（6分）	30		
		钢筋形状、尺寸（6分）			
	钢筋安装	钢筋的品种、规格、数量（6分）			
		钢筋骨架长、宽、高（6分）			
		箍筋间距（6分）			
4	场地清理		10		
5	团队协作		10		
6	安全情况		20		
7	评价能力（依据学生自评打分）		10		
8	合计		100		

10.8 钢筋焊接实训

10.8.1 平敷焊实训

平敷焊是手工电弧焊中的一种焊接工艺，是在工件表面堆敷焊道的一种操作方法。

10.8.1.1 焊前准备

（1）焊件：低碳钢板 300mm×200mm×5mm。

（2）焊条：E4303 型直径 $\phi3.2$mm 若干。

（3）焊机：额定焊接电流大于 300A 交流或直流焊机一台。

（4）辅助工具：焊钳、面罩、电焊工专用手套、钢丝刷、砂纸、锉刀、敲渣锤等。

10.8.1.2 操作过程及要领

1. 焊接准备

用钢丝刷和砂纸清除待焊工件表面的铁锈，并清除待焊工件表面油污和其他杂质。在工件表面每隔 30mm 画直线，并把工件平放在工作台（或支架）上，并连接好焊机与工作台（支架）间的地线。接通焊机的电源，并调节焊接电流。注意：焊钳不能放在工作台（支架）或工件上，以防造成短路。

2. 引弧

平焊操作一般采用蹲姿，且距工件距离要适度，有利于操作和观察熔池，两腿成 70°~80°夹角，间距约比双肩宽，操作焊钳的胳臂可依托或无依托。手腕下弯引燃电弧，稍拉长电弧对起头处进行预热，然后压低（缩短）电弧并减少焊条与焊向夹角，从工件最始端施焊。引弧方法有两种：

（1）划擦法：先将焊条对准被焊焊道，将焊条像划火柴似的在焊件表面轻轻划动一下，即可引燃电弧，然后迅速将焊条提起或压低距工件上表面 2~4mm，如图 10.16 所示。

（2）直击法：将焊条末端对准焊件被焊焊道，然后手腕下弯，使焊条轻微碰一下焊件再迅速提起焊条 2~4mm，手腕托稳焊钳，保持电弧稳定燃烧，如图 10.17 所示。这种方法不会使焊件表面划伤，在生产中常用。

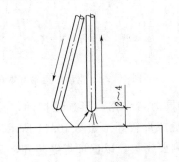

图 10.16　划擦引弧法

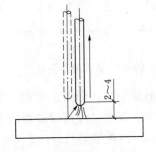

图 10.17　直击引弧法

为了便于引弧，焊条末端应裸露焊芯，若焊条末端被药皮包裹时，可用焊工手套捏除或轻轻在工作台外某地方敲击。引弧中焊条与焊件接触后提起速度要适当，太快难以引弧，太慢焊条和焊件黏在一起。引弧中如果焊条与焊件黏在一起，可将焊条左右晃动几下即可脱离。左右晃动若不能取下焊条时，焊条会发热立即将焊钳与焊条脱离，以防短路时间太长烧坏焊机。

3. 运条

引弧起头后，焊条角度为与焊缝两侧工件成 90°夹角，与焊接方向成 60°~80°夹角，焊条一般有三个基本动作，即朝熔池方向的逐渐送进、沿焊接方向的逐渐移动、横向摆动，如图 10.18 所示。初学者主要学习直线形运条、直线往复形运条、锯齿形运条、正三角运条、正圆圈运条、斜圆圈运条等并在运条中还要特别仔细观察熔池状态，学会区分铁水和熔渣。

（1）直线运条法：运条时，焊条不做横向摆动，仅沿焊接方向作直线运动。将焊接电流调节至适当值，焊条角度与焊缝两侧工件成 90°夹角，与焊接方向成 60°~80°夹角，短弧焊接并保持均匀稍慢的焊速，保证焊缝的熔合良好。初学者容易出现焊条送进速度慢于焊条熔化速度而导致长弧焊接现象，造成焊缝成形不美观，且两侧飞溅严重容易出现焊条前进速度过快的现象，导致焊缝低而窄且熔合不良，焊条前进速度时快时慢的现象，导致焊缝宽度和熔深不一致的现象，如图 10.19 所示。

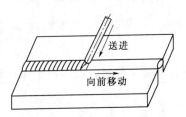

图 10.18　运条的基本动作

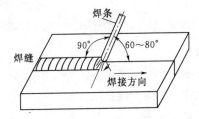

图 10.19　直线运条基本角度

（2）直线往复运条法：焊条沿焊缝的纵向做来回摆动，这种运条方法焊接时焊接速度快，焊缝窄而余高低，散热快，如图 10.20 所示。将焊接电流调节至 110~130A，基本操作知识同直线运条方法。起焊方法同直线形，电弧长 2~4mm，焊条沿焊缝纵向快速往复摆动。初学者易出现焊条摆动过慢，向前摆动弧度过大，向后摆动停留位置靠前等现象，易造成焊缝脱节。

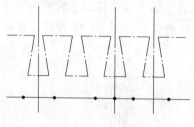

图 10.20 直线复运条法

图 10.21 锯齿形运条基本角度

（3）锯齿形运条法：焊条向焊接方向前进的同时，作锯齿形连续摆动，并在两边稍停顿。这种运条方法焊接时可得到较宽的焊缝，焊缝成形较好。如图 10.21 所示。一般焊条横摆宽度 6～8mm。两侧停留且时间相等，摆动排列要密集，以保证焊缝整齐，两侧与母材熔合良好，焊缝外观细腻美观。初学者易出现焊条横摆过宽现象而导致焊缝过宽、焊缝波纹粗大、熔合不良好等。若出现横摆前进幅度过大（摆动排列稀疏）现象而导致焊缝两侧不整齐，焊缝外观局部不连续、咬边，严重时焊缝成蛇行。

（4）正三角运条法：如图 10.22 所示，运条时焊条做连续的三角形运动，并不断向前移动。其特点是一次能焊出较厚的焊缝断面，并且不易产生夹渣缺陷。适用于开坡口立对焊、角焊等。

（5）正圆圈运条法：如图 10.23 所示，运条时焊条连续做的正圆圈运动，并不断向前移动。适用于焊接厚焊件的平焊缝。

（6）斜圆圈运条法：如图 10.24 所示，运条动作与正圆圈运条相同。其特点容易控制熔化金属不受重力作用而产生下淌现象，利于焊缝成型。适用于焊接厚焊件的平、仰焊和横对焊。

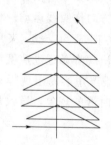

图 10.22 正三角运条法

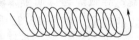

图 10.23 正圆圈运条法　　图 10.24 斜圆圈运条法

4. 收弧

焊条烧尽需要更换焊条或停弧时，熄弧前缓慢拉长电弧至熄灭，以防产生弧坑缺陷。电弧熄灭后熔池冷却变成弧坑。

5. 焊道的连接

一条完整的焊缝，往往需用若干根焊条焊接而成，更换焊条时就出现焊道连接问题。为保证焊道连接质量，使焊道连接均匀，要求在施焊时选用恰当的方式并能熟练掌握、应用。具体的操作方法是：在先焊焊道弧坑前约 10mm 处引弧，紧接着拉长电弧移到原弧坑 2/3 处，压低电弧，焊条作微微转动，待填满弧坑后即进行正常焊接。清理干净原弧坑熔渣，在原弧坑稍前处（约 10mm）引弧，稍拉长电弧移到原弧 2/3 处预热，压低电弧稍作停留，待原弧坑处熔合良好后向前移动进入正常焊接。

6. 收尾

指一条焊缝焊完时如何填满弧坑。焊接过程中由于电弧吹力的作用，熔池呈凹坑状，并低于已凝固的焊缝，若收弧时立即熄灭电弧，就会产生一个低凹的弧坑。如果弧坑未填满，使焊件在该处的强度降低，还可能产生较多的缺陷，如裂纹、气孔、咬边等。常用的收尾方法有以下几种。

划圈收尾：当焊至终点时，焊条在熔池内作圆圈摆动，再熄弧。

(1) 反复灭弧收尾：当焊至终点时，焊条在弧坑处反复熄弧—引弧多次，直到填满弧坑为止。

(2) 回焊收尾：当焊至终点时，焊条停止向前但不熄弧，而适当回焊一小段约 10mm，待填满弧坑后，再缓慢拉断电弧。

焊条移至焊道终点进行收尾，采用反复断弧收尾法，快速给熔池 2～3 滴水，填满弧坑熄弧。

7. 焊缝熔渣清理

用敲渣锤从焊缝侧面敲击熔渣使之脱落。为防止热熔渣灼伤脸部皮肤可用焊帽遮挡。焊缝两侧飞溅可用錾子清理。

10.8.2 平对焊接技能训练

平对焊是在平焊位置上焊接对接接头的一种操作方法，如图 10.25 所示。在操作训练前，先学习焊接电源极性和电弧偏吹的知识。

10.8.2.1 焊接电源极性和电弧偏吹

焊接前，应该根据焊件所要求确定焊条型号，再根据焊条型号选用弧焊电源。如果使用酸性焊条，可选用交流或直流弧焊电源。如果使用碱性焊条，必须选用直流弧焊电源。同时应该考虑选择电源极性的问题，并了解电弧偏吹给焊接带来的不利影响和相应的预防措施。

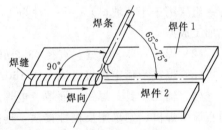

图 10.25 平对焊示意图

1. 焊接电源的极性

电源极性有正极性和反极性两种。所谓正极性就是焊件接电极正极，电极（焊钳）接电源负极的接线法，正极性也称正接。反极性就是焊件接电源负极，电极接电源正极的接线法。反极性也称反接。对于交流弧焊机，由于电源的极性是交变的，所以不存在正极性和反极性。在选用焊接电源的极性时，主要根据焊条的性质和焊件所需的热量来决定。我们知道，手弧焊阳极区的温度高于阴极区的温度。因此，在使用碱性低氢型焊条（如 E5015 型等），利用电源的不同极性来焊接不同要求的焊件。常用直流正极性焊接较厚的钢板，以获得较大的熔深；采用反极性焊接薄钢，可以防止烧穿。若酸性焊条采用交流弧焊机时，其熔深则介于直流正极性和反极性之间。

使用碱性低氢型（E5015 型等）焊条时，无论焊件的板薄或板厚，均应采用直流反接，因为这样可以减少飞溅现象和减小气孔倾向，并使电弧稳定燃烧。

2. 焊接电弧的偏吹

在焊接过程中，因焊条偏心、气流干扰和磁场的作用，常会使焊接电弧中心偏离焊条轴线，这种现象称为电弧偏吹。电弧偏吹不仅使电弧燃烧不稳定，飞溅加大，熔滴下落时失去保护容易产生气孔，而且也会因熔滴落点的改变而无法正常焊接，严重影响焊缝成形。

（1）焊条偏心的影响：主要是焊条制造中的质量问题，因焊条药皮厚薄不均匀，使电弧燃烧时，药皮熔化不均，电弧偏向药皮薄的一侧，形成偏吹，所以施焊前应检查焊条的偏心度。

（2）气流的影响：由于焊接电弧是一个柔性体，气体的流动将会使电弧偏离焊条轴线方向。特别是大风中或狭小通道内的焊接作业，空气的流速快，会造成电弧的偏吹。

（3）磁场的影响：在使用直流弧焊机施焊过程中，往往会因焊接回路中产生的磁场在电弧周围分布不均引起电弧偏向一边，形成偏吹。这种偏吹叫磁偏吹。

克服电弧偏吹的措施如下：

1）在条件许可的情况下，尽可能使用交流弧焊电源焊接。因为直流弧焊机焊接时才会产生电弧磁偏吹，焊接电流越大，磁偏吹现象越严重。而对于交流焊接电源来说，一般不会产生明显的磁偏吹现象。

2）室外作业可用挡板遮挡大风或"穿堂风"，以对电弧进行保护。在天气炎热的情况下，室内作业时，不可在电风扇直吹电弧下进行焊接。

3）将连接焊件的地线同时接于焊件两侧，可以减小磁偏吹。

4）操作时出现电弧偏吹，可适当调整焊条角度，使焊条向偏吹一侧倾斜。这种方法在实际工作中较为有效；采用小电流和短弧焊接对克服电弧偏吹也能有一定作用。

10.8.2.2　焊前准备

（1）焊件：低碳钢板 300mm×100mm×3mm 两块。厚度准备两种：一种为 3mm，准备一组（用于不开坡口）；另一种为 12mm，准备两组（用于开坡口），对 V 型坡口的接头先加工成型。

（2）焊条：E4303 型，直径 ϕ3.2mm、ϕ4.0mm 若干。

（3）焊机：额定焊接电流大于 160A 交流或直流焊机一台。

（4）辅助工具：焊钳、面罩、电焊工专用手套、钢丝刷、砂纸、锉刀、敲渣锤等。若使用直流弧焊机，则采用反极性接法。连接焊件的地线要同时接在焊接工位的左右两侧。

10.8.2.3　操作要领及操作训练

1. I 形坡口平对接焊

（1）定位焊的要求：焊件装配定位焊时，应保证两板对接处平齐，无错边；定位焊缝一般要形成最终焊缝金属，因此选用的焊条应与正式焊接所用焊条相同；定位焊缝余高值不能过大；如定位焊缝有开裂、未焊透、超高等缺陷，必须铲除或打磨，然后重新定位焊。焊件板厚小于 3mm 时，往往会出现烧穿现象，装配定位时两焊件间可以不留间隙或间隙不操过 0.5mm，定位焊缝呈点状密集形式；若板厚为 3mm 左右，装配定位时两焊件间隙在 1～2mm，定位焊间距为 70～100mm；若板厚大于 6mm，可以在焊件两端焊牢。

（2）焊接准备：将两块 3mm 厚的工件清洁、清除工件焊道及附近 10～20mm 表面的铁锈、油污等；并按上面的要求装配定位焊，保证对口间隙 1mm 左右。

（3）引弧：将定位焊好的工件平放在工作台上，在板端内（焊缝上）10～15mm 处引弧，随即将电弧移向焊缝起焊处，拉长电弧预热 1～2s，随后压低电弧，采用直线运条进行焊接。

（4）施接：焊接时，由于焊条遮挡前方焊缝，易焊偏，借助弧光确认焊缝位置是否正确。运条过程中如果发现熔渣与熔化金属混合不清时（正常情况下，铁水和熔渣在电弧及气流的吹力作用下是分裂的），可把电弧拉长，同时将焊条向前倾斜，利用电弧的吹力吹动熔渣，并做向熔池后面推送熔渣的动作。

焊件较厚需要采用双面焊接时，首先进行正面焊，根据焊件厚度选择焊条和相应的焊接电流，焊件较薄时，选择小直径焊条，焊件较厚时，选择稍大些直径的焊条，以保证正面焊缝的熔深达到板厚的 2/3。正面焊缝焊完后，将焊件翻转，清理干净熔渣。背面焊缝焊接时，可适当加大熔接电流，保证与正面焊缝内部熔合，避免产生未焊透的现象。厚度小于 3mm 的薄焊件，操作中采用短弧和快速直线往复式运条法，为避免焊件局部温度过高，可以分段焊接。必要时

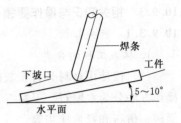

图 10.26　下坡焊示意图

也可以将焊件一头垫起，使其倾斜 5～10°的下坡焊，如图 10.26 所示。这样可以提高焊接速度，减小熔深，防止烧穿和减小变形。

（5）接头和收弧：接头跟平敷焊相似。收弧的方法根据焊件板厚确定，焊件较薄时，可采用灭弧法，同时节奏要慢点，直到填满弧坑方可。

2.Ｖ形坡口平对接焊

基本操作方法与Ｉ形坡口平对接焊相似。同时也有自身的特点：

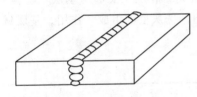

图 10.27　多层焊示意图

Ｖ形坡口平对接焊需要在坡口内进多层焊，如图 10.27 所示。在根部打底焊时操作不当容易产生烧穿、夹渣现象，层与层之间也易出现夹渣、未熔合、气孔等缺陷。焊接第一层焊道（打底焊）选用直径较小的焊条（一般为 φ3.2mm）。间隙较小时，采用直线形运条法；间隙较大时，用直线往复运条法，以防烧穿。当间隙很大不能

焊接时，先在坡口两侧各堆焊一条焊道使间隙变小，然后再在中间施焊。采用这种方法可完成大间隙底层焊道的焊接。底层焊接之后，清理干净熔渣，陆续焊接以后各层。此时应选用 4mm 或 5mm 直径的焊条，焊接电流也应相应加大。第二层焊道如不宽可采用直线形或小锯齿形运条，以后各层采用锯齿形运条，但摆动幅度应逐渐加宽。摆动到坡口两侧时，焊条稍作停留，待坡口两侧母材熔合良好后方可移动。正面最后一层或背面焊缝均属于盖面焊，采用锯齿形运条，熔合坡口两侧 1～1.5mm 的边缘，以控制焊缝宽度，两侧要充分停留，以防咬边。应注意控制焊接速度，使每层焊道控制在 3～4mm 的厚度，各层之间的焊接方向应相反，其接头相互错开 30mm，收尾填满弧坑。

10.9　一般抹灰实训

10.9.1　实训要求

（1）熟悉抹灰工程的基本知识和一般抹灰砂浆的配合比拌和。

（2）熟练掌握内墙抹灰的基本操作方法和操作程序。

（3）掌握顶棚抹灰、水泥地面抹灰的基本操作方法和操作程序。

（4）掌握外墙抹灰的操作程序。

10.9.2　实训准备

（1）材料准备：黄砂、石灰膏或消解石灰粉。

（2）工具准备：抹子、托灰板、靠尺、刮尺等。

（3）实习场地：学院建筑工程实训场。

10.9.3　相关知识与操作要领

10.9.3.1　相关知识

1. 抹灰工程的分类

（1）按使用材料分为石灰砂浆、水泥砂浆、水泥混合砂浆、麻刀石灰、纸筋石灰等。按操作方法分为水刷石、干黏石、水磨石、喷砂、弹涂、喷涂、滚涂、拉毛灰，洒毛灰，斩假面砖、仿石和彩色抹灰等。

（2）按工程部位分：外墙抹灰有檐口干顶、窗台、腰线、阳台、雨篷、明沟、勒脚及墙面抹灰。内墙抹灰有顶棚、墙面、柱面、墙裙，踢脚板、地面、楼梯以及厨房、卫生间内的水池、浴池等抹灰。

（3）按建筑标准分：中级抹灰，一般用于住宅、办公楼、学校等。高级抹灰，一般用于大型公共建筑物、纪念性建筑物、高级住宅、宾馆以及特殊要求的建筑物。

2. 抹灰层的组成及作用

为了使抹灰层与基层黏结牢固，防止起鼓开裂，并使抹灰层的表面平整，保证工程质量，抹灰层应分层涂抹。抹灰层一般由底层、中层和面层组成。底层主要起与基层（基体）黏结作用；中层主要起找平作用；面层主要起装饰美化作用。抹灰层的组成、作用、基层材料和一般做法，见表 10.12。

表 10.12　　　　　　　　　　　　抹灰砂浆作用及要求

层次	作用	基层材料	一　般　做　法
底层	主要起与基层粘贴作用，兼初步找平作用。砂浆稠度为 10～12cm	砖墙基层	1. 室内墙面一般采用石灰砂浆、石灰炉渣浆打底 2. 室外墙面、门窗洞口的外侧壁、屋檐、勒脚、压檐墙等及湿度较大的房间和车间宜采用水泥砂浆或水泥混合砂浆
		混凝土基层	1. 宜先刷素水泥浆一道，采用水泥砂浆或混合砂浆打底 2. 高级装饰顶板宜用乳胶水泥砂浆打底
		加气混凝土基层	宜用水泥混合砂浆或聚合物水泥砂浆打底，打底前先刷一遍界面剂
		硅酸盐砌块基层	宜用水泥混合砂浆打底
		木板条、苇箔、金属网基层	宜用混合砂浆或麻刀石灰、玻璃丝灰打底，并将灰浆挤入基层缝隙内，以加强拉结
		平整光滑的混凝土基层，如大板、大模墙体基层	可不抹灰，采用刮腻子处理
中层	主要起找平作用，砂浆稠度为 7～8cm		基本与底层相同。根据工程质量要求可以一次抹灰，也可以分遍进行
面层	主要起装饰作用，砂浆稠度 10cm		1. 要求大面平整、无裂纹、颜色均匀 2. 室内一般采用麻刀石灰、纸筋石灰、玻璃丝石灰；高级墙面用石膏灰浆和水砂面层。装饰抹灰采用拉毛灰、拉条灰、扫毛灰等。保温、隔热墙面用膨胀珍珠岩灰 3. 室外常用水泥砂浆、水刷石、干黏石等

3. 抹灰层砂浆的选用

抹灰饰面所采用的砂浆品种，一般应按设计要求来选用。如无设计要求，则应符合下列规定：

（1）室外墙面、门窗洞口的外侧壁、屋檐、勒脚、压檐墙等，用水泥砂浆或水泥混合砂浆。

（2）湿度较大的房间和工厂车间，用水泥砂浆或水泥混合砂浆。

（3）混凝土板和墙的底层抹灰，用水泥混合砂浆或水泥砂浆。

（4）硅酸盐砌块的底层抹灰，用水泥混合砂浆。

（5）板条、金属网顶棚和墙的底层和中层抹灰，用麻刀石灰砂浆或纸筋石灰砂浆。

（6）加气混凝土砌块和板的底层抹灰，用水泥混合砂浆或聚合物水泥砂浆（基层要做特殊处理，要先刷一道 108 胶封闭基层）。

4. 抹灰层的厚度

抹灰层应采取分层分遍涂抹的施工方法，以便抹灰层与基层黏结牢固、控制抹灰厚度、保证工程质量。如果一次抹得太厚，由于内外收水快慢不一，不仅面层容易出现开裂、起鼓和脱落，同时还会造成材料的浪费。

（1）总厚度：抹灰层的平均总厚度，应根据基体材料、工程部位和抹灰等级等情况来确定，并且不得大于下列数值：

1）顶棚：板条、空心砖、现浇混凝土为 15mm；预制混凝土为 18mm；金属网为 20mm。

2）内墙：高级抹灰为 25mm；中级抹灰为 20mm；普通抹灰为 18mm。

3）外墙：外墙为 20mm；勒脚及突出墙面部分为 25mm。

4）石墙：石墙为 35mm。

（2）每遍厚度：各层抹灰的厚度（每遍厚度），应根据基层材料、砂浆品种、工程部位等，并符合下列要求：

1）抹水泥砂浆每遍厚度为 5～7mm。

2）抹石灰砂浆或混合砂浆每遍厚度为 7～9mm。

3）抹灰面层用麻刀石灰、纸筋石灰、石膏灰等罩面时，经赶平、压实后，其厚度麻刀石灰不大于 3mm；纸筋石灰、石膏灰不大于 2mm。

4）混凝土大板和大模板建筑内墙面和楼板底面，采用腻子刮平时，宜分遍刮平，总厚度为 2～3mm。

5）如用聚合物水泥砂浆、水泥混合砂浆喷毛打底，纸筋石灰罩面，以及用膨胀珍珠岩水泥砂浆抹面，总厚度为 3～5mm。

6）板条、金属网用麻刀石灰、纸筋石灰抹灰的每遍厚度为 3～6mm。

水泥砂浆和水泥混合砂浆的抹灰层，应待前一层抹灰层凝结后，方可涂抹后一层；石灰砂浆抹灰层，应待前一层七至八成干后，方可涂抹后一层。

5. 一般抹灰砂浆的配合比

一般抹灰砂浆的配合比见表 10.13。

10.9.4　施工顺序及要领

抹灰工程的施工顺序，一般遵循"先室外后室内、先上面后下面、先顶棚后墙地"的原

表 10.13　　　　　　　　　　　抹 灰 砂 浆 的 配 合 比

砂浆名称	配合比（体积比）	应 用 范 围
水泥砂浆 （水泥：细砂）	1：2.5～1：3	用于浴厕间等潮湿房间的墙裙、勒脚或地面基层
	1：1.5～1：2	用于地面、顶棚、墙面面层
	1：0.5～1：1	用于混凝土地面随打随抹光
石灰砂浆 （石灰膏：砂）	1：2～1：3	用于砖石墙面层（潮湿房间不宜）
水泥混合砂浆 （水泥：石灰：砂）	1：0.3：3～1：1：6	墙面打底
	1：0.5：1～1：1：4	混凝土顶棚打底
	1：0.5：4～1：3：9	板条顶棚抹灰
	1：0.5：4.5～1：1：6	檐口、勒脚、女儿墙及较潮湿处抹灰
混合砂浆 （水泥：石膏：砂：锯末）	1：1：3：5	用于吸声粉刷
麻刀石灰 （白灰膏：麻刀筋）	100：1.3（质量比）	板条顶棚罩面
纸筋石灰 （白灰膏：纸筋）	100：3.8	板条顶棚罩面 较高级墙面、顶棚

则。外墙由屋檐开始自上而下，先抹阳角线、台口线，后抹窗台和墙面，再抹勒脚、洒水坡和明沟。内墙和顶棚抹灰，应待屋面防水完工后，并在不致被后续工程损坏和玷污的条件下进行，一般应先房间，后走廊，再楼梯和门厅等。

10.9.4.1　内墙抹灰

1. 作业条件

（1）屋面防水或上层楼面面层已经完成，不渗不漏。

（2）主体结构已经检查验收并达到相应要求，门窗和楼层预埋件及各种管道已安装完毕（靠墙安装的暖气片及密集管道房间，则应先抹灰后安装）并检查合格。

（3）高级抹灰环境温度一般不应低于5℃，中级和普通抹灰环境温度不应低于0℃。

2. 内墙抹灰的施工方法

为了有效地控制抹灰层的垂直度、平整度与厚度，使其符合装饰工程的质量验收标准，所以墙面抹灰前必须先找规矩。

（1）做标志块（贴灰饼）：找规矩的方法是先用托线板全面检查砖墙表面的垂直平整程度，根据检查的实际情况并兼顾抹灰的总平均厚度规定，决定墙面抹灰的厚度。接着在2m左右高度，离墙两阴角10～20cm处，用底层抹灰砂浆（也可用1：3水泥砂浆或1：3：9混合砂浆）各做一个标准标志块，厚度为抹灰层厚度，大小50mm左右见方。以这两个标准标志块为依据，再用托线板靠、吊垂直确定墙下部对应的两个标志块厚度，其位置在踢脚板上口，使上下两个标志块在一条垂直线上，见图10.28（a）。标准标志块做好后，再在标志块附近砖墙缝内钉上钉子，拴上小线挂水平通线（注意小线要离开标志块1mm），然后按间距1.2～1.5m左右加做若干标志块，见图10.28（b）。凡窗口、垛角处必须做标志块。

（2）标筋：标筋也叫"冲筋""出柱头"。就是在上下两个标志块之间先抹出一长条梯形灰埂，其宽度为60～70mm，厚度与标志块相平，作为墙面抹底子灰填平的标准。其做法是在上下两个标志块中间先抹一层，再抹第二遍凸出成八字形，要比灰饼凸出10mm左右，然后用木杠紧贴灰饼左上右下搓，直到把标筋搓得与标志块一样平为止，同时要将标筋的两

(a)

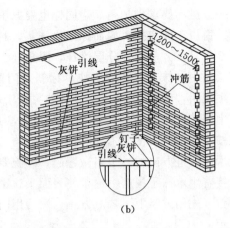

(b)

图 10.28　做标志块

边用刮尺修成斜面，使其与抹灰层接槎顺平。标筋用的砂浆，应与抹灰底层砂浆相同。标筋的做法如图 10.29 所示。

（3）阴阳角找方：中级抹灰要求阳角找方。对于除门窗口外还有阳角的房间，则首先要将房间大致规方其方法是先在阳角一侧墙做基线，用方尺将阳角先规方，然后在墙角弹出抹灰准线，并在准线上下两端挂通线做标志块。高级抹灰要求阴阳角都要找方，阴阳角两边都要弹基线。为了便于做角和保证阴阳角方正垂直，必须在阴阳角两边做标志块、标筋。

（4）门窗洞口做护角：抹灰时，为了使每个外突的阳角在抹灰后线条清晰，挺直，并防止碰撞损坏，所以，不论设计有无规定阳角都要做护角线。护角线有明护角和暗护角两种，见图 10.30。护角做好后，也起到标筋作用。

图 10.29　墙面冲筋

护角应抹 1∶2 水泥砂浆，一般高度由地面起不低于 2m，护角每侧宽度不小于 50mm。抹护角时，以墙面标志块为依据，首先要将阳角用方尺规方，靠门框一边，以门框离墙面的

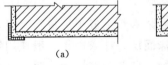

(a)

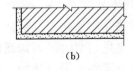

(b)

图 10.30　门窗洞口护角
(a) 明护角线；(b) 暗护角线

空隙为准，另一边以标志块厚度为据。最好在地面上划好准线，按准线粘好靠尺板，并用托线吊直，方尺找方。然后，在靠尺板的另一边墙角面分层抹 1∶2 水泥砂浆，护角线的外角与靠尺板外口平齐，一边抹好后，再把靠尺板移到已抹好护角的一边，

用钢筋卡子稳住，用线锤吊直靠尺板，把护角的另一面分层抹好。然后，轻轻地将靠尺板拿下，待护角的棱角稍干时，用阳角抹子和水泥浆捋出小圆角。最后在墙面用靠尺板按要求尺寸沿角留出 50mm，将多余砂浆以 40°斜面切掉（切斜面的目的是为墙面抹灰时，便于与护角接槎），墙面和门框等处落地灰应清理干净。

窗洞口一般虽不要求做护角，但同样也要方正一致、棱角分明、平整光滑，操作方法与做护角相同。窗口正面应按大墙面标志块抹灰，侧面应根据窗框所留灰口确定抹灰厚度，同样应使用八字靠尺找方吊正，分层涂抹，阳角处也应用阳角抹子捋出小圆角。

（5）底层及中层抹灰：在标志块、标筋及门窗口做好护角后，底层与中层抹灰即可进行，这道工序也叫"刮糙"。其方法是将砂浆抹于墙面两标筋之间，底层要低于标筋，待收水后再进行中层抹灰，其厚度以垫平标筋为准，并使其略高于标筋。中层砂浆抹后，即用中、短木杠按标筋刮平。使用木杠时，人站成骑马式，双手紧握木杠，均匀用力，由下往上移动，并使木杠前进方向的一边略微翘起，手腕要活。凹陷处补抹砂浆，然后再刮，直至平直为止。紧接着用木抹子搓磨一遍，使表面平整密实，如图 10.31 所示。

墙的阴角，先用方尺上下核对方正，然后用阴角器上下抽动扯平，使室内四角方正，如图 10.32 所示。

图 10.31　墙面刮糙

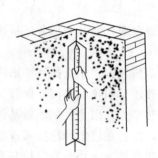

图 10.32　阴角上下抽动扯平

在一般情况下，标筋抹完就可以装挡刮平。但要注意，如果筋软容易将标筋刮坏产生凸凹现象，也不宜在标筋有强度时再装挡刮平，因为待墙面砂浆收缩后，会出现标筋高于墙面的现象，而产生抹灰面不平等质量通病。

当层高小于 3.2m 时，一般先抹下面一步架，然后搭架子再抹上一步架。抹上一步架，可不做标筋，而是在用木杠刮平时，紧贴在已经抹好的砂浆上作为刮平的依据。

当层高大于 3.2m 时，一般是从上往下抹。如果后做地面、墙裙和踢脚板时，要将墙裙、踢脚板准线上口 50mm 处的砂浆切成直槎，墙面要清理干净，并及时清除落地灰。

（6）面层抹灰一般室内砖墙面抹灰常用纸筋石灰、麻刀石灰、石灰砂浆和刮大白腻子等。面层抹灰应在底灰稍干后进行，底灰太湿会影响抹灰面平整，还可能"咬色"；底灰太干，易使面层脱水太快而影响黏结，造成面层空鼓。

1）纸筋石灰面层抹灰。纸筋石灰面层抹灰一般是在中层砂浆六至七成干后进行（手按不软，但有指印）。如果底层砂浆过于干燥，应先洒水湿润再抹面层。抹灰操作一般使用钢皮抹子，两遍成活，厚度不大于 2mm，一般由阴角或阳角开始，自左向右进行，两人配合操作，一人先竖向（或横向）薄薄抹一层，要使纸筋石灰与中层紧密结合；另一人横向（或竖向）抹第二层，抹平，并要压平溜光压平后，如用排笔或茅柴帚蘸水横刷一遍，使表面色泽一致，再用钢皮抹子压实、揉平、抹光一次面层则会更为细腻光滑，如图 10.33 所示。阴阳角分别用阴阳角抹子捋光，随手用毛刷子蘸水将门窗边口阳角、墙裙和踢脚板上口刷净。纸筋石灰罩面的另一种做法是：二遍抹后，稍干就用压子或者塑料抹子顺抹子纹压光，经过一段时间，再进行检查，起泡处重新压平。

2）麻刀石灰面层抹灰。麻刀石灰面层抹灰的操作方法与纸筋石灰面层抹灰相同。但麻刀与纸筋纤维的粗细有很大区别，纸筋容易捣烂，能形成纸浆状，故制成的纸筋石灰比较细腻，用它做罩面灰厚度可以达到不超过 2mm 的要求；而麻刀的纤维比较粗，且不易捣烂，用它制成的麻刀石灰抹面厚度按要求不得大于 3mm 比较困难，如果厚了，则面层易产生收缩裂缝，影响工程质量，为此应采取上述两人操作的方法。

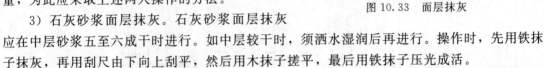

图 10.33　面层抹灰

3）石灰砂浆面层抹灰。石灰砂浆面层抹灰应在中层砂浆五至六成干时进行。如中层较干时，须洒水湿润后再进行。操作时，先用铁抹子抹灰，再用刮尺由下向上刮平，然后用木抹子搓平，最后用铁抹子压光成活。

4）刮大白腻子。近年来，有不少地方内墙面面层不抹罩面灰，而采用刮大白腻子。其优点是操作简单、节约用工。面层刮大白腻子，一般应在中层砂浆干透、表面坚硬呈灰白色，且没有水迹及潮湿痕迹、用铲刀刻划显白印时进行。大白腻子配合比是大白粉∶滑石粉∶聚醋酸乙烯乳液∶羧甲基纤维素溶液（浓度 5％）＝60∶40∶24∶75（质量比）。调配时，大白粉、滑石粉、羧甲基纤维素溶液应提前按配合比搅匀浸泡。

面层刮大白腻子一般不少于两遍，总厚度 1mm 左右。操作时，使用钢片或胶皮刮板，每遍按同一方向往返刮。头道腻子刮后，在基层已修补过的部位应进行复补找平，待腻子干后，用 0 号砂纸磨平，扫净浮灰。待头遍腻子干燥后，再进行第二遍。要求表面平整，纹理质感均匀一致。阴阳角找直的方法是在角的两侧平面满刮找平后，再用直尺检查，当两个相邻的面刮平并相互垂直后，角也就不会有弯了。

10.9.4.2 顶棚抹灰

1. 顶棚抹灰的作业条件

（1）屋面防水层及楼面面层已经施工完毕，穿过顶棚的各种管道已经安装就绪，顶棚与墙体间及管道安装后遗留空隙已经清理并填堵严实。

（2）现浇混凝土顶棚表面的油污等已经清除干净，用钢丝刷已满刷一道，凹凸处已经填平或已凿去。预制板顶棚除以上工序外，板缝应已清扫干净，并且用 1∶3 水泥砂浆已经填补刮平。

（3）木板条基层顶棚板条间隙在 8mm 以内，无松动翘曲现象，污物已经清除干净。

（4）板条钉钢丝网基层，应铺钉可靠、牢固、平直。

2. 顶棚抹灰的施工方法

（1）搭设架子。凡是层高在 3.6m 以上者，由架子工搭设，层高在 3.6m 以下者由抹灰工自己搭设。架子的高度（从脚手板面至顶棚），以操作者高度加 10cm 为宜。

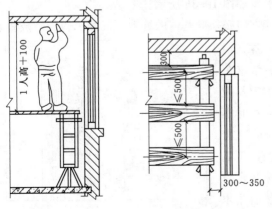

图 10.34　天棚脚手架

高凳铺脚手板搭设：高凳间距不大于 2m，脚手板间距不大于 50cm，如图 10.34 所示。

（2）天棚抹灰的姿势动作。操作人员站在脚手板上，两脚叉开，一脚在前，一脚在后，身体略为偏侧，一手拿抹子，一手持灰板，两膝稍稍前弯站稳，身稍后仰，抹子紧贴顶棚，慢慢向后拉，方向与板缝成垂直方向，抹子稍侧，使底子灰表面带毛，用灰比例按设计要求，如图 10.35 所示。

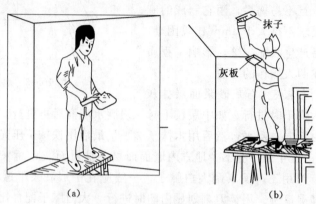

图 10.35　天棚抹灰的姿势动作

（a）持灰板姿势；（b）抹灰姿势

抹灰姿势正确与否对工程质量，对操作中疲劳程度都起着决定性影响，必须正确掌握。要从站立、迈步和姿势动作以及操作用抹子这几个方面，反复练习，达到协调一致。

（3）找规矩。顶棚抹灰通常不做标志块和标筋，而用目测的方法控制其平整度，以无明显高低不平及接槎痕迹为准。先根据顶棚的水平面，确定抹灰的厚度，然后在墙面的四周与顶棚交接处弹出水平线，作为抹灰的水平标准。

（4）底、中层抹灰。底层是黏结层，用水灰比 0.37～0.4 的素水泥浆或聚合物水泥浆薄刮一遍后，紧跟着上砂浆，一般用 1：0.5：2 的水泥：石灰膏：砂混合砂浆，厚度 3～5mm。抹完后用软靠尺刮平，而后用木抹子搓平。如发现平整不好（尤其边角处），及时添灰搓平。

底层抹后紧跟着就抹中层砂浆，其配合比一般采用水泥：石灰膏：砂＝1：3：9 的水泥混合砂浆，抹灰厚度 6mm 左右，抹后用软刮尺刮平赶匀，随刮随用长毛刷子将抹印顺平，再用木抹子搓平，顶棚管道周围用小工具顺平，如图 10.36 所示。

抹灰的顺序一般是由前往后退，并注意其方向必须同基体的缝隙（混凝土板缝）成垂直方向。这样，容易使砂浆挤入缝隙牢固结合。抹灰时厚薄应掌握适度，随后用软刮尺赶平。如平整度欠佳，应再补抹和赶平，但不宜多次修补，否则容易搅动底灰而引起掉灰。如底层砂浆吸水快，应及时洒水，以保证与底层黏结牢固。在顶棚与墙面的交接处，一般是在墙面抹灰完成后再补做，也可在抹顶棚时，先将距顶棚 20～30cm 的墙面同时完成抹灰，方法是用铁抹子在墙面与顶棚交角处添上砂浆然后用木阴角器抽平压直即可。

图 10.36　管道周围抹灰

（5）面层抹灰。待中层抹灰达到六至七成干，即用手按不软且有指印时（要防止过干，如过干应稍洒水），再开始面层抹灰。如使用纸筋石灰或麻刀石灰时，一般分两遍成活。其涂抹方法及抹灰厚度与内墙面抹灰相同。第一遍抹得越薄越好，紧跟抹第二遍。抹第二遍时，抹子要稍平，抹完后待灰浆稍干，再用塑料抹子或压子顺着抹纹压实压光。各抹灰层受冻或急骤干燥，都能产生裂纹或脱落，因此需要加强养护。

10.9.4.3 水泥地面抹灰

水泥砂浆面层是以水泥作胶凝材料，砂作骨料，在现场按配合比配制的砂浆抹压而成。其构造及做法如图 10.37 所示。

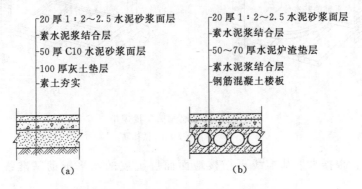

图 10.37　水泥砂浆地（楼）面构造
(a) 水泥砂浆地面；(b) 水泥砂浆楼面

1. 材料要求

水泥砂浆面层所用水泥，应优先采用硅酸盐水泥、普通硅酸盐水泥，水泥标号不得低于 32.5 级，上述品种水泥与其他品种的水泥相比，具有早期强度高、水化热较高和在凝结硬化过程中干缩值较小等优点。如采用矿渣硅酸盐水泥，标号应不低于 4.25 级。在施工中要严格按施工工艺操作，且要加强养护，方能保证工程质量。

水泥砂浆面层所用的砂，应采用中砂和粗砂，含泥量不得大于 3%，因为细砂拌制的砂浆强度要比粗、中砂拌制的砂浆强度 25%～35%，不仅其耐磨性差，而且还具有干缩性大、容易产生收缩裂缝等缺点。

2. 施工方法

（1）基层处理。水泥砂浆面层多铺抹在楼、地面混凝土、水泥炉渣、碎砖三合土等垫层上，垫层处理是防止水泥砂浆面层空鼓、裂纹、起砂等质量通病的关键工序。因此，要求垫层应具有粗糙、洁净、潮湿的表面，必须仔细清除一切浮灰、油渍、杂质，否则会形成一层隔离层，使面层结合不牢。表面比较光滑的基层，应进行凿毛，并用清水冲洗干净，冲洗后的基层，最好不要上人，保持基体干净、潮湿，至少 1d，对管道穿越的板洞分层填嵌密实，再进行地面抹灰。

在现浇混凝土或水泥砂浆垫层、找平层上做水泥砂浆地面面层时，应在其抗压强度达到要求后才能铺设面层，这样不致破坏其内部结构。地面铺设前，还要将门框再一次校核找正。其方法是先将门框锯口线找平校正，然后将门框固定，防止松动、位移，并注意当地面面层铺设后，门扇与地面的间隙应符合规定要求。

（2）找规矩。

1) 弹准线：地面抹灰前，应先用水平仪找出水平基准线，并弹在四周墙上。水平基线是以地面±0.00及楼层砌墙前的抄平点为依据，一般可根据情况弹在标高100cm的墙上[图10.38（a）]。弹准线时，要注意按设计要求的水泥砂浆面层厚度弹线。

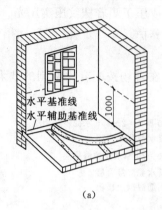
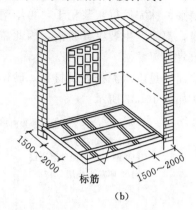

图 10.38　地面抹灰找规矩
(a) 弹准线；(b) 做标筋

2) 做标筋：根据水平基准线再把楼地面面层上皮的水平辅助基准线弹出[图10.38（b）]。

面积不大的房间，可根据水平基准线直接用长木杠抹标筋，施工中进行几次复尺即可。面积较大的房间，应根据水平基准线，在四周墙角处每隔1.5～2.0m用1：2水泥砂浆抹标志块，标志块大小一般是70～80mm见方。待标志块结硬后，再以标志块的高度做出纵横方向通长的标筋以控制面层的厚度。地面标筋用1：2水泥砂浆，宽度一般为70～80mm。做标筋时，要注意控制面层厚度，面层的厚度应与门框的锯口线吻合。

对于厨房、浴室、厕所等房间的地面，必须将排水坡度找好；有地漏的房间，要在地漏四周找出不小于5‰的泛水，并要弹好水平线，避免地面"倒流水"或积水。找平时要注意各室内地面与走廊高度的关系。

（3）操作要求。面层水泥砂浆的配合比应符合设计的有关要求，一般不低于1：2，水泥灰比为0.3～0.4，其稠度不大于35mm（手握成团，落地开花）。水泥砂浆要求拌和均匀，颜色一致。

铺抹前，先将基层浇水湿润，第二天先刷一道水泥灰比为0.4～0.5的水泥素浆结合层，随即进行面层铺抹。如果水泥素浆结合层过早涂刷，则起不到与基层和面层两者黏结的作用，反而易造成地面空鼓。所以，一定要随刷随抹。

地面面层的铺抹方法是在标筋之间铺砂浆，随铺随用木抹子拍实，用刮尺根据两边软筋刮平，压实。刮时要从室内由里往外刮到门口，符合门框锯口线标高，然后再用木抹子搓平压实，并用铁皮抹子紧跟着压第一遍。要压得轻一些，无大的抹纹。如面层有多余的水分，可根据水分的多少适当均匀地撒一层干水泥或干拌水泥和砂来吸取面层表面多余的水分，再压实压光（但要注意，如表面无多余的水分，不得撒干水泥或干拌水泥、砂），同时把脚印压平并随手把踢脚板上的灰浆刮干净。

当水泥砂浆开始初凝时（即人踩上去有脚印但不塌陷），即可开始用钢皮抹子压第二遍。要压实、压光、不漏压，抹子与地面接触时，发出"沙沙"声，并把死坑、砂眼和脚印都压平。第二遍压光最重要，表面要清除气泡、孔隙，做到平整光滑。等到水泥砂浆终凝前（人踩上去有细微脚印），抹子抹上去不再有抹子纹时，再用铁皮抹子压第三遍。抹压时用劲要稍大些，并把第二遍留下的抹子纹、毛细孔压平、压实、压光。

当地面面积较大或设计要求分格时，应根据地面分格线的位置和尺寸，在墙上或踢脚板上画好分格线位置，在面层砂浆刮抹搓平后，根据墙上或踢脚板上已画好的分格线，先用木抹子搓出一条约一抹子宽的面层，用铁抹子先行抹平，轻轻压光，再用粉线袋弹上分格线，将靠尺放在分格线上，用地面分格器，紧贴靠尺顺线画出分格缝。分格缝做好后，要及时把脚印、工具印子等刮平、搓平整。待面层水泥终凝前，再用铁皮抹子压平、压光，把分格缝理直压平。

水泥地面压光要三遍成活，每遍抹压的时间要掌握适当，以保证工程质量。压光过早或过迟，都会造成地面起砂的质量事故。

（4）养护和成品保护。面层抹完后，在常温下铺盖草垫或锯木屑进行浇水养护，养护时间不少于 7d，如采用矿渣水泥，则不少于 14d。面层强度达 5MPa 后，才允许人在地面上行走或进行其他作业。

10.9.4.4　外墙抹灰

1. 作业条件

（1）主体结构施工完毕，外墙所有预埋件、嵌入墙体内的各种管道已安装完毕，阳台栏杆已装好。

（2）门窗安装合格，框与墙间的缝隙已经清理，并用砂浆分层分遍堵塞严密。

（3）大板结构外墙面接缝防水已处理完毕。

（4）砖墙凹凸过大处已用 1∶3 水泥砂浆填平或已剔凿平整，脚手孔洞已经堵严填实，墙面污物已经清理，混凝土墙面光滑处已经凿毛。

（5）加气混凝土墙板经清扫后，已用 1∶1 水泥砂浆掺 10％107 胶水刷过一道。

（6）脚手架已搭设。

2. 施工方法

（1）找规矩。外墙面抹灰与内墙抹灰一样要挂线做标志块、标筋。但因外墙面由檐口到地面，抹灰面积大，门窗、阳台、明柱、腰线等都要横平竖直，而抹灰操作则必须要从上往下分步施工。因此，外墙抹灰找规矩要在四角先挂好自上而下垂直通线（多层及高层房屋，应用钢丝线垂下），然后根据大致决定的抹灰厚度，每步架大角两侧弹控制线，拉水平通线，并弹水平线做标志块，竖向每步架做一个标志块，然后做标筋（方法与内墙相同）。

（2）粘贴分格条。为了使墙面美观和避免因砂浆收缩产生裂缝，面层一般在中层灰六至七成干后，按要求弹出分格线，粘贴分格条。水平分格条一般贴在水平线下边，竖向分格条一般贴在垂直线的左侧。分格条在使用前要用水泡透，以便于粘贴和起出，并能防止使用时变形。粘分格条时，先用素水泥浆在水平、竖直线上作几个点，把分格条临时固定好，如图 10.39（a）所示，再用水泥浆或水泥砂浆抹成与墙面成八字形。对于当天罩面的分格条，两侧八字形斜角可抹成 45°，如图 10.39（b）所示。分格条要求横平竖直，接头垂直，四周交接严密，不得有错缝或扭曲现象。分格缝宽窄和深浅应均匀一致。

（3）抹灰。外墙抹灰层要求有一定的防水性能。若为水泥混合砂浆，配合比为水泥∶石灰∶砂＝1∶1∶6；如为水泥砂浆，配合比为水泥∶砂＝1∶3。底层砂浆凝固具有一定强度

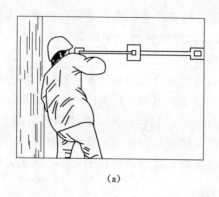

(a)

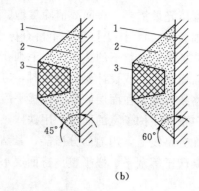

(b)

图 10.39 外墙抹灰粘贴分格法
(a) 分格条的斜角；(b) 分格条临时固定
1—基体；2—水泥浆；3—分格条

后，再抹中层，抹时用木杠、木抹子刮平压实，扫毛，浇水养护。抹面层时先用 1∶2.5 水泥砂浆薄薄刮一遍；抹第二遍时，与分格条抹齐平，然后按分格条厚度刮平、搓实、压光，再用刷子蘸水按同一方向轻刷一遍，以达到颜色一致，并清刷分格条上的砂浆，以免起条时损坏墙面。起出分格条后，随即用水泥浆把缝勾齐。

室外抹灰面积较大，不易压光罩面层的抹纹，所以一般采用木抹子搓成毛面，搓平需要打磨时，木抹子靠转动手腕，自上而下，自左而右，以圆圈形打磨，力要均匀。上下抽拉，顺向打磨，使抹纹顺直，色泽均匀，若用刷子顺向拖扫一下效果更好。抹灰完成 24h 后要注意养护，宜淋水养护 7d 以上。

另外，外墙面抹灰时，在窗台、窗楣、雨篷、阳台、檐口等部位应做流水坡度。设计无要求时，可做 10% 的泛水，下面应做滴水线或滴水槽，滴水槽的宽度和深度均不小于 10mm。要求棱角整齐，光滑平整，起到挡水作用。

10.9.5 实训注意事项

（1）水泥砂浆面层所用水泥，应优先采用硅酸盐水泥、普通硅酸盐水泥，标号不得低于 32.5 级，如采用矿渣硅酸盐水泥，标号应不低于 42.5 级。

（2）水泥砂浆面层所用的砂，应采用中砂和粗砂，含泥量不得大于 3%。

（3）水泥地面压光要三遍成活，每遍抹压的时间要掌握适当，以保证工程质量。压光过早或过迟，都会造成地面起砂的质量事故。

（4）地面面层抹完后，在常温下铺盖草垫或锯木屑进行浇水养护，养护时间不少于 7d，如采用矿渣水泥，则不少于 14d。面层强度达 5MPa 后，才允许人在地面上行走或进行其他作业。

（5）搭设架子时不准搭探头板，也严禁支搭在暖气片、水暖管道上。采用木制高凳时，高凳一头要顶在墙上，以避免脚手架摇晃。

（6）无论是搅拌砂浆还是抹灰操作，注意防止灰浆溅入眼内而造成伤害。

10.9.6 操作练习

（1）按图 10.40 所示进行抹灰操作练习。

（2）表面光滑平整、边口平直，无起鼓现象。

（3）砂浆的拌制（石灰砂浆）和全部的抹灰工作，要求每人独立完成。

（4）操作过程：做灰饼→冲筋→刮糙→罩面→清理。

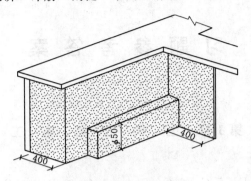

图 10.40　抹灰实训参考图

10.9.7　评分方法

抹灰操作练习评分表见表 10.14。

表 10.14　　　　　　　　　　　　　　抹灰操作练习评分表

项次	项　目	检查方法与评分标准	满分	得分	备注
1	工作态度与操作规则	观察，有违规，一次扣 5～8 分	8		
2	构件尺寸	尺量，误差不超过±10mm 超过，每处扣 2 分	6		
3	边角质量	托线板、误差不超过±4mm 超过，每处扣 3 分	9		
4	垂直度	托线板、误差不超过±5mm 超过，每处扣 5 分	15		
5	表面平整度	托线板、塞尺，误差不超过±4mm 超过，每处扣 3 分	12		
6	水平度	拉线、误差不超过±5mm 超过，每处扣 3 分	9		
7	砂浆的和易性	目测，不符合要求，扣 5 分	5		
8	方正度	实测，误差不超过±4mm，超过每处扣 2 分	8		
9	表面状况	目测，不符合要求，每处扣 4 分	12		
10	抹灰/底的厚度	8～20mm，不符合要求，每处扣 2 分	6		
11	清洁卫生	工具及操作场地及时清理	10		
12	合　计		100		

姓名＿＿＿＿＿　班级＿＿＿＿＿　指导教师＿＿＿＿＿　日期＿＿＿＿＿

习 题 参 考 答 案

第 1 章 土 方 工 程 施 工

一、单选题

1. C 2. A 3. B 4. D 5. C 6. C 7. A 8. A 9. B 10. C 11. B 12. C 13. A
14. D 15. B

二、多选题

1. BCE 2. ABC 3. BCDE 4. ACE 5. BDE 6. ABCE

第 2 章 地 基 与 基 础 工 程

一、单选题

1. A 2. A 3. C 4. B 5. D 6. A 7. A 8. B 9. C 10. B 11. A 12. B 13. C
14. C

二、多选题

1. ABCE 2. AD 3. AC 4. AD 5. ACDE 6. ACD 7. ABCE 8. ACD 9. CDE
10. BCE 11. ACE 12. ABDE 13. BCDE 14. BDE 15. ABCE 16. BCDE 17. ACDE

第 3 章 砌 筑 工 程

一、单选题

1. A 2. B 3. C 4. B 5. C 6. D 7. C 8. C 9. B 10. B 11. A 12. C 13. C
14. B 15. A

二、多选题

1. BCD 2. ABCD 3. CDE 4. CDE 5. ABD 6. AE 7. ACDE 8. BCE 9. ABCD
10. ACDE 11. ABDE

第 4 章 混 凝 土 结 构

一、填空题

1. 温差、温度应力 2. 人工振捣、机械振捣 3. 温度、湿度、温度 4. 湿润、防晒、
保温 5. 12h、5℃ 6. 扰动运输、搅拌运输 7. 温度 8. 混凝土受冻临界强度 9. 水泥
品种、混凝土强度等级 10. （m³）×1000 11. 水灰比 12. 柱模板、楼板底模、梁底模
板 13. 光面钢筋、螺纹钢筋、低碳钢钢筋、中碳钢钢筋、高碳钢钢筋、高碳钢钢筋
14. 四、塑性 15. 量度差值 16. ±2%、±3% 17. 不均匀、标号及和易性、强度、3、延

长　18. 一次投料法、水泥裹砂法、预拌水泥砂浆法、预拌水泥浆法、水泥裹砂　19. 垂直运输　20. 石、河砂、碎石、卵石　21. 隐蔽、预埋件、隐蔽

二、单选题

1. A　2. C　3. A　4. C　5. B　6. D　7. C　8. C　9. C　10. C　11. C　12. B　13. B　14. B　15. C　16. C　17. D　18. B　19. C　20. B　21. A　22. A　23. B　24. C　25. D

三、多选题

1. ACD　2. AB　3. ACDE　4. ABC　5. BC　6. BCD　7. ABCD　8. AE　9. ABD　10. ABCD　11. ABCE　12. ABCE　13. ACDE　14. ABE　15. CE　16. ABDE　17. CDE

四、略。

第 5 章　预应力混凝土

一、填空题

1. C30　2. 阻止钢筋锈蚀，增加构件的整体性和耐久性　3. 无黏结筋、涂料层、外包层

二、单选题

1. B　2. C　3. B　4. A　5. C　6. C　7. D　8. B　9. C　10. B

三、多选题

1. ABCE　2. BC　3. ABCE　4. AD　5. ACD

第 6 章　结 构 安 装 工 程

一、填空题

1. 分件安装法、综合安装法　2. 电动机、卷筒、电磁制动器　3. 起重量 Q、起重半径 R 及起重高度 H　4. 保证人身安全，使用机械的安全　5. $6\sim12$、强度、4　6. 吊点、柱脚中心、杯口中心　7. 双绕钢丝绳　8. 70%

二、单选题

1. A　2. B　3. A　4. D　5. D　6. B　7. C　8. B

三、多选题

1. ABCD　2. BCD　3. CDE　4. ABDE　5. BCDE

第 7 章　防 水 工 程 施 工

一、填空题

1. 重要程度、使用功能、耐用年限　2. 沥青防水卷材、高聚物改性沥青防水卷材、合成高分子防水卷材　3. 平口缝、凸缝、高低缝　4. 验评分离、强化验收、完善手段

二、单选题

1. A　2. B　3. A　4. C　5. D　6. D　7. C　8. D　9. A　10. B　11. B　12. A　13. A　14. B　15. D　16. C　17. C　18. B

第8章　装　饰　工　程

一、单选题

1. C　2. D　3. C　4. A　5. B　6. A　7. D　8. A　9. C　10. B　11. C　12. D

二、多选题

1. ACD　2. BDE　3. CD　4. BCD　5. BD　6. ACDE　7. ABCDE　8. CE　9. BCD
10. ABD　11. BDE　12. ADE　13. ABCE

第9章　季　节　性　施　工

一、单选题

1. B　2. D　3. A　4. A　5. B　6. C

二、多选题

1. ACE　2. ACDE　3. ABD　4. ACDE　5. ABC　6. ABCDE

参 考 文 献

［1］ GB 50204—2015 混凝土结构工程施工质量验收规范［S］. 北京：中国建筑工业出版社，2015.

［2］ 重庆大学，同济大学，哈尔滨工业大学. 土木工程施工［M］. 3版. 北京：中国建筑工业出版社，2016.

［3］ GB 50666—2011 混凝土结构工程施工规范［S］. 北京：中国建筑工业出版社，2012.

［4］ 赵志谱，应惠清. 建筑施工［M］. 上海：同济大学出版社，2004.

［5］ 徐伟，胡晓依，刘匀. 高层建筑施工［M］. 武汉：武汉理工大学出版社，2009.

［6］ 叶书麟，叶观宝. 地基处理［M］. 北京：中国建筑工业出版社，2004.

［7］ 叶书麟，叶观宝. 地基处理与托换技术［M］. 北京：中国建筑工业出版社，2005.

［8］ GB 50870—2013 建筑施工安全技术统一规范［S］. 北京：中国计划出版社，2013.

［9］ GB/T 50107—2010 混凝土强度检验评定标准［S］. 北京：中国建筑工业出版社，2010.

［10］ JGJ/T 299—2013 建筑防水工程现场检测技术规范［S］. 北京：中国建筑工业出版社，2013.

［11］ 李辉民. 土木工程施工技术［M］. 北京：中国计划出版社，2002.

［12］ 俞国凤，于志军. 土木工程施工工艺［M］. 北京：高等教育出版社，2010.

［13］ 杨子峰. 建筑施工自学考试指导与题解［M］. 北京：中国建筑工业出版社，2003.

［14］ GB 51004—2015 建筑地基基础工程施工规范［S］. 北京：中国标准出版社，2015.

［15］ JGJ 106—2014 建筑基桩检测技术规范［S］. 北京：中国建筑工业出版社，2014.

［16］ GB 50210—2001 建筑装饰装修工程质量验收规范［S］. 北京：中国建筑工业出版社，2002.

［17］ GB/T 50214—2013 组合钢模板技术规范［S］. 北京：中国建筑工业出版社，2013.

［18］ JGJ/T 10—2011 混凝土泵送施工技术规程［S］. 北京：中国建筑工业出版社，2011.